图 8.16　同一台仪器在同一距离,分别在 0°(左)和 60°(右)视线入射角条件下的对
　　　　地高清晰观测

右边的图像相对于左边的较为模糊,说明 60°入射角情况下图像质量会恶化

图 9.40　为避免卫星的某个表面收到太阳的照射,在非太阳同步轨道上的周期性偏航
　　　　翻转机动卫星绕天底(浅蓝色矢量方向)周期性旋转,所以旁边绿色矢量方向
　　　　始终朝向太阳(黄色矢量方向)。正面的红色矢量方向从正向速度变为反向
　　　　速度。

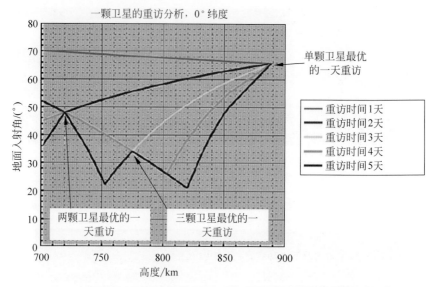

图 9.49　高度为 700～900km 之间、1～5 天实现全球覆盖的地面入射角

最优的 2 天和 3 天轨道位置可以用两颗或三颗卫星提供最优的 1 天覆盖

图 9.52　2 颗哨兵-3 卫星(较为密集的细线)和 1 颗 Jason 卫星(较为稀疏的粗

线)27 天的星下点轨迹组合

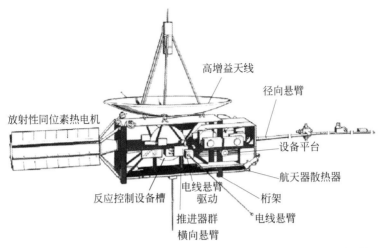

图 10.18 尤利西斯内部布置,主结构(浅灰色)和热辐射器(深灰色)①

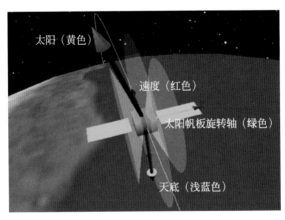

图 10.28 Megha-Tropiques 太阳—地球几何。大的黄色箭头表示太阳方向,太阳方向的黄色圆锥随轨道和季节而变化。

① European Space Agency. ESA achievement:BR-250[R]. ESA,2005.

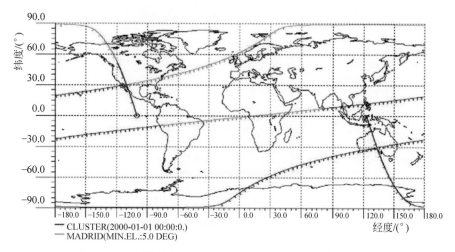

图 12.10　马德里站对一颗 Cluster 卫星的轨道可见性(绿色)

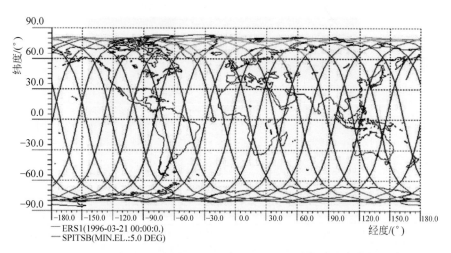

图 12.11　斯瓦尔巴德站对 ERS 卫星 1 天轨道的可见性(绿色)

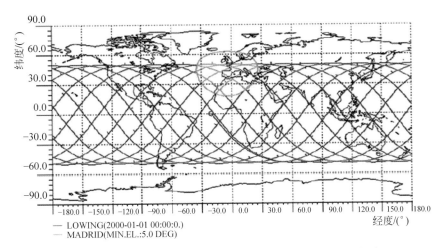

图 12.12　马德里站对 40°倾角的地球轨道 1 天的可见情况(绿色)

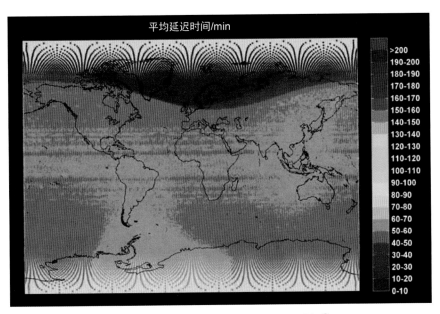

图 12.13　在斯瓦尔巴德的单站延迟时间[①]

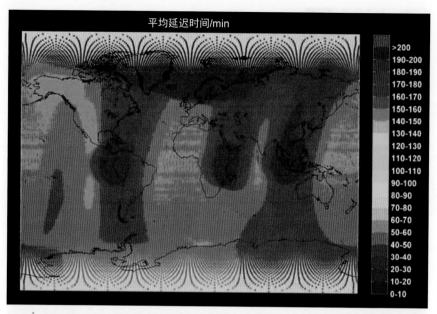

图 12.14　斯瓦尔巴德单站与瓜亚基尔、马林迪、新加坡 3 站的延迟时间①

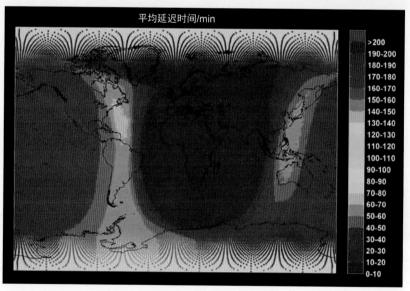

图 12.15　使用单颗 GEO 数据中继卫星的数据延迟时间②。数据中继卫星的
　　　　　使用对其覆盖的区域能够提供非常小的延迟。

① 图片来自于阿斯特里姆公司和 GMV。
② 图片来自于阿斯特里姆公司和 GMV。

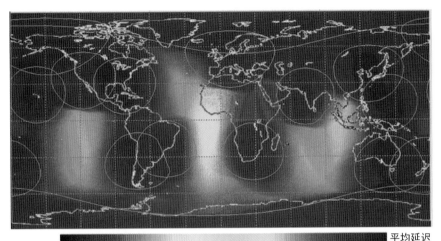

平均延迟
时间/min

> 63 58 53 48 43 38 33 28 23 18 13 8 3

图 12.16 NOAA 的 SafetyNet 网络的 15 个自动化地面站的数据延迟时间[①]。由
于地面站数量众多,在全球范围内下传数据所需的等待时间小于
20min。

---

① 图片来自于阿斯特里姆公司和 GMV。

Springer航天技术译丛

空间系统导论

设计与综合

[西] 米格尔·A. 阿吉雷（Miguel A. Aguirre） 著

王忠贵　王瑞军　李海涛　译

清华大学出版社

北京

北京市版权局著作权合同登记号　图字:01-2016-9515

《空间系统导论:设计与综合》米格尔·A.阿吉雷著
First published in English under the title
Introduction to Space Systems：Design and Synthesis
by Miguel A. Aguirre
Copyright ⓒ Springer Science＋Business Media New York 2013. All Rights Reserved.

图书在版编目(CIP)数据

空间系统导论:设计与综合 /(西)米格尔·A.阿吉雷著；
王忠贵,王瑞军,李海涛译. -- 北京：清华大学出版社,2024.12.
(Springer 航天技术译丛). -- ISBN 978-7-302-67792-5

Ⅰ. V57

中国国家版本馆 CIP 数据核字第 2024M6T974 号

责任编辑:樊　婧
封面设计:傅瑞学
责任校对:薄军霞
责任印制:杨　艳

出版发行:清华大学出版社
　　　　网　　址:https://www.tup.com.cn,https://www.wqxuetang.com
　　　　地　　址:北京清华大学学研大厦 A 座　　　邮　　编:100084
　　　　社 总 机:010-83470000　　　　　　　　邮　　购:010-62786544
　　　　投稿与读者服务:010-62776969,c-service@tup.tsinghua.edu.cn
　　　　质量反馈:010-62772015,zhiliang@tup.tsinghua.edu.cn
印 装 者:三河市春园印刷有限公司
经　　销:全国新华书店
开　　本:153mm×235mm　　印　张:30　　插　页:4　　字　　数:528 千字
版　　次:2024 年 12 月第 1 版　　　　　　　印　　次:2024 年 12 月第1次印刷
定　　价:249.00 元

产品编号:067998-01　　　　　　　　　　　审图号:GS 京(2024)0686 号

丛书序

人类在进入 21 世纪 20 年代以来，世界航天领域又一次掀起了新高潮，在多个方向取得了突破性进展。Space X 公司的星链互联网卫星开始大规模部署；NASA 阿尔特米斯 I 号成功实现了逆行绕飞月球并顺利返回地球，"人类历史最强火箭"——星舰完成了飞行测试，俄罗斯、印度、日本等国家也纷纷实施了月球表面着陆探测任务。与此同时，我国的航天事业也在不断攀登新高峰。我国空间站正式投入运行，实现了航天员的定期轮换；北斗三号全球卫星导航系统建成并开通全球服务；嫦娥五号月球采样返回任务的圆满成功，实现了探月工程"绕、落、回"三步走圆满收官；行星探测工程的首次任务——天问一号首次火星探测任务取得圆满成功，载人航天、卫星导航、探月探火已经成为我国进入创新型国家行列的标志性成果。

作为我国航天测控系统技术总体和顶层规划设计单位，我们强烈地意识到自己所肩负的使命担当，持续跟踪国际航天技术最新发展动态，特别关注空间信息技术和航天工程系统总体领域。这套"航天技术译丛"就是我们组织相关学科领域技术专家，针对当前国际航天活动热点，并结合我国航天未来发展需求，从近年来国外出版的航天技术专著中，精选了一批涉及空间信息技术、深空探测技术、航天地面系统技术、航天任务系统设计等领域的精品图书，精心组织翻译和审校而成。希望这套丛书的出版能够为我国空间信息技术和航天工程系统总体领域的工程技术人员提供有益借鉴和参考，对未来的研究和总体设计工作带来一定的指导意义。

北京跟踪与通信技术研究所

凌绪强

2023 年 12 月

译者序

　　探索浩瀚宇宙的奥秘是人类的不懈追求。20 世纪 50 年代，人类开启了迈向宇宙空间的征程，历经半个多世纪的发展，人类航天活动取得了巨大成就，逐步具备了以通信、导航、遥感和载人航天为目标的综合性空间系统工程设计与实现能力。进入 21 世纪以来，通过空间系统工程师严谨与创新的工作，人类的空间系统正在展现出新的风貌。

　　空间系统是人类当前设计的最为复杂精密的系统之一。在空间系统设计的早期阶段，空间系统工程师需要以跨学科的方式综合性地理解系统工程设计，建立起整个系统的宏观框架，在统筹考虑空间段、地面段、成本、可靠性等诸多因素及其相互作用关系后，形成一系列对工程实施起到提纲挈领作用的基础性决策。与此同时，空间系统工程师还需要与项目发起方、投资方和用户进行深度交互，通过合理的设计来平衡各方需求，实现系统工程设计的最优。

　　本书的作者米格尔·A·阿吉雷是一位著名的空间系统工程专家，其职业生涯的大部分时间均投身于空间系统工程设计中。在本书中，作者着眼于复杂关键要素的作用分析，从空间学科讲起，以体系化的方式，总结了他在空间系统工程设计中关于要素识别、方案实现与功能优化的相关经验。本书既是一部颇具参考价值的空间系统工程设计专业书籍，亦是一本适合广大空间技术爱好者了解空间系统工程的科普性读物。作者期冀此书的付梓能够给空间系统工程师带来对总体观念的思考，形成以解耦思想为前提的系统工程全要素分析方法、以总体思想为核心的空间系统设计思路，和以成本和进度为框架的任务目标实现路径。

　　本书的译者都是一直致力于我国航天事业发展的技术专家，曾深度参与我国载人航天工程、月球探测工程的系统设计与工程实践，具有丰富的空间系统工程设计经验。

　　地球是人类的家园，而人类的发展终将迈向广袤的星辰大海。译者希望该书的翻译出版能够带给我国从事航天系统工程的朋友们以启迪与借鉴，在实现星辰大海的伟大梦想中奋力前行。

译　者

2023 年 12 月

前　言

所有空间系统的定义都是从基本参数的建立开始的,其中包括必须要满足的要求、整体系统及卫星设计、关键要素分析与设计、开发方法,以及成本和进度。仅有少数文献涉及了空间系统的早期设计,且没有专门致力于介绍这部分内容的。此外,所有已经出版的空间工程类的书籍都侧重于分析。它们都不涉及空间系统的综合,即空间系统各要素之间的相互关系。本书旨在使读者了解所有因素之间的相互作用,包括能够影响空间系统定义的所有技术因素和非技术因素。书中涵盖了系统可能涉及的各个部分,包括空间段、地面段、任务目标、成本、风险和任务的成功概率。

空间系统的早期设计是实现空间系统的一个规模较小但非常重要的阶段。这个阶段将做出最基本的决策,所以值得对其进行专门论述并成书。在早期设计阶段,需要理解空间系统的主要组成部分是如何组合在一起的。要实现这种理解,不仅需要有分析的观点,还要有综合的观点。分析方法在许多文献中都有介绍,但综合的观点却较为少见。因此,有必要写一部以综合的观点来表述空间系统的专著。

本书的目标读者是空间系统工程师。他们的工作是设计并实现空间系统,负责确保实现用户的需求、维持端到端性能、维持所有系统要素之间的一致性,并需要有对空间系统的整体视角。总而言之,他们需要具备综合的观点。对需要跨学科理解空间系统、理解每个要素彼此如何交互作用的管理人员而言,本书也有一定参考价值。特定工程学科的专家能够通过本书进一步理解设计的总体流程以及不同的工程学科之间的相互作用。书中对航天器组成各系统之间的工程交互进行概述,学习空间系统工程的高年级学生也会感兴趣。本书对于任何有专业经验、有兴趣获得空间系统综合视角的人都有用处,因为空间系统本身就是一个富有技术性和计划性的交互型端到端系统。需要注意的是,对于之前没有学习过空间系统分析和技术课程的空间工程专业的学生来说,本书的内容是不够的。

作为一本关于空间系统设计的书,本书的独特之处在于只有一位作者。我把我的大部分职业生涯都投入到了空间系统的早期设计中,从综合的视角完成了这本书，将其聚焦在驱动设计的冲突因素之间的相互作用上。这种对综合的整体观的强调也证明本书是由单一作者来完成的。我并不是本书中提到的任何一个专业工程领域的专家。尽管如此，通过我在空间系统总体设计方面的经验，我已经成为一个综合领域的专家、一个在所有工程领域交互作用方面的专家。这种综合的观点也将成为本书的观点。

由于本书只有一位作者，所以不可避免地会因为受到我个人经历的影响而有所偏颇。例如，从对地观测任务中引用的例子比其他类型空间任务的例子更丰富。不过，我也从空间科学和空间通信任务中列举了许多例子，来说明各种不同的兴趣点。出于同样的原因，本书并未涉及载人航天任务。更何况，可以说对地观测任务是获得空间系统全面的端到端视角的最佳框架。此外，在解决复杂的科学问题时，往往会涉及能够说明或解决重要社会问题的任务产品的交付。这些产品的最终用户经常利用这些数据，做出关于社会各方面的重要决策。气象和环境监测任务就是这方面的典型例子。因此，必须多角度而不仅仅是严格地从卫星设计的角度来考虑这类任务。

致 谢

　　本书是在欧洲航天局许多同事的帮助下完成的,他们对本书进行了审阅,并提出了许多宝贵的建议。特别要感谢我在未来地球观测部门的同事们,这个部门由 Pierluigi Silvestrin 领导,所有同事都给了我许多的鼓励和帮助。同时,也要特别感谢来自英国 Astrium 公司的 David Simpson 先生(已退休),他对本书进行了详细审阅,这使我能够从他丰富的空间系统设计经验中受益匪浅。

目 录

1 绪论 …………………………………………………… 1

  1.1 本书的目的 …………………………………… 2

  1.2 总体架构定义过程中的角色 ………………… 5

  1.3 系统总体架构定义阶段的观点 ……………… 8

  1.4 设计与实现是一个不断演进的过程 ………… 10

  1.5 项目阶段和项目评审 ………………………… 12

  1.6 什么是空间系统 ……………………………… 14

  1.7 术语 …………………………………………… 14

  1.8 建议补充阅读 ………………………………… 15

2 空间学科 …………………………………………… 17

  2.1 空间系统工程 ………………………………… 18

    2.1.1 集成与控制 …………………………… 18

    2.1.2 接口管理 ……………………………… 19

    2.1.3 需求工程 ……………………………… 19

    2.1.4 系统分析 ……………………………… 20

    2.1.5 设计和配置定义 ……………………… 21

    2.1.6 验证 …………………………………… 22

  2.2 空间系统架构设计 …………………………… 22

    2.2.1 传统角色中的系统设计师 …………… 23

    2.2.2 架构定义的形式化 …………………… 24

  2.3 项目管理 ……………………………………… 26

  2.4 卫星工程学科 ………………………………… 27

    2.4.1 结构 …………………………………… 27

    2.4.2 热控 …………………………………… 28

    2.4.3 机构 …………………………………… 29

    2.4.4 姿态控制 ……………………………… 30

    2.4.5 推进 …………………………………… 31

2.4.6　电力 ·················· 31

2.4.7　数据处理 ·················· 32

2.4.8　软件 ·················· 33

2.4.9　通信 ·················· 34

2.5　仪器工程 ·················· 35

2.6　工程支持学科 ·················· 36

2.6.1　制造组装、集成、验证和测试工程 ·················· 36

2.6.2　产品保证 ·················· 38

2.6.3　卫星飞行操作 ·················· 39

2.6.4　卫星数据输出处理 ·················· 40

2.6.5　成本工程 ·················· 41

2.7　用户：任务背后的科学家 ·················· 42

3　需求、规格和设计 ·················· 43

3.1　系统分解的层次 ·················· 43

3.2　规格和需求的类型 ·················· 46

3.2.1　规格的类型 ·················· 46

3.2.2　需求的类型 ·················· 51

3.2.3　技术规格需求 ·················· 53

3.3　需求工程 ·················· 53

3.4　数值工程 ·················· 56

3.4.1　不同的需求数值 ·················· 57

3.4.2　系统效能度量 ·················· 57

3.5　需求与验证 ·················· 60

4　约束条件与设计 ·················· 62

4.1　需求与约束条件 ·················· 62

4.2　空间项目的外部环境 ·················· 63

4.2.1　STEP 分析 ·················· 64

4.2.2　预测与场景分析 ·················· 66

4.3　精选的过往空间项目历史 ·················· 67

4.3.1　私人与公共通信和对地观测 ·················· 67

4.3.2　阿波罗计划 ·················· 68

4.4　作为约束条件的计划性框架 ·················· 69

4.5　依据项目目标划分的项目类型 ·················· 69

4.5.1　能力验证 ·················· 70

4.5.2 技术验证 ·············· 70

4.5.3 科学进步 ·············· 71

4.5.4 运营 ·············· 71

4.6 依据项目风险度的项目类型 ·············· 72

4.7 依据项目规模的项目类型 ·············· 73

4.8 成本 ·············· 74

4.8.1 自上而下的成本估算 ·············· 76

4.8.2 自下而上的成本估算 ·············· 78

4.8.3 成本估算的风险 ·············· 79

4.8.4 单颗卫星与多颗卫星的成本 ·············· 79

4.9 风险约束条件 ·············· 80

4.9.1 质量风险管理 ·············· 80

4.9.2 量化风险管理 ·············· 82

4.9.3 技术成熟度与技术开发 ·············· 83

4.9.4 开发方法与样机思想 ·············· 85

4.10 进度约束条件 ·············· 88

4.11 管理趋势作为约束条件 ·············· 90

5 作为共时过程的系统设计 ·············· 93

5.1 空间系统要素 ·············· 93

5.2 系统规格、系统设计和系统设计师 ·············· 96

5.3 针对约束条件的设计 ·············· 99

5.3.1 成本 ·············· 99

5.3.2 风险 ·············· 101

5.3.3 进度 ·············· 102

5.4 针对需求的设计 ·············· 103

5.5 设计工具 ·············· 105

5.5.1 分析与设计 ·············· 105

5.5.2 功能分析与功能分解 ·············· 106

5.5.3 权衡与设计 ·············· 107

5.5.4 预算分配工程 ·············· 111

5.5.5 并行工程 ·············· 113

5.5.6 可靠性 ·············· 114

5.6 设计与任务性能 ·············· 117

5.6.1 任务效能度量 ·············· 119

5.6.2 效能度量限制 ························· 120

5.6.3 安全余量、过失与错误 ············· 121

5.7 决策的非数值支持 ······················· 124

5.8 决策的数值支持 ························· 124

5.8.1 确定性方法 ····················· 124

5.8.2 不确定性情况下的非概率数值方法 ··· 125

5.8.3 概率方法 ······················· 125

6 作为历时过程的系统定义 ·················· 126

6.1 循环及线性的系统定义过程 ············· 126

6.2 作为递归过程的系统定义 ··············· 127

6.3 作为线性过程的系统定义 ··············· 130

6.3.1 0 阶段 ························· 131

6.3.2 A 阶段 ························· 133

6.3.3 B1 阶段 ························ 134

6.4 任务里程碑和评审 ······················· 136

6.4.1 评审程序 ······················· 138

6.4.2 任务定义阶段期间的评审 ··········· 138

6.5 并行开发 ······························· 140

6.5.1 技术成熟度的提高 ··············· 141

6.5.2 科学理解的进步 ················· 141

7 设计域概述 ····························· 143

7.1 设计交互和设计域 ······················· 143

7.1.1 观测量和仪器域 ················· 145

7.1.2 轨道和姿态域 ··················· 146

7.1.3 卫星构型域 ····················· 147

7.1.4 卫星操作数据流域 ··············· 149

7.1.5 仪器输出数据流域 ··············· 152

7.2 作为空间系统设计示例的天文台任务 ······ 153

7.2.1 任务描述 ······················· 153

7.2.2 任务比较 ······················· 158

7.2.3 天文台任务的顶层设计交互 ········· 164

7.3 多星设计 ······························· 166

7.3.1 数据量和数据质量与卫星数量的关系 ··· 166

7.3.2 任务寿命与卫星数量的关系 ········· 168

7.4　体系 ·· 170

8　观测量与仪器域 ························· 173

8.1　观测量和仪器选择 ····················· 174

8.2　观测量和仪器域所涉及的要素和部件 ·········· 176

8.2.1　无源光学 ····················· 176

8.2.2　有源光学 ····················· 181

8.2.3　无源微波 ····················· 183

8.2.4　有源微波 ····················· 184

8.2.5　原位仪器 ····················· 187

8.2.6　通信载荷 ····················· 188

8.3　仪器实例 ······························· 189

8.3.1　风神 ························· 189

8.3.2　詹姆斯·韦布空间望远镜 ········· 190

8.3.3　哨兵-3 ······················· 192

8.3.4　热带云 ······················· 194

8.3.5　尤利西斯 ····················· 195

8.4　观测需要作为设计驱动 ················· 196

8.4.1　观测频率和大气 ··············· 196

8.4.2　数据质量 ····················· 198

8.4.3　图像变形 ····················· 202

8.4.4　数据量 ······················· 203

8.4.5　系统式与交互式观测 ··········· 205

8.4.6　响应能力,捕获延迟和滞后 ····· 207

8.4.7　观测目标和视线的旋转 ········· 208

8.4.8　仪器接口 ····················· 209

8.5　作为设计驱动因素的端到端性能 ········· 210

8.6　功能分配 ······························· 213

8.6.1　扫描 ························· 214

8.6.2　内部和外部校准 ··············· 216

8.6.3　固体孔径、可展开孔径、合成孔径 ···· 217

8.6.4　分辨率与高度 ················· 218

8.7　预算分配 ······························· 219

8.7.1　辐射测量的质量 ··············· 219

8.7.2　MTF ························· 219

      8.7.3　端到端性能 ·· 220

9　轨道与姿态域 ·· 222
  9.1　涉及本域的要素和部件 ···································· 223
      9.1.1　运载火箭 ·· 224
      9.1.2　轨道确定和修正工具 ································ 225
      9.1.3　姿态确定和控制工具 ································ 229
  9.2　空间环境作为轨道和姿态设计的驱动因素 ········ 231
      9.2.1　引力场 ·· 232
      9.2.2　地球磁场 ·· 233
      9.2.3　中性大气 ·· 234
      9.2.4　太阳辐射 ·· 235
      9.2.5　电离层辐射 ·· 236
      9.2.6　地球以外的空间环境 ································ 237
  9.3　姿态和姿态类型 ·· 238
      9.3.1　无控卫星姿态 ·· 239
      9.3.2　重力梯度姿态控制 ···································· 240
      9.3.3　自旋稳定姿态控制 ···································· 240
      9.3.4　双旋和动量偏置姿态控制 ························ 241
      9.3.5　惯性稳定姿态控制 ···································· 242
  9.4　轨道及轨道类型 ·· 242
      9.4.1　低地球轨道 ·· 244
      9.4.2　LEO 太阳同步轨道 ··································· 246
      9.4.3　中等高度地球轨道 ···································· 249
      9.4.4　地球同步轨道和地球静止轨道 ················ 250
      9.4.5　长周期地球轨道 ······································ 252
      9.4.6　拉格朗日点 ·· 252
      9.4.7　行星际轨道 ·· 253
      9.4.8　绕其他行星的轨道 ···································· 254
  9.5　任务阶段、模式及卫星姿态 ···························· 255
  9.6　轨道和姿态示例 ·· 257
      9.6.1　哨兵-3 ··· 257
      9.6.2　尤利西斯 ·· 259
      9.6.3　铱星 ··· 261
      9.6.4　昴宿星 ·· 263

9.7 卫星周围的几何关系 265
9.7.1 天底指向的卫星 266
9.7.2 自旋卫星 275
9.7.3 惯性卫星 276
9.8 指向控制、指向扰动和指向修正 276
9.8.1 卫星和仪器的指向及指向扰动 277
9.8.2 指向控制、指向扰动力矩、图像获取和频率范围 278
9.8.3 指向误差的类型 282
9.9 功能分配 284
9.9.1 轨道选择 284
9.9.2 姿态选择 286
9.9.3 覆盖及重访 286
9.10 预算分配 290
9.10.1 卫星位置 291
9.10.2 仪器视线指向和恢复 291
9.10.3 指向稳定性实现和恢复 293
9.10.4 地理定位 294
9.10.5 配准 296
9.10.6 重新指向敏捷性要求 296
9.10.7 速度增量和燃料 297
9.10.8 机械扰动 299
9.11 星座的实现与保持 300
10 卫星构型域 303
10.1 本域的组成部分 304
10.1.1 结构 305
10.1.2 热 306
10.1.3 机械 308
10.1.4 太阳能电池阵 310
10.2 作为构型驱动因素的外部环境 311
10.2.1 运载火箭 311
10.2.2 负荷环境 317
10.2.3 热辐射环境：太阳、地球和深空 320
10.2.4 空间环境产生的外部压力和力矩 322
10.2.5 电磁辐射环境 324

10.2.6 外部环境的其他影响 ·················· 325

10.3 构型实例 ····································· 326

10.3.1 海洋环流探测卫星 ················· 326

10.3.2 尤利西斯号 ························· 328

10.3.3 JWST ······························· 330

10.3.4 铱星 ································· 332

10.4 围绕着卫星的几何与构型 ················· 333

10.4.1 天底指向卫星 ····················· 334

10.4.2 自旋卫星 ··························· 343

10.4.3 惯性指向卫星 ····················· 346

10.4.4 敏捷卫星 ··························· 346

10.5 功能分配 ····································· 348

10.5.1 主体结构形状 ····················· 348

10.5.2 可展开的结构与机构：固定的与展开的········· 350

10.5.3 标准平台与专用平台 ··············· 353

10.5.4 被动与主动热控 ··················· 356

10.5.5 仪器指向与卫星指向 ··············· 357

10.6 性能分配 ····································· 357

10.6.1 质量预算 ··························· 357

10.6.2 热预算 ····························· 361

10.6.3 功率生成预算 ····················· 362

10.6.4 校准预算 ··························· 363

10.6.5 体积预算 ··························· 364

11 操作数据流域 ···································· 365

11.1 与本域相关的在轨要素 ··················· 367

11.1.1 电源子系统 ························· 367

11.1.2 卫星数据管理子系统 ··············· 368

11.1.3 遥测与遥控数据通信子系统 ········· 370

11.2 包含在本域中的地面要素 ················· 373

11.2.1 操作地面站与数据中继卫星 ········· 374

11.2.2 任务操作控制中心 ················· 375

11.3 任务阶段 ····································· 376

11.3.1 发射及早期运行段 ················· 377

11.3.2 卫星试运行阶段 ··················· 377

11.3.3 正常运行阶段 ····················· 377

11.3.4 安全模式和其他休眠模式 ············· 378

11.3.5 正常轨道修正机动 ················· 378

11.3.6 退役与离轨处置 ··················· 378

11.4 数据管理架构实例 ····················· 378

11.4.1 Cluster 任务 ····················· 378

11.4.2 罗塞塔 ························· 382

11.4.3 哨兵-3 ·························· 387

11.4.4 SSTL-DMC ······················ 388

11.5 功能分配 ··························· 392

11.5.1 计划式与交互式操作 ················ 392

11.5.2 自主运行与地面干预 ················ 394

11.5.3 快指令与慢指令 ··················· 397

11.5.4 操作地面站的数量及其位置 ············ 399

11.5.5 轨道确定与控制功能分配 ············· 401

11.6 性能分配 ··························· 401

11.6.1 功率预算 ······················· 401

11.6.2 通信链路预算 ···················· 404

11.6.3 计算机负荷预算 ··················· 407

11.6.4 星载运算存储器 ··················· 407

11.6.5 数据获取时延预算 ················· 408

11.6.6 服务等级与可用度预算 ··············· 408

12 仪器输出数据流域 ······················· 410

12.1 本域包含的在轨部件 ··················· 411

12.1.1 仪器输出数据处理 ················· 411

12.1.2 仪器数据输出下行链路 ··············· 412

12.2 包含在本域的地面部件 ·················· 414

12.2.1 仪器下行数据接收地面站和数据中继卫星 ····· 414

12.2.2 有效载荷数据地面段 ················ 415

12.3 架构的例子 ························· 418

12.3.1 Cluster ························ 418

12.3.2 罗塞塔 ························· 419

12.3.3 哨兵-3 ·························· 421

12.3.4 NOAA-POESS 任务 ················· 423

12.4　功能分配 ･･･････････････････････････････････････ 426

12.4.1　大数据量与小数据量 ･････････････････････ 426

12.4.2　短数据延迟与长数据延迟 ･････････････････ 428

12.4.3　现有的、待获取的和已订购的产品 ･･･････ 431

12.4.4　在轨与地面处理 ･･････････････････････････ 433

12.4.5　地面站的数量和位置 ･････････････････････ 434

12.4.6　集中式与分散式处理 ･････････････････････ 438

12.4.7　独立的科学操作或作为整体操作一部分的
科学操作 ･･･････････････････････････････ 438

12.5　性能分配 ･･･････････････････････････････････････ 439

12.5.1　星载存储内存预算 ･････････････････････････ 439

12.5.2　数据下行链路预算 ･････････････････････････ 439

12.5.3　数据延迟预算 ･･････････････････････････････ 441

13　空间任务成本与替代设计方法 ･････････････････････ 446

13.1　空间任务和成本 ･･･････････････････････････････ 446

13.2　降低成本的方法 ･･･････････････････････････････ 448

13.2.1　适当的架构定义 ･･･････････････････････････ 448

13.2.2　硬件优化 ･･･････････････････････････････････ 450

13.2.3　组织优化 ･･･････････････････････････････････ 451

13.2.4　以组织和硬件为中心：在精简的项目组织领导下
的小型简单卫星 ･････････････････････････ 453

13.3　没有投资方/用户二元性的项目 ･･････････････ 456

13.4　极低创新度项目，没有客户的项目 ･･････････ 456

13.5　成本工程是艺术和科学 ･････････････････････ 457

1 绪论

关键词 空间系统分析、空间系统综合、空间系统设计、空间系统利益相关方、系统工程、系统构架、空间项目阶段

本章是对全书的总体介绍。本章以描述本书的写作目的以及出版的缘由开篇。之后介绍了在开始一个新的空间系统项目时涉及的参与方及其角色。接下来,本章介绍了定义一个空间系统所需的综合架构观点。之后的两个部分是关于设计过程的演变内容。首先论述了空间系统的设计与实现,然后回顾了定义一个空间系统时通常所设定的阶段和目标,最后介绍了空间系统的构成。本章以书中常用的简要术语列表以及推荐的辅助读物清单结尾。

除了简介部分之外,本书的结构如下:

(1) 本书的第一部分描述并分析了空间系统的设计与实现,其内容分成以下章节:

① 第 2 章:关于空间系统设计与实现的科学。主要内容是正确设计与实现空间系统所需的技术或者科学原理的重新汇编。

② 第 3～4 章:关于系统需求和约束条件的分析。

③ 第 5～6 章:介绍了实际的设计过程。第 5 章论述了影响设计的各种因素,第 6 章详细解释了实现最终设计所需的迭代步骤。

(2) 本书的第二部分分析了空间系统设计过程的具体方面。重点关注设计决策之间的相互作用,并持续使用已有的设计实例来说明这些相互作用。第二部分分成以下章节:

① 第 7 章:介绍将设计过程划分为不同的域。

② 第 8 章:卫星观测量和仪器域。

③ 第 9 章:轨道、空间环境和姿态域。

④ 第 10 章:卫星配置域。

⑤ 第 11 章:卫星操作数据流域。

⑥ 第 12 章：仪器输出数据流域。

（3）第 13 章：分析了可替代的、低成本的设计和实现方法。

1.1　本书的目的

本书有两个目的：

（1）描述和分析一个空间系统的合理设计所需的过程，以便读者理解一个优秀的系统设计是什么样的、是如何实现的。

（2）从空间系统组成要素之间相互关系的角度描述和分析空间系统，而不是从要素本身的角度进行描述和分析。即着眼于系统综合的角度，而不是系统分析的角度。

设计过程涵盖了从顶层设计到底层详细设计的各个环节，但本书只涉及早期设计阶段。本书所涵盖的设计过程起始于用户或发起人对需求的模糊陈述，结束于全面的设计文档集的交付。文档编制的目的是对实际的大型工业项目的批准或拒绝做出明智的决定。Meyer Rechtin[①] 将系统架构定义为"能充分反映发起人的目的，明确系统价值、成本及风险的一组信息"。本书使用这一"系统架构"的定义，探讨空间系统架构的创建过程。此架构定义过程的输出应包括：

（1）一个对任务目标的清晰定义，包括对用户以及设计系统将处理的需求的识别。

（2）一套确定系统功能和性能需求的正式文档，包含定性和定量两个方面内容。

（3）一份对拟用系统的描述和支持文档，以证明所描述的系统满足确定的需求。

（4）一份对设计和开发方法的详细描述文件，以提供成本和进度的可靠预测。

（5）根据所选择的设计，以及所选择的开发和实现方法，对成本和进度进行预测。

（6）允许以用户可理解的方式，推导端到端的系统性能数学模型。

上述过程发生在一个完全成熟的工业项目获得批准之前，并由一个小团队来完成。该过程完成时，接近 90% 的系统成本已经被有效确定，并在

---

① 　MAIER M W，RECHTIN E. The Art of Systems Architecting[M]. CRC Press，Inc. 2000.

总成本中被锁定①。尽管它只占系统定义和实现工作的一小部分，但却是非常重要的一部分。

在 Tom Hanks 制作的系列电视片《从地球至月球》的第五集中②，真正的英雄是工程师们。剧本围绕着 Thomas Kelly 及来自格鲁曼公司的团队讲述了他们设计并建造登月舱的故事。在最开始和最后结尾的两个简短场景中出现了 T. Dolan 和 J. Houbolt，他们在 1959 年提出了登月舱和月球轨道交会的概念。最初的设计是整个阿波罗登月舱在月球着陆，并直接返回地球。由于质量和经费的限制，他们放弃了最初的方案，转而寻求一个更加经济可行的解决方案，最终提出了这个更有风险、但经济上可承受的登月舱和月球轨道交会对接的概念。这种围绕问题思考、在限制条件下工作并提出可行解决方案的能力，使阿波罗计划成为可能。Houbolt 和 Dolan 在电视节目中出现得很少但很重要，这是他们应受的礼遇。同时，在本书中也是值得一写的。

对项目早期阶段给予应有的关注，是避免其在后期出现大问题的最安全的方法。图 1.1 给出了一个用于早期定义的成本超支百分比的概括说明。如果项目在早期定义上投入了足够精力，其超支的成本显然会更少。

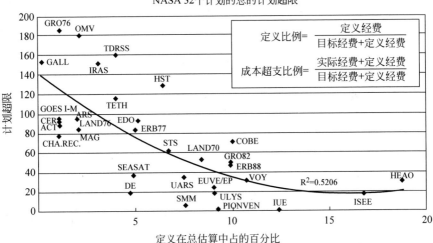

图 1.1 设计成本与总成本关系曲线③④

---

① NASA. Systems engineering handbook：SP-610S[S]. NASA，1995.

② *From the Earth to the Moon*，Fifth Chapter，由 Tom Hanks 改编自 Andrew Chaikin 作品 *A Man on the Moon*.

③ 由 NASA 总部审计官员 Werner Gruhl 于 1985 年提供。

④ 编者注：本书中所有插图均系原文插图。

本书与其他空间系统工程书籍是互补的。本书将重点放在了其他书籍通常不涉及的相互关系及综合方面，而且也不包括其他书籍会完全覆盖的信息。例如，要学习为卫星提供合适热环境的各种不同方法，本书并不是一个很好的资料来源。然而，本书则是一个学习掌握热设计、姿控系统设计、载荷和平台的指向要求在冲突的方向驱动卫星的姿态控制、配置和结构稳定的好资源。书中用于学习这些内容的方法是将其与以前设计进行对比分析。为了与所期望的互补和通用的观点相一致，我们对不同工程领域的分析是简要的，将放弃对实际设计所必需的公式和详细分析程序。为了弥补这一缺失，本书对驱动设计的因素及其相互关系进行了扩展分析，并用当前和过去设计的多个实例进行了说明。例如，9.7节对人造卫星周围的天球几何关系进行了详尽分析，包括太阳、地球、观测目标以及深空环境的时变方向和尺度。为什么没有包含计算这些时变几何所需的基础轨道力学和球面三角公式呢？因为缺少公式符合本书的互补特性和综合观点。本书不包含在之前的书籍中已经包括的数学公式，而是聚焦在对数学公式应用的整体背景的理解上。

本书认为空间任务设计过程是一个交互过程。一组清晰的用户需求，通过设计生成一个清晰的规格说明，这是教科书中所讲的情况。遗憾的是，这样的情况在现实中是不存在的。使用空间任务数据的用户，总是有相当广泛的、有时甚至是混乱的、相互矛盾的一组愿望。这些愿望可以用通过不同设计实现不同最终性能的方式得以部分地或全部地满足。这些设计将会被贴上截然不同的成本、风险和时间进度的标签，还需要采用不同的程序性方法。此外，作为使用者的科学家和作为投资方的行政发起者分属不同的实体。行政发起者可能有明确或者不明确的目标，他们通常是资金的来源。所以实现这些目标是非常重要的。这些目标可以是开发和使用一项特殊技术，或者是完成一个国家或特殊组织的某项工作。

在本书的开头，说明了编写本书的目标是介绍如何开展和实现"合理"的空间系统设计。这是什么意思呢？"合理"的设计会平衡所有来自不同用户群体的相互矛盾的需求，同时会在项目发起者所建立的承受能力及刚性约束条件下，提供一个产生合理科学任务输出的系统。如果可以响应一系列重要的用户需求，那么科学的输出就是合理的。通过将功能和性能正确分配给构成整个系统的不同要素，并采用符合发起者定义的风险和成本报告的技术、设计和开发方法，系统设计将达到最佳。这意味着要将科学要求、开发风险和计划的约束等作为一个整体加以考虑，由系统架构的设计者给予同样的优先级。这种方法与 Wertz[1] 在《空间任务分析与设计》的引言中介绍的方法的要点是一致的,值得逐字引用:

空间任务分析与设计通常从一个或几个广泛的目标和约束开始,在尽可能低的成本条件下确定一个满足既定目标和要求的空间系统。这些广泛的目标和约束是这个过程的关键。空间系统的采购计划常常用详细的数值要求代替广泛的任务目标。为了获得最佳的效费比,我们必须要求系统刚刚好能实现的合理的目标。

前几段建立了四个基础性的重要原则:

(1) 将需求的建立视为迭代设计过程的一部分,而不是一个单独的步骤。需求的建立不是在设计过程之前完成的,而是设计过程的一部分。

(2) 对于一些不合适的要求,需要通过优先级排序和协调谈判的方式对其进行系统化设计,以设计一个可承受的系统。

(3) 不仅需要考虑数学分析及详细的数值输出,也要考虑非数值因素。

(4) 要在需求、约束及实现难度之间达到平衡状态。

美国国家航空航天局[2](National Aeronautics and Space Administration,NASA)也承认需要平衡。

一个成本—效率系统必须提供效率与成本之间的一种特殊的平衡。

事实上,这本书致力于理解一个设计良好的系统中存在的平衡。

在前几段中,一再强调必须将需求视为灵活的,并将其作为整个设计过程的一部分。不过,N. Augustine 指出[3],在完全成熟的工业实施阶段,需求必须尽可能保持稳定。这并不矛盾。在航天任务的空间系统体系架构定义阶段,设计和需求之间的互相调整,必须确保已识别的需求和产生的设计之间的啮合度尽可能高。在随后资金充足的工业实现阶段,则要将尽量减少更改需求的需要,理想状态就是减少到零。

1.2　总体架构定义过程中的角色

1.1 节提到了两个参与实体或角色:用户和投资方。在建立空间系统

①　WERTZ J R,LARSON W J. Space missions analysis and design[M]. Springer,1999.

②　NASA. Systems engineering handbook:SP-610S[S]. NASA,1995.

③　AUGUSTINE N R. Augustine's laws[M]. New York:American Institute of Aeronautics and Astronautics,1983.

的过程中,区别不同的利益相关方所扮演的角色是正确理解创建过程的关键。欧洲空间标准 ECSS-P-001[①]采用了如下定义:

(1)用户是使用空间项目产生的数据,包括使用数据的科学团队和操作团队。

(2)客户承担作为用户代理的角色,将用户需求转化为规格说明,领导项目进展,并接受空间系统的交付,如航天局等。

(3)供应商承担实际建设空间系统的角色,它是航天工业部门。

Wertz 在其《空间任务分析与设计》中使用了另外三种角色划分:

(1)投资方是为空间项目提供经费支持的机构。

(2)开发商是建设空间系统的机构。

(3)用户/操作者是使用空间项目输出数据的机构。

Wertz 关于投资方和用户之间区别的描述是非常恰当的。在大多数空间项目中,为系统支付费用的利益相关方并不是系统的使用方,这是一个重要的区别。这种二元性不仅在空间领域存在,也在许多政府资助的商品和服务的实施中存在,它使空间项目的建立过程不可避免地带有政治性。但这并不意味着系统设计师必须是政治相关的,事实上,如果他从不接触政治,那就更好了。一个好的系统设计师往往是一个糟糕的政客。然而,系统设计师必须能够意识到政治环境,才能设计出一个最终可以发射的系统。正如 Brand Forman 在 1990 年所言:"如果政治不起作用,那么硬件将永远不会发挥作用"。

在欧洲,一旦一个项目通过批准并建立工业组织后,投资方就不再扮演重要的角色。然而,在美国,国会的年度预算程序使投资方持续参与到任务的整个过程中,所以在此期间,存在投资方停止对项目进行投入的永久危险。

之前提到过的 ECSS 标准将开发者划分为客户和供应商两类。这种划分是必要的,因为几乎所有的空间项目都是通过代表用户的空间机构和实际建设空间系统的航天工业部门之间的相互作用完成的。因此,本书将研究空间任务总体架构设计过程中的四个角色。具体的术语将使用欧洲空间标准合作组织(European Cooperation on Space Standardization,ECSS)推荐的术语,并加入了 Wertz 提到的投资方。

本书所讲的角色所述如下:

---

① European Cooperation for Space Standardization. Glossary of terms european cooperation for space standardization:ECSS-P-001[S]. ESA,1997.

6

（1）投资方是实体机构，负责为空间系统的实施提供经费支持，并确定约束条件、最高成本、预期进度、方案框架，以及一系列适用于空间系统实现的适当的指导方针。

（2）用户是使用系统输出结果的团体，负责确定空间系统产生的数据的数量、质量及交付方式的需求。

（3）客户是代表用户对供应商利益的实体，负责指定系统、监督实施情况、接受及认证系统，并将系统交付给用户，同时在按时完成任务和将成本控制在限度之内对投资方负责。

（4）供应商是与客户进行交互的实体，参与初步设计，完成后续详细定义及开发和系统建设，并将系统交付给客户，由客户向其支付报酬。

客户这个角色实际上是"经典的系统设计师"角色，负责解释及维护用户和投资方对供应商的需求。必须指出的是，在某些情况下，参与过程的角色数量可以更少。在几乎所有私人资助的空间项目中，投资方和用户往往是同一个实体。一家私营公司会购买一个空间系统，来满足一系列明确的公司需求。这个公司同时扮演投资方和用户的角色，来确定项目的性能要求和投资总额。在一些需求明确，且这些需求可以通过现有的和经过验证的系统加以满足的项目中，则可能不需要客户，即航天局。客户是相对于供应商来说的，代表用户利益的解释者和捍卫者，当系统的创新性较低时也是不必要的。标准系统不需要成为本书中讨论的总体架构定义的主题，它只需要采购。就本书的目的而言，重点应放在包括所有参与者的空间项目上。空间项目是复杂的，它包括在相互矛盾的需求之间进行协调，并涉及先进技术的开发。正是基于这个原因，才需要一个实体来处理投资方和供应商之间的关系。这个必要的实体就是客户。20 世纪 60 年代初期，欧洲成立了欧洲运载火箭开发组织（European Launcher Development Organization，ELDO）来开发运载火箭。该组织没有管理和技术能力来履行客户的职责，尝试了 11 次火箭发射，均以失败告终[①]。这表明有一个在管理和技术方面都精通的实体是必要的，它可以扮演在空间任务中所有参与者之间的协调者的角色。这个角色就是客户。

有一种情况下存在两个客户：一个客户与用户进行联合并交互，另一个客户与供应商交互。以业务气象任务为例，研究机构是 NASA 或欧洲航天局（European Space Agency，ESA），业务机构是美国国家海洋和大气管理局（National Oceanographic and Atmospheric Administration，NOAA）

---

① European Space Agency. ESA Achievements：BR-250[R]. ESA，2005.

或欧洲气象卫星组织。业务机构在与用户进行深入的沟通后建立需求，并将这些需求转移到向客户施加这些需求的研究机构。这种方式已经证明了它对复杂、昂贵、会持续很多年的业务气象任务的价值。该业务机构通常也负责维护经过认证的在轨空间系统的日常运行。这些任务所需要的巨大投资以及与用户需求之间复杂而持久的联系，证明了将客户角色划分为这两部分的合理性。

类似的方法已经存在了几个世纪。1550 年马拉加港口的建设是当时的一个重要的项目，参与港口建设的有：

（1）用户：马拉加的商人及渔民。

（2）投资方：西班牙王室为项目出资并有一名行政长官代表。

（3）客户/系统设计师：提供整体设计，对工作进行认证并授权支付"Veedor"。

（4）供应商：由承包商和分包商组成，实际承担建设港口的任务。

就像当今典型的空间项目一样，马拉加港的供应商是由一个名为"sobrestante mayor"的主承包商和一个名为"maestros deobras"的分包商组成的。与许多现代项目一样，这个项目也经历了延误和成本超支[1]。如果说阳光下没有什么新鲜事物，其实并不符合实际情况[2]，但确实不像广告宣传的那样，有那么多新鲜事物。

1.3　系统总体架构定义阶段的观点

本书是从客户的中心视角写作的。客户解释用户的期望和需求，并将其转化为一系列详细、正式的开发层面的规格说明。客户在供应商的帮助下，建立系统的总体架构，为系统各要素分配功能，分解总体性能要求，将它们分配至指定的系统要素，从而提高整体的性能。在这个过程中，客户将不断优化用户需求，并在用户和供应商之间进行沟通，直到用户需求、系统设计、性能划分及功能分配达到平衡和谐的状态。与此同时，客户还要关心投资方的主要约束，例如总体成本控制、可承受的风险、进度和将要采用的技术等。一旦所有参与者之间相互冲突的利益得到平衡，系统总体架构就可以确定，也就可以发布第一个全面的正式系统级规格说明。总体架构和系统规格说明将派生出系统主要要素的详细设计和一系列规格说明。总体架

---

① Ingenieria en el tiempo de Felipe II Patrimonio Nacional 2003.

② Eclesiates, Cohelet, date of writing unknown.

构定义的详细程度取决于在"基于投资方的目的,充分定义了系统的价值、成本以及风险的一组信息"方面将要达到的目标。这些信息将作为文件提交给投资方和客户,这将促使人们对一项空间项目是否有充足的成熟度和资金支持、是否要实现其工业开发做出明智的决定。这一步应该而且必须在项目审批之前进行。在早期设计阶段,客户作为用户和供应商之间的纽带,扮演着古典建筑师的角色。建立一个空间系统的架构是为了在这项任务成为现实之前,向用户和投资方证明其可行性和合意性。总体架构设计努力在用户需求、供应商的能力以及投资方的投资能力之间达到一种平衡。平衡只能通过相互作用来保证,其详细程度要确保人们能做出明智的决策,促使项目得到最终的批准。总体架构设计对于项目的审批至关重要,其对空间系统的整体成功来讲也至关重要。这些相互关系的概述如图 1.2 所示。

对于不同系统要素的功能和性能的详细设计、分配,系统设计师的综合视角也很重要。他独立于负责系统要素设计的专家,可以充当专门负责设计过程的专家们之间的仲裁者。因此,在空间项目的早期阶段,客户必须以系统架构的综合视角行事。在本书

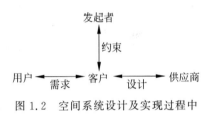

图 1.2　空间系统设计及实现过程中关键要素之间的相互关系

引用的 Maier 和 Rechtin 的书的序言中,探讨了系统设计师视角与系统工程师视角的不同,书中也对系统总体架构定义和系统工程的角色进行了比较和区分。再次引用书中的话:

空间项目的早期确实是一个形势未知、目标没有完全确定的时期。在这一阶段,与分析相比,需要更多的是综合。这些工作通过小型团队来完成。客户与用户和投资方之间的交互是强力的、非常有效的。

这意味着,项目的早期阶段更趋向于"总体架构定义",而不是"系统工程"。如表 1.1 所示,其也来自 Maier 和 Rechtin 的书。

表 1.1　系统总体架构与系统工程观点

系统总体架构设计/系统工程集合		
特征	总体架构设计	系统总体架构与系统工程	系统工程
状态	弱结构的	受约束的	可理解的
目的	满意	合规	最优化

系统总体架构设计/系统工程集合

方法	试探法	T^M	方程
	综合	T^M	分析
	艺术与科学	艺术与科学	科学与艺术
接口	聚焦于不匹配之处	临界	完整性
系统完整性维护	单一思想	明确的目标	规则的方法
管理问题	为投资方/用户工作	与投资方/用户一起工作	为供应商工作
	概念化及认证	整体瀑布式的管理	满足需求
	保密	利益冲突	利润与成本

从表中可以看出，"艺术"是非常关键的元素，最佳功能分配和最佳关键性能指标的确定不能仅仅通过科学和数学的手段建立。在设计过程开始时，设计环境是如此之大，使得试探法、平衡感、艺术美感以及由此产生的创造性火花比复杂的数值优化算法具有更大的真实性。掌握着财政大权的投资方"政治"需求，使仅用数学方程来实现最优的总体架构设计变得更加不可能。

满足如下条件，就可以说是一个好的总体架构：①需求得到满足；②具有良好的平衡；③是经费可以支持的；④是优雅的。

本书的目的之一就是要培养辨识好的总体架构的敏感度。

1.4　设计与实现是一个不断演进的过程

在上文中，设计过程被描述为平衡相互冲突需求的过程。本节将介绍如何随时间变化平衡相互冲突的需求的问题。

空间系统工程师需要在所有设计和实施阶段努力保持平衡，就像专业工程师在他们感兴趣的领域内所做的那样。因此，相同的需求会在更详细的设计层次上反复出现，一个迭代的过程就随之而来。这就是过去生产诸如串联或如图 1.3 所示的螺旋图来说明复杂系统设计过程的原因。

最顶层的设计从需求和约束的一般性陈述开始。这将产生整个任务的概念、有效载荷或观测的概念、最广泛的设计特征，以及项目的一系列顶层规格说明和计划。以这个输出作为下一个设计周期的起点，将逐步完成更详细的设计和规格说明。早期的设计处理了关键需求和任务的更高层次的描述，但由于该设计决定了项目的实施，这就意味着，对于要实际构建的系统，更高层次的描述还必须包括易于描述和分析的关键子集，因为对项目成本、性能和风险的可靠估计需要对这些关键子集进行相当详细的分析与设计。第 n 层的设计所提供的信息是第 $n+1$ 层规格说明和设计的起点。这意味着在每

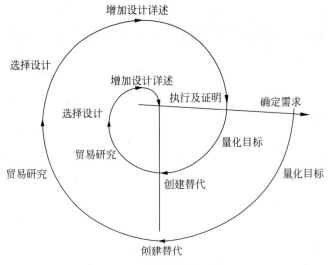

图 1.3　设计的递归过程

个不同的设计层面,通过平衡相互冲突的需求,同样的设计问题会重新出现。在流程的开始阶段,设计首先从最高的抽象层功能模型开始。这种抽象层会逐步减少,更多的具体概念和模型将被提供。这个渐进的设计过程包括:

(1) 功能分解。

(2) 增加物理构建模块的设计颗粒度水平。

(3) 总体设计中所有的关键要素都已逐步细化。

(4) 所有层面的详细设计。

一旦客户和供应商完成了设计,他们就会控制越来越大的组件制造、组装、集成、验证和最终验收,直到端到端的系统最终被认证并被用户接受准备使用。这意味着设计过程是自上而下的,从整体到细节,但实现过程是自下而上的,从细节到整体。系统设计和实现在时间上的整体演进可以描述为一个 V 形图[①],如图 1.4 所示。下行分支是一个分解和定义的序列,上行分支是一个集成和验证的序列。

在 V 形过程中,一个可悲的现实是,设计的第一件事就是最后要验证和认证设计是否正确的事情。事实上,空间系统实现的最初阶段和最终阶段,通常都具有端到端视角。项目获得批准后,实现空间段和地面段的职责通常分属不同的项目,在不同的层次下进行控制。卫星系统和地面段系统的

① FORSBERG K,MOOZ H. System engineering for faster,cheaper,better [J]. Incose International Symposium,1991.

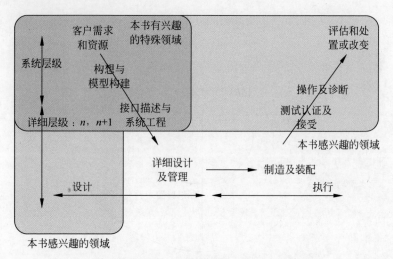

图 1.4　V 形过程的系统实现及本书感兴趣的领域

工程师们将专注于各自所面临的非常艰巨的任务：根据规格说明、进度和成本预算，来生产各自负责的系统的一部分。尽管如此，在项目的早期阶段，系统设计师必须完成一种设计，在这种设计中，地面和空间要素能够很好地结合在一起，所有的功能都能正确地分配，并且职责分工也很明确。此外，一旦卫星发射，负责操作在轨卫星的运行工程师必须将地面段和空间段作为一个整体来开展工作。这就意味着，在项目的开始和结束时，将空间和地面要素作为一个更大的整体的一部分来考虑，是唯一正确的做法。这就是为什么这是一本关于空间系统设计的图书，而不是关于卫星系统设计的图书的原因。

在上文所述的设计和实现的过程中，关注的是冲突需求的平衡和系统要素之间的相互作用，这也是本书的主题，主要包括：

（1）在整个设计和实现过程中，与顶层系统工程有关的活动，即位于图 1.4 上部的活动。

（2）与各层设计有关的活动，即位于图 1.4 左部的活动。

（3）特别是与系统级设计有关的活动，即位于图 1.4 左上区域的活动。

1.5　项目阶段和项目评审

空间项目被划分为不同的阶段，其目的是将系统从一个自然发展阶段推进到下一个阶段。每一个阶段都要完成一个主要的活动，并对所做的工作进行评审。

ECSS 对空间项目定义的阶段如下：

（1）0 阶段：任务和需求识别，建立任务目标，定义要实现的功能。

（2）A 阶段：可行性研究，建立系统功能需求和概念。

（3）B 阶段：初步设计。

（4）C 阶段：详细设计。

（5）D 阶段：制造安装及测试。

（6）E 阶段：系统的发射与运行操作。

（7）F 阶段：退役处置。

本书的主要目标是研究"总体架构定义"阶段，这些阶段发生在完全资助的项目获得批准之前。关于这些阶段的详细分析将在第 6 章介绍。

一个阶段过渡到下一个阶段是由评审来控制的，这些评审可以证明前一个阶段工作已经成功完成，准备好开始下一个阶段。上文所描述的过程是有严格顺序关系的：需求、设计制造、发射及退役处置。图 1.5 的下半部分小规模地再现了图 1.4 所描述的相同的 V 形图，描述了从一般到具体的设计，以及从具体到一般的组装和验证过程。

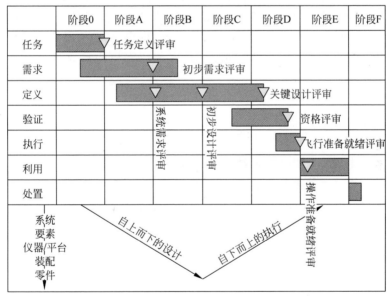

图 1.5　ECSS 典型空间项目的项目阶段和里程碑①

根据任务和系统不同组件的新颖程度，任务的实施将包括设计、制造装配和验证等环节高层或低层的重叠。系统将包含许多或大或小的组件，这

---

① European Cooperation for Space Standardization. Space project management-project phasing and planning：ECSS-M-10[S]. ESA，1996.

些组件已经存在，并且具有可作为现成产品使用的可靠记录。此外，卫星也包含大量需要全面详细设计和测试的全新组件。为了降低任务风险，这些新的关键组件的设计、制造和测试，应在详细设计阶段 C 或验证阶段 D 正式开始之前很久就着手进行。

1.6　什么是空间系统

系统是一组相互关联或相互作用的要素的集合，它们作为一个整体实现的功能要远远大于各个要素功能的直接相加。系统通过一个虚构的界面，与环境或其他外部系统相分离。系统通过该界面进行交互，同时该界面定义了系统本身及对外的关联。根据这个定义，一个系统可以是任何事物，但是只有一个有意义的、正确定义的系统的要素共同工作，才能满足一组明确的目标。在这种情况下，一个有意义的空间系统应该是其要素共同工作，以满足空间相关目标的系统。结合前面几节的有关定义，这些目标必须在投资方的约束范围内，并且能够满足用户的要求。通过这种界定，空间系统将与不同的外部要素进行交互，包括投资方、用户、外部环境和其他相关外部系统。例如，由其他机构制造的、处理相似需求的其他卫星所产生的数据。

1.7　术语

一些术语将在本书中频繁使用，并且它们有特定的含义。其中一部分已经介绍过。这些重要的术语如下：

追求（endeavor）：为了实现某项成就或目标所需的努力。它总是具有一般意义，并不意味着明确的开始或结束，也不代表明确的权威。

工程（program）：一个持续时间长的、大规模的探索，包括一系列相关但又相互独立的事业，并致力于追求一个共同的目标。它受特定权威的控制，通常持续时间较长。

项目（project）：由一系列协同的、受控的活动组成的一个独立的探索，承诺实现一个符合特定要求和约束的目标，其呈现的是一个单一的权威和明确的开始和结束。

系统（system）：一组相互关联或相互作用的元素，通常是一个项目的目标。一个系统有一个单一的权威。

用户（consumer）：空间系统产生的数据的使用者。

投资方（sponsor）：为空间系统提供资金支持的发起者。

客户（customer）：用户和投资方对供应商的代表。

供应商（supplier）：空间系统的建造者，并将空间系统交付用户。

总体架构（architecture）：为对全面资助的项目做出决策而定义的一组系统设计、价值成本以及充分的风险分析的信息集。

总体架构定义阶段（architecture definition phases）：与创建一个总体架构相关联的一系列活动。这些活动通常在完全资助的工业计划获得批准之前进行。这个阶段是本书的主要研究领域。

实施阶段（implementation phases）：与空间系统进入轨道和成功操作空间系统相关的一系列活动，这个活动在之前的定义阶段中已经被定义过。这个阶段通常在一个完全资助的工业项目获得批准之后实施。

系统设计师（architect）：一个或一组以端到端的视角来评估、谈判、并不时裁定相互冲突的合理的技术、方案和科学需求的人。

需求（requirements）：对系统进行验证的正式和明确的性能指标。

约束（constraints）：限制系统设计、执行的自由度的正式或非正式的规则。

要素（element）：系统的高层部分，例如平台、仪器、地面站。

组件（component）：系统的底层部分，例如卫星的姿态控制子系统、通信天线。

1.8 建议补充阅读

本书的重点是空间系统的综合，并假定读者之前就具备关于空间系统分析的知识。此外，本书的研究方法主要基于系统总体架构的范式，需要一些系统工程和空间系统工程理论方面的知识。为了更好地理解本书中所描述的问题以及那些对本书的创作有重要影响的问题，本节列出了补充阅读的资料。

对综合及总体架构的观点反映较多的是 Mark Maier 和 Eberhardt Rechtin 的 *The Art of Systems Architecting*，由 CRC 出版社在 2000 年出版。

NASA Systems Engineering Handbook SP-610S 1995 提供了与空间系统工程有关的特殊问题的全面视角。

Springer 出版社于 1999 年出版的、由 James Wertz 和 Wiley Larson 撰写的 *Space Missions Analysis and Design* 是空间系统分析的参考文献，是

一步一步指导设计一个空间系统的工具书。

Fortescue 和 Swinherd 撰写的 *Spacecraft System Engineering* 是由 Wiley 出版社出版的讲述卫星技术的优秀指南。

Spacecraft Techniques and Technology 是一部由法国国家太空研究中心（Centre National d'Etudes Spatiales，CNES）编著、由 Cepadues 出版的全面介绍空间系统工程的书。这本书包含了特别丰富的有关有效载荷的内容，以前的书并没有达到这样详细的程度。

本书的各章节也广泛地使用和引用了 ECSS 一系列文献。

上述空间任务分析资料为理解轨道力学提供了足够的信息。也有专门的软件包来计算轨道和定义与卫星相关的可视化模型：太阳、地球、重要观测区域、其他卫星以及地面站等。AGI 公司的卫星工具包（satellite tool kit，STK）被广泛地使用。Taitus 工程公司的轨道分析工具 SaVoir 被用于执行创建本书图形所需的大多数轨道分析。

2 空间学科

关键词 系统工程、系统架构、空间工程学科、项目管理、欧洲空间标准化合作组织

本章的基本目的是介绍在新的空间任务架构定义中涉及的空间工程学科。本章简短地描述了在任务实施的所有阶段中不同工程学科的角色和职责,对它们在架构定义阶段的角色进行了重点描述。空间系统架构的定义在第1章有所概述,是一个严格的过程。由供应商和客户构成的小团队必须保持多方位的视角来指导架构的定义,这些小团队可以与不同空间工程学科的专家进行互动。要了解这些相互作用,有必要对这些工程学科进行介绍。本章有两个目标:

(1)详细描述两个工程学科:空间系统工程和空间系统架构。它们与本书的多方位视角的观点关系密切。

(2)简要介绍空间系统架构建立过程中所涉及的所有其他工程学科,重点强调在空间系统架构定义阶段不同学科的角色。

工程学科分为四大类:

(1)卫星工程学科。

(2)有效载荷或仪器工程学科。

(3)工程支持学科,包括常见的横向活动,如成本分析,验证工程或质量保证。

(4)地面段工程。

要详细学习经典工程领域的读者,必须参考关于这些主题的现有其他的书籍。Fortescue 的书[1]特别深入地介绍了经典卫星工程领域,CNES 的书[2]不仅包括卫星工程,还包括了仪器工程、空间工程支持学科和地面段。

---

① FORTESCUE P, STARK J. SWINERD G G. Spacecraft systems engineering[M]. West Sussex: Wiley & Sons,1991.

② CNES. Space techniques and technology[M]. Cepadues,2005.

本章使用 ECSS 的标准集合作为描述不同工程学科实现功能的基本指南。此外，本章还回顾了另外一些在讨论空间工程时 ECSS 没有考虑的学科：一个是系统架构工程，另一个是涉及最终任务数据产品生成的科学和工程。

2.1 空间系统工程

根据《NASA 的系统工程手册》[①]，系统工程的目标是完成系统的设计、建造、测试和操作，以便以最具成本效益的方式实现目标，这需要考虑性能、成本、进度和风险等因素。

系统工程过程包括几个不同的功能，如图 2.1 所示：①集成与控制；②接口管理；③需求工程；④系统分析；⑤设计和配置定义；⑥验证。

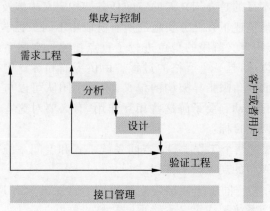

图 2.1　系统工程阶段[②]

在这六个系统工程活动中，接口管理和集成与控制发生在空间任务的所有实施阶段。需求工程、分析、设计和验证工程或多或少是按顺序进行的。

2.1.1 集成与控制

系统工程的集成与控制，确保了各学科和参与者在整个项目阶段的整合，从而优化整个系统的定义和实现。它为项目管理提供了相应的、必不可

---

① NASA. System Engineering Handbook：SP-6105-1995[S/OL][2013]http://www. nasa. gov/seh/index. html.

② European Cooperation for Space Standardization. System description：ECSS-S-ST-00C[S]. ESA,1996.

少的输入。

集成与控制功能和项目管理紧密相关,包括:支持项目经理在整体管理和规划方面的需要,包括数据库的生成和维护、信息传输的控制、接口的管理、技术预算的创建和维护;允许项目经理正确执行与风险评估和风险缓解相关的所有活动所需的技术支持。

集成与控制系统工程包括以下活动:①系统架构的规划和管理;②管理工程数据库;③规划文档数据交换;④内部和外部接口管理;⑤环境工程;⑥人为因素;⑦系统预算和余量准则;⑧技术风险评估和风险缓解;⑨确保符合成本效益的采购;⑩为各级供应商改变系统工程能力的管理和评估提供技术输入。

在项目审批前的早期阶段,产生的信息量是适中的,参与者很少,可以在没有沉重的正式程序的情况下保持工作的逻辑结构。由于文件数量有限,空间系统设计师可以不提供正式的管理计划和系统工程计划。然而,正式的风险管理和风险缓解行动是必要的,这二者可以在项目审批前从根本上确定并降低技术风险。同时也要建立所有必要的计划,以便进行正确的成本和风险评估,包括项目最终实现的整体开发方法,以及解决系统所有要素在任何层次出现的技术风险的模型原理和技术准备水平。

2.1.2 接口管理

系统工程师也充当项目管理团队与构型控制、产品保证、生产工艺等工程支持学科之间的接口。系统工程师向项目经理报告,并提供为了准确地估计进度、成本和风险所需的所有必要技术信息,以做出正确的决策。系统工程师在对设计解决方案进行系统验证和评估的过程中,还承担与产品保证之间的接口工作。系统工程师还负责生产和物流的接口,包括与制造、装配和测试相关的所有方面:试验设计、执行和报告,以及测试评估。特别令人感兴趣的是卫星系统工程师与卫星在轨运行之间的接口。这需要在发射前建立卫星运行程序,以及与卫星在轨调试、最终在轨验证和常规在轨运行有关的活动。空间系统工程接口关系如图 2.2 所示。

2.1.3 需求工程

需求工程是与系统工程师的职责相联系的,可以确保系统实现其目标。这就要求建立、讨论、协商和维护列出了系统需求的文档,最终对每一个层次进行系统集成,通过一个规格说明树建立所有规格说明之间的层次关系。系统工程师将扮演核心角色,负责对任务的用户提供能够满足他们需求的

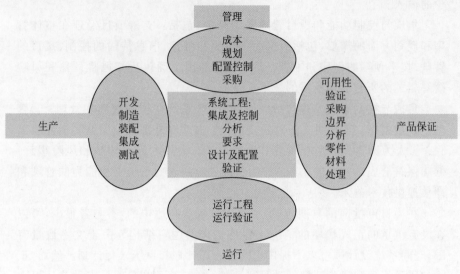

图 2.2　空间系统工程接口关系[1]

系统。用户提出需求，系统工程师对此进行讨论和协商。在此之后，系统工程师将把这些顶层的用户需求转化为一套正式的文档，并提供给供应商开展设计。供应商获得适用于卫星底层组件更多、更详细的要求，这些要求被施加给为主工业承包商提供设备和服务的工业团队内部的不同组织。供应商将根据相应的要求，接受或拒绝交付的设备和服务，并将系统交付给客户。代表供应商和客户的系统工程师，将根据客户的《系统需求文档》中定义的、合理的正式要求，接受或拒绝系统。第 3 章将详细研究规格说明的不同类别、谁拥有它们，以及谁应用它们。显然，与任何空间系统相关的成本和风险都是在它们的需求中形式化的其性能的函数。所有空间项目在筹备阶段，都应确保对系统的需求足够明确，以便在正式项目开始时，对原始的需求集的改变最小。需求工程将在第 3 章中进一步探讨。

2.1.4　系统分析

系统分析可以定义为：通过适当的调查，以协助决策者选择完美的、未来可实施的方案，方法如下：

（1）系统地检查并复查相关的目标，并评估实现这些目标可供选择的

---

　　① European Cooperation for Space Standardization. System engineering：ECSS-E-10［S］. ESA，1996.

政策和策略。

（2）尽可能定量地比较可供选择方案的成本效益和风险。

在项目早期阶段开展的系统性能分析，能够实现系统需求和不同要素总体性能的最佳分配。例如，指向稳定性系数是结构、热控制和姿态控制子系统性能的函数，对整体性能的分析可以对不同误差源进行不同分配的可选分配方案进行研究，直到它们之间达到适当的平衡。

系统分析的另一个方面是功能分析，这里可以定义为"谁必须要做什么?"。功能分析也是一种工具，用来定义基线架构和不同层次的设计。根据上文中提到的 ECSS 关于系统工程的标准(ECSS-E-10)，在项目获得批准前，应进行以下系统工程分析工作：

（1）分析任务需求，引出高层次任务及卫星需求。

（2）任务分析和轨道计算。

（3）操作约束。

（4）对空间段和地面段进行功能分析。

（5）可能的任务概念的建立和评估以及关键环节的引入。

（6）技术评估与设计选择，并为任务驱动的将要开发的技术建立初步方案。

（7）系统余量方案和风险与性能之间的权衡。

（8）成本、风险和进度估计。

2.1.5　设计和配置定义

设计和配置定义是从系统的最高复杂度到最低复杂度来定义软件和硬件的物理和逻辑层次结构的过程。这里定义的配置是指卫星的物理概念，配置定义是控制卫星的实际物理配置所必须的工作。

设计和配置控制包括：

（1）产品树的维护，它定义了所有要交付的产品及相互关系。

（2）预算维护，如质量、指向、电源、计算机负荷等。

（3）评估制造、装配、验证和操作对系统设计的影响。

（4）"设计依据文件"的控制，为设计选择提供原理性支持。

（5）分析和测试数据，以表明设计满足所有要求。

在实施空间任务的最初阶段(这是本书的重点)，文件的数量是适度的，通常不需要建立复杂的文档配置控制过程。然而，在维持预算方面并非如此，预算维持从最初阶段就是基础，具体原因如下：

（1）在早期阶段，预算估计中的错误可能会传播，并在一段时间内不被发现,对某些层次的设计决策产生不利影响。

(2)每个预算都允许将相应的较高层次的需求细分为其贡献部分,由此可能推导出每个贡献部分的较低层次需求。

在一个项目寿命期的早期,由于可用信息的成熟度相对较低,关键系统预算出错的概率较大。通常采用适当的安全余量来应对这种状态。即使这样也绝对不能放松警惕,因为这样的错误可能导致采用一个并非最优的系统架构,这对所有相关方来说都极为不利,且一旦硬件完成后,任何边界原则都无法挽回局面。因此,在实现一个系统架构时,必须特别强调要尽早确保一个良好的设计预算余量。

2.1.6　验证

验证是指通过一个专门的程序证明该系统满足适用的要求,并能在任务的寿命期内履行其任务。验证涉及系统的所有组成部分,并逐步执行。验证是自下而上、从小型的和孤立的部分到大型的和集成的部分来进行的(图1.4),其最后阶段是对供应商提供的集成系统进行充分的验证。系统工程师是保证卫星和端到端系统的需求都被满足的最终负责人。验证和检测方面的专家将在验证中协助他完成这项任务;验证测试方面的工程学科将在2.6.1节介绍。验证任务在项目结束时比项目开始时更多。因此,架构定义阶段不包括许多验证活动。不过,从空间任务设计的最初阶段开始,验证工作有两个方面是重要的:

(1)在项目进行前,进行关键技术验证对于降低风险是必须的,即必要的预先开发。

(2)理解与任务验证相关的困难和成本。任何需求的建立都需要详细思考如何进行验证。

预先开发将在6.5.1节分析,尽早评估可验证性的重要性将在3.5节研究。

2.2　空间系统架构设计

架构在 ANSI/IEEE 1471-2000 中被定义为"一个系统的基本组织,体现在其组件、组件之间的相互关系和环境,以及规范其设计和演进的准则中"。系统架构的定义是建立一个系统的架构所需的活动,面向架构定义的学科可以称为系统架构设计。系统架构设计是一种新颖的方法,其来源有两个:

（1）系统设计师作为建造者与客户之间的接口的典型方法。

（2）大型软件开发者的形式化方法。

典型的方法侧重于在可能的项目环境背景下，了解用户和投资方的真实需求。形式化方法侧重于对复杂系统的系统分析方法的开发，以便更好地理解它们，并正确地设计和实现它们。本节介绍了这两种方法，并分析了它们在多大程度上适用于空间工程。

系统工程是一门成熟的工程学科，而系统架构设计还不太为人所知。不过，系统架构设计在以下两种情况下，对空间系统的设计特别有用：

（1）系统架构设计的传统设计方法与项目批准之前的工作相关度很大。传统系统设计师的观点已经在 1.2 节讨论过，详见表 1.1，2.2.1 节也将重新对其进行讨论和扩展。

（2）软件形式化方法有利于复杂和大型体系的分析。这种方法将在2.2.2 节讨论。

这两种方法都强调更宽广的视角、与外部环境的关系、非数值的方法和系统要素之间的相互关系。

2.2.1　传统角色中的系统设计师

表 1.1 表明，在空间项目正式批准前的早期阶段，系统工程师的功能从根本上说，是一个传统的系统设计师的功能。根据经典范式，系统设计师与客户一起工作，系统设计师是客户和建造者之间的沟通和协调渠道。然而，空间系统设计师还应协调在绝大多数的空间任务中会出现的冲突，即有两个客户：使用系统的用户和花了钱的投资方。在一项可能的新的空间任务的架构定义阶段，很大一部分工作涉及协调投资方与用户之间的矛盾。

系统设计师为开展工作所使用的科学工具也恰好是系统工程提供给系统设计者的那些工具。正确的架构设计观点给系统工程带来的不是新工具，而是特殊的视角。这个视角要求：

（1）考虑比可能的空间任务自身更为广阔的视角。

（2）综合所有相关的信息来源。

（3）包括非数学方面的考虑：试探式、自我探索和试错方法。

为了使一项新的空间任务获得批准，需要采用一种比该任务本身更广阔的视角。我们假设系统设计是正确的，如果该系统能适应更广泛的外部环境，该任务才能获得批准。这种对外部环境的认知，需要使用传统系统工程之外的工具，更多的是管理科学领域中的。4.2 节将分析用于外部环境分析的工具。外部环境在系统设计人员的控制之外，超出了系统设计人员的控制。然而，对这种环境的认知是必要的，可以达成一种负担得起和有用的系统设计，并最终实现完全满足真正的用户需求。

要正确定义一个新的空间系统，从系统设计师的观点来看，不仅要重视知识和方程，还需要智慧和探索。这种令人惊讶的说法已经在1.3节中简要说明了。第5章分析了设计过程，也不断提到需要发展敏感性以认识到适当的、平衡的设计是独立于纯粹的数学方法的。分析设计过程并反复强调需要培养识别正确、平衡设计的敏感性，也是独立于纯粹的数学方法的。第5章还包括许多适用于空间系统设计的试探式的方法。具体来说，5.6.2节分析了使用纯数值方法分析空间系统整体性能的局限性。事实上，本书的第二部分，也是最长的部分，第7~12章正是基于这样的理念。在这些章节中，通过对过去的设计的展示和说明，将使读者逐步形成对什么是平衡的、好的设计的非数值敏感性。

引用 Scott Hyers 在 Weinberg[①] 的《通用系统思维导论》中标注的一句话：

> 纯科学的方法说："清晰的逻辑思维要求我们一次只能改变一个因素"以及"所有其他因素都是平等的……"，一个系统是一组部件的集合，系统的核心特性不变，任何部件都不可能被改变。因此，对系统的研究不利于"一次一个因素"的策略。

这就意味着，真正的系统思维不可能完全是"科学的"，还需要一个补充的视角。对这种视角进行定义并非易事，要形成一种架构定义的、科学的系统方法或工具包也不容易，因为所需的视角是非结构化的、折中的、试探式的，甚至是艺术性的。它是许多技能的综合。并非所有技能都是解析性的，但科学是解析性的。

2.2.2　架构定义的形式化

形式化架构设计的根本目的是创建对一个复杂系统的明确描述，清楚地解释系统的功能、关系、特点和行为。这是通过开发一组清晰的、严格的概念明确地描述系统来实现的。这种描述支持对系统特性的推理。它定义了系统的构建模块，提供了产品采购及系统开发的计划，从而以最佳方式管理和开发复杂的系统。从上文可以明显看出，架构定义的形式化提供了描述系统架构的方向，该框架并不提供如何设计或实现特定架构的指导。

---

① Quoted by Scott Hyer in a presentation to Incose.

有几种方法可以实现这些描述。一种遵循 IEEE P1471[①] 软件工程标准的方法提供了一个入门指导，这套标准非常具有普适性，又独立于任何特定的框架。根据这种方法，每个系统都可通过几个架构说明来进行描述。每个架构的描述可以称为一个视图。

视图是从相关的关注点或问题的角度对一个系统的表述，是由所表达的观点通过内部逻辑提供的。观点是一种模板样式或规格说明，用于回答系统中特定类型的利益相关方的关注点。我们可以有尽可能多的不同、但相互一致的系统描述，就像我们可以想象许多不同类型的利益相关方一样。"视图"回答了利益相关方的关注点，并提供了系统工程经典方法和现代方法之间联系。

正式的架构描述提供了一种理解和管理复杂性的机制。防务系统是极其复杂的，包含许多相当自主的功能和物理模块，并且已经在防务界广泛地开发了架构定义形式化的应用。美国国防部已经制定了一套创建视图的指南。

如图 2.3 所示，一个架构框架有三个基本视图：作战视图、系统视图、技术视图。

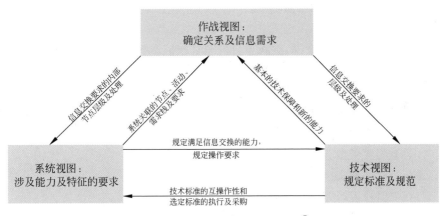

图 2.3 美国国防部的基础视图[②]

作战视图是对完成或支持一项军事行动所需的任务和行动、作战要素和信息流等的描述。它包括对作战要素、分配的任务和活动的描述（通常是

---

① IEEE. Draft Recommended Practice for Architectural Description：IEEE P1471-1999［S］. IEEE.

② United States Department of Defense architecture working Group. C4ISR architecture framework［R］. US Department of Defense，1997.

图形化的），以及支持考虑中的系统所需的信息流。它定义了信息交换的类型、交换的频率、信息交换支持的任务和行动，以及可以确定特殊互操作要求的足够详细的信息交换性质。

系统视图是一组系统和提供或支持系统功能相互关系的描述。系统架构视图能够显示多个系统间如何关联和互操作，并且可以在架构内描述特定系统内部结构和操作。对于单个系统，系统架构视图包括物理连接、位置、关键节点识别（包括材料项目节点）、电路、网络、平台等，并详细说明了系统和组件的性能参数。系统架构视图将物理资源及其性能属性与操作视图及其在技术架构中定义的每个标准的要求关联起来。

技术视图是管理组件或要素的布局、相互作用和相互依赖的最小规则集，其目的是确保一个符合要求的系统满足一组指定的需求。技术架构视图提供了技术系统实现指南，并以此为基础建立工程化规范、建立通用构建模块并开发生产线。技术架构视图包括一系列组织进了配置文件中的技术标准、协议、规则和准则，用于管理特定系统架构视图的系统服务、接口和相互关系，以及与相关的特定操作视图的关系。

2.3　项目管理

对供应商和客户来说，空间项目的全部权威掌握在一个人手中，他确保项目的成功，使其能够按期、在成本上限内完成，并满足全部要求。这是项目经理的职责。项目管理的职责包括：

（1）项目的阶段划分。

（2）成本和进度管理。

（3）配置管理。

（4）信息和文档管理。

（5）项目组织和工作分解。

（6）后勤和保障。

（7）人力资源，包括人员配备、培训和个人绩效评估。

大型空间项目是一个包括科学、技术、经济和管理等方面的、极其复杂的大规模尝试。空间项目的实施需要许多组织的合作、提供产品，既满足用户的需求，又满足投资方对成本和进度的限制。为实现这一目标，技术活动、人力资源和财政资源必须以结构化的方式进行组织和协调，以获得最终产品。这种结构连同相关的过程构成了一个项目。它意味着一个目标（系统）、一个时间框架，以及在资源约束下要开展的活动。项目管理由这些活动的定义、实施和实现构成,包括对与预测和期望对应的实现结果的验证。

项目管理需要仔细考虑应该完成什么工作,安排未来建设所需的所有步骤,并获得完成这些步骤所需的资源。但最重要的是,它需要处理现实、问题、延迟、变化、障碍等,有时还会有随着项目出现的一些机会。这意味着它需要在现实世界中处理风险。在架构定义阶段,客户和供应商小团队的领导者往往承担项目经理及系统设计师的职责。

2.4 卫星工程学科

设计一个空间系统远不止是设计卫星,卫星的存在仅仅是使系统成为一个空间系统。但是很明显,卫星的设计将占据空间系统设计工作的最大部分。设计建造一颗卫星,必须要整合一套定义明确且相互补充的工程学科。ECSS对卫星工程学科划分包括:

(1) 机械工程,包括结构、热控、机构和推进。

(2) 电力、电子和数据处理。

(3) 软件。

(4) 通信。

(5) 卫星的姿态控制和轨道控制。

所有这些工程学科将在后续小节分别介绍。

2.4.1 结构

结构是卫星承载载荷、支持或保护其他卫星部件的各个部分。为了承载和保护,结构必须提供强度和刚度,以承受环境负荷而不危及任务目标。结构还必须足够稳定,以避免可能降低任务性能的变形,如造成仪器指向的错误等。结构还要提供诸如遮阳、导电或隔离等其他功能。结构必须在任务的全阶段(地面和在轨期间)提供承载功能。

在架构定义阶段,有两个基本问题:

(1) 为卫星收拢和展开状态的物理外壳提供一个形状,即卫星构型。

(2) 提供卫星的内部框架,即一个合适的主体结构。

内部框架是整个卫星的主要负载路径。在整个卫星寿命期间,在外部环境变化很大的情况下,卫星的外部形状和内部框架应完成其结构功能,包括以下步骤:

(1) 在地面上,结构作为平台,将卫星的其余部分安装在它的周围。结构是否适合地面组装、拆卸和运输也是必须考虑的一个重要设计因素。

（2）在发射过程中,结构需要承受火箭发动机点火产生的巨大负荷。

（3）在轨运行过程中,结构要保证卫星其余的部分配置部署处在正确的位置和方向,还要承受由卫星机动所产生的负荷。

卫星在运载火箭中收拢的配置形状,与在轨道上展开时的形状可能有很大的差异。一旦卫星从火箭分离入轨,就需要运用部署机构对卫星进行重新配置。

结构工程学科是以应力分析和材料强度为基础的科学。有限元分析是确定卫星结构中应力和强度的标准技术。结构工程是一门成熟的学科,具有完善的程序、久经考验的结构组装技术和高可靠的分析方法。同时,为卫星设计合适的外形是一门科学,也是一门艺术。卫星的外形设计是一项真正的多学科活动,需要综合考虑卫星全寿命阶段所有部件之间相互矛盾的要求才能正确完成。这意味着卫星配置主要是基于卫星部件之间的相互关系的,这是本书关注的重点。这一关注点会在第 10 章进行广泛的讨论,10.1.1节还专门研究了结构工程工具。

2.4.2　热控

卫星的热控部件可以使卫星硬件保持在规定的温度范围内,防止它们变得过冷或过热。热控部件需要在任务的整个寿命期和所有可预见的情况下完成热控功能。要做到这一点,热控部件必须在硬件变得过冷时提供热量,在硬件变得过热时进行散热。

卫星内部的热量传递是通过辐射或传导进行的,但卫星和外部环境之间的热量交换则是通过辐射完成的。热部件还可以用来在卫星内部提供均匀的热条件,减少热弹性变形,提高尺寸的稳定性。热控工程是一个技术领域,所涉及的技术可以确保卫星的所有部件都保持在适当的温度范围内。热控工程按照温度的范围可分为专门的子领域。热控工程可分为三大类：

（1）低温：低于 120K。

（2）高温：高于 420K。

（3）常规温度：在 120K 和 420K 之间。

在项目的早期阶段,热控工程主要涉及散热器的正确位置和尺寸,来散发由卫星随着其构型、轨道和姿态形成的轨道几何产生的热量。这意味着,散热器的位置既会影响卫星的构型,也会受到卫星构型的影响。如果需要仪器保持在非常高、非常低或非常有限的温度范围内,对散热器的位置就会有特殊的要求。热控是一个非常完善的工程领域,在 300K 正常环境温度左右的常规范围内,可以认为热控技术是成熟的。在高温或低温下运行的设备,需要专门开发专用的热控部件,可能需要在项目批准之前制造和测试这些专用部件。

热控工程师使用有限差分分析这样的分析技术来确定卫星不同部分之间以及它们与卫星周围空间之间的热量交换。这些分析允许在以时间为函数的全任务阶段中确定所有卫星要素的温度。对不需要进行局部大量散热,并在常规温度下工作的卫星,其热控设计是成熟的,有成熟的设计方法和可靠的分析方法。然而,极低温或散热量大的热控设计是复杂的,需要考虑热控设计对卫星其他子系统的影响,例如,一颗卫星可以简化其热控设计,但要以其配置复杂化为代价。这些影响将在第10章进行研究。热控设计工具和问题将专门在10.1.2节重新讨论和扩展。

2.4.3 机构

这里定义的机构是指任何用于改变整个卫星或卫星部分几何构型以确保卫星正常工作的装置。

机械构型重构可以是卫星内部的特定组件,也可以是卫星整体结构的重大、明显的变化。内部机构执行卫星组件所要求的全部运动功能,例如允许动量轮的旋转或仪器沿视线指向。需要外部机机构来对卫星整体构型产生临时或永久性的改变。这些变化是由发射过程中收拢的卫星的外力压紧环境与卫星一旦入轨后的无约束和轻负载环境的反差带来的。为执行这些重构功能,机构必须:

(1)在需要进行重构时,限定和锁定组件进行重构。

(2)释放组件以允许启动重构。

(3)生成力和力矩,产生重构动作所需的运动。

(4)减少运动过程中的摩擦。

(5)测量并控制运动。

(6)一旦所需的运动执行后,锁定重构的部分。

从发射收拢至在轨展开,构型的改变是特别重要的。

一旦重构完成,机构就变成了功能性的结构,这是因为它们承载载荷并提供支撑,同时必须提供相应的强度和刚度。与结构类似,机构也提供准确的定位和空间稳定性。机械工程利用所有的结构工程工具以及辅助领域的专业知识,包括:

(1)由电动执行机构提供改变形状或能够运动所需要的能量和运动。

(2)摩擦学,即润滑科学与工程,以确保所有条件下的平稳运动。

(3)控制理论和控制电子学,在极有可能的情况下,由电动执行机构和传感器来启动和控制运动。

机构需要安全可靠地在轨实现预定功能。不断变化的热环境以及空间的真空环境,使空间在确保机构不同部分之间的平稳运动方面显得特别不友好。高温和低温会产生热胀冷缩,从而导致机构的松动或绷紧。复杂的热环境和真空使许多在地球上可以使用的润滑油失效。开发在真空中有效润滑物质的工程学科是空间摩擦学的一个成熟领域。机械工程可以驱动卫星构型的设计,其设计也受卫星构型的驱动。存在收拢和展开状态巨大差异构型的卫星,需要大量且复杂的机构。指向的精确控制和校准以及满足卫星仪器指向所需的专用机构的在轨操作,通常是一个强任务依赖的领域,在项目的早期阶段需要做很多工作。为了降低任务风险,在项目获得批准前,必须要设计和测试任务中所需的最具创新性和关键性的机构。关于机构更加详细的讨论将在 10.1.3 节进行。

2.4.4 姿态控制

为了生存和正确地履行其功能,在轨卫星必须指向特定的方向,也就是说,轨道上的卫星需要确定和控制它们的姿态。姿态控制系统是卫星的一部分,其设计目的是为卫星提供控制。

卫星控制工程是在变化的外部环境中,确保卫星处于所期望状态的技术学科。特别是卫星姿态控制工程处理姿态的控制,也就是卫星本体相对于参照系的方向控制。卫星姿态控制包括作用于卫星的传感器和执行机构。控制还包括某些类型的反馈环路。

姿态确定装置能够感知卫星的姿态,辅助卫星当前的控制姿态。控制环路的逻辑可以是数字的或模拟的。在数字控制环路的情况下,控制逻辑可以由卫星的中央处理器或专用处理器来实现。执行机构用于提供使姿态产生变化所需的力矩。卫星针对不同情况和不同类别的要求,应能够设定不同的姿态。每种情况都会为卫星的姿态控制定义一种模式,可能需要不同的传感器、执行机构和控制逻辑。姿态模式将在 9.5 节讨论。

在项目获得批准之前的架构定义阶段,需要建立控制的概念、传感器、执行机构工具以及控制环路。设计结果必须经过分析,以证明它们是符合需求的。对卫星姿态的选择直接源自于所观测事件的需要,因为卫星姿态直接决定着卫星的形状,所以对卫星构型的影响很大。由于运行状态的不同,卫星可能有不同的姿态。在某些情况下,环路的闭合将包含在地面卫星控制团队的行动中,这就在姿态控制与卫星操作之间引出了一个补充的连接。姿态控制也将在 9.1.3 节讨论。

2.4.5　推进

卫星轨道经常需要进行大大小小的修正。当运载器将卫星释放到一个中间轨道时,需要进行较大的修正。为了避免由于诸如大气阻力、月球或太阳的引力作用等引起的摄动,使卫星轨道相对于标称轨道发生漂移,必须进行小的修正。推进器是用推力为卫星提供自主轨道修正的一组部件。

卫星的推进组件包括推进剂、推进剂贮箱、管路、过滤器、阀门、和推力器。推进剂提供化学能,并转化为由推力器喷出的气体的动能。星上推进组件允许卫星运用推力来控制卫星的轨道。星上推进装置也可用于给卫星提供力矩。在这种情况下,推进装置将作为姿态控制的执行机构。

在架构定义阶段首要的和最基本的决策是轨道的选择和轨道控制方法的定义。作为一个顶层决策,任务通常被作为一个整体来考虑,对推进子系统的定义只是众多因素中的一个。在这种情况下,对轨道和轨道控制方法的选择将决定是否有必要进行复杂的推进、简单的推进或不使用推进。改变轨道所需的能量将由储存在推进剂中的化学能或压力能提供。在电推进的情况下,能量将通过从太阳能转换的电能提供。一旦运载器、轨道、整体的轨道修正和控制被确立,就将选择推进的概念。

推进和轨道确定与控制的其他工具将在9.1.2节讨论。

不论是大型的运载器发动机还是小型的卫星推力器,火箭发动机的设计都是高度专业化的,与其他空间工程学科没有联系。几乎不会有专为任务设计卫星的推进组件,多数情况都是从一系列已经可用的组件中选择适合执行任务所需的组件。从这一点来看,推进工程师在架构定义的整个过程中扮演了一个作用相对较小的角色。

同时确定关于运载器、轨道和轨道控制的架构是一项基础性工作,要尽早纳入项目中,其对整个任务的设计有重大影响。这意味着它是一个任务系统设计师将发挥主导作用的决策。系统设计师应积极主动地识别推进专家做出的设计决策对任务的影响,例如在轨道修正期间减少仪器的可用性,或对轨道确定和轨道控制在卫星自主和地面干预之间进行选择,这些将在第11章中作为卫星操作的一部分加以讨论。

2.4.6　电力

电力工程是处理向卫星提供电力的技术领域,电力必须被产生、储存、管理和分配。几乎在所有的情况下,电力都由太阳能电池产生,储存在电池中,并通过专门的电子组件进行管理和分配。太阳能电池单元位于太阳能电池阵列中。这些阵列是大型扁平结构,有足够的面积来容纳上面的太阳能电池。太阳能电池阵列通常是展开的,以使其能够收集所需的太阳能。太阳能电池阵列一旦展开,就可以沿着轨道定向跟踪变化的太阳方向。电力子系统还直接控制加热器、点火器和其他关键部件的供电,即使卫星的主要部件失效,这些关键部件也必须能够工作。

电力工程中的两个截然不同的方面是:

(1)电力的生产、控制、储存和分配工程,属于电气工程学科。

(2)为太阳能电池提供安装位置的可展开结构和使其能够正确跟踪太阳以提供最大能量的工程,属于机械工程学科。

大多数任务有非常相似的电力存储、管理和分配需求,可以使用经过充分验证的设计,从一个项目到下一个项目只需要进行很小的改进。这意味着,电力工程中电气部分的设计是相当标准的,并不需要电力工程专家与其他架构设计团队之间进行繁重的相互交流。大多数情况下,这也是电力产品设计在机械方面的形势。在发射阶段收拢、具有部署展开和太阳跟踪机构的合格太阳能电池阵列方案可以从上一个项目继承到下一个项目,仅进行小的改进。然而,太阳能电池阵列对卫星构型有着显著的影响,其构型几乎与卫星设计的各个方面都有密切的关系。例如,如果电力需求适中、轨道合适,有时可以将太阳能电池阵列作为面板固定在航天器的外部结构上。这样做的好处是避免了对太阳能电池板的收拢、释放和展开的要求。如果有要求的话,还可以去掉太阳能电池板驱动机构,所有这些都会增加成本和质量。其弊端在于,这种固定式太阳能电池板无法从背面辐射所吸收的太阳能,会导致工作温度较高。这是航天器设计中体现互动性的一个鲜明的例子,必须将发电的需求看作是与航天器的构型、设备的适应性、轨道的选择以及热和结构设计相结合的一种平衡。因此,太阳能电池阵列的适配在空间任务定义的架构设计阶段将扮演重要的角色。

电力工程将在 11.1.1 节从电气的角度进一步讨论。太阳能电池阵列作为结构将在 10.1.4 节讨论。

2.4.7 数据处理

星载数据处理是航天器的中枢神经系统。它监视、存储和控制每个卫星组件的状态、健康和性能。此外,数据处理解译并执行由任务控制系统所发送的、由通信子系统接收和解码的指令。根据这些指令的性质,它们可以立即执行,也可以延迟执行。根据任务操作需要和设计的自主程度,数据处理也能够自主执行指令。该系统还为卫星组件记录并提供时间数据。

卫星星载数据处理系统具有两个显著的特点：

（1）硬件必须在恶劣的空间环境中工作。这就要求使用高质量的组件，还需要采用鲁棒和冗余的设计，即使在发生多个故障的情况下，也能确保卫星的生存及数据处理功能的恢复。

（2）设计、实现并执行空间任务所需的时间比数据处理技术的寿命期更长。

这两个因素使卫星的数据处理技术相对于地面上的同类技术来讲非常保守，甚至过时。这种情况有时是非常极端的，以至于在空间系统的早期设计阶段，必须考虑设计时计划使用的组件可能在多年以后需要完成任务时变得过时或无法使用。除了卫星数据处理工程的保守态度以外，信息技术的进步也在不断推动着星载设计向着更自主和高效的方向发展。

每个新任务的观测数量、方式和所产生的数据都有所不同。因此，在任务架构定义设计阶段，就应设计专用的数据处理架构。该架构的设计要求定义用于处理信息的星载计算机和专用数据处理单元的数量和作用，用于转换信息的数据总线的数量和速度，以及用于数据存储设备的数量、速度和存储能力。

在所有的卫星中，总有一台中央计算机控制整个卫星，但辅助计算机可以控制特定的区域，例如，对仪器产生的数据的处理、加工和存储，或对卫星姿态的控制等。完全集中的数据处理通常由单一供应商负责，但分散化的数据处理的职责通常会分配给不同组件的供应商。在许多任务中，星上专门处理由仪器产生的数据流的数据处理架构和监测、控制整星状态及健康情况组件的数据处理架构是被区别对待的。卫星数据处理将在 11.1.2 节展开讨论，仪器数据输出的数据处理将在 12.1.1 节进一步分析。

2.4.8 软件

软件是一组计算机程序、规程、文档和相关数据的集合。软件显然是一门拥有属于自己的方法和技巧的独立工程学科。软件在物理上驻留在计算机中，2.4.7 节我们已经介绍过，计算机是数据处理工程的一部分。

对每个新的任务来讲，星载软件将是全新的，但软件的实际编码是一项细节设计，其在空间任务架构定义阶段完成后才实施。在架构定义阶段，软件专家的参与是极少的。软件设计最多被认为只是在功能分析和要实现的功能模块这个层面上。推动科学发展的任务需要先期开发算法来处理仪器所产生的数据，但这更多的与空间任务背后的科学有关，而不是与软件工程本身相关。

与任何空间任务相关的软件都可以分为两类：地面软件和在轨软件。

考虑到卫星操作过程中所涉及的危险，在轨软件是特别重要的。关键软件是支持一项安全性或可靠性关键功能的软件，如果错误或意外执行，可能会导致灾难性的后果，通常意味着生命的损失或者空间任务的失败。关键软件有专门的产品保证和验证方法。在空间任务架构定义阶段，没有必要进行软件设计，即使是关键软件也没有必要，但是为了正确地定义任务的成本，有必要定义软件和关键软件的开发方法。

2.4.9　通信

通信是允许卫星和地面段之间的信息进行交换的工程学科。

遥测和遥控数据通信组件支持卫星和地面段之间的信息交换，为地面操作人员提供必要的信息，以确定卫星的状态、健康状况及每个卫星组件的性能，并接收从地面发送的指令来控制卫星的功能。不管是标准模式还是处理突发事件，它都可以通过接收高优先级的指令，直接处理卫星最基本的组件。在卫星只有一条通信下行链路的情况下，就像许多空间科学卫星那样，该链路用于向地球发送卫星及其仪器所产生的所有数据。发送给卫星的信息通常包括对星上软件的修改、将要存储在卫星计算机上的数据，或者改变星上部件状态的指令。在几乎所有的地球观测任务中，都还有第二个独立的链路，用于将仪器产生的数据进行编码、加密、调制、放大并下传至地面。第二个链路是合理的，因为仪器所产生的数据吞吐量远远大于卫星其他部分所产生的数据吞吐量。

几乎所有的通信链路都通过调制的微波信号来实现星地双向数据传输，但一些成功的卫星之间光通信链路也已经在轨飞行。星地之间的比特流可以通过不同的数字编码方案实现。为了避免星间和星地通信之间的干扰，需要对不同类型卫星的频率和频率带宽进行严格的规范管理。通信链路性能在很大程度上取决于卫星和地面天线的增益。大型地面高增益天线能改善链路性能，但它们和大型卫星定向天线一样昂贵，而且可靠性低于低增益全向天线。

每个新任务的下行链路通信需求不仅取决于观测的数量和类型、产生的数据量，也取决于所使用地面站的数量和性能。地面站的选择取决于卫星的轨道。当数据流量非常大、数据流连续性非常重要时，可能需要使用数据中继卫星。因此，通信架构的设计需要从任务的全局视角开展工作。通常情况下，卫星和地面之间的数据流通过有限数量的地面站传输，只有当地面站在卫星可见弧段内，才能建立通信链路。对于某些轨道，可见弧段可能会很长,甚至像地球静止轨道那样永久可见(9.4.4 节)。

遥测和遥控通信将在 11.1.3 节进一步讨论。仪器所产生数据的下行链路将在 12.1.2 节讨论。

2.5 仪器工程

任何空间任务存在的理由都是它的有效载荷或仪器。卫星是为了使其仪器在轨运行而研制的,卫星的所有其他组件都是设计来为它们提供服务的。此外,结构概念、热控方法、电源子系统、数据处理架构,甚至整个卫星平台的设计都可以在一个又一个空间任务中重复使用,但每个新任务仪器通常都是定制的。在任何新空间任务的架构定义阶段,所有这些原因使仪器工程成为工作中最重要的部分。在这些阶段中,关于卫星携带仪器的定义方面的工作总是相当详细的。这需要一个足够详细的设计:

(1)确保仪器的性能符合规定的要求。仪器的性能直接关系到用户期望的实现。

(2)确保正确认识与仪器有关的风险,已经建立将风险降至最低的开发方法,并已经确定相关的成本和进度。

仪器可以是多种多样的。根据测量的物理特征,仪器有许多级别。这些物理特征可以是对卫星飞行所经过的空间的现场测量。更常见的情况是,仪器将测量远距离事件发射的电磁辐射。

空间仪器的设计需要 2.4 节列出的所有工程学科的支持。望远镜具有结构、热控、指向机构及数据处理电子器件和电力处理电子器件等。此外,望远镜是一个光学仪器,需要光学工程师提供光学设计的支持,也需要探测器工程师提供对望远镜收集到的光子信息进行探测的专业知识。从磁力仪到雷达,设计任何其他类型的接收仪器都需要同样的专业知识。

仪器可以分为以下几类:

(1)无源光学仪器。这类仪器依赖于被观测现象发射或反射的电磁辐射。

(2)有源光学仪器。这类仪器主动发射并接收激光脉冲。

(3)无源微波仪器。这类仪器探测被观测现象发射的微波辐射。

(4)有源微波仪器。这类仪器发射并探测微波信号,这些信号由被观测的现象反向散射。

(5)原位测量仪器。这类仪器不执行遥感任务,但测量卫星周围的局部环境。

根据不同仪器的性质,设计它们所需的专门知识的性质会有所不同。一些仪器是高度专业化的、小型的,有明确的接口,它们产生的数据仅限于业务面很窄的团队参与。在这种情况下,它们可以由准备使用数据的小型用户团队直接定义和实现。仪器的交付与卫星其余部分的交付可以以合同形式分离开来,仪器和卫星其余部分之间的关系则由明确的接口规范来控制。这种方法在过去很常见,但现在许多都是大型仪器,与卫星其他部分的接口很复杂,对于分散的用户团体来说,他们所关心的是仪器数据本身,并不能共同承担仪器的建造责任。因此,第二类仪器是卫星一个独特的部分——实际上是卫星最重要的部分,生产它们的组织安排与卫星其他部分的安排是相同的。第8章将进一步研究卫星仪器。

2.6 工程支持学科

本书还考虑了第三个群组——位于卫星子系统工程和仪器工程之上的学科,本书称之为"支持学科"。这些学科在建造空间系统的所有组件中均有应用,在任何空间任务的最终成本和相关问题中,都占相当大的比例。

2.6.1 制造组装、集成、验证和测试工程

为了实现端到端的空间系统,需要进行一连串的活动:制造、组装、集成、验证和测试它的所有组件。这一系列的活动将由零件、组件、子系统及复杂程度不断增加的要素来完成,直到整个系统的集成过程完成为止。这部分属于图1.4所示方案的上行"执行"分支的第一部分,图1.4将系统的设计和实现描述为"V形过程"。所有这些活动都涉及具体的工程技能:制造、组装和测试。所有这些活动都应在架构定义过程中考虑。原因有以下几点:

(1) 在架构定义阶段,有必要对系统实现的成本和风险进行可信的评估,上述所有活动都是昂贵的、有风险的。

(2) 如V形过程的方案所示,空间任务的最初阶段和最后阶段在逻辑上是相关的,因为它们处理的都是系统而非详细的设计和验证。这要求在系统设计的最初阶段就对系统级验证的方法进行定义。

(3) 任务架构定义包括系统将要实现的性能的建立、系统可行性的证明,以及能够实现的性能。这需要将性能验证的方法包含在架构定义的过程中。

(4) 在许多情况下,新的任务需要新技术的开发。为了降低项目的风

险水平,新技术应在项目开始前开发。这意味着,在架构定义阶段就需要对技术进行开发。

用来正确实施这些活动的技能的集合称为生产工程和验证工程。

生产工程涵盖了所有必要的准备工作,确保产品在规定的时间内按照规定的要求,以尽可能低的成本制造、组装和集成。一旦项目被批准,生产工程将权衡可能的生产技术,识别和优化关键的装配组装程序,识别和设计特殊的工具,生成必要的文档,最后随着集成程度不断提高生产和组装组件。与航空、防务、电子和信息技术相比,空间工程领域很小,且大多数空间工程生产方法都来自于上述这些工程领域中的某些方面。然而,还有一些生产工程领域是空间工程独有的,例如大型的、细长的、可展开的结构只能在空间失重和真空环境中工作。正是在这些专门领域,空间任务可以推动生产技术的发展。如果一项新的空间任务既需要推动技术发展水平,又要降低任务风险,就必须在任务批准之前提供足够的时间和资金来开发所必需的专门技术。在这种情况下,专门的技术开发活动将同新空间任务的架构定义并行开展,直到新的生产技术已经成熟到足以提供可信的性能和成本评估,架构定义阶段才能算是完成。在没有掌握所需得全部新的生产技术的时候就启动一项新的空间项目是极具风险的。技术成熟度的问题将在4.9.3节详细讨论。

验证工程是确认系统满足适用要求的过程。验证工程包括:

(1)对用户需求在正式文档中的落实情况进行迭代检查。

(2)确认设计约束受到重视,所有应当满足的需求都被满足。

(3)硬件和软件的验收。

(4)生产工序、设备和设施、操作工具和程序的确认。

(5)在任务寿命期的特定步骤之后,确认完整性和性能。

与生产工程类似,验证工程也是以自下向上的方式执行,渐进地对更大的、集成度更高的组件进行验证。大型集成组件的测试不仅需要对其部件进行测试,还要求对它们的接口和操作程序进行验证,以便允许不同的部件在一起正确地工作。最后,必须验证端到端系统能够与空间和地面的要素同时进行工作。

验证工程应定义、实现和运行验证系统需求所必需的测试,最终将符合被接受的整个系统验收并支付经费。验证应始终施加在卫星运行所必须承受的环境中。图2.4展示了实现所需验证方法的必要过程。从需求开始:①确定我们验证什么;②识别要求并确定验证方法是什么;③以实际允许进行验证的设施为结果,确定在哪里验证。测试方法和设施的选择不仅要考虑充分性,还要考虑测试成本和设施的可用性。正确的验证要求地面试验应正确模拟在轨环境。在架构定义阶段,必须证明所有的需求都是可验证的,同时明确它们将如何被验证。所有任务都将面临特别具有挑战性的要求,验证工作将是复杂和昂贵的。对这些要求的验证方法应与空间硬件同时确定,并与空间硬件的确定具有同样的充分性和详细度。有时,空间任务需要验证在有地球引力或大气压力下无法正常地观察到的细微影响。此时,通过将空间硬件置于模拟的空间环境中的具体技术以及对地球引力进行部分补偿的其他技术,能够使测试在接近真实的状态下进行。在其他一些情况下,不可能在地面对在轨性能进行完全真实的验证,需要将测试和分析相结合以提供合理的验证水平。

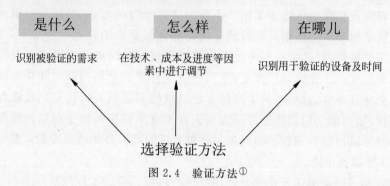

图 2.4　验证方法[1]

　　分析和数学仿真是验证过程的一个固有部分。日益精细化的数学分析、仿真工具可用性和复杂测试成本的增加,使分析在验证过程中扮演越来越重要的角色。

　　无论如何,在一个新的空间系统的架构定义阶段,必须建立全面的验证方法,包括将要验证什么、如何验证和在哪里验证。即,必须要证明空间系统验证的逻辑性。开发和验证的方法将在 4.9.4 节讨论。

2.6.2　产品保证

　　产品保证是致力于研究、规划和实施确保所使用的设计、控制和技术能够获得令人满意的质量程度活动的工程学科。当系统的可用性符合用户的期望时,其质量往往是令人满意的。可用性被定义为系统处于执行其所需功能的状态的能力。

---

　　[1]　European Cooperation for Space Standardization. System engineering：ECSS-E-10［S］. ESA,1996.

在空间任务的所有阶段、在项目获得批准之前的架构定义阶段,以及在空间产品的详细设计、开发、生产和运行期间,都需要产品保证的专门知识。产品保证工程师将负责正在实现的系统的质量水平。一旦项目被批准,产品保证将:

(1)确保产品保证组织、需求、方法、工具和资源的方法都得到很好的定义。

(2)确保提出的质量水平符合任务的可用性要求。

(3)确保在空间系统中使用的零件、材料和制造流程获得批准。

(4)确保最终产品的验证符合商定的程序。

产品保证具有双重作用,一方面要制定规则以确保达到可接受的质量,另一方面还要控制其他人所做的工作,以保证所有参与者都遵循了定义的质量控制规则。产品保证的控制方面显然是在完全资助的空间项目开始后才能实施的任务,但对规则的定义应当在架构定义阶段完成。可用性需求将直接来源于用户的原始需求,并在像卫星数量、数值可靠性、冗余原则或卫星寿命需求等方面成为任务设计的驱动因素。空间系统设计中可用性的影响将在 5.5.6 节讨论。所有空间项目都包括项目风险与成本之间的权衡,最终提供资金的投资方将定义风险规避级别和成本目标,并提供关于成本与风险之间权衡的指导方针。不同类型的项目具有不同标准的临界状态,可以承受不同程度的风险。因此,它们将有不同水平的产品保证。4.6 节将讨论临界状态,4.8 节将讨论项目成本,4.9 节将讨论项目风险。风险管理是项目经理的职责,产品保证专家的角色是清楚地提供设计决策的可用性建议,如消除冗余或采用较低质量的电气元件。

2.6.3 卫星飞行操作

对卫星的操作是控制卫星执行预定的功能。所有与卫星在轨控制的规划、执行和评价有相关的活动都属于飞行操作工程的领域。飞行操作意味着以下一系列活动:

(1)通过下行链路及状态监测信息,对卫星及其所有仪器的状态进行监视。

(2)卫星需要开展的"标准"或预定的活动的程控或遥控实施。例如,执行所需的轨道控制机动,需要特殊卫星指令的预定校准,以及预先安排更新在轨软件的上行数据注入等。

(3)观测计划和上行指令的建立使卫星能够按照用户的要求进行观测,适用于不以系统和可预测的方式获得数据的仪器。

（4）对检测到的卫星异常状态进行分析，并根据需要通过上行指令，确保卫星从不正常状态恢复，从而使空间任务继续下去。

（5）任务结束时安全处置卫星。

在卫星发射前，操作工程需要预备操作卫星的文档、实施卫星操作人员的训练、验证操作流程和操作系统、执行包括后勤支持在内的日常操作实施，以及对卫星进行退役处理。操作工程师也负责逐步激活包括仪器在内的卫星组件，并表征它们的在轨工作状况，包括对卫星在轨工作状况的最终验证。卫星操作是卫星发射后才开始的工作。此外，卫星操作还需要对卫星有一个全面的定义，并对其运行有一个彻底了解。这意味着，在执行空间任务的过程中，对卫星操作的详细定义只能在相当晚的时候才能完成。然而，在任务获得批准前，从空间任务架构定义阶段的第一天起，卫星操作工程的支持就是很必要的，因为在任何可能的新任务被考虑时，任务用户就已经明确了三件事情：

（1）他们想要什么样的任务产品质量？

（2）他们想要的数据的数量和频率是多少？

（3）他们希望仪器观测得到的任务产品如何获得和交付？

用户对任务产品获取和交付的愿望将对空间任务的操作方式产生一系列的要求，如卫星自主程度和卫星的操作模式等。所有这些要求都需要在任务架构的定义和可能的空间任务成本中考虑。任务操作的成本，特别是长任务寿命周期，会在空间任务实施的总成本中占相当大的一部分。

卫星和地面整体运行的数据流将在第11章分析。这一章还将分析影响卫星在轨数据流以及星地之间通信的设计决策和设计交互。11.2.1节专门讨论了地面段操作的设计。

2.6.4 卫星数据输出处理

以往关于卫星工程的大多数教材和标准都认为卫星仪器输出的交付只是卫星操作工程的另一部分。不过，本书仍将仪器所产生的数据的处理与分发分开讨论。对卫星进行操作要求全面了解卫星和空间环境，而仪器所产生的数据的处理和分发所需的知识更多地涉及与任务产品的用户相关的科学和应用经验。7.1.4节介绍了空间任务的数据流，并详细说明了空间任务操作和仪器数据输出处理与分发之间分离的合理性。本书将在第12章中分析仪器输出数据流。

仪器数据输出的处理与分发包括：

（1）开发算法，在仪器单元逐步将原始数据转换为经过校准和修正的数据。例如提供到达仪器的辐射校准和修正的算法。

（2）开发将仪器产生的修正过的数据转换为对任务用户有意义数据的算法。例如将经修正的观测数据转化为海洋表面温度。

（3）建立和维护数据网络，允许数据的访问和分发，并提供可接收来自任务用户请求的接口，并以用户所希望的方式提供所请求的数据。

（4）建立一个长期的数据维护系统，该系统将作为任务结果的数据库，使任务的科学产品可以持续得到改进。

空间任务的目的是提供用户所需要的信息。大多数空间任务的想法开始于用户心中的构想，而不是空间工程师心中的想法。一旦架构定义阶段开始，最重要的任务之一就是创建将卫星和仪器性能与用户所需的最终性能联系起来的数学算法。这些算法将是空间任务的规格说明和设计的基础，保证后续可以进行正确的设计和正确的成本与风险评估。

2.6.5　成本工程

成本工程是一门技术学科，其目标是提供成本估算。成本估算被定义为"确定项目预期成本的过程"。

成本工程师为正在审议的具体空间任务提供成本预算。他们采用两种类型的方法：自下而上的方法和参数法。自下而上的方法对实施任务所有必需的工作进行详细分析。参数法将成本与卫星质量、卫星和有效载荷的复杂性等参数关联起来。这些方法将在 4.8 节详细讨论。

在新的空间项目的架构定义阶段，成本估算是基础，这主要由于两点：

（1）建立任务的经济可行性。

（2）在审议的备选架构中，选择成本最优的解决方案。

成本估算有助于确定在投资方的指导方针下，满足用户的最低要求是否可行，这是为了避免未来可能出现成本超支的最重要的工作。

成本估算对于选择可能的备选架构来说至关重要。为了确定满足要求的、成本最低的备选方案，或在成本约束方面性能最好的备选方案，必须使用准确可靠的工具以便对审议中的不同备选方案进行可信的成本估算。参数化方法的灵活性使它们特别适合此目的。

新空间任务架构定义阶段的目标是建立任务本身的合意性和可行性，尚未就实际施行做出确定的决定。在早期阶段，供应商和客户之间仍然没有明确的合同协议，供应商提供的成本报价通常不具有法律约束力。此外，早期成本估算是非常重要的，因为客户和投资方将通过成本估算来决定任务的真正合意性。这些估算也将作为长期的财务规划。客户和供应商不同的成本工程团队经常并行开展成本估算。

2.7 用户：任务背后的科学家

用户的科学领域有其自己的知识体系和公认的分析程序，以便正确的解译任务的输出。任务的最终目标是满足用户，其总体设计需要对用户的科学领域和意图有一定的了解。

任何空间任务的架构定义阶段都需要在用户的需求、投资方的限制和支配供应商的技术现实之间相互协调。因此，在早期阶段，系统设计师将与用户频繁地进行交互。这并不是说系统设计师要成为用户科学领域的专家，但他有责任充分了解用户的需求，并给他们提供最佳的可选的设计方案。为了给用户提供最佳的设计，必须为考虑中的不同架构建立端到端的任务性能仿真模型。为了运用用户熟悉的语言和计量单位表述任务的性能，这些模型应该包括基于用户的科学领域的模块。端到端的性能仿真模型将在 3.4.2 节、5.6 节和 8.5 节中进一步讨论。

3 需求、规格和设计

关键词 需求工程、规格工程、嵌套系统、系统层面、数值工程学

第 1 章中的图 1.2 将客户作为与另外三个参与者产生联系的核心：与用户之间通过需求、与投资方之间通过约束、与供应商之间通过设计，这反过来也是对需求和约束的响应。本章和第 4 章将探讨客户如何处理需求和约束。1.2 节中将用户定义为系统输出的最终使用者，他们提出了对产品的数量、质量及对将要产生的数据分发方式的期望。这些期望会建立需求。需求可以被定义为正式规定并声明的强制性要求或期望。需求被收集在规格中，规格可以被定义为一个陈述需求的文档。也就是说，要求被收集到规格中就变成了需求，规格就变成了用于正式确认用户的要求是否能够在即将实施的系统中得到正确满足的文档。

本章在第一节分析了系统的递归性质，以及系统是如何由较小的子系统和组件组成的。这种递归性质要求建立不同层次的规格，以适用于对系统从一般到详细的不同层次的分解。下一节介绍不同类型的需求和规格，以及在定义任务过程中需求和规格的表现形式是如何逐步演变的。第三节研究了需求工程，以及如何创建、修改和维护规格。本章的最后探讨了数值工程学，即，如何识别最重要的需求，以及如何根据需求量化任务对用户的效用。

3.1 系统分解的层次

1.8 节将系统定义为一组相互关联或相互作用的要素，通常是一个项目的对象，并将由单一的权威机构来实施。然而，系统的每一部分都可以看作是由更小的部分组成的系统。这个过程可以一直重复下去，直到组成的单元不能再进行有意义的划分为止。图 1.3 将设计过程作为一个递归过程来分析，从高层次的抽象和一般化开始，逐步变得越来越具体和明确。

为了给这种递进式的、更详细的分解提供逻辑性，在空间系统工程中使用下列名称来区分不同的层次：

（1）系统：处于最高层次。

（2）段：空间系统划分的第一层次，分为三大部分：空间段、地面段和发射段。

（3）要素：在1.7节进行了定义，代表将每个段划分为不同的主要功能模块：仪器、卫星平台、运载器、操作中心、数据地面处理中心等。

（4）子系统：将每个要素按照工程领域分组的项目集，如卫星平台的热控子系统、结构子系统等。

（5）装配件：构成功能实体的部件的组合，例如，天线指向机构。

（6）部件：每个组件的独立元器件：电机、轴承、机械或电子元器件等。

在1.8节介绍的另一个术语"组件"将在本书中作为一个通用术语在系统的较低层次中使用，包括子系统、装配件或部件等。"组件"不是系统划分中一个特殊的层次。

系统分割的逻辑与职责的嵌套层次密切相关。某一层职责就是将组件交付到上一层，同时从更低层的供应商那里接收更低层的组件。这个职责嵌套层次结构中使用的层数取决于系统的规模。与较大的系统相比，较小的系统可能会有较少的层数，项目可能使用段或子系统层来定义特定的职责层次，也可能不使用段或子系统层。图3.1提供了上述的职责嵌套层次结构，以及在上文中描述的其相应层次的图形表示形式。

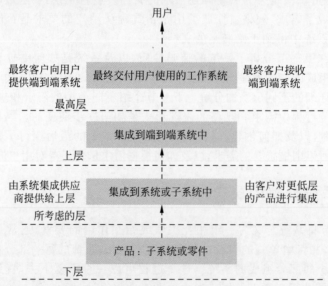

图3.1　最高层的用户和客户与供应商之间的等级关系（每一层的责任主体是下一层的客户和上一层的供应商）①

---

① European Cooperation for Space Standardization. System engineering：ECSS-E-10［S］. ESA,1996.

无论分解层的数量有多少、名称是什么,在层与层之间的每一个接口都会定义一组向客户提供产品的供应商组织之间关系,客户组织负责接收和集成这些产品。图3.1使用在1.3节和图1.2中已经介绍过的相同术语,体现了每个上一层与下一层之间的客户与供应商的关系。

对于图3.1中的每个接口,客户组织都要对由不同供应商交付的产品进行集成,直到负责整个系统的工业部门主承包商也就是最终的供应商将其交付给最终客户,最终客户接收并使整个系统为用户提供服务。为了使系统能够充分满足用户的需求,这些职责的级联必然要产生相应的规格级联。按照系统和子系统的层次划分,需求的引出和设计一直是自上而下进行的(图1.5)。例如,仪器指向的总体需求将在较低层次的需求上进行分配,包括姿态控制、制造和装配精度、材料排气、重力卸载、热控、热弹性变形等。如图3.1所示,规格和需求的级联与职责和交互的级联是密切相关的。在层与层之间的每个接口,负责高层的人(该接口上的客户)将向负责低层的人(充当供应商)提供一组需求。

在金字塔的最顶层,用户要明确其期望,同时,也要意识到投资方对系统施加的相关约束(例如经费上限)。

最高层的客户(通常是航天局)将与用户讨论他们的需求和期望并达成协议,然后将这些协议正式写在任务需求文档中,陈述对用户的承诺,并对用户的需求与投资方施加的约束进行协调。

客户负责制定顶层系统需求文档,该文档必须清晰地表述系统必须满足的需求。项目开始实施后,该文档将确保系统符合目标并可以被接受并付款。

第一级供应商(空间段主承包商)讨论并接受系统的需求文档。供应商应使用该文档的法律约束力来设计和实现该系统,验证所实现的系统实际满足了需求,以使客户满意。

反过来,第一级供应商负责为交付各自的组件或子系统的第二级供应商提出需求和约束。这项工作完成后,第一级供应商也将负责确认完成的组件或子系统符合规格且是可以被接受的,并支付经费。

第二级和接下来的一级供应商将向下一级供应商明确需求,例如,购买在卫星子系统中使用的部件,如航天级的电机或其他电子部件。与之前一样,第二级供应商还负责验证向其交付的组件并支付经费。

3.2　规格和需求的类型

本节遵循欧洲空间标准化合作组织使用的有关术语和方法。这些规格有两个主要目的：

第一，确保系统设计及其全部要素足以实现最终用户的需求。这个过程如图 1.5 所示 V 形图的下行设计线所示，表示从一般走向特殊的过程。

第二，确认每个独立的组件和整个系统能够正确地满足这些需求，首先是单独的，然后是其余组件之间的接口关系。这个过程如图 1.5 中的上行线所示，表示从特殊走向一般的过程。

3.2.1　规格的类型

规格是一份表征设计、开发以及验证正在实施的系统需求的文档。规格需要提出与活动相关的需求，例如测试和加工；或者与产品性能相关的需求，例如预期的数值或非数值的性能参数。本节将分析不同种类的规格以及它们是如何随任务设计的进展而逐步明确的。

1. 任务说明和任务需求文档

一个系统的"任务"是被设计来完成的特定任务、职责或功能。因此，为了开始定义的过程，必须解释系统的任务。这个任务的最初文档通常称为"任务说明"，概述了系统最终必须实现的需求和目标。创建这个文档的用户是一个团体，他们最初的需求产生了任务，他们也是所完成系统的最终使用者。任务说明的目的是推进一项可能的新空间任务追求，它只是一份初步的描述性文档，不能将其看作是规格，因为它不是一个正式需求的集合。

随着定义过程的进展，任务说明需要生成第二份文档，通常称为"任务需求文档"，它将最初的模糊需求逐步变为更加具体的需求，并且通常是数值需求。这个文档将列出实现由用户在之前文档中概述的系统所需要的端到端需求。这些需求将确定用户的基本需要，主要有如下依据：

（1）任务产品的质量，即交付什么？

（2）任务产品的数量，即交付多少？

（3）任务产品交付的响应能力，即如何交付？

由此可见,任务需求文档正式确认了用户从客户那里获得的承诺。

用户通常不为系统支付费用,而是投资方这一角色直接向航天局(也就是客户)提供资金。显然,客户将尽最大努力执行任务需求文档,但任务必须在投资方确立的约束条件下实现,后者有取消超出预算金额的项目的最高权力。客户通常扮演用户和投资方之间的协调者的角色,这也可以解释为什么是客户而不是用户来制定任务需求文档。但这个文档必须从用户的视角来编写。如果用户是科学家群体,这个文档就应该从将要产生的科学的视角来写。与任务说明一样,任务需求文档在推进任务实施方面起着重要作用。这意味着该文档应包含相当的章节来描述和证明任务是合理的,并解释任务的目标和优势。这些描述性章节是用户需求和派生的任务需求等其他章节的必要补充。

运营任务(详见 4.5.4 节)——例如气象卫星任务——是由一个同时承担用户和投资方角色的实体,来推进并投资任务。在这种情况下,这个投资方或用户仍然需要依靠一个客户(航天局)来进行系统的开发和实现,但是,用户或投资方将直接控制资金和系统需求,由其编制自己的任务需求文档,并设定优先级。考虑到初步定义工作由客户和供应商承担,作为用户或投资方的实体将与客户讨论和磋商有关要素的可行性,这可能需要在性能、可用资金和规划约束等方面对任务需求文档进行适当修改。

不管是任务说明还是任务需求文档都不应建议或者详细说明一个具体的设计,即便它们几乎总是假设某一项观测技术。这是因为,为了提出一项针对具体科学或应用领域的任务,必须要解释所感兴趣的事件是如何观测的,即可以使用什么技术来获取所需的信息。为了定义观测技术,任务需求文档不仅要包括关于科学观测或业务观测所期望的质量、数量以及交付模式的细节,还必须包含一些用户认为最终实现任务目标所必须使用的仪器的关键工程需求。

2. 作为初步技术规格的客户需求文档

系统需求文档是由客户生成的最高级别的规格。该文档详细说明了作为一个整体的空间系统的规格,并提供给作为供应商领导者的系统主承包商。文档中描述了系统的目标,其中包括技术性能、质量、所产生数据的数量和交付方式、系统可用性、交付时间、技术要求和任务持续时间等。这个文档中的一些需求来自上文提到的任务需求文档,但还有很多需求是新提出的。

最初,该文档的目标并不是要产生一个固定的、具有法律约束力的任务定义，而是逐步形成可以平衡用户的需求与投资方所施加的约束的、合理的折中设计。为了避免草率地建立最终需求，系统需求文档可以以"初步技术规格"的形式开始。这个文档应包含一套完整的、暂定的技术要求。初步技术规格是在任务架构定义过程的早期产生的，用于探索潜在的概念并对其进行评估，以选出更优的方案。因此，它提出的需求应具有一定程度的灵活性。

初步技术规格的核心是端到端系统的所有顶层要素的技术要求，特别是可观测量和仪器的要求。初步技术规格不应该提供或涉及具体的设计解决方案，尽管它是使用从任务需求文档中用户提出的仪器概念的观测技术开始的。初步技术规格还可以包括与将来项目的程序化环境有关的要求，以及系统设计和实现中涉及的各种工程学科所表达的公认规范的一般要求。例如，所需的质量保证等级、任务使用特定运载器的需要、估算卫星质量或电力需求时所需的安全余量等。

初步技术规格是客户和供应商之间商业协议的一部分，供应商必须提供能够满足初步技术规格中所列要求的完好记录的概念。不过，这些要求只在项目批准之前使用，并且所包括的暂定的、灵活的要求有时是模糊的或定性的；例如，"优化"或"最小化"等表述形式，在初步技术规格中是完全可以接受的。也正是由于这种可接受的模糊性的表述，初步技术规格不能用于确认所交付的卫星。

3. 作为技术规格的客户系统需求文档

本技术规格是表征设计、开发以及最终验证和接受正在实现的系统的需求文档。技术规格是从初步技术规格直接发展演变而来的，并且不能有任何模糊不清的要求。这种演变来自于供应商的需求分析，包括建议的可能的备选设计概念，以及客户对原始概念的不断细化。客户应平衡用户的需求、投资方的约束因素以及供应商的设计概念。这种目的和手段之间的协调以及最终消除模糊的渐进过程在图3.2中进行了描述。创建系统需求文档，并逐步对其进行完善，以避免所有的不精确和模糊，是到目前为止作为客户任务设计师的人所承担的最重要的任务。

本技术规格定义了所选解决方案的要求，是具有相关的法律效力的文档，并将成为系统实现最终合同的一部分。技术规格是提供可信的性能、风险和成本概算的坚实基础，是做出是否批准完全资助的项目这样一个有见地的决定所必需的。当项目接近完成时，本技术规格就成了接受所实现系

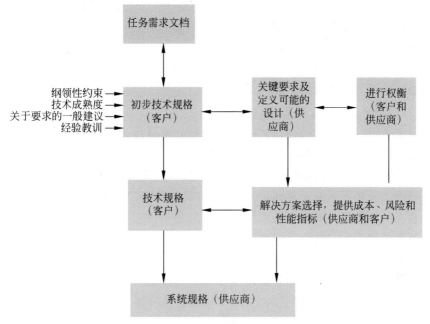

图 3.2 根据 ECSS 导出基本系统规格的路径①

统的参考文档,用于确定供应商是否履行了义务、是否可以全额支付经费。所有这些因素使得要求技术规格必须是精确的、完全无模糊的。

技术规格应包含与文档自身上下文以及整个项目作为一个整体的背景相关的一般信息。前者应包含如下内容:所有者、分配、管理规则、范围、参考文献、术语和缩略语的定义等。与项目背景相关的信息应包括:放在任务需求文档前面的任务摘要、项目程序性框架和项目程序性限制因素,以及系统或寿命期内不同方面的细节。

系统需求文档最重要的部分是它所包含的技术需求清单,包括:

(1)系统功能需求,定义了为实现用户的目标,系统必须执行的任务或行为。

(2)观测量的需求,定义了系统根据质量、数量、速率和交付方式提供的观测量。

(3)仪器的需求,包括所有与卫星所载仪器直接相关的特征和性能。

(4)卫星的技术和设计需求,对卫星组件进行了详细说明,包括源自任

---

① European Cooperation for Space Standardization. Technical requirements specification:ECSS-E-ST-10-06C. ESA,2009.

务目标的详细要求和不同工程学科当前所接受的方法的通用要求。

（5）操控需求，关系到系统的可操作性，例如应用剖面、自动化水平、卫星与地面之间的交互。

（6）用户接口需求，定义了如何从空间系统提出产品要求、所产生的数据如何转化为分发给用户的任务产品。

（7）产品保证、装配集成和验证需求，定义了任务的物理实现所要求的质量水平，包括可靠性或可用性水平、所需的质量标准、卫星及其他空间系统组件的制造、装配、测试的规格。

（8）接口需求。有时，卫星必须与不构成任务的主要设计和实施工作部分的要素相互联系。例如，与特定的运载器或现有的地面站之间的联系。这些现存的要素会对端到端系统其余部分带来接口需求。在其他情况下，任务可能使用现有仪器或在不同的计划框架中正在设计的仪器。需要一份详细的接口需求文档，以确保将仪器的设计集成到卫星的设计中。

对于创新程度更高的要素和组件，系统需求文档中对它们的需求要更加详细（例如与新仪器有关的需求）。当对较为成熟的组件提出要求时，对相似的任务来说，需求可能也很相似，此时不需要进行非常详细的定义。这种情况适用于已经经过实际任务验证的子系统的设计要求，如电源或卫星结构等。无论如何，定义的水平应足够高，以便对成本、进度以及供应商和客户之间具有约束力的协议的程序性风险进行可靠的估计。

4. 工业卫星需求规格

第一层的供应商（即主承包商）将根据客户生成的系统需求文档来生成规格。这个规格的结构与客户的系统需求文档的结构是类似的，只不过要详细得多，并且原始文档中详细描述的每个需求在第一层供应商生成的文档中都会生成几个派生的需求。后者将按照心目中提出的设计编写派生需求，所形成的设计将意味着对指定的卫星各子系统具体明确的需求和功能分配。

这个规格的重点是卫星，另外还可能考虑其他的要素，例如地面站或运载器等超出供应商控制或在供应商的业务范畴之外的要素。按照这种方法，规格将把这些外部要素视为需要提出、讨论和商定的接口需求，但不会对其内部功能施加任何要求。在一些任务中，卫星所携带的部分或所有仪器也不属于卫星主承包商的职责范畴，可以将这些仪器仅通过其接口需求作为指定的外部要素来处理。

下一步是由客户和第一层的供应商对卫星需求规格进行详细评审，目的是就任务的可行性达成一项协议,以证明通过风险可控的设计,在施加的成本和进度控制约束条件之内,能够满足用户的需求。

5. 系统支持规格

供应商还将根据需求生成补充的规格,以覆盖相关细节,例如热机械或电气和电子的设计指南。关于整个卫星项目的特定领域的规格被称为"系统支持规格"。考虑到测试手段和测试方法验证在确定任务成本和性能估计的可信度方面的重要性,定义测试需求是另一个关键步骤。

6. 接口需求规格

如上文所述,一些与卫星接口有关的要素超出了主供应商的权限范围。这些要素中的每一个都需要通过一个接口需求规格来定义,并由客户提供给供应商,供应商将从卫星的视角出发,制定详细说明接口的文档来进行回应。仍如上文所述,供应商必须详细说明与运载器或地面段的接口,有时还有与一些仪器的接口,或者可能是与客户直接提供给供应商的一些卫星其他单元的接口。

7. 规格产品、项目阶段、项目里程碑

项目的阶段和它们对应的里程碑已经在图1.6中进行了表述。任务说明通常在0阶段开始之前生成。任务需求文档的初稿在0阶段结束时完成。作为初步技术规格的系统需求初稿在0阶段结束时形成,并在A阶段的前半段进行更新和改进。随着A阶段的进展,系统需求规格逐步变成了技术规格。在A阶段的后半段,灵活需求的数量将大大减少。在A阶段的结尾,其应符合系统需求文档的要求,确确实实成为了消除了所有模糊的技术规格。A阶段结束时,初步需求评审必须产生一个考虑周全的系统需求文档,因为这是提供可信的成本、风险和进度估计的唯一途径,通常在这个阶段是至关重要的。生产卫星需求规格、卫星支持规格和接口需求规格应该在B阶段开始后几个月内的系统需求评审期间达成一致。

3.2.2　需求的类型

需求可以按不同的方面划分。

根据需求的角度,可以用科学术语或工程术语表示,分为科学需求与工程需求。

需求也可以划分为严格需求和灵活需求两类。正如3.1节所解释的,灵活需求对于在用户需求、投资方约束和供应商设计之间达成一致是至关重要的,而为性能和成本估算提供可信度则需要严格需求。

根据目标需求还可以分为以下三类:功能需求、性能需求和设计需求。接下来对这三种分类方法进行讨论。

1. 科学需求与工程需求

需求可以使用科学术语或工程术语来表达。用户对质量的期望是通过可观测的数据来表达的,例如,通过洋流的速度(m/s)来表示海洋环流的精度,用风速来表示风的恢复精度等。任务需求文档包含许多从用户角度用可观察的"科学相关"术语来表述的需求。例如信噪比或观测带宽等仪器需求,将用对仪器设计人员有意义的工程图来描述。与观测相关的量必须转化为与仪器相关的量,这就需要建立观测的概念。

2. 严格需求与灵活需求

为了确保需求不会使任务超出其成本和风险的界限,就必须具有一定的灵活性。因此,最高层次的需求总是用范围来表示,而不是用单一的固定值来表示。可以将用户提出的性能等级划分为三类:

(1) 门限值。在此限值处的观测值将变为无效,且对目标应用是无法使用的。

(2) 突破值。会在应用层面实现显著改善的值。

(3) 目标值。观测的最佳限值。

在设计的最初阶段,以门限值、突破值和目标值来表述关键任务可用性需求可以提供所需的灵活性,并允许相互调整直到实现所有主要任务要素需求都达成平衡,且设计还可以通过符合成本和风险指南对此做出响应。当初步技术规格转化为技术规格时,前期的灵活性就会消失。即使在这个收敛过程后,可能仍然存在一些需求没有完全成熟。在这种情况下,可以使用诸如"待确认的需求"或"待定义的需求"之类的标记。这些标记会随着设计过程进展而消除,因此需求的演变是进步的。

3. 功能需求、性能需求和设计需求

通常,所有的需求都可以分为三类:功能、性能和设计。功能需求的表示形式可以是数值的或非数值的,它回答了这样一个问题:系统必须做什么?性能需求回答的问题是:可以做到什么程度?它们总是用数字表示。设计需求回答的问题是:如何做?其表示形式可以是数值的,也可以是非数值的。设计需求通常不涉及特定的任务需要,而是与系统设计和实施过程中采用的不同工程学科的公认程序有关。

3.2.3 技术规格需求

一旦到了技术规格阶段,所有的需求都应该固化,并且共享一组已定义的特征,包括:

(1) 清晰:描述所需的性能,并尽可能用可量化的术语表示。

(2) 可验证:为了对成本价值提供足够的可信度,应以实际的方式对其进行验证。

(3) 合理:是就完成任务目标所需的需求而言的。在每个层次,客户必须向供应商指定达成项目目标所必须的最低要求。最低要求是一个关键因素,它可以最大限度地减少供应商的成本和最大限度地提高供应商的响应能力。

(4) 可配置和可追溯:所有的要求都应得到适当的识别,并服从配置管理,以便向前追溯它们的上一层的要求来源是什么,向后追溯由它们产生的下一层的要求是什么。

(5) 明确:所有的要求必须完全明确。

(6) 唯一:每个技术要求仅能出现一次。

(7) 可识别:每个要求应该由一个唯一的字母、数字编号来确定。

(8) 独一:每个唯一的字母、数字编号应适用于一个独立的、单独确定的要求。

(9) 独立:每个需求应该是完整的、独立的,不需要增加额外的信息来理解它。

(10) 一致:要求之间不会相互冲突。

对验证的需要不仅需要区分必须通过分析验证的需求和那些需要通过测试验证的需求,而且还需要选择或开发实际验证方法。这些细节将在3.5节讨论。

3.3 需求工程

系统实现的职责和系统设计一样,是明确地由供应商完成的,尽管后者通常也由系统客户承担一部分。不过,系统级规格的责任则完全掌握在客户手中,其承担的是用户的系统设计师的角色。当我们从系统设计师的角度检查卫星的设计过程时,需求工程是需要特别强调的。适当的需求分配和工程设计是系统设计师帮助达成有效任务定义的最有效手段。

需求工程必须确保：

（1）正确解释用户的需求。

（2）提出、讨论和固化实际需求。

（3）创建、控制和维护一组协调一致的系统和更低层的规格。

（4）对在一组规格内部的需求具有全面的可追踪性，直到最后验证收尾，要确保每个需求都被关联到产生它的相邻的更上层需求。

需求工程的目的是为设计人员提供所有必要的数据，以准确确定一种能够确信被理解的需求的方法。当所有较低层都接受了他们的需求说明且其结果已经得到了充分的评估时，则可以认为需求工程已经圆满完成。客户应该同意被这些需求定义的产品能够满足其需求，用来证明产品确实符合这些需求的验证方式已被普遍认可。需求工程的主要产出是一份经过客户和供应商认可的详细的系统需求文档，由供应商提供的、足够的文档来支持。这些文档用于证明所提出的设计方案在所有关键领域的可行性和可接受性。每个层次的需求必须确保是：

（1）可收集的。

（2）可分析的、可鉴定评估的、可验证的。

（3）可分配得的、可分派的。

（4）可维护的。

需求的收集需要理解用户的期望，还需要与最高层的供应商进行讨论，以完全理解需求对最终设计的影响。收集过程通过功能分析来支持，功能分析过程会定义功能要素，并将相应的功能需求分配给每个要素以及它们之间的交互。这种用户与供应商之间讨论和功能分析相结合的过程，将收集与特定任务的需要直接相关的所有需求。这些"特殊任务的需求"可能从一个任务到下一个任务的重复需求中得到补充，补充进去的需求可能涉及不同工程学科内的公认做法。任务明确的项目框架将定义可容忍的失败程度和产品保证、冗余度、可靠性要求的等级，这个框架由投资方而不是用户定义。投资方也可以提出一些需求，例如使用特定的运载器。在任何情况下，所有新需求都必须按照已经提到的准则提交评审，以确保不会引入任务执行不必要的需求。

对产生的规格应进行分析，着重识别可能对成本或风险产生较大影响的同时只能提供勉强的性能提高的需求。对潜在的高费用需求的辨识，应该从系统实现到离轨处置的整个寿命周期的不同阶段持续进行，并且要对所有需求进行严格评审。期间，判定这些需求是否适用于正在审议中的任务、以何种方式适用于该任务是至关重要的。这会产生一个内部一致认可的、经过验证的必要需求清单。

较高层次的系统需求应分配给不同的子系统,由此产生的需求应当纳入子系统的规格中。每个较高层次的需求可能会被分配到多个的较低层次需求中。这些分配可能是:

(1) 功能性分配。一个较高层次的功能可能被分解成多个较低层次的功能。

(2) 数值性分配。在所有的误差源之间分配更高层次的性能指标,对每个误差源分配一个特定的性能指标。这些误差源对更高层次的指标都有贡献。

这些分配应与功能分析和逐步详细的设计过程同时进行。需求分配决定了每个较低级别贡献者对正在分配的更高级别总体指标在设计和实现任务上的难度级别。需求分配对于确保设计的平衡来说是一个强大的工具,可以避免出现在没有更多资金或时间分配的条件下,一个较低级别贡献者的需求比另一个贡献者的需求更迫切且更难以实现的情况。一个公平的需求分配是客户优化系统最有效的手段之一。本书将在 5.5.2 节进一步讨论功能分配,在 5.5.4 节讨论数值指标的分配。

在创建规格的过程中,一般的规则是每个层次的供应商都可以将一个需求从较高的层次传递到较低层次的供应商。任何向下的需求都应成为相应规格中较低层次派生出来的需求的来源。较高层次供应商有责任确保他们和较低层次的需求之间的一致性和兼容性。这也是最高层供应商即负责整个系统的工业主承包商的职责,主承包商要建立一个清晰的"规格树"。这是一个能够显示整个空间系统从最高层到最低层所有规格的相互关系和系统每个部分的文档。每个高层次的需求都将产生级联的更低层次、更详细的需求,这些需求将推动空间任务的不同部分。图 3.3 描绘了从用户的基础级需求开始的级联需求:数据品质、数据量和数据交付方式。这些术语的含义将在第 8、9 章进行详细解释,但大多数术语都是不言自明的,足以说明来自功能与预算分配的"需求级联"。

需求维护包括对每个层次所有需求的处理、记录,以及对全部派生的级联需求的记录。任何需求的变更都必须处理和记录,以保证每个需求在所有层次的完全可见性和可追溯性:从最顶层、最综合的需求到最低层、最详细的需求。计算工具可以帮助完成这项任务。

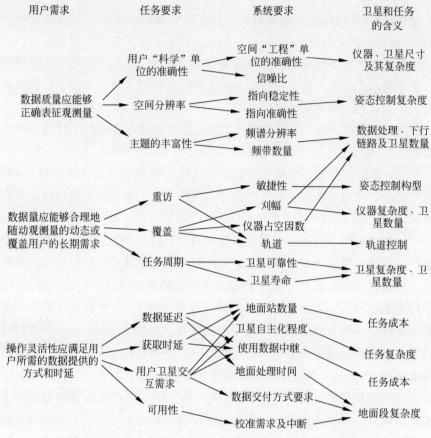

图 3.3　从高到低的需求级联示例及其对卫星和任务的影响

3.4　数值工程

　　数值工程的目的不是验证一个任务是否满足了它的需求，而是从数字上确定这个任务满足用户需求的程度。需求的建立是为了确保任务能满足其目标，由此可知，一个满足所有需求的任务可以实现其目标。在任务实现阶段即将结束时，被称作验证控制文档或一致性记录的文档将提供一个所有需求的清单，以确认所有的需求都已实现，并提供信息来说明它们是如何完成的。需求的满足情况只会进行是或否的判断，因为对于所关注的系统验证而言，除了需求是否被满足之外，各项需求之间没有明显的区别。然而，在整个设计过程中，特别是在任务实现的早期阶段，必须提供有助于确定正在考虑中的备选设计的、满足用户需求的相对值的数值。系统的成果必须是可以定量测量的,即必须建立对系统效能的数值化测量,以确保满足用户的任务目标。数值工程包括对系统效能的测量。数值工程的主要目的是用数字来量化系统是如何满足任务目标的。

3.4.1 不同的需求数值

如 3.3 节所述,规格是一个需求的集合。为了履行合同义务,供应商必须要证明其符合所有的需求,从这个观点出发,所有的需求都是平等的。然而,某些需求显然比另外一些更加重要:

(1)要使任务对用户产生一定的价值,有一些需求是绝对的基础。例如,对于遥远的深空中微弱天文事件研究的任务而言,必须有足够的灵敏度以检测到它们,并且要有足够准确性以准确地表征其特性。显然,对这类任务来说,与精度和灵敏度相关的需求就是最基本的。

(2)有一些需求会对设计的许多方面产生主要影响。例如,需要能够在地球表面低轨飞行的卫星这一需求,不仅会影响到几乎卫星的每一个子系统,而且还会影响到整个数据流和操作方式。

(3)有一些需求同时关系到以上两个方面。对用户来说是基本的,同时也会影响设计的很多方面。

识别最重要的需求并不困难,因为它们直接来自于用户的基本需求,并且在任务定义的最初阶段,这些基本需求就已经变为主要的、最难实现的需求。与满足这些需求有关的设计决策会进行最长时间的讨论,也因此成为最困难的决策过程。为了支持系统工程这一过程,直接针对这些关键需求的实现采用任务效能指标是至关重要的。每个需求都是唯一的,代表一项独立的性能,例如仪器所获得图像的最小角分辨率。然而,任务效能指标通常将几个关键的需求综合成一个对用户来讲特别有意义的数值,以保持任务聚焦在后者上。例如,对于一个研究全球植被的任务来说,一个良好的任务效能值是收集高精度的植被干重(以千克/公顷为单位)估计能力。这个任务效能参数是许多任务需求的综合,包括与仪器和地面处理有关的几个关键需求。在某些情况下,单独的关键需求也可能是一个合理的任务效能参数。例如,一个特定任务的最微弱可恢复信号很可能是一个特定的需求,表明仪器要能够从信号噪声中区分出哪种是最小信号,这对用户来说显然是重要的、有意义的。

3.4.2 系统效能度量

任务效能数值估计的可用性允许:

（1）对备选概念进行比较，并根据对用户需求的相对满意度进行排序。

（2）从效能与成本或风险的角度来分析一个任务概念，从而为该概念确定最佳设计点。

为了使比较更有意义，同时推进决策的实施，除了任务效能度量外，还必须计算任务的成本值。为了正确选择最佳设计点，也为了确保对于该任务务能否成为一个全额资助项目的决策有据可查，成本工程对备选概念的比较评估是至关重要的。任务效能和任务成本分析是任务需求与规划约束相互协调过程的两个方面，本书将用充分地篇幅对它们进行论述，并指出它们的优缺点。4.8节将讨论任务成本，5.6节讨论任务效能。

图3.4是对图1.2中描述的参与者角色的扩展，这种扩展提供了总体架构定义阶段参与者之间的信息流。根据3.2.1节的描述，图中的两个箭头分别代表用户需求和客户需求。"任务需求"箭头表示用户的需求，在任务需求文档中提供给客户，"系统要求"箭头表示客户的需求，在系统需求文档中提供给供应商。任务效能模型和成本估算模型能够对用户与投资方合理的或自相矛盾的需求进行评估及协调。

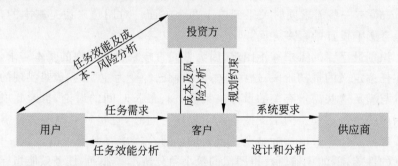

图 3.4　数值和成本工程作为客户/工程师协调用户和投资方需求的工具

建立一个概括系统效能的数学模型是积极的，它促使人们对在任务性能中扮演角色的所有设计特征和自然事件进行系统性的详细分析。这种分析能很好地理解影响需求实现的各类不同因素，理解这些因素是如何分解成更低层次因素的、如何相互作用的。此外，数学模型可以辅助确保对必要需求的识别已经适当且详尽，并且保证与正确实现任务有关的所有要点都已经考虑了。

通过分析任务需求文档，3.2.1节将用户的基本需求分为三部分。任务效能指标也可以分为相同的三个部分：

（1）交付什么？即输出品质指标。它决定了任务产品能够在多大程度上提供关于源、被测参数或观测目标的高精度信息。高精度的信息可以使用户充分识别和研究相关的观测目标。

（2）交付多少？即输出数量指标。它决定了任务产生大量数据的程度，能否在短时间内对感兴趣目标区域快速覆盖，以及任务能够提供这项服务多久。

（3）如何交付？即响应指标。它决定了任务对用户潜在的变化的需求响应速度，即需要多长时间来获取、处理和向用户交付请求的数据。

系统效能的输出品质指标必须是真实的端到端的数值，包括交付最终任务产品所涉及的所有要素的行为。这需要不同工程和科学领域的专家通力协作。例如，通过卫星测量来确定洋流就需要电离层专家的贡献。除了需要多学科协作，输出质量确定的本质是建立良好的仪器性能模型。这部分内容将在8.7.3节进行更详细的讨论。真实的端到端的品质指标可以通过相关的可观测的单位来表示，例如，海洋洋流的恢复精度使用m/s来表示。然而，仪器的要求是用测量单位来表示的：刈幅、带宽、信噪比等。通过对不同仪器性能范围的分析，可以确定如何放宽和收紧仪器要求来影响整体性能的灵敏度。在项目的早期阶段，这对识别最佳备选方案来说是必须要进行的一步。

与输出品质指标的复杂性和宽范围相比，输出数量指标的产生和理解都比较简单，仅需空间工程师的帮助就可以生成。卫星寿命和仪器刈幅就是这种参数。然而，这些参数的简单性，并不代表在需要改进它们时对整个空间系统没有大的影响。例如，为了增加仪器的视场范围，需要增大其尺寸、数据输出、功率消耗及质量，这会对卫星和整个系统产生一系列的影响。此时必须进行广泛的分析，以确保视场的变化是有效的、可行的。显然，卫星寿命的变化对许多卫星组件来讲也会产生重大影响。卫星的寿命取决于冗余手段、可靠性水平、所用材料的在轨退化，以及燃料这类消耗品的数量。

像数据交付延迟这样的响应指标，可以直接用数值来表示。其他衡量响应性的指标，如用户随心所欲修改其观测需求的可能性，就不能直接用数值表示，而是需要用户和客户之间进行交流，对什么是真正的需求达成一个清晰的理解。苛刻的响应要求会对卫星操作产生显著的影响，整个数据流架构的设计必须考虑从用户到卫星操作者，再到卫星，由卫星采集信息后再返回到地面段的数据流，包括了数据处理并最终交付给用户。这些内容将在8.4.5节和8.4.6节进行研究，并在第11、12章进一步讨论。

系统效能的三个部分及其相关的例子，到现在已经讨论完毕。但是，图3.4隐含地假设了一个可以与成本进行比较的"单一"任务效用值。理论上，一个单一的、定义明确的值的存在，将允许对最优设计点的定义。然而，获得一个值得信赖的任务效能或系统效能的单一数值并不是一个现实的目标，因为将任务效能的不同方面整合为一个单一的整体的值是非常困难的。这个问题涉及产生最佳的系统设计的方式，将在5.6节进行更深入、广泛的讨论。

3.5 需求与验证

3.2.3节解释了所有的需求要如何验证，但仅仅指出验证是通过分析还是测试来完成是不够的，必须要考虑到验证的实际方法。大多数任务的绝大部分需求可以通过完善的程序来验证，这说明通过验证方法足以理解需求如何被验证及其如何复杂和昂贵是充分的。然而这并不总是可能的，在某些情况下，需要进行大量的工作来确定是否验证、如何验证这些需求。

在理想情况下，每一项需求都应该在与空间相同的或相似的环境条件下进行测试，以证明它能够按要求发挥作用。然而，对于不易被测试的需求，当前的空间科学分析可以通过明智地结合部分测试、整体观点的分析和为验证分析而设计的试验来提供良好的可信度。由于测试会花费大量经费，当前存在一个明显的倾向是减少测试数量和仿真度水平，尽管这显然会增加风险。

一项新的任务可能会有一些难以或者甚至无法通过测试来验证的需求。这可能发生在与以下两种主要情况相关的测试中：

（1）与可能受到地球环境，特别是地球引力扰动的敏感物理效应测量有关的测试。

（2）对于高层次项目的测试，如整个仪器、整个卫星或完整的端到端指令和数据流网络等，其可用的测试设施太小或者无法充分模拟整个高层次项目真实的环境。

尽早理解如何在上述两种情况下正确的验证需求，对任务而言是不可或缺的。这项工作必须在总体架构定义阶段完成，但验证方法可能比较复杂，设计比较困难，成本的估算可能也难以进行，并且确定验证是否可行也并不容易。在上层系统设计中存在内在矛盾的另一个例子，如图1.5的V形图所示：在定义的水平处于最初级、可用的资源最少的情况下，需要做出最顶层的、最早的、最重要的设计决策，而这些最重要的设计决策的实际验证将在任务实现接近尾声时才进行。

在有需特殊验证问题的任务中，来自验证专家的早期支持是很关键的。

当要验证的物理效应非常小以致地面测试不充分、且支持分析所提供的置信水平较低时尤其如此。目标是研究重力基本物理性质的任务就具有这种特性,这类任务必须准确保持几颗卫星飞行编队或部署大型、灵活结构的相对位置。在一些无法验证需求的情况下,技术演示验证任务有时是必要的,它可以验证无法在地面验证的在轨技术。这对于雄心勃勃、昂贵和复杂任务的最终成功是至关重要的。

作为系统设计师的客户有责任向投资方和用户提供备选的场景,在这些场景中,可能的风险和成本被清楚地呈现出来,困难的或不可能验证的需求被确切指出,并提供切实可行的方法,然后由投资方决定是否提供资金继续进行,由用户来决定接受或拒绝呈现的不同场景。需要强调的是,在项目的早期定义阶段,处理验证问题不可避免地会受到可用信息较少等因素的制约。因此,系统工程师必须始终提前考虑后面的阶段,以确保他不会在任何层面引入困难的、昂贵的、甚至是无法验证的需求。这项困难的任务可以概括为如下几点:

(1) 如果一个组件、设备或子系统的设计会对系统的其他部分产生重大的不利影响,则要谨慎考虑替代方案,以避免这种影响。

(2) 如果已采用的设计在任何层面都不能在假定其合理的情况下进行分析,就需要考虑允许有信心进行分析的替代解决方案。

(3) 如果已采用的设计在任何层次上都不能在没有不可接受的风险和/或成本的情况下进行测试,则需要考虑允许进行测试的替代解决方案。

(4) 如果已采用的设计在任何层面包含了不能进行验证的需求,就需要改变设计。

因此,必须在整个项目的各个阶段都考虑到验证,而不是把它当作以后要做的事情。如果系统所包含的需求不能进行验证,那就不应该建设它。

4 约束条件与设计

关键词　约束条件、外部环境、STEP 分析、成本分析、风险分析、进度分析、技术成熟度、开发方法、样机思想、空间项目目标

系统依据规格设计,并能反过来验证规格,但现实中存在很多因素影响并限制了设计。这些因素并不是需求,也未包含在规格中。这些因素就是约束条件。

本章将研究这些约束条件是如何影响空间系统设计的。为此,本章首先分析了围绕着空间项目的政治与政策因素。其次,根据类型、规模和风险承受度等,对空间项目进行了分析。之后,又对空间项目的成本、风险和进度等进行了分析。最后,对空间项目的管理趋势及其对设计的影响进行了探讨。本章不仅限于工程过程和管理政策,也分析了政治因素。

4.1　需求与约束条件

本书将影响空间系统的材料与方案设计的因素分为 2 类:需求和约束条件。

(1) 需求:包含在正式的规格中的任何内容,将在实施过程中得到验证。它对项目来说是内部的、明确的,在项目的架构设计阶段可以进行协调,并可能会修改。需求通常源自用户。

(2) 约束条件:任何限制或影响系统设计或实施的因素。它既可以是隐性的,也可以是显性的,还可以是项目外部的。约束条件通常不能修改或协调。约束条件通常源自投资方。

约束条件可以包括这样一些情况,如专门用于特定的目的、低于给定的成本、在给定的时间内完成,或者使用特定的运载器来发射的项目需要等。政治这个"隐藏"的约束条件同样也可以强有力地驱动设计。例如树立国家声望或国际合作的政治愿望会导致倾向于甚至是强制采用特定的任务设计

特征或者供应商。在设计过程中,通过平衡相互冲突的利益可以回到正确设计这个反复出现的主题中,而约束条件将推动需求直至达到平衡。哈勃太空望远镜镜面直径的最初提议是 3m。在投资方降低成本的压力下,客户建议将其直径减小至 1.8m,使望远镜能够与成熟的制造工艺相匹配。但用户强烈反对,他们认为如此小的光学器件,相对于当前已经在使用的地基望远镜来说没有太大的进步。哈勃空间望远镜(hubble space telescope,HST)的最终镜面直径为 2.4m,这是所有相互矛盾的需求之间的妥协[①]。

4.2　空间项目的外部环境

任何空间项目都会处于一个更大的环境中。从热力学的观点来看,空间设计是一个开放的过程,它与社会、政治、科技和经济环境相互作用,并可以调整其行为和目标来应对这些外部的影响。由用户确立的需求给试图满足任务目标的设计人员提供了一种内部控制循环策略。然而,实际上还有第二个由约束条件驱动的外部反馈[②]。内部循环确立目标,并通过内部接口来监视实现目标的进展。外部循环则根据外部反馈来调整任务目标,如图 4.1 所示。

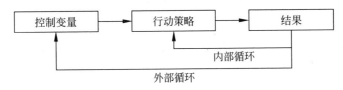

图 4.1　在开放系统中的双循环学习策略

外部环境的反应可能会迫使设计人员改变根据任务需求设定的目标。图 4.1 与 1.2 节所做的分析相一致,将空间任务总体架构的定义过程视为用户、投资方、客户和供应商之间的相互作用。外部环境带来的约束——成本、进度、风险和政治压力,将迫使在总体架构定义阶段重新调整需求和设计。上文中哈勃空间望远镜镜面直径的确定就是一个很好的例子。

①　SMITH S. The space telescope[M]. Washington, D. C. : Congressional Quarterly Press, 1984.

②　ARGYRIS C. Strategy, changes and defensive routines. [J]. Administrative Science Quarterly, 1985, 32(1).

4.2.1 STEP 分析

一种经典的尝试外部环境分析方法是 STEP 分析[①]。该分析尝试从社会、技术、经济和政治环境等方面针对一个项目开展研究。围绕一个空间项目，如果能够对上述因素进行良好的理解，将更有利于项目的批准及落实。

1. 社会环境

社会对国家空间项目认知的变化，将影响空间系统能否成为现实。这种社会认知可以改变空间研究不同领域的不同方向[②]：它可以提升或者降低地球观测相比于天文学研究、或载人技术相比于机器人研究的重要性或优先级。在太空时代伊始，对空间研究的社会赞誉是非常高的。这种高度的赞誉容忍了失败：前 6 颗"徘徊者"号月球探测器的探月任务都以失败告终，直至"徘徊者"7 号探月成功。这种普遍认知的积极态度在当前已经不复存在。此外，自太空时代开始，对空间研究的社会支持一直高涨并相当稳定。地球观测作为天气预报和环境保护的有力工具，其作用进一步加强了这种积极的看法。

2. 技术环境

空间设计从根本上说是一种技术活动，而技术环境不能被认为是"外部的"。在设计阶段，技术成熟度分析将描述问题和风险缓解的方法，并建议特定的技术开发来降低技术风险。这是空间设计中典型的风险分析方法，将在 4.9 节进行讨论。

3. 经济环境

对空间系统来说，不管是公共的还是私人的，其可行性与最优设计均取决于经济环境。大多数的空间活动是由政府资助的。公共财政状况取决于经济环境，会或多或少地鼓励或阻止大规模空间项目的实施。欧洲航天局的预算受经济环境驱动，很长一段时间内都在波动。通常，总体经济氛围同样会影响到私人空间项目的实施。20 世纪 90 年代中期，积极的经济环境与乐观的经济情绪使诸如铱星(Iridium)和全球星(GlobalStar)这样大型的私人通信项目得以实施。

---

① MERCR D. The challenge of the external environment：ASDA Case Study[M]. U. K.：Open University Press,1992.

② LAUNIUS R D. Evolving public perceptions of space flight in American culture[J]. Acta Astronautica,2003,53(4/10)：823-831.

4. 政治环境

绝大多数的空间项目都是由政府出资来完成的。政治代表对公共资金使用的关注是合理合法的。这使得任何空间项目的批准与实施都成了一个政治过程，并会随政治环境的变化而变化。1992 年，NASA"行星地球"任务的财政预算由 170 亿美元下降至 80 亿美元。这一财政预算的戏剧性减少与 NASA 决定展现的、面向对地观测研究的积极态度相一致。因为在同一年，NASA 决定在该组织内部创立两个对等的办公室：一个针对行星科学与天体物理，另一个针对地球观测。这清楚地阐明了用户无限的期望与投资方有限的资源之间的长期紧张关系，并将迫使需求、约束条件和同时回应二者的设计之间的相互调整。在 1973 年创建 ESA 的一揽子协议①包括启动三个项目的授权：阿里亚娜（Ariane）系列运载火箭、空间实验室（Spacelab）和海事轨道试验卫星（Maritime Orbital Test Satellite，Marots）。每一个项目都是由一个主要的欧洲国家资助的，这从根本上说是一个政治决定。图 4.2 给出了美国空间预算所经历的资金振荡。NASA 和美国国防部（United States Department of Defense，DOD）控制着经费，且国防部的参与比例在持续增长。

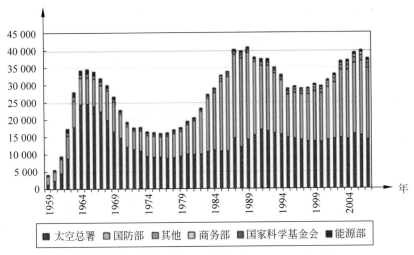

图 4.2　按 2004 财政年度美元的美国空间预算②

①　European Space Agency. ESA Achievements：BR-250［R］. ESA 2005.

②　SHAWCROSS P. The USA government space budget［R］. United States office of Management and Budget，2008.

在美国，国会的年度预算程序使任务实施的每个阶段均与政治环境相关。在欧洲，多年期的拨款是常态，在项目获得批准过程中，政治环境是最重要的。

4.2.2　预测与场景分析

本书将确定两种类型的预测：

（1）短期到中期、有限范围的预测。

（2）大范围的战略预测。

有限范围预测涉及特定领域的发展，主要集中在技术和科学领域。这种有限范围提供了具有高度可预测性的预报。这些预测基于对所关注特定领域的持续的、可预见的研究。它们将用于对任务风险的分析及任务实施所需的开发活动的确立。这类预测对所有空间项目的设计阶段来说都是必须的，支持项目全面实施决策的数据包通常都包含这些预测。

长期的"战略"预测主要预测广泛和长远的技术或非技术领域的发展。这类预测用于支持大型空间项目和长期的空间工程，但通常不用于一般的单颗卫星空间项目。

长期大范围的预测已经被证明是非常困难的：1995年，蒂尔集团（Teal Group）曾预测，截止到2005年，人类将发射1 000颗通信卫星[①]。这个由拥有充足资源的专业人员做出的预测并没能成为现实。过去关于空间工业化或商业对地观测的快速发展的预测也同样失败了。尽管如此，战略预测对于大型或多方参与的空间项目的总体架构来说是必要的，例如将对地观测任务作为一个整体来预测其演变。考虑到过往经验，预测应始终做到谨慎且非常稳重。

场景分析[②]是通过备选的可能的环境发展和过程结果（变化的场景）来分析未来可能发生的事件的过程。分析旨在通过更加全面地考虑环境的演变、过程结果及其影响，来提供改进的决策。场景并不试图预测未来，但要确立未来不同情况的影响。这将提供更为充分的理解，建立健全的策略，使得无论未来如何演变，均能将风险降至最低。就战略预测而言，场景分析在设计大型或复杂的系统或体系时是极其有用的。

---

①　HILL M G. Aviation Week and Space Technology[M]. Mc-Graw Hill Companies,1995.

②　MERCR D. The Challenge of the External Environment：ASDA Case Study[M]. U. K.：Open University Press,1992.

4.3 精选的过往空间项目历史

政治演变一直在空间设计上具有很强的影响力。以下两节将提供三个相关的案例。

4.3.1 私人与公共通信和对地观测

私人空间通信项目可以追溯到太空时代伊始。早在 1959 年,休斯(Hughes)就已完成地球同步轨道(geosynchronous earth orbit,GEO)通信卫星的私人设计。通信卫星 Telstar 是美国电话电报公司(American Telephone and Telegraph Company,AT&T)早在 1962 年进行的一次成功的私人商业风险投资,但当时的政治氛围阻碍了私人空间项目。美国国会在通信卫星发射一个月后,创立了垄断的通信卫星公司(Communications satellite corporation,Comsat)。然而,这种国家垄断的情况并没有持续多久。1974 年,美国联邦通信委员会打破了 Comsat 的垄断,有线运营商进入了这个市场。后来出现的休斯私人设计的 HS-376 Ku 频段卫星,带动了美国私人卫星通信的发展。在国际领域,国际通信卫星组织(International Telecommunications Satellite Organization,Intelsat)的垄断持续的时间要长得多。Intelsat 成立于 1964 年,一直到 2001 年才实行私有化。尽管如此,泛美卫星(PanAmSat)在 20 世纪 80 年代中期成功地打破了 Intelsat 的垄断。欧洲一直以来相比美国更多地倾向于公共财产导向。欧洲通信卫星组织(European Telecommunication Satellites Organization,Eutelsat)成立于 1983 年,之后一直作为一个政府间组织存在,直至 2001 年被私有化。创建于 1985 年的首个私人欧洲卫星通信运营商 SES,也就是后来的 SES-Astra,目前仍在商业运营。在特定时期,政治氛围有利于公共的空间通信,但只要允许私有化,私营企业就能够实施成功的空间卫星通信计划。

在太空时代的初期,对地观测能力完全掌握在军事部门的手中。1965 年,美国内政部计划开发一颗用于民用测绘与地质学的卫星,但该计划未获批准。最终,NASA 于 1972 年发射了地球资源技术卫星 ERTS-1。这颗卫星后来被命名为陆地卫星(Landsat)1 号,成为第一颗对地观测的民用卫星,并自此开启了一个公开提供对地观测卫星数据的时代。1979 年,卡特政府宣布了"运营"计划,并将其职责由 NASA 转移至美国商务部所属的国家海洋与大气管理局。1984 年,在里根政府执政期间,国会通过了一项将陆地卫星私有化的法律,当时已发射了四颗陆地卫星。这促成了私人公司地球观测卫星公司（Earth Observation Statellite Company，EOSAT）的创建。EOSAT 为了收回投资提高了价格，导致 1984 年至 1990 年陆地卫星数据的使用量减少了 77%，由此产生的商业业务已不能维持陆地卫星的运营。此外，公共卫星 Spot-1 于 1986 年发射，进一步削弱了陆地卫星的市场。1992 年，陆地卫星由政府接管，建立了一套地球观测数据的私有许可的流程。这造就了一个相当成功的商业地球观测部门，主要集中在高分辨率成像领域，但全球图像的提供仍然牢牢掌握在美国和世界上其他国家的政府部门手里。相比商业卫星通信，私人地球观测尽管具有强有力的政治支持，但其发展仍旧一直缓慢且参差不齐[①]。

4.3.2　阿波罗计划

1960 年[②]，NASA 的长期计划要求于 1970 年实现载人绕月飞行。这一决定是出于政治考虑。1961 年 4 月，美国对古巴猪湾的入侵以失败告终，而就在猪湾溃败的前几天，苏联将尤里·加加林送入了轨道。政治领导人要求美国"赶上"这种明显的空间技术的差距。肯尼迪总统选择了登月。肯尼迪的这一决定加速了 NASA 在之后若干年的持续发展。

当时，人们探讨了三种可能将宇航员送上月球的方法：直接入轨、在近地轨道交会和在月球轨道交会。出于对肯尼迪确立的较短时限的考虑，人们倾向于更简单的月球轨道交会。直接入轨需要一个比土星五号（Saturn V）大得多的运载火箭。该火箭被称为新星（Nova），当时在 NASA 的马歇尔航天飞行中心筹划。近地轨道交会需要土星号运载火箭的若干次发射，以便在地球轨道附近装配用于落月和从月球返回所需的组件。月球轨道交会是可以承诺在 1970 年之前如肯尼迪所期望的那样登陆月球的唯一选择，而且每次飞行任务只需要一枚土星五号运载火箭。此外，所选定的任务架构高度专业化，不能像近地轨道交会所允许的那样开发一系列通用要素。在 20 世纪 60 年代初，即便面临着大量的技术失败，NASA 仍维持着预算支持的增长；直到 1965 年，NASA 才有了一个超过 90% 的"合理"成功率，但在 20 世纪 60 年代初的有利政治环境下，其预算从 1962 年的 4.62 亿美元上升至 1964 年的 50.16 亿美元。然而，NASA 的预算自 1965 年起保持不变，并从 1968 年起开始下降。当时，登月计划不得不与越南战争和约翰逊

---

① BELLIGAN M. Mixed signals, a history of the Landsat program and U. S. commercial remote sensing industry[M]. Lansing，State of Michigan，Michigan State University Press，2005.

② KAY W D. Can Democracies fly in space? The Challenge of Revitalizing the U. S. Space Program[M]. Praeger Publishers，1995.

总统的"伟大社会"计划争夺资金。一旦登月证实了资本主义相比于共产主义的优越性,顶层的政治支持就停止了,而这也正是投资方的真正目的。NASA 不得不学会在预算持平或逐步减少的情况下生存。

4.4　作为约束条件的计划性框架

通常,设计出的空间系统被包含在一个更大规模的计划性框架内,它们是空间计划的一部分。该空间计划本来是根据具体目标创建的,它将为作为该计划一部分的项目建立具体的约束条件。ESA 的核心地球探索者计划[①]的规则规定,所提议实施的任务应能解决广泛的地球观测科学问题,并经由同行评审后选定,其预期的成本应低于一个具体数额。NASA 的新千年计划[②]制定于 1995 年,旨在测试空间飞行中的先进技术。该计划中的任务将验证能够使空间科学任务在技术能力上有显著提升的先进技术。任何可能出现的、新的 ESA 探索者或 NASA 新千年任务的设计活动都应遵循这些计划的规则。

计划性的约束条件表述通常比较清楚,所有人都事先知晓,而且在大多数情况下是不可协商的。这些条件提供了任务成本、卫星尺寸、容许的风险水平、任务目标、任务实现,以及许多其他方面的强制性的指导原则。这些约束条件必须得到任务设计人员的公认和重视。

4.5　依据项目目标划分的项目类型

考虑到项目的基本目标,空间项目可分为四类:

(1) 能力验证。

(2) 技术验证。

(3) 科学进步。

(4) 运营。

每类任务均有不同的关键任务驱动,并由不同的任务主导者驾驭。

---

① TOBIAS A,FUCHS J,LEIBRANDT W. The New Candidates for ESA Earth Explorer Core Mission[J]. Acta Astronautica,2023,52(9/12):679-686.

② HERREL L M. The New Millennium Program Architecture and Access to Space[C]// IEEE Aerospace Conference. IEEE,2005.

4.5.1 能力验证

这些任务的最重要的目标是证明领导任务的组织有能力成功执行任务，其动机从根本上说是政治性的，并由投资方驱动。登月竞赛的阿波罗计划本质上就是这种性质，必须要证明美国能够在苏联之前将宇航员送至月球表面。在最适度的规模下，一个中等规模的国家可以决定将卫星送入轨道，作为其技术能力的证明。回顾 1.2 节概括的角色定义，这些任务最重要的特征是，它们不是由用户驱动的，而是由投资方来驱动的。这种情况与实现有价值的科学或运营目标的任务完全一致：阿波罗计划提供了地球—月球系统起源方面的重要信息，但科学产出的重要性却很难与任务的出发点相提并论。能力验证项目通常具有强力的政治支持，然而它们同样要在成本限制下运行，工程师的职责就是提供最低成本的解决方案。这些项目通常承载着一个国家声望的重担，设计时必须保证极高的成功率。

综上所述，可以认为，这些任务的设计应使失败的风险降到最低，同时成本保持在一定范围内，并期望和欢迎高质量的科学产出或较长的任务寿命，但这并不是强制性的。

4.5.2 技术验证

技术验证任务主要对与特定的观测技术或卫星平台技术相关的技术开发进行在轨验证。上述的新千年计划就是此类任务的典范。就能力证实任务而言，技术验证任务能提供具有杰出科学价值引人注目的任务成果，但这不是其首要目标。新千年任务 EO-1 验证了一台多光谱相机，其相比之前的陆地卫星 7 号 ETM＋有显著提高，并在验证相机的过程中生成了大量的地球图像。为了让感兴趣的公众接触到这些图像，已经建立了"EO-1 拓展任务"。该拓展任务扩大了以进行技术验证和科学证实为原始目的的基线任务[①]。再次回顾 1.2 节，技术验证任务是由客户和供应商所驱动的，但用户发挥着重要的支持作用，因为用户是任务所提供信息和技术进步验证的最终使用者。这些任务允许开发有风险的技术，而且仅作为能力验证，任务应保持严格的成本限制。为了弥补这一双重困难，这些项目是容许失败的。这是一个可以对高风险高回报方案验证的领域。正如 4.5.1 节所述，较长的任务寿命并不是这类任务的主要特征。

这些任务可以容忍风险，成本有限，而且可能只有较短的任务寿命。但

---

① http://eo1.gsfc.nasa.gov/

任务寿命和任务产品的质量应足以清楚地验证所考虑的技术。

4.5.3 科学进步

科学进步任务的目的是解决一个定义明确的科学问题。为此,必须要生成指定数量和质量的数据。前述的 ESA 地球探索者计划任务就是科学进步的例子。科学进步任务通常由一群科学家们发起,他们提出任务并确定任务目标,也就是说,这些任务是由用户驱动的。这些科学家通常联合起来,充当"任务所有者"的角色。为了能够解决涉及的科学问题,任务经常需要采用先进技术,这也就意味着具有高的技术风险。为了不造成筹备该项目所需的大量人力资源的浪费,这些任务必须被设计为能够成功。这就解释了为什么在失败的情况下,任务通常要重复实施:ESA 的科学任务 Cluster 卫星随着阿丽亚娜-5 运载火箭爆炸损毁,而卫星则被重新研制并成功发射,任务最终取得了圆满成功。科学进步任务被置于一个限制其可用资金的计划性框架中。如果满足用户的期望与投资方的支付能力不相容,该任务就无法实施。科学进步任务是一种典型的任务,需要平衡相互冲突的需求,以便得到风险、性能和价格均能被各参与方接受的设计。在过去,仪器的提供与任务生成数据的处理是与卫星设计区分开的,由最初提议任务的任务所有人或"首席研究员"掌握。他们提供仪器、处理数据,并公布任务可能带来的发现。存在一个明显的趋势是将仪器设计和数据的地面处理与分发作为空间任务的另一要素。

科学进步任务需要推动最先进技术的发展,但为了在所分配的成本包络内确保任务成功,这种技术推动应控制在适当的范围内。当任务所需技术进步过高时,最好先启动一个先期技术验证任务,在先期任务成功地进行在轨验证后,再全面推进科学进步任务。任务寿命应足够长,以便能够解决正在考虑的问题。具有比指定寿命更长的任务寿命可以作为额外的红利,但很长的任务寿命通常并不是一项关键的任务驱动。这些任务必须被设计为能够成功的,并采用先进的技术,但任务的成本是有限的。它们需要满足规定的数据质量和任务寿命。

4.5.4 运营

运营任务回应具有明确客观需求的特定"永久性"社会需求。这些需求是极其多样的:通信、天气预报、气候变化、环境监测,以及军事情报等。由美国 NOAA 和欧洲气象卫星组织(European Organisation for the Exploitation of Meteorological Satellites, Eumetsat)承担的任务均是运营任务。一个运营任务的例子就是哨兵-3（Sentinel-3）[①]，它用于提供海洋和陆地表层的现状及其演变信息。这些任务同样由用户驱动。这些任务的基本驱动力是长期可靠地提供连续的、质量可接受的数据。这些任务不需要推动最先进的科学，尽管提供用户所需数据所必需的观测技术可能会包括较高水平的、并伴随着相应风险的新技术。运营任务的数据通常是公开发布的、质量受控的，并有具体的交付时延要求。在运营任务中，仪器和数据处理是任务的组成部分，与其他要素遵守同一套规则。在运营任务中，如同在科学任务中一样，用户的期望必须受到投资方支付能力的限制。对运营任务来说，由于需要设计一个能够提供高可用性和长时间周期（理想情况是无限期）数据的系统，将使经费形势更加困难。为了确保长期的数据传输，运营任务需要一系列卫星和地面处理与分发基础设施的大量投资。这些任务必须被设计为能够成功的，也可以利用卫星的多样性来降低对单颗卫星可靠性的要求。任务寿命是一项重要的资产，对整个任务以及为了减少所需卫星数量来说均是如此。

总之，这些任务应被设计为能够成功的，这与单颗卫星适度的可靠性兼容。它们采用适中水平的先进技术，对数据质量有适中的要求。单颗卫星和整个任务的长寿命是一个很高的要求。它们非常昂贵，所以成本最小化对它们来说尤为重要。

4.6　依据项目风险度的项目类型

正如第3章所讨论的那样，并不是所有项目都具有相同水准的容错能力。项目可按其风险度进行分类。欧洲空间标准化合作组织[②]根据风险的可接受度确定了几个类别，NASA也有一套相似的分类标准[③]。根据分配给项目的风险度水平，对其管理的要求将被放宽或加紧。NASA NPR8705.4[④]将任务划分为四个类别，见表4.1。

（1）A类任务：确保任务成功的所有可实现的测量都应被实施，同时

---

① BAILLION Y，JUILLET J，AGUIRRE M，et al. GMES Sentinel 3：a long term monitoring of ocean and land to support sustainable development[C]//IAC-07-B.1.2.04,2006.

② European Cooperation for Space Standardization. Space Project Management，Policy and Principles，ECSS-M-00[S]. ESA,1996.

③ Office of Safety and Mission Assurance. Risk Classification for NASA Payloads，NPR 8705.4 [S]. NASA,2004.

④ Office of Safety and Mission Assurance. Risk Classification for NASA Payloads Appendix A and B. NPR 8705.4[S]. NASA,2004.

要应用最高质量保证标准。

（2）B类任务：应采用严格的保证标准，允许能够保持低风险条件下任务成功的轻微妥协。

（3）C类任务：接受适中的失败风险，允许降低质量保证标准。

（4）D类任务：允许由适中到高的失败风险，允许最低的质量保证标准。

根据分类的不同，对单点故障、样机思路、合格与验收测试、电子设备和电子零件、评审、软件开发、卫星遥测覆盖率和正式的质量保证文件产品的等级等内容的态度也不同。项目管理需求的最终水平不仅取决于由A级到D级的风险度，也取决于任务成本。

表 4.1　NASA 项目危急度分类

	A 类	B 类	C 类	D 类
优先级	最高	高	中	低
复杂度	非常高	从中到高	从低到中	低
寿命	大于 5 年	2～5 年	少于 2 年	少于 2 年
成本	高	从中到高	从低到中	低
备选的再次飞行机会	无	极少或没有	少数或一些	明确的再次飞行机会

4.7　依据项目规模的项目类型

如上所述，NASA 认识到，具有相同临界程度但不同规模的项目，需要不同的管理要求。一个项目越大，接口数量就越多，沟通交流渠道就越长。因此，一个项目越大，所需的信息流程就越正规化。此外，小卫星也正在逐步向简化的实现方式发展。这可能是正式放宽管理要求的结果，也可能是参与卫星实现的团队规模较小而自然产生的结果。小的团队规模提供了简短方便的沟通链，使得复杂的多学科技术问题能够通过专家之间非正式的讨论得到解决。在大型项目中，多学科问题的解决需要通过正式的流程，需要明确问题中不同利益相关方的角色与责任，并且必须遵循这些流程以达成解决方案。

在许多应用中，一组给定的需求可以由几个小卫星或一个大卫星来实现。一个由每颗小卫星携带一个小型窄视场照相机构成的小卫星星座，可以提供与一颗携带一架更大、更昂贵的宽视场照相机的大型卫星相同的性能。通过一个小卫星星座实施的任务具有三点优势：

（1）它可以获得上述的、由简单方便的沟通链带来的好处。

（2）它允许渐进的、分步的、健壮的任务实施。这使得在采用较低可靠性设计方案和较低管理要求的情况下，仍能确保整体任务的高可用性。

（3）它提高了对拓展任务的期望。如果需要，它可以用适中的成本发射替换或备用航天器。

同时，也存在许多物理定律不能很好地适应规模的情况。有些任务需要较大的规模，小型任务能够提供的帮助是有限的。第13章将详细讨论小型任务作为正常任务的"替代选择"的优点和局限性。

无论管理方法和规模如何，所有的空间任务都是独一无二的，都应该通过设计和管理促使其成功。这对于科学进步任务来说尤其适用，因为正如4.5.3节中所述，这些任务通常是由单颗卫星来实施的。

4.8 成本

2.6.5节已经介绍了成本工程。在本节中，我们将分析如何将成本作为设计约束条件来处理，成本如何驱动设计，以及如何准备一个足够好的成本估算，以便为项目的批准做出明智的决定。

在本章的前几节，我们分析了不同类型的项目，讨论它们如何具有不同的风险和回报敏感性。然而必须要说的是，"按目标成本进行设计"的原则适用于所有项目，而不仅仅是那些带有"按目标成本进行设计"标签的项目。如果一个项目在一个明确要求了成本必须低于某一给定限额的绝对成本指导原则计划中，那么它的设计将变为一个在确定的计划成本边界内提供可能的最佳性能的活动。在不存在绝对明确的成本边界情况下，投资方仍然有他能够容忍的支出范围。设计人员的责任就是知晓这个范围，并使设计符合成本要求。通常，设计人员会使用自下而上的"参数化"成本估算工具，作为内部权衡的一部分，以达到所选定的基准。为了提供必要的质量水平，首选方案或替代方案应使用更复杂但更加可靠的自下而上的成本估算方法，进行更为详细的估算。特别重要的是提供一个全面的成本估计，其中清楚地说明哪些费用包括在内，哪些费用不包括在内。一个任务的实现成本不仅仅是卫星的成本，对新空间系统成本的适当估算应当是全面的，包括所有的非卫星采购成本：①客户的内部成本；②发射服务；③卫星运营；④技术预研；⑤数据应用。

几乎所有的空间项目都是通过客户(航天局)与供应商(空间工业部门)之间的相互作用来实现的。空间供应商提供工业成本。投资方的总成本还包括客户团队的维持成本。这些成本约占卫星成本的20％。

一个任务对运载火箭的选择会局限在一个很小的集合内,因为高可靠性运载火箭的数量是有限的,加之需要从特定来源采购运载火箭这一约束,可能会进一步减少运载火箭的选择范围。尽管如此,在满足系统要求的前提下,将卫星适配到更小、更廉价的运载火箭进行发射,是在不降低任务性能的前提下降低总成本的最好方法。运载火箭也可以共享,但共用一个运载火箭会引入额外的计划刚性或可能的轨道问题。根据不同的选择,发射费用可以占到卫星成本的10％～30％不等。

卫星运营包括根据任务需要,使卫星保持在轨工作所需的一切活动。这是一项长期活动,需要控制硬件、软件的开发和高薪专家提供的服务。例如发射及早期轨道段、测试阶段等特殊活动,需要大型团队来检查和验证在轨期间的卫星及其设备。所有这些费用都需要列入全面成本分析。运营成本约占卫星成本的10％,包括固定成本和可变成本两部分。固定成本是独立于任务周期的投资费用,可变成本则是任务周期的函数。人们越来越倾向于通过提高卫星自主性来降低运营成本,聪明的运营商也已经能够挽救看起来要完全失败的任务。对许多任务来说,一颗被修复的卫星可以补偿与维持一个大型、有经验的团队处于待命状态的相关成本。

数据应用包括将卫星产生的数据转换为越来越复杂的产品的过程中所产生的成本,以及将这些产品分发给最终用户的成本。这一成本项在运营任务中尤为重要。对具有"首席研究员"的小型科学任务来说,这项成本会被作为利用卫星产生的数据进行研究的机构日常开支隐藏起来。就像运营成本那样,它也包括固定成本和可变成本。数据应用成本占到卫星成本的5％～20％。对于需要复杂的数据分发系统的运营任务,数据应用成本将达到最高占比。没有对数据应用进行合理分配的任务仍将在轨道上运行,它将验证组织将其放置在那里的能力,但不能提供应该由其最终输出的科学结果。

考虑非卫星成本最重要的因素是透明度,必须非常清楚应该包含什么、不该包含什么,以及为什么。一些计划可能包括超出分配预算的部分,如运载火箭、数据应用、仪器或平台等要素。如果这些是计划的规则,设计人员就必须要遵循它们。不过,一个正确的设计应考虑到投资方的总成本。预算外成本会导致不平衡的设计。一个典型案例是使用"无具体项目"的大型运载火箭或大型标准平台,将小型有效载荷送入轨道,这与更小、更便宜的总体任务概念兼容。另外一个需要考虑的方面是,所有非卫星成本的总和与卫星成本非常接近。在强调降低卫星成本的同时,应通过适当的努力来降低系统的非卫星部分成本。非常清晰的一点是,如任务运营和数据应用这种以地面为主的活动,通过运用诸如在轨自主、在轨和地面人工智能、先进的数据处理和分发方法等现代化的方法,似乎更适合实现雄心勃勃的成本削减目标。此外,用于运营任务的大规模数据应用子系统具有一种令人遗憾的趋势。相比对应的空间段,它们更昂贵也更迟缓:例如,NASA 的行星地球任务数据分发系统、ESA 的 Envisat 地面段、Eumetsat 的 MetOp 地面段等。或许设计一个良好的地面数据分发网络,要比空间设计人员想象的困难得多。必须使卫星运营、数据处理和分发子系统的专家尽早参与,以便对空间项目的总成本做出合理的估算。

4.8.1　自上而下的成本估算

自上而下的成本估算方法提供了卫星的成本。卫星通常是整个空间系统最大的成本部分,并且通常被视为卫星干质量与技术创新水平的函数。

自上而下的成本模型是通过创建早前类似卫星的成本数据库获得的,并能推导出成本、质量和创新水平之间的相关性。

图 4.3 提供了一个该方法的应用实例。CCOSTAT 模型源自许多个项目的数据。质量和成本是已知的数值数据。创新被简化为一个数值参

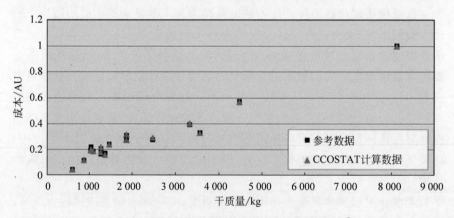

图 4.3　地球低轨对地观测卫星参数化成本估算①

---

① Thales Alenia Space. Cost estimations of Sentinel-3：SEN3-ASP-TN-144-2［R］. Thales Alenia Space,2007.

数,该参数是卫星相对于先前已用于创建成本模型数据库的空间任务继承性或创新性函数。模型的质量取决于以往实例的丰富性、适用性和可靠性,而这些实例用于开发,可以将难以理解的创新理念转换为供新卫星考虑的一组清晰的、无模糊数值的程序。这类估算的可靠性取决于在建立模型时所用的以前的知识,以及与考虑中的新卫星具有相似特征的以往卫星大型数据库的可用性。"相似特征"意味着:

(1) 相似的技术要求和难度。

(2) 相似的项目组织。

(3) 相似的风险管理(详见 4.9.1 节)。

(4) 相似的技术开发办法(详见 4.9.3 节)。

(5) 相似的样机思想(详见 4.9.4 节)。

(6) 相似的进度目标(详见 4.10 节)。

创建高质量的数据库和自上而下的成本估算模型是一项复杂而昂贵的工作。私人公司通常不愿意披露他们用于估算的模型。公共机构则更加开放,可以找到 NASA 所使用的成本模型列表[①],但自 2009 年 8 月起,ESA 所使用的自上而下的成本模型就没有公开的信息可用。仪器相当于所有任务的新要素,并且有许多复杂程度相差很大仪器的种类,这使得对仪器的成本估算成为一项特别困难的任务。NASA 采用了基于主成分分析的成本估算模型。此类分析背后的思想是确定仪器最重要的一组独立参数。从人类遗传史到振动学,主成分分析被用于许多科学领域。在这些领域,识别确定一个系统复杂行为背后的主要因素是至关重要的。NASA 将功耗、质量和数据速率作为仪器的主要成本驱动因素,利用 37 个仪器的数据库作为一个数据源推导出以下公式:

$$Cost_{payload} = \$ 25.6M \left(\frac{P}{61.5W}\right)^{0.32} \left(\frac{m}{53.8kg}\right)^{0.26}$$
$$\left(\frac{R_b}{40.4kb/s}\right)^{0.11} (2004\$)$$

式中,M 为载荷成本,单位为百万美元;P 为功率,单位为 W;m 为质量,单位为 kg;R_b 为信息速率,单位为 kb/s。

先进合成孔径雷达(advanced synthetic aperture radar,ASAR)是 ESA 的 Envisat 任务在轨飞行的合成孔径雷达(synthetic aperture radar,SAR)(8.2.4 节)。上述公式按 2004 年美元价格计算,预测成本为 3.32 亿美元。

[①] http://www.nasa.gov/content/nicm/

其实际成本需按 2001 年欧元价格计算，为 2.4 亿欧元。考虑到 2001—
2004 年间的通货膨胀，使用 2004 年欧元与美元之间 1：1.25 的平均汇率，
该公式预测的 ASAR 成本精确到仅有 4% 的偏差。这是一个自上而下的成
本估算力为复杂的空间项目提供了合理估算的非常好的例子。

Wertz 和 Larson 在其关于空间任务分析与设计[①]的著作中用了一整章
的篇幅来研究成本模型，并提供了一个可用于得到初步成本估算的、自上而
下的选择。该书还包含诸如地面段、装配、集成、验证与试验等"横向"任务
估计的成本估算算法。

自上而下的成本估算可以在合理的置信水平下使用，特别是用于确定
任务的不同设计备选方案之间的成本估算的相对比较。正如图 3.4 描述的
那样，自上而下的成本估算允许比较。图 3.4 表明了任务的效用及其成本
之间的联系。数值化任务效能值和任务成本估算的存在使任务实现得到合
理权衡，这反过来又使得成本控制和性能卓越这两个相互冲突的驱动因素
之间的趋同成为可能。

4.8.2　自下而上的成本估算

自下而上的成本估算会将空间系统的定义、实施和运营阶段将要进行
的所有工作分包，并对每个包的价格进行估算。工作划分得越细，工作分包
的数量就越多，最终的成本估算就越全面。对每个包的估算，是在对过去类
似的包有成本方面经验的专家帮助下进行商议来完成的。可以采用以下
流程：

（1）类比相似的设备/子系统/系统级成本，考虑需要新开发的数量。

（2）根据专家意见估计和验证系统活动。

（3）将技术专家的专业判断与成本参考相结合，防止新开发的数量
过大。

（4）如果参考不可用，则仅依据技术专家的专业判断。

也可以用一些自上而下的参数值，来补充自下而上的成本估算，例如：

（1）具有低创新水平的设备和子系统的参数化成本模型。

（2）基于对相关参考所观察的趋势的系统级参数化成本模型。

最终的成本是全部各个单独成本的总和。要创建一个详细的自下而上
的成本估算需要大量的工作，并且不能在一个空间任务的定义过程中重复
多次。显然，为了提供一个高质量的任务成本预测，就必须具备相当详细的

① WERTZ J R, LARSON W J. Space Mission Analysis and Design[M]. Springer, 1999.

设计水平,包括相当详细的开发方法和测试准则。测试是主要的成本驱动要素之一。详细的自下而上的成本估算通常由供应商生成,并在可能的新任务的定义阶段完成时交付给客户。自下而上的成本估算将由供应商和客户讨论,并最终提供给投资方,以提供成本估算的可信度。

自下而上的成本估算是管理文档,主要用于管理目的。当供应商提供它时,他承诺的不仅仅是一个总的成本,同时还包括了详细的分解。正因如此,供应商只有当合理地确信成本估算的可信度时,才会交付成本估算。

4.8.3 成本估算的风险

成本估算,无论是自上而下还是自下而上,都有出错误的风险。将成本估算定义为具有均值和方差的概率分布而不是单个数值,是有可能对风险进行量化的。有一些方法可以估计概率分布,并且可能确定成本估算,以确保最终成本不会超过已确定成本的置信区间。概率分布将取决于:

(1)正在考虑的任务的创新程度。需要考虑不可预见的复杂性而导致的成本增长,这些复杂性随着设计成熟进入到更多细节的过程将显现出来。

(2)参数化成本模型自身的准确性和质量。这不仅仅取决于其内在质量,也取决于模型对于特定背景的新成本估算的适用性。

(3)潜在的负面事件以及潜在的正面机会所导致的成本风险的项目管理决策。这些风险可能发生,也可能不发生,且由项目经理直接负责。

(4)成本风险或机会的外部事件。这些是源自项目经理直接控制和职责之外的外部影响。

通过数学过程(如蒙特卡洛仿真),有可能将上述所有因素结合起来并得到一个最终总概率的项目成本。必须要确定概率的百分比,以便确定空间项目用于处理项目实施过程中突发事件的经费储备水平。对应 70% 置信度的数值通常用于确定项目的经费储备。

4.8.4 单颗卫星与多颗卫星的成本

大多数时候,卫星是具有高创新性的单元。即使在许多新卫星使用标准组件的情况下,它们也是以新的方式结合在一起的,新的卫星总是一个新的设计。这意味着一个二次重复的成本模型比初次设计、制造和装配的模型要便宜得多。一个很好的经验法则是,新事物的第一个重复单元的成本可以是最初"原型"单元的 0.5 倍。第二个法则是,随着单元数量的增加,后续单元的建造也会越来越便宜。我们称其为学习因素。基于以往的系列产品经验的规则为估算一系列相同卫星的成本提供了指南。

4.9 风险约束条件

风险表示特定行为的后果或结果的变化程度。风险管理应聚焦于避免诸如技术失败或成本超支等非期望的结果。本节我们将研究风险管理如何与任务目标协同驱动物理和计划性的设计。在空间项目背景下，风险具有两个维度：结果的可能性和结果的严重性。我们谈论风险管理而不是风险工程并非偶然。接受或不接受一个给定的风险级别，最终是一个管理决策，最需要工程师做的则是尽可能完整并公正地记录情况，以便管理者可以做出最终决策。本书重点介绍了在项目获得正式批准的决定之前的设计工作。在这些任务总体架构定义阶段，系统设计师应向投资方提供任务风险的公正描述及所选择的将风险降至最低的开发方法。投资方将根据这些信息，批准或拒绝该任务。

4.9.1 质量风险管理

空间项目是有风险的：在空间要应对的卫星数量很少——大部分时间是一颗卫星。某些东西第一次在实际环境下被验证就是在太空中，那里很少有机会进行软件更动，几乎没有机会进行硬件改动。风险管理包括：

（1）对所有风险的原因及后果系统性的识别、评估和分类。

（2）适合于消除风险或将风险降低至可接受的水平的系统定义、实现、控制和验证活动。

从任务设计的最初阶段就有必要适当地考虑风险，且必须提供一个全面、公正的任务风险估计，以便明智地批准或取消项目。风险管理虽然具有较多的科学及技术成分，却仍是一种管理活动，管理者以合适的方式负责管理风险及其计划与实施。项目管理经理必须做出适当的安排来防止这些风险产生、防止其后果的发生，还要提供必要的报告来进行适当的全面监督。风险估计从两个角度开展全部风险的评估，分别是事件发生的可能性和事件发生后果的严重程度。后果的严重程度分为：

（1）高：该事件会阻碍用户或投资方针对某个计划或项目做出正式的承诺。

（2）中：事件会影响到所承诺性能的实现，或者影响到计划的进度或成本，通常需要数月时间来恢复情况。又或者事件要求在已批准范围内，但超出计划的资金。

（3）低：事件最多会影响到性能、进度或成本的计划分配，通常需要数周时间来恢复情况。或者事件可能需要重新调配项目资源。

发生的可能性分为：

（1）高：事件极有可能发生且计划或控制不可用，或无法实施以阻止风险或后果的成为现实。

（2）中：事件有可能发生，或当前计划或控制不能阻止风险、后果成为现实，而且需要大量的额外行动。

（3）低：事件可能但不一定会发生，或当前计划或控制足以阻止此类事件发生，或阻止使其后果成为现实。

根据表 4.2 中可能性与严重程度之间的组合规则，可以直接对每种风险进行分类：严重的（深灰色）、主要的（灰色）和重要的（浅灰色）。

表 4.2　风险危害性等级

发生可能性	高	主要	关键	关键
	中	重要	主要	关键
	低	重要	重要	主要
后果危害程度		低	中	高

必须对风险进行表征、分析和减缓，并且应该在项目的全过程对风险状况进行追踪。不同领域的专家将识别与其领域相关的风险，这些技术风险与正在考虑的系统的创新性和难度相关，取决于用户追求目标的决心。被识别的风险一旦被标记，就要按照正式流程进行文件记录。

风险管理是一个专门的领域，但风险管理的责任掌握在项目管理经理手中。在项目开始之前，系统设计师的一项职责就是要察觉任务的风险，主要是与任务所考虑技术的成熟度相关的风险。技术成熟度的级别和技术开发将在 4.9.3 节中详细介绍。

风险管理应根据风险的等级进行，分为重要风险、主要风险和严重风险三种。

重要风险应通过风险规避或风险缓解与控制行动来解决。典型的风险规避方式是对设计进行更改。典型的风险缓解与控制包括分析检测、直接监测或检查，以及早期应用预先计划的响应来限制后果的程度范围。例如，在某些场合，如果风险缓解措施的成本过高，重要的负责人（项目或计划经理）可能会接受重要风险。

主要风险应主要通过风险规避行动或风险转移来解决。这些行动可能是修改基线配置、计划或成本，或设置替代的运营方式与手段。一般应避免接受主要风险，除非这些风险是不可避免的。在这种情况下，必须在高级管理层达成一致。

严重风险应主要通过风险规避或风险转移来解决。潜在的规避措施可能包括实质性的资源和组织结构的重新部署，与外部各方（例如与用户、投资方或供应商）重新达成协议或请求异常处理，或修改他们承诺的事项（包括他们提供的经费）等。严重风险的接受理应避免，当其不可避免时，应在最高管理层达成一致。

如果根据风险发生的可能性及其后果的严重性认为风险足够低，就可以接受风险。为了限制风险后果的严重程度，应采取一些保护措施，如通过屏蔽防护辐射伤害或抑制强振动。风险发生的可能性可以通过预防措施来降低，如预先开发活动或增加冗余度。

风险管理可以应用于项目的所有阶段与所有层次。需要注意的是，风险管理是一个端到端的过程，而且不仅是对卫星而言的。因为如果一个空间系统的地面段无法工作，那一切都无法工作。Envisat、MetOp 和第二代气象卫星（meteosat second generation，MSG）就是可以证明地面段实现的风险管理是一项重要活动的实例。因此，地面段风险与空间段风险应被同等认真对待，对于运营任务系统来说尤其如此。要注意的是，一个空间系统的主要目标并不是要证明我们可以发射一颗卫星，而是要生成特定的信息流，这需要地面处理。

一些风险分析是在没有正式的风险管理框架的情况下完成的，这通常意味着一个大型的项目团队已经存在。比如，A 阶段卫星开发计划并不是一个正式的风险管理文档，但是可以作为一个管理风险的文档。

风险应被识别、被表征、被缓解。风险由其所在不同技术领域的专家来识别和表征。一旦这些风险被识别出来，就会在表格和模板中对它们进行记录和正式表征，并给每个风险分配适当的风险等级。风险缓解措施应用贯穿整个项目过程。里程碑评审和外部审查可以降低风险，先于、之内或平行于项目进度的技术开发都是如此。风险也可以用成本或进度上的应急管理储备来缓解。正式技术包括确立风险的项目和问题列表，加上所有传统的成本和进度控制系统。

4.9.2　量化风险管理

数值概率风险分析可以表征风险。这类的最全面分析包括对导致所有不希望的最终状态的所有场景建模，包括人员损失（如果适用的话）或公众危害。在这种最全面的方法中，所有的基本原因都要被建模，包括硬件故障、人为错误、过程错误等。有一种更简单的方法集中在一组有限的事件中，大部分是在任务失败时的事件，并且只分析特定类型的故障机理，比如部件的概率故障分析，这种方法特别适合于数值处理。这是可用性和可靠性计算的一个成熟分支。任务规格明确了由空间任务所提供服务的可用性。卫星规格明确了卫星在若干年后仍能正常运行的可能性。产品保证专家（详见 2.6.2 节）负责这一定量风险管理分支。

本节的重点是不同于可用性和可靠性的数值技术。诸如概率风险分析、概率网络计划或蒙特卡洛模型等技术，能够提供引入参数（如：性能、成本或进度）估计风险的概率评估。在 NASA，这类综合概率风险评估（probabilistic risk assessments，PRA）用于高风险程度情况下的新计划[1]，这些情况包括：

（1）载人航天飞行。

（2）特殊的公共安全问题，例如尤利西斯（Ulysses）号太阳探测器上的核载荷（详见 9.6.2 节）。

（3）具有严格时间进度约束的高知名度工程。需要一个特定发射日期的雄心勃勃行星任务就是这种情况。

ESA 在载人航天任务中一直不太强调执行与"传统的"可用性和可靠性分析不同的系统 PRA。量化风险评估要求建立概率密度函数，这会在 5.8 节中介绍，并将分析支持决策的数值工具。

4.9.3　技术成熟度与技术开发

技术成熟度水平（technology readiness levels，TRL）被广泛地用于定义技术的成熟水平。提高水平意味着提高成熟性。如图 4.4 所示，技术成熟度定义了四个开发环境。

定义了以下步骤[2]：

（1）TRL-1：被遵循和报告的基本原则。

（2）TRL-2：提出的技术概念和/或应用。

（3）TRL-3：经分析和试验的关键功能和/或特征的概念证明。

（4）TRL-4：在实验室环境下的组件和/或试验电路板验证。

（5）TRL-5：在相关环境下的组件和/或试验电路板验证。

（6）TRL-6：相关环境下的系统/子系统样机或原型演示。

（7）TRL-7：空间环境中的系统原型演示。

---

[1]　Quantitative Risk Analysis at NASA，William Vesely，NASA.

[2]　ESA. Technology Readiness Levels Handbook for Space Applications[M]. 2008.

（8）TRL-8：实际系统完成并通过测试或演示飞行合格。

（9）TRL-9：经过成功实施空间任务飞行验证的实际系统。

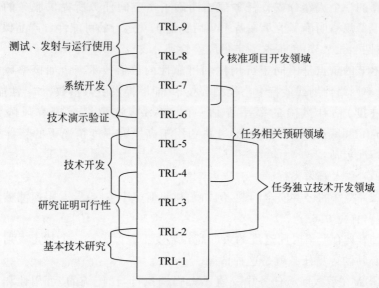

图 4.4　技术成熟度水平与任务实施

TRL-1 到 TRL-3 与基础研究相关，这些技术并没有考虑到具体的实现。TRL-3 到 TRL-5 已经指向开发可用的实现，但它们仍然针对多种应用。TRL-5、TRL-6 和 TRL-7 是在设计新的空间任务的早期阶段和新的项目团队全面落实之前需考虑的逻辑技术级别。TRL-6 到 TRL-9 通常在已批准任务的架构下完成。由此可见，要使风险水平保持在合理的限度内，在设计一个新系统时，必须完成至少前四个级别的技术，在实现时必须执行第6级或更高的级别，这是至关重要的①。

在某些情况下，一项可能的新空间任务需要研发一种非常特殊的观测技术。在这种情况下，包括基础研究在内的所有的开发工作都将以最终目标为考虑。尽管如此，这种开发仍将是"详细的任务独立设计"，因为该技术的可达性能是不可预测的，要预见正在开发的技术所需的物理实现还为时过早。

当提出一项新的任务时，基本上已经有了可用的现成的技术研究成果。

---

①　DUBOS G F，SALEH J H，BRAUN R. Technology Readiness Level Schedule Risk and Slippage in Spacecraft Design：Data Analysis and Modeling［J］. Journal of Spacecraft and Rockets，2007，45（4）：836-842.

在新任务的定义阶段,会对技术状态进行研究,以确认已经发展的完善的领域和存在差距的领域。通常需要较长时间来定义和批准或拒绝一个新的空间任务,这就为把现有的研发方向引向对考虑中的新任务有用的方向提供了机会。在项目获得完全批准前,可用金额是有限的,但这一时期将允许困难的技术成熟、错误的道路被探索和抛弃,以及发现最佳的备选方案。技术的研发需要时间,而已批准的计划不能容忍因关键技术研发失败而带来的延迟。一个新的空间项目应避免提出采用一项需要较低的技术成熟度水平新技术的研发。如果这是满足用户需求所必需的,那么在项目获得批准前,应明确指出这些因素并进行讨论。极端的情况是,对于非常具有挑战性的技术,在开始一项科学任务的相关进展前,有必要先开展技术演示任务。

技术成熟度水平不是一旦达到就将永远保持下去的静态量。有两个因素会降低一项技术的成熟度状态:

(1)在新环境中使用时,技术的状态会发生变化。一个在指定类型的环境中成功飞行的装置,只有在相似环境中再次成功飞行时,才会被评为TRL-9。一项经由环绕地球的短暂飞行验证的技术,不能声称它能够胜任飞向遥远行星的任务。有必要进行专门的开发,来增强对新环境中技术表现的信心。

(2)实际经验和技术成熟度可能会丢失,人员可能会退休,特殊制造材料或流程可能会中断。这在空间领域是一个非常现实的问题,这个领域的工作通常为短暂的批量生产,且少有合同。废弃问题在电子元件领域特别严重,因为电子技术的平均使用寿命通常要比空间任务的实现和运营所需的时间短得多。

4.9.4　开发方法与样机思想

在批准一个新的空间项目之前,为了能够提供一个明确的成本和风险估计,有必要建立一种开发方法,包括:

(1)关键技术预先开发,需在项目全面实施开始前完成。

(2)项目实施过程中,应用的开发方法和样机思想。

预先开发工作的经费相对于项目总成本来说通常很小,但是,如上所述,它为技术开发提供了时间。项目的开发工作是基于选定的样机思想的。构建卫星及其组件的不同样机,这些样机的目标会逐步更具现实性,直到最终的样机将用于飞行任务,具体包含以下部分:

(1)开发和试验电路板样机,用于了解和改进在测项目的设计。

(2)工程样机用于描述在测项目的功能行为。它们的任务仅在于体现功能性,不需要具备用于最终飞行的完整物理特性。

(3) 鉴定样机应作为飞行硬件在功能性和物理上的代表。当在一个完全能代表在轨情况的环境中测试时,鉴定样机应提供在轨性能。它们用于正式验证项目在特定的环境中对特定目标的充分性,即"合格性"验证。

(4) 飞行样机是将要实际飞行的样机。

样机思想是卫星的创新性、项目的风险接受—规避性,以及成本与进度约束条件的函数。开发方法及相关样机思想的建立将提供未来空间项目的成本、进度和风险估计的可信性,这是对项目批准进行明智决策的基础。

过去会在工程开发中大量使用样机思想,这种非常谨慎的方法已经是一种常态。如今,它已成为例外。ESA 的尤利西斯任务设计于 20 世纪 70 年代中期,具有三种样机:工程样机(engineering model,EM)、鉴定样机(qualification model,QM)和飞行样机(flight model,FM),其中鉴定样机完全代表了飞行硬件。这些样机的建立是完全按照顺序进行的,因此,从一个样机中吸取的经验教训将在下一个样机中得以应用。这让实施过程周期延长、成本增加,但风险是最小的。当前,成本和进度的压力,主要以计算机和基于计算机仿真为主的技术因素的发展,都促使工程开发更多地使用精简的方法。现代分析工具,例如热、结构和电磁干扰,容许极高置信度条件下对卫星行为的预测,"虚拟样机"允许使用混合了真实物理硬件和计算机仿真的测试配置。这允许测试台为所设计的组件提供渐进的可信度,并可以将建造飞行样机前的工作量降到最低。通过这种方法,飞行样机将会是首个将所有飞行标准卫星部件组合在一起的"物理"样机,并且该样机也将被用作"正式"的鉴定样机。这是"原型—飞行"方法,即用于飞行的样机同时也是其自身的原型,并在飞行前通过质量测试。

样机思想的选择与项目的风险管理过程和技术储备状态密切相关。审慎的开发方法降低了风险,但增加了成本和进度。如图 4.5 所示,开发方法和样机思想的选择是四种矛盾力量相互平衡的结果:

(1) 投资方确定的方案约束条件(进度、经费等)。

(2) 正在考虑的任务的开发状态、技术成熟度、任务的继承性和创新性。

(3) 取决于任务需求的任务总体验证方法。

(4) 取决于测试需求、固有测试困难和测试顺序等因素的试验方法;例如执行并行测试与否的可能性。

对分析与仿真而言,关键的问题是它们对飞行硬件及环境条件的代表性如何。如上所述,计算机仿真真实度的提高,增强了人们对其效能的信心。这个问题同样适用于测试:空间硬件的地面测试,例如,振动、热,或大

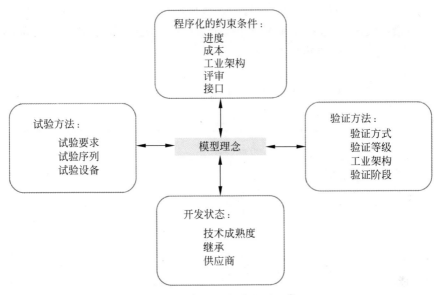

图 4.5　样机思想定义过程①

型展开功能测试,只不过是对真实空间条件的"仿真"。从这个角度来说,无论是分析或测试,均可以更接近或远离真实的在轨运行情况。结论是,应始终严格分析通过测试、分析或两者结合的验证方法,以充分代表空间条件。这种代表的充分性尤其重要,因为具有高度代表性的测试是复杂的,而复杂的测试是昂贵的。为了降低验证的复杂性,可采用较大的余量,但大的余量意味着过设计,而过设计同样是昂贵的。此外,在努力达到最优设计的过程中可能出现对平衡的需求。关于这个方面需要补充强调的是,复杂测试作为成本驱动因素,应该进行小心谨慎地分析,以便对空间项目能做出可信的成本估算。

通常,对于复杂的测试所提供的测试结果在应用于飞行条件之前,需要另一层的分析与解释。这是因为在这些复杂的测试中,不可能精确地模拟飞行环境,只能尽可能地接近它们。

哨兵-3 任务是现代精简开发方法的一个例子,如图 4.6 所示。在整个卫星层面,将要进行测试的唯一完整的"物理"样机是飞行样机/原型飞行样机(protoflight model,PFM),该样机将用于卫星全面的鉴定及飞行。试验将在具有代表性的工程样机或高度代表性的工程鉴定样机(engineering

---

① European Cooperation for Space Standardization. System engineering：ECSS-E-10［S］. ESA,1996.

qualification model,EQM)上进行。这些样机用于仪器或子系统级别的鉴定,将最终装配在"虚拟卫星 EM"中,包括仪器、电子设备、软件在内全部都装配在一起。结构和热样机(structural and thermal model,STM)用于结构的鉴定和预测卫星内部环境早期验证的分析、机械、热模型。手提箱则是一个专门用于研究端到端通信链路兼容性的样机。

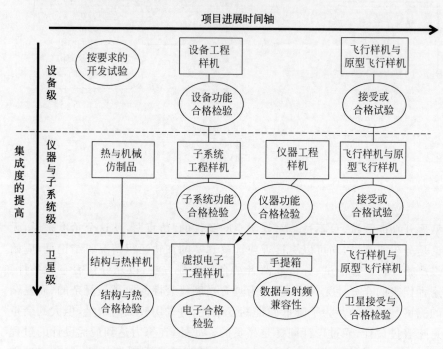

图 4.6　现代地球观测业务卫星的样机思想:哨兵-3①

软件—硬件结合环境的运用,将允许使用在项目寿命周期内演进的样机:从早期阶段的任务性能模拟器,到出资人对其的鉴定检验,再到操作训练工具,最后到在轨设备失效情况下的地面辅助支持。

4.10　进度约束条件

任何的空间探索都是一系列在时间上相互联系的活动。这些活动的数量和复杂性,串行进行这些活动的需求或并行进行这些活动的可能性,以及

---

①　Thales Alenia Space. Sentinel-3 quotation executive summary[R]. Thales Alenia Space,2007.

可用于工作执行的资源水平和质量,将直接影响并有助于确定整个任务及其每个部分的进度。

复杂项目需要一系列的活动,其中一些必须串行执行,另外一些可与其他活动并行执行。这一系列的串行和并行活动,最早在 1957 年作为项目管理网络被建模,称为关键路径法(critical path method,CPM)。CPM 以确定性方法对每项活动采用固定时间估计。它使管理者能够确定如何结合并行和串行活动,来定义最短的可能进度;也就是说必须连续执行的最长活动序列。计划评估与评审技术(program evaluation and review technique,PERT)则允许活动完成时间上的随机性。

为确定所有项目的预期持续时间,必须做以下工作:

(1)将整个项目分成若干项具有明确开始和结束节点的单独活动。

(2)为不同的活动分配初步资源。

(3)和专家咨询确定每项活动所必需的持续时间。持续时间是执行每项活动可用的人力和物力资源水平的函数。持续时间指标可以是固定的,也可以是概率的。

(4)建立每项活动从起始到结束之间的优先级逻辑顺序。例如,一个项目的制造不能在其被设计出来之前就开始。

(5)确定持续时间最长的在逻辑上串联在一起,并且从活动的开始到结束一直运行的"关键路径"活动序列。这些活动的总和将决定整个项目的持续时间。

(6)增加"关键路径"序列中活动的资源分配,以便减少总的持续时间,并根据容许的资源,寻求最优资源分配以使持续时间最短。

(7)更新资源分配,并提供最终的进度估计。

这意味着,项目的进度不是一个独立的参数。项目实施所需的时间直接源自开发方法和样机思想,项目进度是所提议的设计创新水平和项目容错能力的函数。那些没有对样机思想、容错能力和创新水平进行适当考虑的压缩进度期望应该被抵制。空间硬件开发的样机思想是基于早期样机的学习经验的,可以在以后的样机中得以实现。因此,样机之间允许的重叠程度是有限的。应对强有力的进度约束条件的唯一方法是使用成熟技术,从而允许简化的样机思想和简单的评审方法。具有非常低的创新度和相应简化的样机思想的通信卫星项目可以在两年或更短的时间内实现,但大多数卫星的情况并非如此,它们需要开发新技术来推动最新技术的发展。

所有卫星的总体架构定义阶段都包括整个项目实施持续时间的进度估

计。如上所述，进度具有一条关键路径，依次从设计、建造、组件级测试、装配到最后的整星级测试。整个进度中包括整星和象仪器这种最重要的任务要素的条形图。该进度必须是现实可行的，并一定要给测试计划中潜在的故障分配足够的时间。这种进度预测应牢固地立足于整体开发的理念，要补充成本信息，作为投资方批准或取消任务的基本数据。

4.11　管理趋势作为约束条件

管理趋势是可以约束设计的管理方式。约束条件可以以一个明确的指令形式出现，例如，在卫星上提供允许航天员进行在轨维修的设计特征；也可以是一种隐含的情况，例如，管理部门鼓励或劝阻的高风险水平的情况。趋势的例子包括宇航员在轨维修、大型标准平台和小卫星。自太空时代开始以来，我们所看到的几乎所有的趋势都是建立在相当合理的推理基础上的，在某些情况下它们是充分的。但与此同时，几乎所有的趋势都被过度宣传，在现实生活中，它们都被证明是有局限性的。

20世纪70年代，美国决定主要使用航天飞机来完成低轨任务，这最终被证明是一个不明智的决定，即大量的类似任务承担了不必要的载人系统的费用。当吉米·卡特在1978年下令逐步淘汰不可重复使用的运载火箭，转而以航天飞机代之时，这一趋势成了明确的空间系统设计指示。太空梭6号就是由这一指示生成的任务设计的一个很好实例，它携带并在近地轨道释放了一颗质量为2200千克的TDRSS-1卫星。这颗卫星使用了惯性上面级（interial upper stage，IUS）将其从航天飞机轨道送入预定的地球同步轨道。这种方法成功地在轨道上放置了许多卫星，但原先关于航天飞机周转时间和成本的预测被证明太过乐观。这些预测声称，航天飞机能够以每磅400美元的代价将载荷送入近地轨道，但实际成本接近5 000到10 000美元①。美国最初的目标是每年发射26架次的航天飞机，实际最多只发射了6次。

20世纪80年代是宇航员开始在轨维修的时期，由于航天飞机作为发射运载选择之一，在轨维修成为可能。"挑战者"号乘员于1984年4月在太空中为SolarMax卫星提供了在轨维修。这颗卫星是为在轨维修而设计的，但宇航员们还成功地利用胶带和钳子完成了日冕仪上未预见到的故障

---

①　THOMPSON W, GUERRIER S W. Space National Programs and International Cooperation[M]. Boulder Colorado, Westview Press, 1989.

的修复。有一个通过在轨维修拯救任务的明确例证是,宇航员对哈勃空间望远镜的维修使得这个任务免于失败,但在轨维修对轨道的限制对于天文学任务来说是不能接受的。这是趋势相互矛盾的影响的另一个例子。作用于哈勃任务设计的不同影响将在 7.2 节中进一步讨论。

20 世纪 80 年代也是一个广泛使用标准平台作为降低成本的手段的时期①。这一时期,NASA 决定通过两种类型平台的标准化来降低深空任务的成本,分别是:用于外太阳系任务的水手Ⅱ型(Mariner Mark Ⅱ)和用于内太阳系任务的观察者。卡西尼号(Cassini)是水手Ⅱ型唯一的一次成功的任务。2 500 千克的火星观察者未能成功抵达火星,这是唯一的一次观察者任务。此外,在 NOAA 业务气象卫星系列中标准平台的使用,以及后来在 NASA-NOAA 的 Terra,Aqua 和 Aura 中使用不同的样机,在成功实现性能的同时也降低了成本。

20 世纪 90 年代是"更快、更便宜、更好"的时期。这种趋势伴随着对失败更高的容忍度,以及对怎样做事情和怎样做得更好的强烈反思。20 世纪90 年代早期,NASA 经历了一系列的广为人知的失败,包括 1990 年哈勃空间望远镜像差的发现、1992 年伽利略高增益天线展开的失败,以及 1992 年地球同步运行环境卫星(geostationary operational environmental satellite,GOES)比计划推迟了三年、支出超过两倍预算成本的危机等。这种新的趋势使 NASA 重新焕发了活力。运用"更快执行,更低价格"的理念实际实现了的任务既包括像克莱门汀号(Clementine)这样的成功任务,也有像火星气象观察者号、极地着陆者号这样的失败任务。毫无疑问,试图在快速和廉价的同时完成具备宏伟目标和客观复杂性的任务,有着非常大的失败概率②。这一问题将在 13.2.3 节中再次讨论,具体见图 13.1。

尽管小卫星和纳米技术的使用是近几年来的流行趋势,但近十年并没有显现出压倒性的趋势。小卫星可以解决许多问题,但是目标绝不应该是设计一颗小卫星,而应该是设计一颗满足任务需求的最小卫星。纳米技术同样非常适用于某些应用,主要是深空任务,许多物理定律不能很好地适应尺寸大小。如果过去的经验应该成为我们未来的指南,那么小任务的趋势应该受到欢迎,因为这是一种降低成本的有益措施。但我们应该以一种适度的怀疑态度来对待它:它并不适用于所有情况。

---

① HARLAND D M, LORENE R D. Space Systems Failures: Disasters and Rescues of Satellites,Rockets and Space Probes[J]. Springer Praxis Books,2005.

② BEARDEN D. When Is a Satellite Mission Too Fast and Too Cheap? [C]//MAPLD International Conference,2001.

　　以上所有的趋势都有其优点和缺点，也都包含了由此而产生的成功和失败。相比趋势自身，存在的问题是对趋势的过度宣传。工程有其自身的"简易判决"形式：硬件工作与否。如果硬件工作，则设计是成功的；反之，如果硬件不工作，则设计是不成功的，人们无法通过演讲的水平、有说服力的论证或来自指挥部的命令来打开卡住了的可展开天线。如果管理趋势变为管理指示，设计人员应将其作为另一个明确的系统约束条件，并包含在基本设计中。设计人员的职责也包括指出这一趋势对设计的建议，指出这种趋势在什么地方适用、如何适用，并将这些影响告知决策者。最终将由决策者（通常是投资方）来决定是否要贯彻这一趋势。

5 作为共时过程的系统设计

关键词 空间系统要素、空间系统架构、成本约束的设计、风险约束的设计、进度约束的设计、功能分析、权衡、功能分配、预算分配、并行设计工具、可靠性、任务效能、安全余量、设计试探

本章标题中"共时"的定义是"对某一特定时刻存在事物的分析"。该术语最早用于语言学,指从语言的所有规则、特征和每时每刻的互动的角度来分析一种语言。与共时的观点对应,语言学还引入了"历时"这一术语,适用于研究语言如何随时间而变化。像语言学那样,空间任务的设计过程可以从共时或历时两个观点来分析。本章将用共时的观点来讨论典型的任务设计,下一章将用历时的方法讨论这一问题。

用共时的观点分析设计过程涉及需求、约束、系统故障、分析、可接受的设计规程、推理,以及设计决策之间的相互作用。本章首先回顾构成端到端空间系统的物理要素。5.2 节分析了空间系统的规格与设计及它们如何与本书的主要目标相联系,正如 1.1 节所述,为空间系统构建一个"总体架构"。5.3 节描述了诸如成本、风险和进度等约束条件对系统设计的影响,以及在每个任务中对每个约束不同的强调程度会如何影响设计。5.4 节论述了不同类型的需求及其对设计的影响。5.5 节描述了用于设计的具体方法:性能分析、功能分析、权衡、故障、功能分配、预算分配,以及并行设计工具是如何助力任务设计的;5.5.6 节讨论了可靠性。5.6 节从端到端的角度来看待设计,分段研究任务效能的测量方法及其局限性、数值及概率方法对设计优化和安全余量影响的相关问题、与空间系统实际性能有关的过失和错误。本章的结尾对非数值因素对设计的贡献进行了分析:包括推理过程、为了在相互冲突的需求之间达到平衡,以及对开发敏感性的需求。

5.1 空间系统要素

在图 1.3 中,空间系统的设计被表述为一个递归过程。在这个过程中,

首先定义最高级别的要素,之后逐步定义较低级别的组件。任何设计的第一步都是定义源于端到端系统的有意义的第一级分解要素。Wertz 和 Larson[①] 使用了基于架构要素的划分,包括:

(1) 被观测的对象或事件,以下称为观测量。

(2) 获取的关于观测量信息的有效载荷或仪器。

(3) 给仪器提供支持的航天器平台。

(4) 运载火箭。

(5) 建议轨道。

(6) 地面段。

(7) 通信架构。

(8) 运营概念。

ECSS[②] 采取两级模式对物理段落进行划分:

(1) 发射段,分为运载火箭和发射设施。

(2) 地面段,分为任务控制中心、通信网络、地面站、有效载荷数据管理设施和地面支持设备。

(3) 空间段,分为航天器平台和仪器。

Wertz 和 Larson 的功能性方法最适合定义任务总体架构的过程,本书将采用一种接近 Wertz 和 Larson 的方法。唯一的区别是,本书会像 ECSS 方法那样,将地面段划分为两类不同的要素:任务控制和仪器数据处理。选择这种有微小差别的补充划分,是因为地面段的上述两部分由不同的设计准则所驱动,且彼此之间没有强烈的相互作用。如图 5.1 所示,由此所产生的要素划分如下:

(1) 观测量:对于我们想要观测的事件,被研究的观测量是任务的根源。后续章节中将讨论观测量如何直接决定优选的运营方式以及数据的使用。

(2) 轨道:卫星的飞行路径。轨道是从符合牛顿定律的有限的可能性集合中选择的,并且是观测量所要求的。

(3) 运载火箭:用于将卫星送入太空的装置。运载火箭通常从有限的可能集合中选择,有两个原因:一方面,可靠并且价格合理的运载火箭是相当罕见的;另一方面,方案的约束条件通常禁止或偏好源自特定国家的运

---

① WERTZ J R,LARSON W J. Space Mission Analysis and Design[M]. Springer,1999.

② European Cooperation for Space Standardization. System description:ECSS-S-ST-00C [S]. ESA,1999.

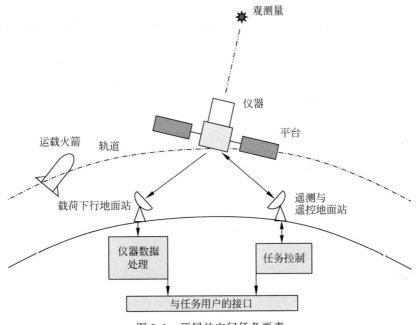

图 5.1　顶层的空间任务要素

载火箭。

（4）仪器：获得待观测事件信息的设备。考虑到每项任务都针对非常特定的观测需求，所以仪器通常都是为任务专门设计的。

（5）平台：支持仪器的装置。平台帮助仪器实现其功能，并发送和接收从卫星到地面的信息。根据不同情况，平台可能是为每项任务专门设计的，也可能是从以往设计改造而来的。

（6）由平台和仪器组成的卫星。

（7）遥测与遥控地面站和任务控制中心。运行的地面站向卫星发送指令，或接收卫星发送的平台和仪器状态的相关信息。任务控制中心监测卫星提供的关于自身状况的信息，并准备和发送指令来控制卫星。地面要素的运行通常基于已有的基础设施，可以根据需要进行改造。对于现有基础设施无法满足的需求，需要设计和构造新要素。

（8）仪器下行链路地面站和仪器数据处理与分发中心。仪器地面站接收由仪器生成的关于观测量的数据。仪器数据处理中心处理这些信息并分发至用户。这部分要素要尽可能地使用已有的基础设施，尽管其中许多甚至大部分组件都需要任务专用系统。

（9）仪器和任务控制中心都要与用户互连，负责接收他们的请求并向其交付任务产品。

我们应该牢记：一些任务需要不止一颗卫星。多颗卫星的需求源自通过连续的卫星飞行提供长期服务的需要，或为了在同时飞行的几颗卫星之间分配苛刻的需要，例如需要大量数据或高频次观测的任务。

任何空间系统的定义必须从每个要素及要素间接口的广泛定义开始。一旦确定了系统定义，就可以开发每个要素的详细定义。

5.2 系统规格、系统设计和系统设计师

在全额资助项目获得最终授权前，任务设计过程的参与者包括：

（1）客户，大多数情况下是一个航天局。

（2）工业供应商，大多数情况下是一个空间工程公司。

原则上，应该由客户确定需求，供应商进行设计并实现。事实上，功能分配、相应的系统分解和预算分配都是系统规格和系统设计迭代过程的一部分。建立需求的过程不需要指定具体的物理设计参数，规格也可以很好地明确系统功能甚至是物理分解。这有效地结合了系统设计和系统规格的过程。例如，用户可能要求数据一旦生成就快速交付。这就产生了确定数据延迟可接受度的要求，客户可以指定使用数据中继卫星，或者是支持或反对指定地面站的位置。这种完全合理的需求规定了功能的分配，并强烈地影响了设计。客户通过指定自己倾向的方法，对供应商提供的设计造成了很大的影响。此外，规格从不要求设计特征，客户对详细设计的参与受到严格限制。

客户和供应商均参与设计过程。在项目批准前，二者需要维持系统设计师宽广的视野，以便允许其自上而下地、渐进地进行系统定义。随着系统定义的逐渐清晰，设计团队将分为进行总体架构设计的团队和专注于详细设计的团队。总体架构设计师是从系统综合的观点来对待任务的群体。同2.2节中提出的系统总体架构设计的定义一致，这一工作主要包括系统工程和系统设计的独特视角。很明显，任何对任务具有多重或重大影响的设计决策人员都在履行系统设计师的职责，因为这类决策必须借助包含多方面知识和经验的通才观点做出。这对于与仪器、任务轨道或运营方法及相关领域的早期设计决策来说是客观有效的。

应当注意，在实现一个多数组件均为标准化的、非创新性的系统时，不需要进行新的架构定义工作。架构设计是全额资助项目做出明智决策之前所进行的工作，对于创新度较低的项目，只需要很少的前期工作就可以启

动。可以说,只有独特的系统才涉及架构设计过程,但几乎所有的空间系统实际上都是独特的。此外,许多明显是非创新性的空间系统在应用时总是需要做出一些改进。在某些情况下,一颗现有的卫星在不同环境下使用时,需要对部分过时的硬件进行重新设计,或者使用不同的运载火箭或数据流,例如一颗新的数据中继卫星。在这种情况下就需要一定程度的新架构设计。

设计决策总是需要在备选方案之间进行权衡。供应商提供设计的备选方案,在它们之间进行权衡,并根据先前确定的选择标准选出一个优胜方案。不过,客户总会对供应商的方法选择进行讨论和审查。在顶层决策中(如轨道选择或姿态控制概念),用户直接参与到权衡的过程中,但与详细设计相关的决策几乎完全由供应商所掌控。图 5.2 总结了需求建立、设计、分配和决策所有这些活动之间的关系,这表明,就设计备选方案达成协议,通常将引起分配乃至顶层需求的更新。正如上文反复强调的那样,功能设计、物理设计和需求建立在项目获得批准前是紧密相关的。

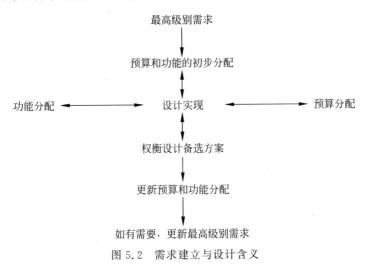

图 5.2　需求建立与设计含义

系统的定义和实现过程包括四种类型的活动,如图 5.3 所示:

(1)范围与认证:构成系统规格域的一部分,主要是客户的责任。

(2)分解与组合:构成系统设计域的一部分,主要是供应商的责任。

范围是一系列用于选择与拒绝定义任务的方法、定义需求与约束条件、决定系统内外所包含的内容的程序,是定义系统边界并建立其需求与约束条件的艺术。适当的范围需要一个明确的目标。用户将在任务说明或任务需求文档中提供目标(详见 3.2.1 节)。同时,投资方提供限制可接受的任

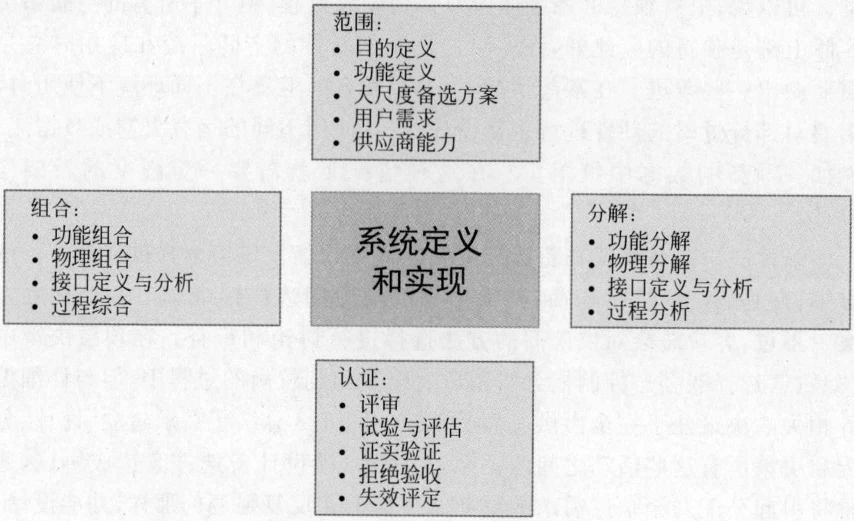

范围：
- 目的定义
- 功能定义
- 大尺度备选方案
- 用户需求
- 供应商能力

组合：
- 功能组合
- 物理组合
- 接口定义与分析
- 过程综合

**系统定义
和实现**

分解：
- 功能分解
- 物理分解
- 接口定义与分析
- 过程分析

认证：
- 评审
- 试验与评估
- 证实验证
- 拒绝验收
- 失效评定

图 5.3 系统定义的四个方面[①]

务定义选择的约束条件。例如要求任务按成本设计或不能容忍失败。

系统的认证或验证为系统的投资方和非付费用户提供了让系统适于使用的保证。客户的作用是定义一个可以被明确认证的系统，并最终进行认证。有效的认证，即合格或验收，意味着随后按照商定的价格向供应商支付。这也是其必须完全明确的原因。为了提供成本和性能估计的可信度，架构定义过程需要定义一个可以被明确验证的系统，并建立可以被完全测试的明确需求。这反映在启发式的句子中就是：在需求建立的同时，就定义了如何对其进行验证。可验证性的需求已在 3.5 节中叙述。

组合与分解是对相关解决方案和问题的分组和分离。它们是进行适当的系统设计的同一枚硬币的正反两面。这就需要在分析/分解活动（比如功能性和物理性分解）和处理综合/组合的活动（比如端到端性能的分析）之间维持平衡。对不同系统的要素和组件在功能和资源分配上的平衡也是至关重要的。

系统组合和分解与其说是科学，不如说是艺术。它是面向综合的，而不是分析的，而科学几乎总是分析的。建立一个科学的系统组合与分解方法或工具是一项困难的工作，因为这个过程是非结构化的、折中的、是启发式的，同时也是具有艺术性的。本书的第二部分从第 7 章开始，至第 12 章结

---

① RECHTIN E,MAIRE M W. The art of system architecting[M]. CRC Press,2000.

束,就是在尝试培养读者形成对于"适当地对空间系统进行组合与分解"这一能力而言所必需的敏感度。

5.3 针对约束条件的设计

4.4 节介绍了方案框架的概念,它是由投资方为实施潜在的新空间项目而制定的一套规则。4.5 节和 4.6 节研究了不同类型的空间任务,并根据其目标或重要性进行了分类。上述这些章节的重点是围绕在未来任务对成本超支、失败风险的容忍度水平和最终性能之间建立合理的平衡。建立这些不同水平的容忍度并不是由架构定义团队决定的,而是由项目的特殊方案指南决定的。在某些情况下,这些指南是普适的,在其他情况下则要建立与下述内容相关的特定强制性计划:

(1)与性能相关的正式评审的数量和工作量(详见 6.4 节)。

(2)由供应商正式交付给用户的文档详细程度的定义。

(3)在最终的飞行样机之前,制造和测试的组件和卫星样机的开发逻辑与数量的定义(详见 4.9.4 节)。

(4)产品保证工作的层次的增加或减少。

(5)测试的数量和逼真度(即成本)。

(6)建立供应商对客户的依赖度,并建立客户在实现过程中的参与度。

所有这些决定的集合可称为任务的"方案指导方针"。上述大部分措施被应用于任务的实现阶段,而不是架构定义阶段;也就是说,架构定义团队与方案指导直接相关的工作是有限的。然而,方案指导对最优任务设计的影响至关重要,因为设计必须与指导一致。

下面的章节将分析成本风险和进度对系统设计的影响。

5.3.1 成本

有一句启发式的系统设计格言:"客户会接受延迟,但只有在极端困难情况下才会容忍成本的超支。"这意味着成本是最重要的约束条件。

成本控制是所有合适的工程的核心。一个对工程稍微有些开玩笑的定义是"用一欧元或一美元来完成一个傻瓜用十美元才能完成的事情"。根据这一观点,每一个合适的系统定义决策都必须考虑到成本控制。因此,成本最小化设计不仅仅是一个组成部分,而是所有合适设计的精髓。将成本降低措施及其对系统设计的影响作为一个单独的问题进行分析,既是可能的,也是可行的,这就是本节的目的。成本降低可从以下两个不同领域寻求：

（1）任务设计和组织过程中可以降低成本的措施。这些可选的方法将在第 13 章讨论。

（2）合适的任务定义工作可以降低成本。本节的目的就是讨论这个内容。

在投资方要求严格按成本设计任务的情况下，设计人员必须考虑性能与风险，以满足成本约束条件，同时在保持中等的失败风险的前提下提供对用户来说可接受的性能。降低性能将直接降低成本，而对于一个按成本设计的任务来说，其性能必然受到成本限制的束缚。通过增加风险，可以避免性能的过度下降。例如消除冗余，使用低质量的电子器件，或减小卫星与任务控制中心之间的通信频度。上述措施中的任何一项都可以在不降低性能的情况下降低成本，但第一种措施可能会在某个关键的非冗余组件发生故障时终止任务，第二种措施使用低质量的器件将降低卫星的可靠性，而第三种措施会增加在轨故障发生时通过地面干预来进行补救的时间。

一个能够同时降低成本和风险的有效方法是按比例适当加大任务架构定义阶段的预算。这项投入将会在工程实现阶段，以更大幅度的成本降低来回报。来自 NASA 系统工程手册[①]的引文正与此相关：

通常，在选定首选系统的总体概念时，系统寿命周期成本的 50%～70% 已经被"锁定"。到选定初步系统设计方案时，这个数值可能高达 90%。这对于主持这个选择过程的系统工程师来说是必须面对的主要困境。在最关键的决策时刻，关于备选方案的信息状况是最不确定的。成本的不确定性是系统工程的一个事实。这表明，在项目寿命周期的早期，努力获取关于每个备选方案寿命周期成本的更完善的信息，可能会有高回报。

这里传达了两个重要信息：

（1）当全额资助项目开始时，已经做出了几乎所有影响最终成本的重要决策。

（2）早期关于系统定义的大量工作，将促成降低最终实现成本的最优设计方案。

因此，任务架构定义阶段必须是长期、详细的和资金充足的，即使要降低成本，也要保证这部分。为了避免最后更多支出的一种方法是，在设计过

---

① NASA. System Engineering Handbook：SP-610S-1995[S/OL]（2013）. http://www.nasa.gov/seh/index.html.

程的起始阶段需要增加一些支出,这部分在 1.1 节进行了讨论,图 1.1 中的数据可以支持这一点。

另一种在降低成本的同时避免风险增加的方法是,做出可以同时减少风险和成本的强健设计。这里用"强健"一词来表示设计是简单、经过良好验证并与目标相称的。例如,没有可展开太阳能电池阵列的简单构型卫星在具有更高可靠性(降低了失败的风险)的同时,也具有更低的成本。第 11 章中的图 11.10 所示的高性能、低成本的萨里卫星技术有限公司(surrey satellite technology limited,SSTL)卫星的立方体结构就是一个例子。另外一个例子也来自 SSTL,是将老式、低性能、廉价但被充分证明过的处理器用于卫星数据处理(详见 11.4.4 节)。强健简单的设计具有滚雪球效应,为整个系统带来了降低成本的潜力。例如,一颗简单的卫星可以使地面段对卫星控制和监测的干预需求最小化。

第三种降低成本而不降低性能的可能方法是,改善供应商、客户和用户之间的信息流动。并行设计是让所有技术和科学知识在一处互动的设计,它使专家们了解彼此所面临的问题。这种互动允许更好的理解哪些需求的改变或放宽对用户满意度的影响最小,哪些需求在不损害任务的本质的前提下不能放宽。此外,非正式的信息流动可能会与项目控制所需的正式方法相矛盾。不过,在任务架构定义阶段,客户与供应商尚未建立大型项目团队,所产生的文档数量仍旧适中,每个相关人员都可能知道其他人的活动。

5.3.2 风险

风险是指可能发生威胁任务完整性的事情,如组件故障、主要任务性能下降,甚至取消任务等。第 4 章已对风险进行了充分研究:4.9 节讨论了风险约束条件和风险管理技术;4.9.1 节介绍了风险分类和处理的定性流程;4.9.2 节介绍了定量的风险管理;4.9.3 节分析了技术成熟度水平的概念;4.9.4 节分析了开发方法和样机思想。本节将讨论接受或规避风险对设计的影响。

在人类步入太空时代的早期阶段,规避风险的任务优先级高于保证达到平均水平的资金和确认合理的进度安排。额外的时间和资金允许保守的样机思想、大量详细的项目评审和全面的实际测试。舒适的进度安排同样也使开发阶段极其复杂,直到所有的组件和要素均得到彻底的验证后,才开始制造飞行样机。这种宽松的项目开发和资助方法进展相对较慢,现在已经过时。4.9.4 节将 ESA 在 20 世纪 70 年代尤利西斯任务中高度保守的三样机方法(开发样机、合格检验样机和飞行样机)与当今受青睐的样机加一半的方法(航电设备试验台和原型飞行样机)进行了比较。此外,在20世纪90年代末期,NASA向"更快、更便宜、更好"方向的过度推动导致了若干重要任务的失败。降低成本和增加风险之间存在着一种永久性的紧张关系,但是,在整个项目获得批准之前,对关键技术进行充分的(因此需要时间较多且资金充裕)研发总会提高技术成熟度水平,对降低任务风险是极为有效的。

值得一提的是,大多数的风险表征和管理方法是定性的而不是定量的。项目危害程度分类的形式化方式(见表4.1),如将风险分为关键风险、主要风险和重要风险等类型(见表4.2),或按照技术成熟度水平从1到9进行分类,这些都是定性的。这使得风险估计方法表面看来没有定量的成本或性能估计那么严谨。尽管如此,作为风险规避或风险承受能力的任务的定性定义,依旧为系统的设计提供了技术和计划方面明确的指南。定性的风险定义指南也将作为建立数值可用性或可靠性要求的指南。

运营任务(详见4.5.4节)主要用于满足极为重要的社会需求(如天气预报),对失败具有较低容忍度。这些任务采用相对保守的技术,通常使用多颗卫星,允许在故障发生时使用在轨或地面的备份。通常,使用若干小卫星代替单颗大卫星来实现一项任务会降低风险,并且不会导致成本的上升到不可接受的程度。相比之下,技术演示任务允许风险的存在。它们也是成本受限的,所以任务定义可以选择低成本、但高风险的解决方案。不管怎样,任何严肃的任务定义工作必须假设一个合理的任务所需的技术成熟度,且所提议的任务概念不得要求取得戏剧性的、不可能的技术突破,以使其可实行。

5.3.3　进度

4.10节分析了空间任务进度的确定。我们看到,任何工作的持续时间都是严格地由待执行的任务和可用于任务执行的资源确定的。同样,5.3.1节开头的启发式准则指出,进度上的拖延通常没有成本超支那么严重。由此可以推断出,在定义阶段,确保承诺进度的工作要比相应的将成本或风险降至最低的工作成比例地更少。然而,在有些情况下,进度的要求是至关重要的,例如:

(1)对于提供必不可少的公共服务的运营任务,必须保证可以不间断地提供这些服务。

(2)一些科学进步类的任务只能在特定时期实施。ESA的乔托号

(Giotto)任务的目标是为了研究哈雷彗星,它的发射时间定在能够与哈雷彗星会合的时间。严格遵守进度是成功拦截彗星的关键,否则这项任务将变得毫无用处。

对有严格进度要求的任务来说,在项目伊始就具有较高的技术成熟度是至关重要的。高技术成熟度组件的使用会缩短进度,它们不仅增加了项目顺利实施的可能性,而且在维持合理的整体任务风险水平的前提下,允许对样机思想进行简化并减少开发及合格性测试。在 Giotto 的案例中,卫星平台的设计基于 ESA 的同步地球轨道卫星(geosynchoronous Earth orbit satellite,GEOS),该卫星在 Giotto 的开发开始之前就已经证明了其效能。尽管如此,还需要对 GEOS 进行一定的改进和开发,以便应对哈雷彗星周边的尘埃与恶劣环境。正如我们所见,那些需要满足成本约束条件的设计,在任务定义阶段用充足的资金来确保所有技术都是成熟的,这样任务在实现阶段就能如期顺利开展,不会延迟。

5.4 针对需求的设计

设计从根本上来说是针对需求的设计,作为本书的第二部分内容,第 7~12 章将详细讨论如何针对空间系统不同部分的需求进行设计。因此,本节将重点研究需求通常如何影响设计,以及设计如何响应并与需求交互。

欧洲的 ECSS[①] 标准集提供了该过程的一个顺序的视图:

(1)研究需要。

(2)建立与需要相关的需求。

(3)定义满足需求的系统设计。

(4)系统实现。

这种顺序视图同样隐含在 1.5 节介绍的设计阶段的传统命名中。如果严格按照此方案,需求将被视为完全固化的内容。然而,正如第 3 章所述,客户的愿望不能直接转化为确定的需求,直到客户和投资方均了解实施过程中包含的风险和成本,投资方同意资助项目,供应商提供了一个具有证据充分的成本估算的合理设计为止。因此,在任务定义的早期阶段,设计和需求之间会相互作用,直到彼此间相互适应,在需要、方法和可行性,需求、约束条件和设计之间达到平衡。

---

① European Cooperation for Space standardization. Project Phasing and Planning:ECSS-M-30[S]. ESA,1996.

鉴于用户是任务的根源，最重要的需求将与满足用户的需要相关联。几乎所有与三种系统效能指标（数据质量、数据量和任务响应，详见 3.4.2 节）直接相关的需求都是最重要的需求之一，这些需求将有力地塑造任务。这并不是说与用户需要没有直接关系的需求不重要。在对卫星质量有严格和不可避免的限制的任务中，所有与结构设计和质量余量相关的设计需求都是重要的。然而，即便在这种情况下，用户的需要仍将驱动这项任务，因为卫星的质量取决于是否需要包括用户所需的所有仪器。如果用户同意去掉一个或更多仪器，质量的问题将自动消失。很明显，降低性能，也就是放宽需求，将会降低成本和风险。任务架构定义团队必须识别、确定哪些需求是可以放宽的，以便在显著降低成本和风险的同时让用户基本满意。一个比较清晰的适应设计和需求的方法是，不将需求表示为单个数值，而是表示为一个可能的性能范围：门限、突破和目标（详见 3.2.2 节）。这种以范围表示需求的方式在系统定义的最早期阶段很常见，能够促进具有更高性能水平和相应更高水平成本和风险的备选设计的研究。3.4.1 节指出，虽然所有的需求都应满足，但并不是所有的需求都是平等的，其中有一些更加重要。同时也提出，识别确定最重要的需求并不困难，因为整个任务的定义过程都是围绕着这些需求展开的。一个很好的推理规则是从帕累托（Pareto）原理的角度来考虑需求的重要性。意大利社会学家 Vilfredo Pareto 指出，在很多情况下，80% 的结果来自 20% 的原因。应用在需求方面，该原理可以重新表述为两个推理准则。第一个符合先前的说法，不是所有的需求都是平等的：80% 的用于满足需求的工作都将关注在 20% 的需求上。第二个适用于每个独立的数值要求，可以表述为：全部工作的 80% 都将用于满足所需性能的最后 20%。

奥古斯丁（N. Augustine）[①] 给出了稍有不同的表述："最后 10% 的性能要求产生了 1/3 的成本和 2/3 的问题。"

推理准则并不是物理定律，但在这种情况下，它们的主旨是明确的：设计工作应该集中在用户绝对感兴趣的少数领域，应该与客户积极讨论尽可能宽的需求范围，从而得到一个更便宜、更低风险的系统。然而，任务的最终价值取决于用户的需求，对于需求放宽的最终决定权掌握在用户手中。

---

① AUGUSTINE N R. Augustine's Laws[M]. New York：American Institute of Aeronautics and Astronautics，1983.

5.5　设计工具

5.5.1　分析与设计

　　分析是一个希腊单词,原意为解开一个结。这意味着将事物划分为单独的部分,并理解它们是如何相互作用的,以对其进行理性审视。分析包括对问题合理的描述和解决的所有结构化方法。ECSS 将其定义[①]为"通过公认的分析技术,进行理论或经验评估的一种方法。选定的技术通常包括系统学、统计学、定性设计分析、建模和计算机仿真"。因此,分析不仅包括了数学上的定量方法,同时也包括合理的系统定性方法。分析是用于系统设计的基本工具,因为在架构定义阶段,测试结果是很少见的。

　　从架构角度,分析可以分为两部分:

　　(1) 系统分析。

　　(2) 工程学科分析。

　　系统分析包括旨在支持决策者对整个行动方案的所有调查。系统分析会检查相关目标和实现这些目标所需的工具,并比较实现这些目标可供选择的成本、性能和风险。因此,系统分析包括之前章节讨论的所有与成本、性能和风险分析相关的内容。从一开始,本书的既定目标就是保持全局视角,聚焦于任务定义的更高层次。因此本节和本章的后续几节将致力于定性和定量的系统分析方法:权衡、功能分析、预算分配、安全余量的使用、推理过程,以及端到端的任务效能度量。最高层的决策需要高质量的支持,要求尽可能的详细、真实和定量。在某些情况下,当样机的结构和不确定因素允许时,数值分析解是可行的。这将在 5.8 节中进行讨论。

　　为了支持系统定义过程,使用来自不同工程学科定量和定性分析方法是至关重要的。这些方法包括定量的"数学"过程,如轨道、结构和热分析;也包括对备选方案的定性比较,如比较液体或固体润滑剂在空间机械中的使用。这些过程同样符合我们既定的全局视角,本书不再赘述。第7～12 章将系统地考察空间设计相关的所有领域,描述众多需要做出的设计决策以及它们如何相互作用,对用在不同工程学科的分析方法仅作概述。

　　任何系统设计,即便是最初步的设计,都必须包含可行性论证,并通过

---

① European Cooperation for Space Standardization. Glossary of Terms: ECSS-P 001[S]. ESA,2004.

对关键设计参数范围的分析来证明其满足任务的关键需求。不过,通过分析来证明可以满足需求的单点设计并不能保证是最优的,必须要有备选方案来支持系统设计,其中包括系统性能对最重要的需求或设计特性变化的参数敏感性的分析。单点设计的方案是不充分的,必须研究多个备选方案。

在项目批准前的架构定义阶段进行的分析具有不同等级的复杂度。支持设计最初阶段的分析总是很简短,而且涉及的范围很有限,在之后阶段进行的分析将越来越深入。对所有级别的系统设计来说,从简单的可行性评估开始分析都是有效的,从最高级的、抽象的系统到详细的、具体的系统都是如此。必须通过一个非常简单的计算和推理过程来确立顶层总体架构设计的一般可行性。第二个设计回路允许进行更加详细的权衡,可以由端到端的任务效能计算(主要与仪器相关)和对总体架构的任务效能参数敏感性分析提供支持。第一组关于该任务的低创新性、低风险要素的基本可行性研究将维持第二个设计回路。必须有一套文档提供可信的成本、风险和性能评估,以便对全额资助项目的授权做出正确的决策。为了使其可信,需要提供的不仅仅是简单的初步设计或总体设计。每个设计组件所需的详细程度都会有所不同,并且必须与每个组件相关的创新度和风险程度相符,具体标准如下:

(1) 具有较高技术成熟度水平的标准组件无须过多的细节。

(2) 影响重要任务需求的实现或需要特殊改进、开发的组件,必须被设计并记录达到相当详细的设计水平。

(3) 在实现关键任务需求(主要是任务产品质量)方面发挥着基础性作用或需要大量新开发的组件,必须被设计并记录达到一个非常详细的水平,对仪器来说通常如此。设计必须得到全面的分析,并对特定的有风险组件进行实际制造和测试。

空间系统设计文档也必须是端到端的,不仅要包含卫星的设计,还应包括地面段的设计。地面段设计应包括如何运行系统、如何与用户进行接口交互的功能性描述:如何接收他们的请求、如何处理和分发仪器的数据。该架构还必须包括通过端到端的任务效能指标的数学模型。

5.5.2 功能分析与功能分解

功能是一个系统的预期效果。功能分析是识别、描述和关联一个系统为了实现其目标所必须具备的所有功能的过程。功能分析在空间任务定义过程中支持以下工作:

(1) 确定所有要满足的需求。

（2）识别系统效能的措施。

（3）识别标称和降级操作模式的任务参考方案，并研究备选的操作方法。

（4）评估贯穿整个任务期间所涉及的环境要求。

（5）通过对能够满足系统目标的备选方案进行权衡研究来鉴别。

（6）为任务效能模型的创建者提供见解。

该列表几乎包括了任务定义的最初阶段所需的所有顶层的活动。正如我们所见，这个阶段做的大部分工作实际上是功能分析。

功能分析从系统需求开始，得出必须执行的功能，以满足所有顶层的功能需求。每个功能应由输入、输出和接口来描述。与空间任务的定义过程一样，功能分析遵循功能的自上而下的层次分解，这种分解允许从较高层的功能派生出较低层的功能，从而生成功能树。这一过程反过来又允许从每个更高级别的功能需求推导出较低级别的需求集。在顶层的任务说明或任务需求文档中应提供功能描述。功能分析是首个功能规格的来源（详见3.2.1节），在任何空间系统定义中都是一个关键的里程碑。这一系统分解过程将创建一组并行的功能模块，这些功能模块可定义一个功能概念，并驱动相关物理概念。

最常用的功能分析技术是功能流程框图。这些图描述了导致功能释放的事件网络。流程图呈现了事件发生的逻辑顺序，描绘输入与输出、任务及其关系。它们不显示持续时间，这意味着对于理解对时序要求严格需求的实现而言，流程图不是一个好工具。这项任务通过时间轴分析完成，包括了持续时间——通常被用来分析时间关键功能的必要要求。另一种功能分析技术是 N2 图形，用于在软件密集型系统中开发数据接口，但通常不用于定义卫星。这一技术利用 N 行 N 列的矩阵记录第 i 行功能和第 j 列功能之间的信息流，如果它们之间没有接口则标记为 0。

如上所述，空间系统定义早期阶段的大多数工作实际上是功能分析，但这并不意味着"功能分析"文档必须严格按照前一段所描述的某一种技术来生成。事实上，空间系统的功能和执行这些功能的要素在项目与项目之间是非常相似的，通常不需要更多地考虑显著不同的系统方法。实际上，在5.1节进行的分析是一种高层次的功能分析，可应用于几乎任何空间系统，图5.1所示的要素已经划分阐明了几乎所有空间系统的基本功能分解。

5.5.3　权衡与设计

权衡是一种帮助选择可选解决方案的合理方法。将权衡应用于设计的目的是确保所选的方案是最优设计。原则上，权衡需要以下步骤：

（1）理解并明确需求和系统性能的度量（详见3.4.2节）。

（2）设计满足需求的备选方案。

（3）在理想情况下，确定一个任务效能函数，将所有性能指标综合为一个值。该函数应在数学上可用，并且是客观的。

（4）包括由确定概率决定的不确定性和投资方对风险的接受/厌恶情况。

（5）根据任务效能评估备选的设计方案。

（6）根据成本和风险评估备选的方案。

（7）根据选择规则对备选方案排序，规则应包括收益和成本，并考虑非标称结果概率和投资方对风险厌恶的情况。

（8）根据选择规则，选择一个或若干个最佳的备选方案。

（9）根据选定的备选方案继续开展设计工作。

理想情况是从（1）到（9）的所有步骤都可以实现。这就允许对决策进行完全的数值化处理，从而不仅可以确定最佳的备选方案，还可以确定每个备选方案的最佳效费点。上述步骤总结于图 5.4 中。

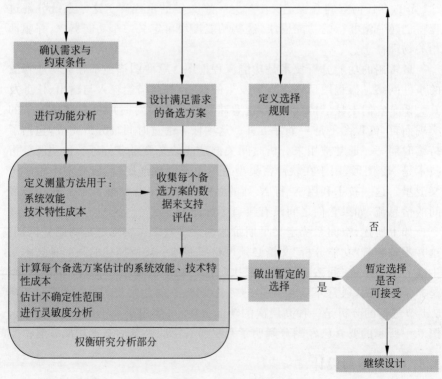

图 5.4　权衡流程[1]

①　NASA. Systems engineering handbook：SP-610S[S]. NASA，1995.

　　这种纯粹的数值化情况是一种应争取的理想情况,但在实践中是几乎不可能实现的。数值可靠性计算的局限性将在5.5.6节中讨论,任务效能模型的局限性将在5.6.2节中叙述。风险分析如4.9节所讨论的那样,从根本上说是定量的,采用完全数值化方法来权衡取舍可能会给人一种错误的安全感,其隐藏的往往比其揭示的要多。通常情况下,做出主观但明确、合理的价值判断,往往比用纯数学的方法支持选择要好得多。显然,无偏差的数值方法往往在其算法中隐藏了高度主观性的选择!

　　一个关于设计的推理格言说:"眼睛是一个好的系统设计师。"即悦人眼目的设计就是好的设计。与严格的数值权衡过程相关的假定危险,作为权衡的补充辅助手段,简单甚至美学的重要性不应被低估。培养对总体方案的直观理解能力是重要的,它体现了资源的最佳使用和功能的均衡分配。正如5.4节所述,本书第7~12章的目标就是培养这种直观理解的能力,如图5.4所示。

　　此外,还需要在许多不同层次和不同情况下做出决策,而每种情况下权衡的复杂度与形式化程度都会有所不同。可以确定为下列级别:

　　(1)最低层次的权衡:关注诸如是否使用一种特殊的太阳能电池这类详细设计的具体问题。相应的技术专家通常来完成这些权衡。

　　(2)中等层次的工程权衡:驱动许多低层次的设计决策。例如,轨道高度的选择或卫星构型的选择。供应商和客户的架构定义团队会完成这些权衡,并始终保持一个综合的观点。

　　(3)最高层次的权衡:用端到端的任务效能指标来选择最优任务架构,并包含对成本和风险的并行估计。这些权衡同样由供应商和客户的架构定义团队完成,但用户必须保持知情,并参与帮助定义端到端的任务效能算法,例如参与最有希望备选方案的选择。

　　根据权衡的不同类型,具有不同的程序:

　　(1)在备选方案中直接进行理由充分的选择。

　　(2)层次分析法(analytical hierarchy process,AHP)或更复杂但强有力的多属性效用理论(multi-attribute utility theory,MAUT)。

　　(3)使用本节开头部分编号列表(1)~(9)描述的基于任务效能度量的全数值方法。

　　(4)一般是与过去经验相关的推理过程与洞察。

　　与前两项相关的方法将在下面段落中讨论。任务效能将在5.6.1节和5.6.2节讨论,推理过程和洞察将在5.7节讨论。

　　对于选择而言,直接比较对详细设计问题已经确定的不同备选方案就已足够。图 5.5 给出了在射频电源的不同备选方案之间进行权衡的例子，权衡的主题是为一种有源微波仪器确定最佳的射频电源(详见 8.2.4 节)。图中建立了一套合理的权衡的备选方案和权衡准则，从权衡准则的角度讨论并比较了权衡的选项，选择时主要或完全使用定性推理。在这类详细设计领域，一个经验丰富的人的个人意见就足以决定最佳的设计方案。如果这个人碰巧是被评审的组件设计和实现的指定设计人员，那么他的意见应该被给予特别的重视，因为他是最终要对项目的交付负责的，应该在他负责的问题上享有最终发言权。

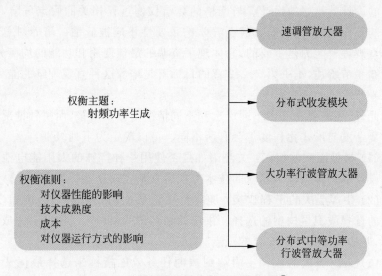

图 5.5　低层次设计决策的权衡案例①

AHP 是一种决策技术，通过一系列成对的比较，为若干备选方案中的每个方案确定品质因数。AHP 通常分为六个步骤进行：

(1) 创建一组评估目标：质量、技术风险、科学回报及许多其他目标。

(2) 通过成对的比较确定目标的相对重要性。

(3) 为不同的目标设立一系列的权重：给最重要的评估目标赋予最高的权重，重要度最低的目标赋予最低的权重。

(4) 指导评估人员对备选方案的每个评估属性进行单独的成对比较。

(5) 通过对评估分数乘以分配给每个评估标准的权重的求和，生成对每个备选方案的排序。

(6) 与评估人员讨论结果，迭代这一过程，直至达到一致性排序。

---

① 由欧洲航空防务与空间公司阿斯特里姆宇航公司提供。

此方法可用于所有类型的设计决策。

MAUT 利用效用理论，通过量化备选方案的合意性建立了数学模型。与 AHP 不同的是，在某些情况下，MAUT 必须对不确定性或风险进行数值处理。最终的结果是一个函数，它表示评估者对一些设计特性的偏好。函数的创建基于个体在面对不确定性时的行为方式的数学原理。其基础是确定评估人员的偏好，通过将最好结果的概率 p 和最差结果的概率 $1-p$ 与具有绝对的确定性的中间值进行比较来确定他们的偏好程度。这允许为表单的特定属性创建一个效用函数：

$$U(x) = a\,e^{bx} + C$$

为不同的属性创建不同的函数，可通过一致的加权因子将它们整合起来，创建一个多属性的效用函数。所选择的方案应是提供最高多属性效用值的备选方案。

在独立于权衡机制的情况下，必须建立用于确定最佳结果的选择规则。评判的准则有很多，会根据定性或定量的效能或排名值而变化，这些准则会被应用于不同的备选方案。当任务缺乏效能数值时，可以采用上述的 AHP 或 MAUT 程序来创建一个相对排名，之后选择最高排名的备选方案或满足某些补充约束条件的最佳备选方案，例如低于给定的成本边界或超出强制性的、特定数值的质量性能等。

5.5.4　预算分配工程

该规格包括许多应用于空间系统或卫星的高层次数值要求，例如卫星的总质量、仪器恢复数据的精度，或卫星所携带仪器的实际指向等。与每一个高层次数值要求有关的系统实际性能都是分布在整个系统中众多因素的函数，例如：

（1）卫星的总质量将是它所携带的每个组件质量的函数。

（2）仪器精度取决于各种因素，例如孔径尺寸、探测器质量、热控效率、校准方法、用于消除杂散信号的地面处理质量、用于对比的外部验证数据使用等。

（3）与仪器指向有关的知识取决于仪器和卫星结构的机械和热稳定性、卫星姿态的确定与控制，以及端到端系统的能力，如果缺乏这些知识，则需采用将卫星提供的数据与地球或天球上被良好表征的参考进行比较的地面处理，来确定其实际指向。

（4）光学对地观测任务生成的图像总数取决于如下因素：具有充足的太阳光照、没有云、仪器指向和重新指向所必需的时间、校准所需时间、确保卫星指向的方向足够稳定以实现适当的图像采集等所需的时间，以及许多其他因素。

在每种情况下，都有必要确定有多少低层次的源会影响到高层次的数值性能。一旦确定了所有原因，就有必要在所有相关的贡献者之间分配整个高层次的数值性能。通过这种方式，一个高层次的数字就会衍生出低层次的数值需求的多重性，每个需求对应一个贡献原因。这种分配过程称为预算分配，它是优化和驱动系统设计过程的最强有力的工具之一，因为不同的分配将给不同的源分配不同的值，这将使得不同的设计备选方案变得简单、困难或根本不可能。例如，对卫星结构或热能子系统的质量数值分配会影响特定结构或热的概念，它将确定与实施和交付相关的风险与成本；仅通过改变分配数值，就可能会使实现一个或其他的子系统变得更加困难。预算分配是一个非常强有力的工具，不仅能够驱动设计，还能够驱动在特定高层次预算中涉及的所有低层次组件相关的风险和成本的层次。预算分配和设计间的关系如图 5.2 所示。预算分配从根本上说是确立需求的过程，这意味着这项工作是客户的责任。

关于预算分配的一种可能的推理准则是：尽可能多地为每个误差源分配所必需的预算，以平衡用于满足需求的可用资源和实现需求所涉及的困难。这意味着所有供应商的实现困难都必须被平衡。对每个供应商都公平的资源公平分配，对系统整体来说同样是最优的。也就是说，预算分配会在降低整体成本和风险的同时产生规定的最高水平性能。客户的责任是识别需求分配是否对某一指定的供应商不公平。航天局应积极主动地避免主工业承包商以对一些分包商不利的方式分配预算，因为不公平的分配最终将不利于整个项目。

另一个需要牢记在心的、关于预算分配和设计之间的关系是，所有预算分配都要基于心中的某个设计，尽管它可能是初步的。例如，对卫星总体质量预算的分配是自上而下和自下而上并举的，需要根据以往经验进行初步的自上而下的分配，一旦从实际组件设计中得到的质量估计开始可用，随后就是自下而上的估计。由于设计和预算分配之间的这种相互关系，任何卫星概念的重大变化（例如卫星构型的变化）都要改变卫星各子系统的预算分配。

预算工程必须始终包括准确计算较低层次设计决策以影响更高层次需求的能力。一旦所有贡献因素的性能确定，这种向上计算的能力对确立整个系统的实际性能来说是至关重要的。这意味着对正确的预算分配存在着一条下降的路径，而对整体性能评估则存在着一条上升的路径。应在从最一般到最详细的所有层次的系统分解中都维持控制这两条路径的能力。这是准则的一个补充例子,说明在定义阶段设计和规格之间的相互作用将一直持续到它们达成共识。

不同的误差分配有不同的误差分解和求和规则。最简单的规则是直接做加法,例如一颗卫星的质量是其各个独立组件质量的算术和。

许多误差源是概率性的。在这种情况下,对不同误差源的加法规则源自这些误差源的数学期望组合。期望被定义为一个结果的概率乘以该结果值的综合乘积。在不相关的随机误差(例如电子噪声)情况下,误差会加上"均方根"。这种情况下,两个标准差(期望的平方根)为 1 的误差将结合生成一个标准差为 1.41 的总误差。

在某些情况下,确定正确的分配需要进行具体或复杂的分析。例如,如果一个仪器只能在没有云、太阳高于地平线时生成地面图像,就有必要确定在太阳高到足以捕捉图像的时刻的云量。一个特别复杂的误差分配的例子是卫星总指向要求的分配,这一内容将在 9.8.2 节中分析。

5.5.5 并行工程

并行工程可以在相关技术专家组成的多学科团队的帮助下,通过专家们直接和同步的交互定义一个空间系统。这种同步进行的交互允许评估任何设计决策的下游和上游的影响,并有助于快速验证其可行性和充分性,无论是从做出设计决策的工程专业角度,还是从对其他工程领域的影响的角度来说均是如此。并行工程通常要使用自动化的数据交换环境,以便技术专家间可以彼此交流。这种方法的本质是直接沟通,让专家们自由地讨论每个设计方案的含义。并行工程不仅包括专门从事如卫星热控或数据处理等领域的工程师,也包括可靠性或成本估算等工程支持领域的专家。此外,并行工程的最佳应用需要包括所使用的观测技术和卫星载荷仪器方面的专家。所有的空间任务都是围绕着仪器来设计的,想要达成对于卫星其余部分和整个任务来说的仪器最佳安置,能否找到特定的仪器专家至关重要。用户的参与通常不需要作为并行工程过程的一部分。然而,他们的参与,至少在关键时刻,将让人们更好地理解在实现满足所提需求的设计时存在的困难。他们的参与可能会促使一些需求改变或放宽,使得需求在维持完全可接受的任务性能情况下更容易得到满足。

并行工程的本质在于让所有参与任务定义的人员之间快速传递信息,让彼此都能够理解其他人所面临的问题。这是在 5.3.1 节最后所观察的另一个实例,即在任务架构定义阶段,信息易于流动是少数能够同时降低成本和风险的事情之一，也是真正可以实现"更快、更廉价、更好"的极少数情况之一。

5.5.6　可靠性

可靠性是一个通用术语，包含系统的可用性及其三个控制因素：可靠性、可维护性和可维修性。可用性是一个系统完成其所需功能的能力。可用性数值定义为系统总运行时间除以总时间。可靠性为不合意事件发生的数值概率。可维修性是一个系统来防止或修复故障的能力。卫星不能在原位进行物理上的维护或维修，但地面段可以进行定期的维护工作，例如软件更新或纠正可恢复的故障、激活冗余进程或执行应急措施流程等业务。这种业务可使遭受明显无法解决问题的任务再次运行起来。

对可接受的可用性和可靠性级别的数值指标的定义是整个任务系统规格的一部分，这是客户的责任。

1. 数值可靠性计算

可靠性被定义为不合意事件发生的数值概率。特定事件发生的相对频率由概率分布表示，并由此定义了故障率。如果故障率恒定且故障随机发生，这种假设比较合理，可以被广泛应用。然而可靠性是一个负指数函数曲线，会随着时间而下降，如图 5.6 所示。

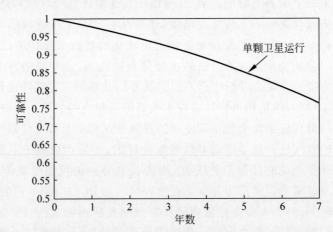

图 5.6　单颗卫星的可靠性随时间降低，在运行 7 年后可靠性变为 0.75

可用性和可靠性评估的数值分析已经建立。这些方法是基于对部件故障率数值的判定的。这种数值判定对大量使用的电器和电子部件相当有效（因此其分析具有统计特性），并运行在表征良好的环境中。然而，这种方法对于处理量少、环境差异大的机械部件的实际行为来说,效果是有限的。此外,它不能处理诸如设计或装配错误、操作错误之类的事件。这表明,为了设计一个正常运行的空间系统,必须对其可靠性进行研究,但仅仅专注其可靠性数值是不明智的。可靠性数值是有意义的,但不能仅从字面上理解。经验表明,精心制造的卫星要比可靠性数值所预示的工作时间长得多。本节最后将提供相关的实例。

可靠性数值可以通过以下途径来提高:

(1)使用高质量或高价格的航天级部件。

(2)使用冗余的"备份"部件,以便在某个部件发生故障时替换。

(3)使用金属屏蔽来保护电子部件免受辐射。

(4)降低级别使用大容量部件来实现低容量功能。相比其标称使用状态,较小的使用压力会增加部件的可靠性。

一个极端的冗余情况是将卫星数量增加一倍。在太空时代早期,NASA 经常发射不止一颗卫星,其主要的意图是确保至少有一颗卫星能够正常运行。1975 年,NASA 飞向火星的维京(Viking)任务考虑上述想法而使用了两颗卫星,但结果是这两颗卫星都完美无瑕地正常运行。这种方法仍然被广泛用于对可用性有要求的运营任务,例如气象任务或全球定位系统(global position system,GPS)。

综上所述,可靠性分析在电子领域外的效果不佳,且不能反映卫星在现实中如何发挥作用。尽管如此,数值可靠性分析对正确的系统定义来说仍是不可缺少的工具。将结果解释为更具比较性的定性比较而不是字面的定量比较,可以更好地理解结果。可靠性分析是比较备选方案、平衡每个卫星不同部分的可靠性数值、为一颗卫星或系统的不同部分实现合理的冗余所必需的手段。

2. 冗余

冗余由卫星中两个或更多能够实现相同功能的完全相同项目的可用性提供。如果一个组件失效,卫星将使用冗余组件来继续运行。冗余可以防止不相关的随机故障,但不能防止潜在的共同原因、未知因素或错误。1982年,一家商用飞机在飞越印度尼西亚上空时,它的四个喷气发动机同时失灵。这从经典的(不相关的故障)可靠性的角度看来是绝对不可能的。然而,其根本原因是飞机当时正在穿越密度足以扑灭四个发动机燃烧的火山灰云层。这个四重失败是由于不可预见的潜在的共同原因造成的。

到目前为止,讨论都集中在"正常"的冗余,它通过加倍使用相同的组件来提高一个系统的可靠性。功能冗余是另一种候选方法，即系统对部件故障的响应不是切换至功能正常的相同部件，而是运行应急措施、以最初不打算的方式来使用部件。NASA飞向木星的伽利略（Galileo）任务的主用通信天线展开失败，但通过软件修复实施了应急措施，即进一步压缩了科学数据和图像。压缩后的图像通过低增益天线成功回传地面，尽管由于低增益天线性能的限制，极大地降低了数据速率。这项应急措施大大降低了数据传输量和任务能够生成的图像数量，但却将一个可能完全失败的任务转化为相当成功的任务。充分的安全余量与创造力的结合已经拯救了不止一个可能过早地以彻底失败告终的任务。

3. 推理

上文的讨论已经提到了推理的准则，如："可靠性数值不适合机械部件"或"可靠性数据是有意义的，但不能仅从字面上理解。"一条普遍接受的空间系统设计的推理规则是：卫星应避免出现导致系统完全故障的单点故障。但单点故障的概念同样并不适用于机械设计领域。对于这一点可以说："每个卫星都具有可以成为单点故障的机械特性。"提供高可靠机械设计的最佳方法是对卫星环境有一个很好的理解、适当的设计分析和测试，以及使用鲁棒设计和安全余量来提供额外的信心。

对于确保系统可用性的经典"冗余"方法来说，未知环境是极其危险的，因为这样的环境对标称和冗余的功能路径来说均是危险的。冗余无法防范未知环境。

另一种提供提高可靠性的方法是使用几颗卫星来实现功能冗余或实现系统，如果单颗卫星发生故障，允许渐进地"温和"降级。卫星星座提供了良好的可用性，因为即便在一个或多个星座要素完全故障的情况下，它们提供的功能仍然可用（尽管会有性能上的降低）。一个多星星座的使用在运营任务中是常见的，作为满足日常重要社会需求所必需的任务，需要最高级别的可用性。

4. 任务寿命与可靠性

必须确定可作为任务设计准则的任务寿命参考期限。可靠性数值会随着时间而下降，但除可靠性之外，任务寿命同样与具有有限寿命的项目设计相关，例如完成轨道维持所需的燃料量或者影响卫星供电能力的太阳能电池效率的逐步降低。这些因素同样限制了卫星的工作寿命。图5.6给出了作为任务寿命的一个函数可靠性表述。该图采用了典型的空间系统设计值，由于负指数可靠性曲线切线的加速向下，卫星不太可能在规定的时间之

外存活太久。此外,在现实生活中,精心设计和制造的卫星要比经可靠性计算确定和预测的寿命更长。这样的例子有很多:

(1) ESA 的 COS-B 任务设计寿命为 1 年,携带了 2 年的燃料,但却持续运行了 7 年,直至所有燃料用尽。

(2) 1978 年发射的国际紫外探测器(international ultraviolet explorer,IUE)的设计寿命为 3 年,却持续了令人难以置信的 18.6 年。

(3) OTS 通信卫星设计寿命为 3 年,但其转发器持续工作了 12 年。

(4) 太阳和日球层探测器(solar and heliospheric observatory,SOHO)设计寿命为 3 年,14 年后仍在运行。

由 Meteosat 系列运营气象卫星的在轨性能,可对卫星的预测寿命与实际寿命之间的区别有一个直观的认识,见表 5.1。

表 5.1　Meteosat 系列运营气象卫星的在轨性能

卫　星	发 射 时 间	结 束 时 间
1	1977 年 11 月	1979 年 11 月(成像故障)
2	1981 年 6 月	1991 年 11 月
3	1988 年 6 月	1995 年 11 月
4	1989 年 3 月	1995 年 11 月(成像故障)
5	1991 年 3 月	2005 年仍在运营
6	1993 年 11 月	2005 年仍在运营
7	1997 年 9 月	2005 年仍在运营

Meteosat 系列的 1 号、2 号和 3 号卫星的设计寿命为 3 年,4 号、5 号、6 号和 7 号卫星采用了传统的可靠性计算,设计寿命为 5 年。除 1 号卫星外,所有卫星的实际寿命都要比计算值更长。很明显,传统的可靠性计算低估了精心设计和制造的卫星的寿命。这是由于显性和隐性的安全余量的存在造成的。安全余量的影响将在 5.6.3 节中讨论。

5.6　设计与任务性能

空间系统工程教科书提供了一个实用的、简化的多维设计空间观点,该观点通常被压缩为如图 5.7 所示的成本与性能曲线。即使是不提供任何性能的系统也同样具有成本。从这一点出发,系统性能会随着成本的小幅增长而快速增加,随着设计达到越来越高的性能,每次性能改进的相关成本会越来越多,这是因为系统实现所需的技术会变得越来越尖端。阴影区域表示设计固有的概率性能。有一条位于中间的最可能性能曲线，在由上限/乐观和下线/悲观限制的框架内，提供了与一组给定的性能概率相关的指示。最可能性能曲线没有居中，一方面是因为性能远高于"最可能"结果的概率要低于性能远低于"最可能"结果的概率。这意味着性能的概率分布是不对称的。成本高于最可能成本的情况是极有可能出现的，但性能优于最可能性能的情况则比较罕见。另一方面，设计总是包含了安全余量。这些安全余量将确保"最可能"性能优于（有时远优于）任务正式规格中所要求的指定性能。这将在 5.6.3 节中详细讨论。正如图 5.7 所示，有多个可能的设计点：

（1）在大多数情况下，目标是提供足以满足所有需求的最廉价设计。这是针对特定性能的设计，是一种承担成本风险的方法。

（2）当在性能和成本上有一定回旋余地时，最理想的情况显然是明确地提供性能和成本间最好关系的系统，即单位成本的性能最优。

（3）当成本绝对确定时，"按成本设计"将在给定的成本约束条件下提供尽可能好的性能。按成本设计需要承担性能风险。

（4）在极端情况下，明智的做法是以仍能完成有意义任务的最低成本为目标（对那些有权批准该项目的人来说是有意义的）。技术演示任务就可能是这种情况。

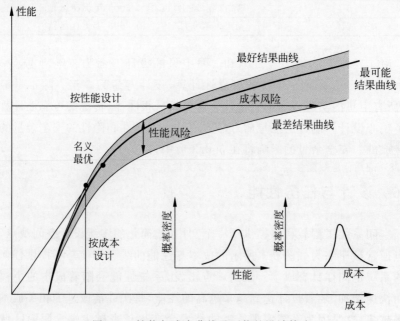

图 5.7　性能与成本曲线及可能的设计策略

性能和成本是概率性的,不是确定性的。量化这些不确定性会涉及生成性能与成本的概率密度函数。然而,不能认为上述曲线呈现的是可信赖的数学事实,就像对指向误差或随机加速度的概率分析一样。空间系统的性能不是一个线性的一维参数,成本和风险将取决于许多难以单独用严密的数学来分析的因素。援引迪斯雷利(Disraeli)的话:"清醒的人用路灯来照明,醉酒的人用路灯来支撑。"复杂的数值计算是深入洞察并阐明设计备选方案非常好的方法,但仅靠数学是无法决定最优设计选择的。数值效能参数的局限性将在5.6.2节中详细讨论。

5.6.1　任务效能度量

3.4.2节介绍了任务性能度量。本节将进一步阐述任务性能及将其作为设计优化的工具。图5.8总结了最常见的任务效能参数。

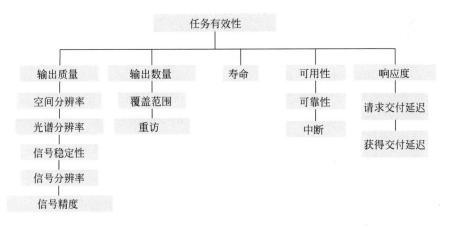

图5.8　通用任务效能参数。参数被分解成"交付什么"、"交付多少"和"如何交付"三类

正如5.5.3节开始的编号列表中第3项所示,在比较备选方案设计时,理想情况是向用户提供一个体现任务最终价值的、经过综合评估的、单一的任务效能参数。本章的图5.7隐含地假定这是可能的。在这种情况下,将可能完成5.5.3节编号列表中的所有9个步骤,同时,设计上的权衡将是纯数值的。

正如3.2.1节和3.4.2节中所述,用户的基本需求和相应的系统效能度量将包括:

（1）交付什么？见图 5.8 中"输出质量"一列的参数。

（2）交付多少？见图 5.8 中"输出数量"和"寿命"两列的参数。

（3）如何交付？见图 5.8 中"可用性"和"响应性"两列的参数。

在咨询客户的过程中，总是可以给图 5.8 中列出的不同数值的效能参数分配的数值权重。这将提供一个真正综合的、透明的和双方商定的系统效能的总体价值，如图 5.7 所示。这有助于任务设计人员定义最优的系统设计。还可以使用定性或相对效能度量，为考虑中的备选方案排序，尽管不能用相对排名从单位成本的任务效能角度比较不同的备选方案。现实生活中，数值方法对整体任务效能的限制是严重的。下一节将分析这些限制。

5.6.2 效能度量限制

最优化设计要求使用模型，以便对效能和成本进行量化测量。然而模型有其局限性，获得系统总体效能的数值通常是非常困难的。实际的效能模型仅能表征对用户来说特别重要的众多可能的关键需求中的一部分。支持提供真实系统级效能数值所必须的不同步骤的模型可能并未正确地集成。此外，真正的性能尺度并不是线性的。即使我们把重点放在最简单和最可量化的参数上，例如图像分辨率，增加一倍的分辨率也并不意味着为用户增加了一倍的任务有效性。有时，性能的小幅提高会使任务效能大幅提高，因为性能的小幅提高揭示了一组全新的观测量，为用户开辟了新的应用与研究领域。

图 5.8 给出了不同类型的任务效能度量。其中一些类型的度量是数值型的，可通过基于物理和数学定律的算法获得。一台在轨的太空望远镜所能探测到的最弱天文信号、望远镜对太空进行一次全面普查所需的时间，或者望远镜对一个特定观测要求做出反应所需的时间，都是明确而客观的数值。然而，任务效能对这些参数的依赖并不是线性的。一个灵敏度不足以检测用户目标事件的望远镜，即便其敏感度已经相当接近要求，仍旧是不够的。一个旨在普查整个天空的系统，如果它只普查了 90％ 的天空，也是无法提供 90％ 的满意度的。不过，它仍然可以产生好的科学成果，用户宁愿选择这样，也不愿完全没有任务。正如 3.2.2 节所述，对门限、突破和目标标准确立一系列的值，可以减少问题，但实际存在的不连续性影响了用户的满意度，如图 5.6 所示，一条单调递增的性能曲线始终是对现实情况的一种简化。

模型总是包含对现实世界的假设，而且总是遗漏一些东西。只有在处理可量化的参数时，它们才能够生成精确的结果，此时可以很好地理解数值推导所用的数学方法,而在处理顶层的系统定义问题时,通常情况下并不是这样的。在成本效益讨论中,真正重要的问题与从数学模型角度可以解决的问题之间存在着显著的差异。即在这种情况下,模型能够提供深刻的见解,但不能为最重要的问题提供明确的答案。此外,"只能"提供见解的数值模型并非毫无用处。事实上,由此所产生的见解对于系统定义来说是基本的工具,系统设计人员必须解释模型结果,并以一种体现真实问题本质的方式,向用户和投资方传达他们的解释:在满足投资方建立的限制条件下为用户找到获得其所需的最佳方式。

与整个任务性能不同,整个任务成本是一个明确的参数,对未来系统成本的最佳估算传达了一个清晰而有力的信息。然而众所周知,成本估算是不可靠的。自下而上(详见 4.8.2 节)的成本估算依赖于提供数值的专家判断。也就是说,它们是受到专家乐观程度影响的主观计算。建立一个自下而上的成本估算是 个漫长且复杂的过程,需要足够的时间和详细的工作分解,还有与其相关的明确设计。在系统定义足够详细以允许成本逐项自下而上的估算之前,任务就已经获得了批准。自下而上的价格模型还缺乏估计广泛不同的替代概念或在给定概念中不同选项所需的灵活性。自上而下的成本估算(详见 4.8.1 节)所提供的灵活性使得它们对于确定最优设计更有用。即便如此,一个自上而下的成本模型也不过是成本和质量之间一种可以被观察到的相关性。因此,为提供可靠的成本估算,自上而下的模型应基于与新系统适度相似的旧系统的成本数据。这种相似性不应只是技术上的,还有计划上的。一个全新系统或正在以全新计划框架开发的系统的成本是很难用自上而下的模型来预测的。

系统的难度或复杂性是另一个主观参数,相关并不等于因果关系,而过去常常很难指导未来。如同数值系统效能度量的情况,自上而下的成本模型只对未来成本产生较为深入的了解,但与前者一样,这种了解本身是有价值的,这样得到的成本数值是比较备选方案设计的最好工具。

因此,我们可得出如下结论:为整个系统的效能提供数值应被视为对合理推理的支持,而不是作为其替代品。

5.6.3 安全余量、过失与错误

在影响空间任务定义过程的所有因素当中,有两个因素以相反的方式对空间系统的实际性能具有很大影响,即安全余量与设计错误。

任何系统都需要以一种一致的方式在特定的环境、指定的期限内,以极高的可信度来满足用户需求。为了实现所有这些目标,工程师们使用了安

全余量。例如,任何热设计都包括明确的数值温度值,这些温度值是作为余量被增加到设计实际所面临的最恶劣的温度范围上的。这些余量将确保最终的设计在系统寿命期间能够应付比预期的最恶劣温度范围更宽泛的温度范围。余量应用在设计的每个领域中,而工程则完全沉浸在谨慎的哲学当中。所有系统不仅具有作为设计过程一部分的显性安全余量,同样还具有隐性的安全余量。由于隐性安全余量的存在,一颗普通的近地轨道卫星的热控子系统在超过相关计算所预测的时间之后仍会表现得更好。对于完全已知的情况,安全余量可大大减小。但空间工程是一个创新要素很普遍的领域,在这个领域里,卫星必须承受的环境很少是完全已知的。显性或隐性的安全余量均为空间系统提供了鲁棒性,使它们在遇到意外情况或环境时能够生存并正常运行。应对突发事件是空间任务的常态,空间任务的目标是为科学开辟新领域。设计人员必须预计可能发生的意外,而充裕的安全余量为此提供了最好的手段。

安全余量的一个副产品是精心实现的系统最可能的性能通常会远远优于正式规格所要求的性能,如图 5.9 所示。3.2 节定义的规格是具有法律约束力的文件,限定了为了让客户接受并支付所承担的工作费用而应满足的最低性能参数。客户与供应商之间的契约关系集中在特定指标值上,但任务性能的估计必须包括性能的概率评估,以此来区分最可能的性能和确保的性能。两者均应告知用户,以便其对可能发生的情况有真正的了解。ESA 的 ISO 任务(详见 7.2 节)的目的是研究寒冷的宇宙,需要液氦来冷却仪器。液体通过蒸发冷却仪器,并消散在太空中,这样当所有液氦耗尽后,任务也就结束了。该卫星搭载了足够多的液氦,来保证 18 个月的设计寿命,但实际上,这个任务持续了 28 个月。这有价值的额外 10 个月是充足的安全余量和保守的分析方法的结果。让客户意识到不仅保证特定的性能,而且还有最可能的、更好性能的做法是合乎逻辑的。这个"最可能"的性能将给用户提供一个关于任务产品真实质量的更现实的理解,使客户能够计划任务最可能的持续时间。

安全余量提高了系统最可能的性能。数值表述的安全余量可用于生成考虑了安全余量的性能概率分布。此外,隐性的安全余量并没有在任何地方明确说明,也不能简单地用数字来处理,即便它们是绝对真实的。

空间任务的定义和实现是一个复杂的过程,人为错误几乎不可避免。空间研究开辟了获取知识的新路径,而空间系统在设计阶段会出现不可预见的情况和条件,这不足为奇。错误和未知同安全余量有相反的效果。非灾难性错误或未知将使整个密度函数下移,同时也将增大性能下降的概

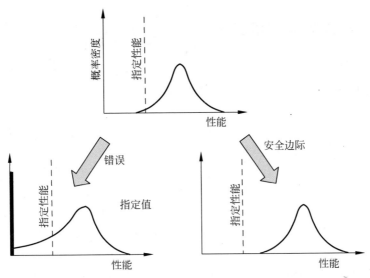

图 5.9   性能概率密度函数中错误与安全余量的影响。错误增加了极差性能的概率，并生成了一个零性能的"任务失败"峰值。安全余量提高了实际性能。

率。大的错误（大到足以导致任务失败）将导致任务失效。为了将这一可信度极高的完全失效概率考虑在内，真正的概率密度函数将在零性能处有一个二次峰值。这意味着，实际的性能密度函数是双峰的：分别在预期的最可能平均值和零性能附近存在峰值。二次峰值必须足够高，来表现具有零性能的有限概率。

Ulysses（详见 8.3.5 节）是过失、错误和安全余量相互补偿最终实现一次成功任务的很好实例。Ulysses 部署了一个 7m 长的吊杆来研究太阳周边的磁场与电波。刚发射不久，太阳照射使得吊杆受热获得了能量导致振荡现象，这是完全出乎意料的。吊杆表现出非线性的刚度行为（对强力很强韧，但对弱力并不强韧），这并没有进行适当地测试和分析，属于工作过失。不过，得益于安全余量的使用，当吊杆承受强力时，要比原先规定的更加坚硬和牢固。吊杆最终能够承受源自太阳的振荡的影响，同时因为卫星的姿态控制同样是超额设计的，一旦卫星沿轨道远离地球，减少了太阳光强度，在任务开始几天后便可消除这些振荡。这一现象被发现后，使得仔细研究太阳影响下和卫星姿态控制系统控制下吊杆的真实行为成为可能。最终得出的结论是，在太阳—吊杆几何的影响和卫星姿态控制系统的控制下，吊杆在任务持续期间内不会再发生振荡。事后也证明这是事实，Ulysses 及其吊杆正常运行超过 19 年，直至任务最终结束。

5.7 决策的非数值支持

所有的设计和计划决策都隐含着风险。为了降低这种风险,决策应由非数值和数值的、合理和科学的程序来支持。本节对在前面几节中讨论过多次的非数值程序进行了总结,下一节将对数值程序进行总结。空间系统工程根植于科学,而科学根植于数字。本章强调了非数值"与科学相比更艺术"的设计观的重要性。5.2 节基于非数值的推理。推理方法提供了经验法则和有根据的推测,有助于空间系统的定义过程。以推理方法为代表的策略使用大致适用但方便获取的信息来控制人与机器的问题解决。该方法是通过反复试错而得到的。也就是说,它们源自制定推理准则的人的经验。本章提供了相当数量有关任务定义的推理准则或原则,它们源自各种渠道,其中一部分为本书原创。推理方法在严格的数学分析可能产生误导的情况和项目的最初阶段特别有价值,因为在这些早期阶段,许多重要决策必须基于很少量的信息做出。来源于政治或政策考虑的计划约束条件,也将在系统定义过程中引入不可避免的非数值考虑。阿波罗计划仅在最后几次飞行中才训练宇航员作为月球地质学家,这证明阿波罗的主要目的是证明美国能够在苏联之前登月,而非研究月球的地质。政治上的约束是真实存在的,设计人员在设计系统时应考虑到它。正如 5.5.3 节所述,所有层次的许多设计决策都是经过纯理性的非数值方法后由专家做出的。图 5.5 所示的直接推理和层次分析法是用于帮助最优设计方案选择的非数值程序。

5.8 决策的数值支持

确定性和概率性的数值工具可以用于支持决策。

5.8.1 确定性方法

在多数情况下,可以使用确定性的数学公式对系统行为进行建模。这将允许对数值参数推导进行比较,并用于选择最佳的设计方案。最高层的设计决策必须借助于数值系统的效能数值来完成。图 5.7 分析了任务性能和任务成本的概念及如何将它们用于定义不同类型的最佳备选方案。将望远镜的成像质量作为孔径的函数来评估是可能的,也可能使用参数化成本估算(4.8.1 节)来推导任务成本作为望远镜孔径的函数。这提供了允许比较备选设计方案性能与成本的函数。

所有层次的专家都使用数值方法来比较备选的设计,以帮助选择一个最能满足任务多种需求的设计。例如,结构专家会使用有限元分析来比较备选的结构概念,以便找到与指定强度或刚度级别相匹配的最轻量化设计,或者与指定质量需求相匹配的最高强度概念。

5.8.2 不确定性情况下的非概率数值方法

策略或决策结果实际上可以在不同于原先预测的环境中实现。未来事件的发生与否可能会改变被认为是最优的策略。

为未来可能发生的事件分配概率是一项艰难的工作,而且在某些情况下是不可能的。然而,我们仍然可以考虑到这些未来事件存在的可能,并比较它们对最优策略选择的影响,即使不对这些事件的相对概率做出任何的假设。有很多准则可用于确定不同类型的最优策略。

拉普拉斯准则建议在比较几种可能决策的优点时,选择最优算术方法确定的平均性能策略。这一准则假设所有可能的未来具有同等可能性,直线平均提供了一个真正的价值尺度,同时应选择那些具有最优值的策略。

本书在4.9节进行了风险分析,5.3.2节分析了设计与风险。空间项目是昂贵且独特的,并且空间工程需要风险规避。一个保守的"极大极小"策略建议选择用最大—最不坏—最坏结果的决策。如果风险规避程度较低,"极大极大"方法建议选择最佳结果出现概率最高的决策。"极大极小"和"极大极大"均是极端的选择,大多数的空间科学家倾向于一种折中的方法。赫维茨(Hurwicz)准则假定一个折中的数值 $\alpha(0<\alpha<1)$。当 $\alpha=0$ 时,决策为极大极小;$\alpha=1$ 时的决策为极大极大。一旦 α 被选定,规则需要按下式计算:

$$\text{Max}_i\{\alpha[\max E_{ij}] + (1-\alpha)[\min E_{ij}]\}$$

式中,E_{ij} 为当第 j 个未来事件发生时,第 i 个决策的性能。

5.8.3 概率方法

在许多情况下,概率方法是可以指定影响每个决策各种可能性的未来概率分布。这允许为每个决策创建概率密度函数。图5.7为性能设计或成本设计决策提供了可能的概率密度函数。在这种情况下,概率分析工具可用于支持决策过程。

有一种可能性是选择具有最佳期望的备选方案。期望已在5.5.4节中被定义为结果概率乘以该结果值的乘积。回顾图5.7,如果按照性能设计,在具有成本概率密度函数的情况下,可以比较不同设计方案的成本风险期望,并选择成本期望最小化的方案。在"按成本设计"的情况下,也可以使用相同的方法来比较几种备选设计方案。可以计算不同性能概率密度函数的期望值,并选择具有最佳性能期望的备选设计方案。

6 作为历时过程的系统定义

关键词 项目阶段、项目评审、里程碑、技术开发

历时一词的意思是"关注事物随着时间演变的方式"。它通常是与共时相对的。第 5 章是将空间系统定义作为一个共时过程来对待的,本章则会将其作为历时过程来分析。两者共同提供了系统定义过程的全面概述。

如 1.1 节所述,本书的目标是分析合适的空间系统定义,直到其详细程度足以准确评估系统的效能、成本和风险,以便做出明智的决策,来支持或拒绝一个全额资助的项目。这意味着设计过程会随着时间一步一步推进,是一个定义水平不断提高的历时过程。本章的目的就是描述达到这个目标的必要步骤。

本章首先指出系统定义过程同时是循环的和线性的,它一直有两个互补的部分:首先描述了用于推进系统定义的循环过程,其次是线性地通过三个标准阶段(0 阶段、A 阶段和 B1 阶段)来进行系统定义的分析,这三个阶段通常发生在项目被正式批准之前。之后讨论能够使系统定义从一个阶段进入到下一个阶段的里程碑,并将特定"现实生活"系统定义的逻辑与前一节的描述进行了比较。本章最后一节描述了在技术成熟度和科学方面的必要发展,其与主要定义过程是平行进行的,但通常不是其组成部分。

6.1 循环及线性的系统定义过程

1.4 节提供了一种双重的、在某种程度上相互矛盾的设计过程的观点:图 1.3 的描绘是递归的、循环的,但是图 1.4 和图 1.5 展现的却是线性的、渐进的。事实上,虽然定义过程确实是递归的,但每一个周期都意味着更高的定义水平;也就是说,从一个周期到另一个周期的发展是渐进的。

1.5 节介绍了基于通用标准所定义的项目阶段。在这些阶段(0~F)中,通常包括在系统定义过程中的是 0 阶段、A 阶段、B 阶段和 C 阶段。

前四个阶段在 1.5 节中的定义如下：

（1）0 阶段：确立任务目标。

（2）A 阶段：可行性研究。

（3）B 阶段：初步定义。

（4）C 阶段：详细定义。

然而，这个过程并不像其阶段的名称体现的那样整齐有序，即这个过程不是一个从确定需要、到需要被正式确认为需求、再到形成满足需求的设计的连续流程。实际上，0 阶段已经包含了相当数量需求的确立，甚至还有一些设计，A 阶段需要相当详细的系统设计，其详细程度要足够支撑其合理的价格成本和风险评估，以便做出明智的项目审批决策。最好将这个过程看作递归形式，即，由类似的结构和目标组成的几个步骤，但是其详细程度逐步增加，包括用户需要之间的对应关系、系统要素需求、成本、风险及设计等。在现实生活中，0 阶段和 A 阶段的工作逻辑和目标非常相似，结果也是相似的，这证实了系统定义过程是递归的观点。连续的迭代可以使理解更为深刻，并且能够揭示关键需求和设计驱动。

然而，随着过程的进展，在 0 阶段结束时，将有代表性的提出第一个"正式"任务需求集，建立用户对客户的要求。第一个明确无误地确定客户对供应商需求的正式系统需求集，出现在 A 阶段的末尾。在 0 阶段结束时，还应允许进行概略的成本估算，对于任务的成本、风险以及早期技术开发计划的初步分析——在项目完全展开之前——是为了降低项目在将来的整体风险。同时，为了达到一个足够详细的设计水平以进行可靠的成本和风险评估，A 阶段必须迭代进行第二轮设计。这是因为在一套固定的需求和随后的设计完成之前，是不可能做出一个可信的成本估算的，要等到 A 阶段或 B1 阶段结束时才会发生，这取决于工作的组织方式。

6.2　作为递归过程的系统定义

从 J. R. Wertz 在其权威教科书《空间任务分析与设计》[1]中定义的步骤开始，就不可避免地要描述空间系统设计的历时过程。他定义了以下步骤：

（1）定义目标：

① 定义广泛的目标和约束。

② 估计定性及定量的任务需要和需求。

---

① WERTZ J R,LARSON W J. Space Missions Analysis and Design[M]. Springer,1999.

（2）表征任务：

③ 定义备选的任务操作概念。

④ 识别备选的任务概念。

⑤ 识别系统设计驱动因素。

⑥ 表征，即设计每个所建议的任务，包括要达到必要的详细程度的所有的任务要素。

（3）评估：

⑦ 识别关键需求，即确定驱动整个设计最重要的性能指标。

⑧ 评估每个备选任务概念的效用和成本。

⑨ 定义基线。

⑩ 固化及更新需求。

这个过程的第①步常常发生在任务系统设计师参与之前：用户提出一项任务说明，以描述任务的基本目标、用途，通常还会推荐观测技术，包括特殊的仪器技术。这种方法是由用户/客户驱动的。在其他情况下，这可能是一种新的观测技术，刺激了对可能应用的探索。第二种方法则是由技术驱动的。无论采用何种方法，一旦产生了目标的总体说明，任务系统设计师就会开始分析任务。定义广泛目标的过程在 3.2.1 节中介绍过，并将在 8.1 节进一步讨论观测技术和观测量。第 4 章，特别是 4.4 节～4.7 节，分析了投资方产生的约束及它们如何应用到不同类型的项目中。系统设计师还需要对计划约束进行早期分析，以确保任务概念能够在投资方制定的预算、进度和风险限制范围内实现。

第②步的主要任务是初次提出一组正式的定性和定量的任务需求，并从用户的角度创建一个逐步明确的任务需求文档来描述任务的性能。这些最终将变成从客户的角度描述任务性能的系统需求文档的来源。这个过程在 3.2.1 节进行了描述。最初的"任务需求文档"通常在 0 阶段结束时提出，此时，设计过程的第一个环路已经完成。这个文档包含了用户所有的定性和定量的关键需求，同时也提出了一些与用户感兴趣的专用仪器有关的关键指标需求，以确保其产生的数据具有较高的质量。

第③步是建立广泛的指导原则：数据的生产和交付，通信架构设计，任务、进度与控制，以及整个任务的时间轴的指导原则。这些广泛的指导原则的提出必须与用户合作，因为观测量的性质将决定如何进行观测。观测量也将根据数据类型、数据流、数据速率，以及在轨仪器、地面操作和用户之间的交互类别来塑造任务操作概念。这些因素将决定任务的运行方式，并将建立卫星、地面控制和用户之间接口的标准。

第④步是用任务表征接下来定义备选任务概念,包括任务概念、有效载荷、卫星平台、运载火箭、轨道、地面系统和通信架构的设计,以及任务操作架构的概念,与第③步中概述的操作概念一致。因此,5.1节中图5.1描述的所有要素的概念都必须被提供,以共同构成一个空间任务。这一步将建立任务的顶层架构并定义不同要素之间的相互关系。总体来说,备选任务概念的定义需要进行功能设计决策,即决定哪些要素执行哪些功能,以及如何执行。

第⑤步为识别系统设计的驱动因素。驱动因素是根据性能和成本/风险驱动任务的设计特征。设计一个空间系统需要许多设计决策,然而,不是所有的设计决策都同等重要。关键性能和相关的设计决策对任务性能至关重要,必须要被识别出来。

第⑥步是第⑤步的扩展,即提供系统要素的设计。设计的详细程度取决于任务定义的特定阶段。在0阶段,这一步将集中在任务最重要的、最创新的方面,几乎总会包括仪器方面的内容。在A阶段,这一步需要对所有任务要素进行详细的设计,尤其是要对任务最具创新性的要素进行非常详细的设计,以便对整个任务的成本、进度和风险进行可靠的估计,同时提供高质量的任务效能数值估计。

第⑦步是识别出广泛的任务驱动因素将被转化成关键需求。这些需求将依次决定其他较低级别的设计决策和较低级别的需求。建立备选架构的过程也允许识别这些关键需求。需要注意的是,关键需求与重要的系统效能参数(例如望远镜的孔径尺寸)有关,这些参数可用来以用户的视角评判任务的价值。3.4节讨论了系统的效能。在8.5节讨论端到端的任务性能仿真时,将进一步分析系统效能。

第⑧步是对第④步识别的备选任务概念的任务效能和成本进行量化,以便对不同的概念进行比较。任务效能必须根据任务驱动因素最重要的需求来衡量,这些驱动因素可能对满足用户需要而言是最重要的,就实施难度、成本和风险而言,也可能是进行设计以满足这些用户需要时最苛刻的。任务评估包括对成本、风险和进度的估计,相应的方法在第4章的相关部分已经进行了描述。

第⑨步包括进行权衡和选择最佳的设计选项。选择必须平衡从系统效能中得出的性能和投资方建立的计划约束。最佳解决方案不仅取决于实现规定的任务性能,还取决于计划环境。

第⑩步与本节所描述的程序的循环特性相一致,将回到第①步和第②步。第⑩步将更新较高层次的需求,并正式确定设计决策所产生的较低级别需求。此步骤允许更新和扩展原始的任务和系统需求文档，以提供更高水平的确定性。

图 6.1 提供了这些步骤的一个流程图，包括它们的相互关系和它们如何与用户需求、投资方约束进行交互。如图 6.1 所示，这些过程被理解为一个循环，需要不断重复进行，直到所提议的任务最终通过审批或被取消。每一步骤的分析都可能引起对顶层综合决策的重新审视，进而引发另一个综合与分析。

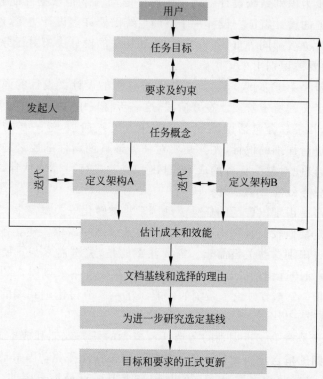

图 6.1　循环空间系统概念探索及任务目标和需求的更新

6.3　作为线性过程的系统定义

项目阶段在 1.5 节进行了简单介绍。与本书的目的相一致，本节将对此进行展开介绍，重点关注全额资助项目审批前的阶段：0 阶段、A 阶段和 B1 阶段的一部分。系统定义的过程包括对模型的处理，并随着设计的进展使模型变得越来越具体。

在项目落实之前,可用的资金是有限的,参与团队由系统设计师来协调。系统设计师的角色并不仅限于顶层考虑。必要时,系统设计师也会研究特定部件和特定领域的细节,以确认可行性和确定对用户来说重要的性能。整个过程是高层次的、结构化的、综合化的,通常基于非数值的推理和洞察力,而后对所有必要的细节进行合理的和数值分析。本书的第二部分,即第7~12章,将通过介绍和分析大量的空间系统设计的例子来培养这种非数值的洞察力。

本节对明确定义的阶段进行了详细的描述,根据 ECSS 标准对输出和评审进行了清晰地描述,并将其与 NASA 的阶段定义进行了比较。通常,ESA 使用与 NASA 相同的定义名称,但是其划分阶段的内容更多,包含更多的输出,甚至 ESA 的 A 阶段中的一部分内容是在 NASA 的 B 阶段中的。然而在现实生活中,每个阶段的内容可能与两个机构所提供的参照均略有不同。当 A 阶段的实际内容比较少时,应该将 B1 阶段作为完整的项目审批前的最后阶段。如果 A 阶段内容已经相当丰富了,那么在 A 阶段结束时,就有可能为完整的项目审批提供良好的支撑。无论哪种情况,重要的都是在决定完整的项目审批时,需要对任务定义有足够详细的理解。如果实现了良好的定义水平,则项目就可以继续进行下去,不必依赖于其所处的具体的阶段名称。

在任何情况下,为了帮助减小任务风险,在项目审批前,最好要完成足够的准备工作,以解决尽可能多的问题。如图 1.1 所示,如果任务在定义阶段有很好的资金保证,在任务实施过程中就不会出现大的成本超支的情况。

6.3.1 0 阶段

ECSS[①] 将第 0 阶段定义为识别整体需要,这一阶段将为任务建立一个初步概念和一组总体需求。这个阶段的主要活动包括:

(1) 分析需求和任务约束:物理的、操作的和计划方面的。

(2) 分析观测技术的基本可行性。

(3) 分析备选的架构。

(4) 提出观测系统的初步架构和基本设计,尤其是关键方面。

(5) 生成任务需求。

(6) 提供概略的成本估算和粗略的进度估计。

---

① European Cooperation for Space Standardization. Project phasing and planning:ECSS-M-30 [S]. ESA,1996.

在0阶段,用户或客户应评估系统将承担其任务的标称极限和外部环境条件,并确定预期的性能。客户还必须定义和描述系统的功能,识别和评估不同可能的系统概念、关键的和创新的方面;并识别潜在项目实施的环境。这个阶段预期的输出包括:

(1) 任务需求文档。

(2) 系统初步的功能规格。

(3) 系统概念、概念权衡,以及支持分析。

(4) 包括目标预算的项目框架。

(5) 技术风险及状态。

总而言之,如图 6.1 所示,0 阶段是任务定义过程的一个试运行。它提供了调整用户性能需求的第一个机会,同时也保持在成本约束和投资方风险偏好的范围内。由此得到的任务概念虽然是暂定的,但却为后续工作的开展提供了参考。0 阶段最后的任务是提高任务关键项目的技术成熟度水平,这是降低任务风险的关键步骤,将在 6.4.1 节论述。

NASA[①] 指出,0 阶段的主要目标是为任务提供广泛的想法和备选方案,以便从中选择新的项目和工程。按照 NASA 的观点,0 阶段不仅包括与用户交互产生的任务初步目标和理由,还包括可能的操作概念、任务架构以及对成本、进度和风险的评估。为了完成这些工作,必须提供一个初步任务设计,特别详细地关注系统中最新颖的、最关键的要素。这种方法强调了 0 阶段作为思想来源的角色,这些想法有可能变为现实,也有可能无法变为现实。由于这一阶段的成本相对适中,又可以对最具前景的任务概念进行自然选择,因此,发起比预期实现的任务更多的 0 阶段工作不仅是有可能的,而且是明智可取的。

理论上,在大约 1 个月或 2 个月的时间内就可以完成具有 0 阶段可接受的详细程度的任务设计,并在并行设计设施中完成适当记录。然而,0 阶段的任务目标并没有清晰的定义,需要用户、客户和供应商之间持续不断地交互,以实现设计需求和约束条件之间的相互适应。也就是说,0 阶段不仅仅是响应一组需求的初步设计阶段,它需要足够的时间来完成所有必要的交互,正因如此,实际上 0 阶段的工作需要 6 个月到 1 年的时间才能完成。

---

① NASA. System engineering handbook：SP-610S[S]. NASA,1995.

6.3.2　A 阶段

ECSS 将 A 阶段定义为明确任务的可行性。这个阶段的任务是建立系统的功能需求,并提供一个可靠的系统定义以及性能和风险评估,必须详细研究和定义所有存在风险的、新颖的或与基本性能需求有关的任务领域。这个阶段必须:

(1) 分析并进一步完善已有的任务和系统需求文档。

(2) 提出并比较系统所有元素的备选架构和设计。

(3) 提出基线设计:任务、平台、有效载荷以及地面段的功能模块的操作概念。

(4) 为正在考虑的系统定义提供分析支持,以证明其符合系统需求。

(5) 在各个层次进行权衡,选择一个基线定义。

(6) 为系统的各要素分配需求,并推导出内、外部接口需求。

(7) 提供端到端系统所有要素的初步设计,并对所有关键要素进行满足其所需详细程度的分析与设计,恰当地量化这些要素,以证明其技术、经济的可行性和合理性。

这是 0 阶段活动的重复实施,但是具有更高的定义程度,确定性也逐渐提高。这需要用户和客户之间进行额外的交互,以就前一阶段尚未确认的需求形成共识。在这个阶段,客户与供应商之间的交互将非常密集,因为他们必须制定出一个确定的系统设计基线。这个建议的基线不仅要确保任务的基本可行性,而且要对性能成本和风险进行可信的评估。

因此,A 阶段产生了一组确定的系统需求、一个观测的概念和一个端到端系统的定义以及性能评估。这个阶段的输出包括:

(1) 任务设计定义和支持分析。

(2) 任务实现的开发方法:产品树、主要开发风险和缓解措施、模型思想,必要时会包括未来项目的组织机构。

(3) 成本和风险评估。

(4) 端到端任务性能。

(5) 统一的系统功能规格,包括主要任务要素之间的接口需求。

A 阶段必须证明一个可行的、经过充分论证的系统设计是存在的。这不是要对系统的每个单项都进行十分详细的定义,但是必须足够详细,以确保在系统性能和成本与风险评估方面的可信度。这就要求对系统所有的创新组件都必须进行相当详细的设计和分析。这一阶段需要对所有的关键组件进行高度详细的定义,同时,这些定义要符合我们对系统架构的基本定义，即这份文档能够帮助对于项目是否通过立项审批这一问题做出明智的决策。

在 A 阶段的最后，项目要通过一系列的评审，来确认需求的满足情况、技术定义的标准，以及系统风险和开发状态。这些评审最终将决定系统能否被批准。项目评审将在后续章节进行讨论。

A 阶段的验证活动主要聚焦在对一般项目需求的评估，以及开发和验证方法的定义，包括模型思想和相关的硬件矩阵。为了评估开发和验证程序的可行性，在初步需求评审（preliminary requirement review，PRR）中要对结果进行讨论。

另外，A 阶段还必须开展适当的工作以降低在 0 阶段中识别的任务风险。这些应该与 A 阶段工作并行开展。这些活动包括正在评审的关键项目的设计、制造和测试，将在 6.5.1 节进一步讨论。

NASA 也认为 A 阶段是 0 阶段的结构化版本，包括：自上而下的需求开发及相应的需求评价度量和准则、备选操作概念、系统约束和系统边界的识别，以及提供备选设计概念来支持可行性和风险研究、成本和进度估计以及先进技术的开发需求和计划。在 NASA 的体系中，A 阶段应该确定被推荐的新的主要系统的可行性和可取性，还要确认它与战略计划的兼容性。

6.3.3 B1 阶段

在项目被正式批准前，B1 阶段有可能执行也有可能不执行。B1 阶段建立在由 A 阶段产生的系统需求文档概述的需求的基础上，它确定了系统要素功能和性能（接口）的分配。B1 阶段也会对 A 阶段完成的设计工作进行进一步细化，对系统所有的部分进行相当详细的分析，其中包括创新程度较低和风险较小的部分。执行或跳过 B1 阶段都是由投资方决定的。在要求对系统的所有方面及其相互关系进行更加详细分析的较大的或先进的系统中，建议包含这个阶段，用来降低与项目获得批准相关的风险。

ECSS 将 B 阶段称为"定义阶段"。根据这种思路，B 阶段会承接并深化 A 阶段创建的系统定义。B1 阶段提供了一个更高层次的定义，B2 阶段将定义细化到最详细的水平。与 B1 阶段相关的工作是：

（1）以 A 阶段中明确的需求为基础，对子系统和必需的低层部件的需求进行推导和协调。

（2）冻结基本的任务要素：运载火箭、仪器概念、卫星平台、操作方法及数据处理。

（3）分析在 A 阶段未进行分析的子系统和部件的备选设计实现。

（4）选择子系统设计方案。

（5）通过分析、验证需求完全满足来支持所选定的设计方案。

（6）冻结主要系统要素之间的接口规格。

（7）提出各要素和子系统的初步规格。

（8）如果项目已经通过审批，则制定管理计划和支持文档。

（9）提供任务产品和它们特征的初步列表。

（10）优化端到端任务仿真。

（11）提供任务操作的初步设计方案。

（12）提供地面数据处理和用户至任务的操作交互的初步设计。

（13）根据需要进行关键领域的先期开发工作，包括让任务成功的关键设计、制造和测试技术。

（14）制造、装配、验证、测试方法和相关成本的评估。

（15）长周期项目的采购，即采购那些在交付之前需要较长等待时间的项目。

B1 阶段的输出包括：

（1）详细任务设计定义和支持分析。

（2）性能与性能需求的对应评估。

（3）主要计划：管理、开发、装配集成和验证、产品保证和安全。

（4）受控的系统配置。

（5）更新的成本和风险评估。

（6）更新的端到端任务性能。

（7）系统范围的技术规格和支持规格，包括主要系统要素之间冻结的接口需求定义。

在系统设计方面，因为对下层子系统和组件使用同样的设计方法，所以从 A 阶段到 B1 阶段是平稳过渡的。不过，B1 阶段的系统设计需要比 A 阶段有更多技术专家参与。

在项目管理方面，B1 阶段需要关于项目组织和成本与风险评估更详细的文档，还要求对测试方法相当详细的描述，包括对将成为成本和进度驱动因素的复杂测试进行详细定义。这些文档由供应商产生，不过这仅是一个初步状态，在项目正式批准和实施前没有法律约束力。

如果项目在 A 阶段结束时就已经被批准并得到全额资助，那么 B1 阶段就是相对于之前阶段的重大突破，因为它必须成立具有单独支持、工程和管理角色，以及在其成员之间具有分层结构的项目团队。项目的正式启动也将使供应商的成本和进度承诺具有法律约束力。

NASA 的 B 阶段比 ECSS 的 B 阶段的工作量更少。对 NASA 来说，B阶段的目标是建立项目的基线，包括将对顶层的性能需求正式向下细化为一套完整的、包含空间和地面要素的系统和子系统的规格。基线由项目的技术和商务两方面组成。基线的技术部分包括需求、规格、设计、验证和操作计划，商务部分包括生成进度、成本和管理的计划。基线的建立意味着配置管理程序的实现[①]。在 B 阶段，NASA 要进行一个"无倾向性"的评审，以判断正在考虑的项目是否合理。这个评审为项目的正式授权提供了信心。这意味着，在 NASA 的进度计划中，B 阶段是在项目获得批准之前实施的。

6.4 任务里程碑和评审

里程碑是为了确保系统定义能够按步骤实现，直到整个项目完成的管理事件。每个里程碑的成功实现都将分配下一个步骤的资金，直到整个系统实现的资金分配方案通过审批。资金分配和开展后续工作的权力掌握在投资方手中。有两种可能的情况：

（1）投资方将审批职责委托给用户。

（2）投资方自己进行决策。

在第一种情况下，某种形式的科学"同行评议小组"会分析不同的任务，并根据它们的相对优点进行排序，批准一个或多个任务继续进行下去。此时，投资方应提前提供可以用于确定每次任务可接受的最高成本和可以继续进行的任务数量标准。在第二种情况下，投资方承担着对每个任务进行潜在的性能、风险和成本的分析，并决定批准或拒绝项目的责任。尽管批准是由投资方独自完成的，客户依然应提供能够帮助其做出明智决策所需的所有文档，并在需要时提供建议或解释。任务的里程碑的数量因项目而异，投资方需要与用户协商，并确定精确的数字。最后一个里程碑是对项目审批的授权。为了使项目进行下去，必须证明系统在投资方的约束下满足了用户需求。在正式批准之前，必须解决以下问题：

（1）系统规格中的分配是否足以满足任务目标？

（2）评价标准是否已经建立并实现？

（3）效能测量措施是否已经建立并实现？

（4）成本估算是否已经确定并实现？

---

① NASA. System engineering handbook：SP-610S[S]. NASA，1995.

（5）系统验证的概念是否被认同？

（6）是否有适当的计划来支持计划的系统开发里程碑启动？

（7）关键技术开发问题及其解决方法是否已经被明确？

任务评审是对某一系统在某一特定时间点的技术状况的审查，其主要目的是为已经完成的技术开发提供全面和独立的评估。独立性是由参与审查的外部专家提供的，他们不参与任务的定义过程。每个评审组包括三个部分：

（1）来自于客户组织的、不直接参与任务的独立技术专家。

（2）客户的任务团队。

（3）供应商。

评审是客户评估供应商工作完成情况的事件。他们之间的关系受到明确规定了工作应该提供的质量、数量、交付方式的合同的约束。客户和供应商之间的合同关系也指定了评审的性质和数量。在评审中，有两个组代表客户：与供应商合作、直接参与日常工作的客户组和由独立技术专家组成的客户组。所有的客户代表都会评审由供应商所完成的工作。此外，独立技术专家还要评估与供应商一起开展日常工作的、他们的同僚的工作执行情况。

客户将评审按照技术的主要领域分为不同的组：仪器、卫星平台、操作、质量保证、管理以及其他。评审组的数量是根据任务的复杂程度变化的。为了确保评审的独立性，项目团队成员中客户代表的数量和权限应与独立代表保持平衡。在这些评审组之上有一个审查委员会，负责讨论那些在小组层面无法解决的、特殊的重要问题，决定关于这些问题的后续行动，以及就系统实现的状态做出最终评判。大多数委员会成员都不直接参与项目。供应商也会组织团队来与客户的技术专家交换意见，供应商的项目管理团队还将与审查委员会讨论技术专家留下的未解决问题。原则上，用户和投资方都不能直接参与到评审过程中。然而，评审结果会告知用户和投资方已经成为伴随着任务里程碑过程文档的一部分。在任务定义的最早阶段，当需求还没有牢固确立时，用户积极的、非正式的参与，对评审过程是至关重要的。用户对相关技术讨论的认识使他们更全面地了解为了满足所要求的任务性能会涉及的困难，这将直接影响到关于任务需求的最终协议。

评审是一个长期而昂贵的过程，需要花费大量的时间进行分析和讨论，来提供客户和供应商要执行的行动和建议。但评审也提供了对系统的状态进行详细的、独立评估的机会。客户的独立评审专家的存在对于识别隐藏的问题十分有价值,但也导致了评审的冗长和繁琐。这也是为什么存在一种简化评审流程的趋势,明显减少了其工作量、成本和时间。这将在第13章讨论更便宜的任务执行方法时进一步解释。

6.4.1　评审程序

评审会根据客户提议的正式程序来实施。这些程序定义了评审的目标、参与者、他们的从属关系和职责、专门团体的指定、评审文档列表、总体进度、会议计划,以及产生和处理评审项目差异(review item discrepancies,RID)的程序和工具。RID是包含在评审文件中的、客户评审组想要与供应商讨论的项目。RID在客户和供应商之间就如何处理达成共识之前,都会被提出和讨论。除了已处理的RID,不同的评审组还将给出工作完成情况的质量评估文档,以及如何处理的意见和建议。这些文档连同所有未解决的RID会一起被提交给对所有重要问题具有决策权的客户审查委员会。委员会也将就评审结果提供最终解决方案,并就如何开展工作提出最后指示和建议。

6.4.2　任务定义阶段期间的评审

图1.5的灵感来源于ECSS[①],其中确定了任务定义阶段的评审:

(1)在0阶段结束时进行任务定义评审(mission definition review,MDR)。

(2)在A阶段结束时进行初步需求评审(preliminary requirements review,PRR)。

(3)在B1阶段结束时进行系统需求评审(system requirements review,SRR)。

下面将详细说明不同阶段评审的具体内容。

1. 0阶段

0阶段的结尾进行的MDR是为了确认任务需求,评估所提议任务概念的基本可行性,会特别关注观测技术。MDR有一些与其他评审不同的地方:

(1)它的主要目的是确认用户和客户之间对任务需求所达成的一致,因此用户的参与至关重要。

---

① European Cooperation for Space Standardization. Organization and conduct of reviews: ECSS-M-30-01[S]. ESA,1999.

（2）在 0 阶段，客户和供应商参与的工作是非常少的。

（3）系统规格是暂定的，因此评审的人不能解决供应商的概念和系统临时需求之间 RID 中的"差异"。

考虑到这些因素，MDR 从来都不是一个遵循正式程序的正式评审，更多的是直接参与任务定义的用户、客户、供应商代表和项目外部的特定客户专家之间的一系列讨论。这些专家主要集中在风险评估、成本估算和观测技术领域。他们对提议的概念进行了独立的评估。这些讨论的目的是使一系列任务需求达成一致，从而产生符合投资方提供的成本和风险准则的任务概念。

2. A 阶段

A 阶段以 PRR 为结束标志。这提供了一条全面的概念基线，固化确定了包含最顶层系统需求的系统需求文档。这个评审的目的有：

（1）评估 A 阶段的结果。

（2）评估为响应初步系统需求文档而提出的概念的有效性。

（3）发布系统需求文档（system requirements document，SRD）。

（4）向下验证较高级别 SRD 需求与更低级别系统要素功能和性能分配的一致性。

（5）从功能和性能的分配情况得出系统要素之间的初步接口需求。

（6）提供项目的详细风险、成本、进度设计和开发方法。

PRR 必须证明所提议的初步设计满足之前商定的需求，即所提出的概念是可行的，所期望的性能符合用户的需要，且成本和进度符合计划的要求。PRR 可以是一个符合之前所描述的方法和程序的正式评审。存在两种可能的情况：

（1）PRR 之后立即对项目的审批进行决策。

（2）直到完成 SRR 之后，才对项目的审批进行决策。

如果项目审批的决策在 PRR 之后，其结果必须足够详细，以提供对可行性、拟提议概念的充分性、风险、成本，以及预期的最终性能清晰的、可信的估计，以便为项目审批提供充分证实的决策信息。这意味着所有 SRD 的需求都应该是清晰的、明确的，尽管仍有一些是初步、未最终确认的状态，各任务要素的功能、性能分配仍应该尽量接近最终状态。

如果项目的审批一直被延迟到 SRR，则 PRR 可以是正式的，也可以是非正式的。正式的 PRR 将提供拟提议概念充分性的补充验证。当所定义的系统较为庞大、复杂、风险较高时尤其建议这样做。对于对故障具有较高容忍度的小型的、低成本的系统，或是 PRR 之后很快就会进行 SRR 的情况，可以将 PRR 作为非正式评估来执行，从而避免进行两次正式审查（PRR 和 SRR），降低成本。

3. B1 阶段

B1 阶段以一次 SRR 结束。SRR 的目的与 PRR 的目的是一致的，但是范围更广、更详细。其主要目的是：

（1）检验系统概念与较高级别需求分配给较低级别子系统的兼容性。

（2）评审被提议的概念，包括对所有要素进行足够详细的定义，并评估支持该概念适用性的分析。

（3）评审启动项目提议的框架：计划和程序、必要的资源、成本和进度估计、可能的工业组织、建议进行的早期开发活动等。

（4）检查系统接口规格和系统部件之间的兼容性。

（5）确定系统需求文档和所产生的系统要素之间的接口。

B1 阶段的输出包括所有任务关键部件的详细定义和所有非关键部件的初步定义。这意味着参与任务的所有工程学科的专家都要参与进来，不像 A 阶段和 B1 阶段那样只需要装配、测试工程和质量保证等"横向"工程支持学科（详见 2.6 节）专家的参与。如果在 A 阶段结束时，PRR 之后没有完成既定目标，SRR 的结果将最终确认该计划并决定开始开发。当 SRR 作为项目获得审批前的最后一次评审时，它将是一个提供了在项目架构定义阶段所做工作独立评估的正式评审。

6.5 并行开发

为了开展具有可接受风险程度的新空间计划，一个最优化的系统是不够的。还需要包括：

（1）任务中应用的具有足够成熟度水平的技术。

（2）深入理解如何将获得的观测转化为对用户来说有用的信息。

这两个方面都需要与主要设计工作并行开展的特定开发。这些开发与主定义工作（0 阶段、A 阶段、B1 阶段）有很强的关联，但通常独立于主定义工作。本节将集中讨论整个过程的这两个方面。

在这两个方面投入的时间、经费和精力必须符合投资方提出的风险规避和资金的指导原则。具有高度责任的任务不允许失败，因此需要在技术开发和对任务科学背景的理解上投入更大精力。

6.5.1 技术成熟度的提高

6.3.1节指出,"技术风险和状态"的评估是0阶段的输出之一。技术成熟度水平在4.9.3节进行了讨论,从最落后的第1级技术到最先进的技术都已经进行了在轨验证。图4.4也显示了与不同的技术成熟度水平有关开发领域。第1、2级的研究主要是解决基本的可行性问题和识别可能的应用,通常在任务定义阶段开始前就实施了。最高级的开发级别是第7级至第9级,它们是昂贵的,而且只有在完全成熟的项目框架内执行才是有意义的。从第3级到第6级的中间级别,最好在任务定义阶段(0阶段、A阶段、B1阶段)实施。

技术开发的重要性是所涉及项目类型的一个结果(详见4.5节)。技术演示任务(4.5.2节)是可以容忍风险的,其可以合理地在第4级甚至第3级开始。此外,科学进步和运营任务不能容忍高级别的失败,而且通常要昂贵得多。因此,这两类任务要求将所有技术的进展定义一个程度,把成本、性能和风险的不确定性降到最低。也就是说,必须针对任务的基础技术建立与0阶段和A阶段并行开展的特定开发计划,其技术成熟度介于第3级至第5级之间,目标是在项目获得正式审批前,将成熟度提升至第5级或第6级。

在技术开发的早期阶段,为试验和错误分配足够的时间是至关重要的。充裕的时间可以与适度的支出匹配。在任务定义期间的0阶段至B1阶段,在时间上确实比在资金上更富裕,这对提升技术成熟度水平以及降低项目风险来说是一个良好的环境。已经获得批准的项目享有充足的资金,但是关键技术的开发失败将产生重大影响,可能会延误整个项目的实施。

6.5.2 科学理解的进步

任何空间任务的合理设计都需要对整个任务有充分的理解,包括其应用背后的科学,即,卫星产生的数据将如何转化成对用户来说有用的信息。

正确理解这些方面将有助于证明任务的合理性,也可以对其性能进行更可靠的评估。将在轨仪器的输出数据转化为高质量可用的信息,与适当发展的科学相结合,这一定义良好的程序更有利于项目的审批。

这一领域主要有两类活动:

(1)通过执行未来空间任务来推进的科学背景总体进展。

(2)提供真正的端到端任务性能模型的专门算法开发。

任何一个真实的端到端模型都需要综合许多由不同科学领域的专家开

发的不同模型。8.5 节和图 8.19 提供了这些模型复杂性的例子。例如，为了确定提供海洋环流信息的雷达高度计卫星的最终性能，需要的模型覆盖的学科包括：雷达工程、电离层科学、精密轨道确定和大气动力学，另外还需要来自海洋动力学家和海洋学家的帮助。

这些端到端模型对于衡量与成本有关的图像输出至关重要。这不仅可以将最终任务性能与成本进行比较，还可以在不同的备选设计方案之间进行比较，从而选择最可能的解决方案。在整个设计阶段，它们都是非常重要的工具，所以应该尽可能早地建立。

与技术成熟度水平情况一样，这些活动是并行开展的，并与任务设计的主要推动力密切配合。对于包含端到端任务效能工具的生产活动来说，这种协调是更为密切的，因为它们与任务设计工作直接相关。

7 设计域概述

关键词 设计交互、设计域、系统故障、天文观测卫星、体系

这是本书第二部分的第 1 章,主要探讨一个空间系统的部件和要素之间的相互关系,以及在设计过程中它们是如何相互影响的。为了研究这些相互影响,整个设计空间被划分为不同的域。每个设计域都被定义为一个多种设计决策相互强烈影响的特定区域,而它们只与域外部的设计决策存在微弱交互。研究这些相互作用的主要方法是对以往设计实例进行比较和分析。本章分析了一个非常特别的任务类型——"天文台"任务随时间演化的过程,提供了一个关于顶层设计决策的介绍性视角。另外也介绍了一些其他的天文观测任务,并对它们的顶层设计决策进行了分析和比较,包括轨道、整体数据流、姿态、整星构型、操作等。

本章还将回顾几个一般性的专题,在后面几章详细研究设计域本身之前先对这些专题进行更深入的讨论。这些专题与上文提到的卫星设计决策有关,涉及单星与多星任务和体系。

7.1　设计交互和设计域

正如第 1 章中所提到的,我们不会详细描述不同空间工程学科的内容,而是集中于所有工程设计决策之间的相互影响,以及它们如何推动系统走向最终设计。为了组织这些相互影响的研究,使它们更易于管理和理解,整个设计空间将被分为以下几个域:

(1)观测量和仪器域。

(2)轨道和姿态域。

(3)卫星构型和机械域。

(4)操作数据流和卫星电子学域。

(5)仪器输出数据流域。

自上而下的需求流、空间系统的要素、部件之间最重要的相互作用,以及由此划分的"自然"域如图 7.1 所示。

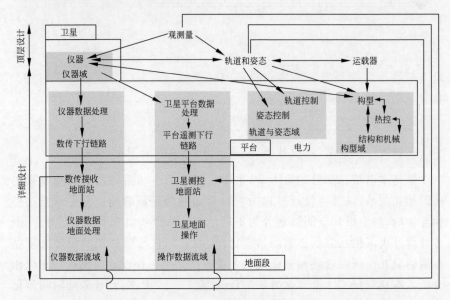

图 7.1　自上而下的需求流及由此产生的设计交互和"自然"设计域

观测量位于设计过程的顶部。观测量驱动了仪器和有效载荷的概念,以及数据获取与分发方式。仪器和观测量会决定卫星的轨道和姿态的选择。观测量的性质会驱动用户所需数据的获取和交付,这反过来又会驱动操作和仪器数据的使用方法。与此同时,仪器、轨道和姿态将强烈地相互影响,直到它们匹配起来。轨道和由仪器产生的数据量将决定空间与地面联系的频率。轨道将驱动运载火箭的选择,其性能将关系到轨道的边界和卫星的大小及形状。一旦我们有了一个将所有要素配合在一起的顶层设计,就可以进行第二个更详细的设计循环,将产生详细的架构。这个过程已经在 6.2 节和 6.3 节进行了讨论,图 7.1 也描述了这个过程。

仪器位于第二个设计循环的根部。仪器本身需要逐步完善设计,以提供仪器的性能和接口特性。仪器数据的输出会驱动星载数据处理及将信息下传到地面的星载专用通信设备的设计。同时,已经完成的基本仪器数据使用方法的定义将继续推进,有助于地面站数量、星载仪器数据存储及仪器数据的下行速率的确定。

对仪器的需求也会推动整个卫星的星载数据处理:直接推动是通过它们的特定需求发生的,间接推动则是通过其对平台电子架构的影响来进行的。同时,已经建立的卫星操作方法将推动和帮助确定星载卫星监视、控制架构,以及卫星双向业务通信硬件。

容纳这些仪器并提供其所需视场,也从根本上确定了卫星的物理构型。这些仪器还将通过之前关于卫星轨道和姿态的决策,间接驱动系统的构型,这也确定了卫星外围的几何形状。该构型还将受到运载火箭的约束,它会对卫星的质量、重心位置和发射构型的体积施加限制。卫星的电力需要也是卫星构型的一个独立驱动因素,它将决定到太阳能阵列的大小和位置。

轨道和姿态方面的需求将驱动相应的轨道和姿态传感器和执行器的设计,还会影响姿态和轨道控制的策略。姿态和轨道控制部件与卫星构型和星载数据处理之间通常很少需要设计交互。

电力供应部件的设计可以独立于其他设计要素。唯一的例外是太阳能电池阵列的尺寸和构型必须在构型域考虑,其中包括其在运载火箭内收藏和在轨展开的构型。

在第二次设计循环结束时,卫星的综合设计完成。为了检查一致性,有必要重新检查以前所做的所有设计决策,确定它们是合适的。

在图 7.1 中体现了元素之间的相互关系,上文的讨论表明,将设计过程分为图中的五个域,实际上是一种在设计过程中引入顺序逻辑的方式。

在后续几节中,本书将介绍不同的设计域。每一个域都将在后面的各章中进一步展开讨论。

7.1.1 观测量和仪器域

空间任务会获取自然或人造物体的信息。这些对象是可观测的。观测量是任务想要知道的东西,是任务的根源,它推动了所有任务要素的设计。

观测量数据可以通过使用不同的技术获得,例如,大气层的风可以使用有源散射仪(如 MetOp[1])、无源偏振微波辐射计(如 Coriolis/WindSat[2])或有源多普勒激光雷达 LIDAR(如风神号[3])进行观测。在某些情况下,最佳观测技术的选择权掌握在空间系统设计师手中,但大多数情况下,观测技术在设计过程开始之前就已经选定了。在这些情况下,用户或投资方已经选择了观测技术,而这也会成为对系统的约束。对于科学探索类任务来说,通常是提出一个在理论上看来足以执行任务的仪器的概念,给任务概念更多

[1] http://www.esa.int/esaLP/LPmetop.html.
[2] http://directory.eoportal.org/pres_CoriolisWindSat.html.
[3] http://www.esa.int/esaLP/LPadmaeolus.html.

的可信度。对于运营类任务来说，由于它们通常处理科学已经解决的问题，因此可以委托设计人员研究备选的观测技术，以确定最佳的观测技术。

如 5.6.1 节和图 5.8 所述，用户应从以下方面确定其对观测量的需求：

（1）数据质量。

（2）数据量。

（3）系统响应能力。

1989 年发射的依巴谷（Hipparcos）卫星[1]是 ESA 的任务，能够以 0.001 弧秒精度确定恒星位置，计划对 120 000 颗星体进行位置编目。其期望的数据获取模式是系统的，即对天空进行连续观测，在数据产生的过程中就将数据传送到地球，直到产生的数据足够可以生成一个天空的整体图时才进行处理。恒星目录是这个任务的成果。因此，在整个任务期间，任务的操作模式和数据的使用模式是相当恒定和自动化的。

和与观测量相关的用户需求通常独立于观测技术，但他们其实已经存在了一定的倾向性，通常已经有了一个心仪的观察技术。这里有三种可能的情况：

（1）可以测量在轨道周围原位空间的特征来研究观测量：磁场或电场、大气密度或重力梯度。

（2）通过"遥感"得到观测量，但它位于卫星轨道环绕的本体表面。

（3）通过"遥感"得到观测量，并且它处在遥远的深空中。

每一种情况都会在观测量和轨道之间产生非常不同的相互关系。这将在下一部分讨论。

遥感仪器的特点取决于所测量的辐射波的波长和强度。以依巴谷卫星为例，它的仪器是一台望远镜，通过在同一个焦平面上汇集位于不同角度位置的恒星图像来确定恒星之间的角距。

7.1.2　轨道和姿态域

在观测量可现场测量的情况下，对轨道的要求是明确的：轨道要经过用户所有感兴趣的区域。对于这类情况，卫星的姿态在某种程度上和观测量无关，可以根据其他标准对其进行选择。例如，用于监视太阳周围电场和磁场区域的尤利西斯任务姿态（详见 8.3.5 节、9.6.2 节）是由卫星的高增益通信天线指向地球的需求决定的。

---

[1]　Hipparcos in ESA Achievements，SP-250.

在观测量属于"遥感",但位于卫星所环绕的天体表面上方的情况下,轨道的选择将会自动决定:

(1) 至遥感目标的距离。

(2) 从卫星轨道能够观测的区域。

所有的遥感地球观测卫星都会遇到的情况是卫星轨道选择和数据的质量、数量之间会产生很强的相互作用。到观测目标的距离,即轨道高度,将决定质量水平、空间分辨率和辐射测量信息精度。卫星沿轨道运行时,其轨道经过的区域将确定仪器所提供的覆盖范围。在这类任务中,轨道高度和仪器特性需要相互调整才能达到合理的折中。

在这种情况下,卫星绕地球轨道运行时,卫星有效载荷的视场将指向地球,由此产生的指向姿态将在惯性空间内以每个轨道周期一圈的速度旋转。在需要系统性覆盖的情况下,卫星将连续指向地球。在任务需要迅速、重复覆盖特定区域的情况下,卫星的姿态应该改变,以便仪器尽可能长时间地指向目标。这意味着该卫星必须是灵活的。

在天文任务中,观测目标的距离比被环绕天体远得多。在这种情况下,所选定的轨道必须可以不间断地看到观测目标所在天球。如果任务所涉及的阶段先是深空大范围调查和测绘,然后是指向若干预先选定的天体,那么航天器的姿态控制必须适应这些截然不同的需求。在整个任务期间必须特别注意,避免敏感的仪器探测器指向太阳或月亮,以免损坏传感器。在天文任务中,卫星的姿态取决于观测方向的需求,同时要保持足够的视场用于与地球的通信和接收来自太阳的电能。这会在轨道姿态域和构型域之间产生一个强大的联系。重要的是,一旦选定了轨道,由此产生的空间环境也就确定了,如大气阻力或辐射水平等。

任务轨道和姿态的选择是任务设计过程中最早、最基础的决策之一。如图 7.1 所示,它是接口最丰富的设计决策。轨道的选择主要是由观测量和仪器决定的,但也与运载火箭的选择、卫星的构型、地面站的数量和位置,以及操作和仪器数据下行地面站密切相关。

7.1.3 卫星构型域

卫星的物理外形是它的构型,主要由两个需求决定:

(1) 在轨道上为所有卫星部件提供正确的观测几何结构的需求:仪器、天线、散热器和太阳能电池阵列。

(2) 在卫星装配及发射过程中提供结构支撑的需求。

这就需要有两种构型:在地面及发射期间收拢状态的构型和在轨后展

开的构型。

在轨仪器不仅需要对观测目标有足够好的视线，还需要适当的冷空视场来散热。用于卫星通信或对观测目标进行探测的电磁发射机和接收机可能会相互影响，所以通常把它们装配在相距尽可能远的地方。太阳能电池阵列的位置和方向也必须是合适的，以获得各任务阶段所需的太阳能。受电力需求的支配，卫星的太阳能阵列往往非常大，这反过来又对特定的展开机构提出了需求。运载火箭所提供的空间大大限制了卫星的构型。装载在运载火箭内的卫星构型需要有足够的强度、刚度和紧凑性，还要在火箭的有效载荷整流罩内提供所需的动态间隙。展开时，构型是由开阔视野和分离或隔离的需求决定的。卫星的主体尺寸通常小于必要的分离距离。在这种情况下，必须提供特定的展开结构来实现必要的分离。为了应对运载火箭产生的苛刻的机械环境，卫星的构型必须包括一个结构骨架，保证在发射过程中的强度和刚度。卫星通常装配在运载火箭的顶端。因此，在火箭上的卫星实际上是一根悬臂式横梁。地面环境也影响构型设计，装配、验证、测试和运输会产生的不同的环境，包括陆路、海上或空中运输等，卫星结构必须能够承受它们。特定卫星的构型有时也受计划约束条件的强烈影响，例如希望保持载荷和平台模块化，需要使用一个既存平台，或存在多个航天器发射限制，都可能会带来对容纳空间的限制。其他技术问题是需要限制发射时纵向和横向重心的位置，这反过来推动了内部设备的适应性，包括地面装配各阶段安装和拆卸部件的通道，平台传感器和天线的视场范围，推力器的安装位置和推力矢量，展开刚度，以及非正式的热设计方案等。通信天线的位置和视场也是一个设计驱动因素。

卫星姿态对构型设计也有很大的影响。比较两颗轨道和用途相同但姿态控制方法不同的卫星构型是有启发意义的，比如三轴稳定的美国 GOES 卫星和自旋稳定的欧洲 MSG 卫星。这两颗卫星的构型完全不同。GOES 和 MSG 都执行地球观测业务气象任务，并且都在地球同步静止轨道上。如图 7.2 所示，GOES 是一个正六面的立方体。在惯性空间中，它每绕轨道旋转一圈，就绕轴垂直于轨道旋转一次：

（1）面向天底的一面持续指向地球，是地球观测仪器应该安装的位置。它必须为有效载荷、测深仪、成像器，以及指向地球的 S 和 L 频段通信天线提供空间。

（2）平行于轨道面的两个面。它们垂直于天底方向和太阳帆板的旋转轴方向。两面都避免阳光直射。一面容纳太阳能电池阵列驱动机构，另一面安装冷却仪器及整星设备所需的散热器。

（3）另外一面配置运载火箭的接口装置。

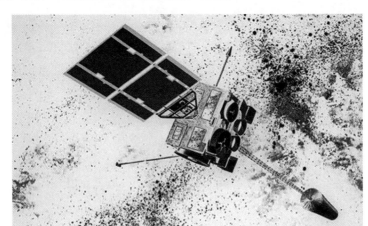

图 7.2　GOESS NASA/NOAA 地球同步静止轨道气象业务卫星构型①

MSG 以 100r/min 的速度绕垂直于轨道的轴旋转。这提供了在这一方向上的强大的陀螺惯性和良好的指向性能。由于旋转，MSG 没有天底方向，卫星的顶部、底部和侧面呈圆柱形对称：

（1）当航天器旋转时，它的侧面扫描垂直旋转轴的平面，旋转轴大致与地球和太阳所在的平面重合。卫星仪器和太阳能电池都位于侧面，它们依次扫描过地球和太阳，使仪器能够观测到地球，电池能够获得来自太阳的能量。

（2）垂直于轨道的轴线，也就是卫星的旋转轴，定义了顶部和底部的面。两面都避免阳光直射，一面安装与地球进行通信的天线，另一面安装冷却仪器和整个卫星所需的散热器。通过设计和控制通信天线的数量和位置以补偿卫星的旋转，使卫星保持持续向地球发送信息的状态，如图 7.3 所示。

7.1.4　卫星操作数据流域

操作数据流域处理端到端的空间系统为了使系统正确运行所必须实现的功能，以及用于实现这些功能的技术和设备。这个域包括在轨和地面两个部分要素。在卫星层面上，这个域是由观测量的性质、观测用的仪器，以

---

① 图片来自维基百科（ID：spac0255），由 NOAA 太空采集。

图 7.3　MSG ESA/欧洲气象卫星组织的地球同步气象业务卫星的构型[①]

及仪器和平台的电子体系架构驱动的。在地面段层面,这个域是由仪器、平台的操作概念和由此产生的操作需求驱动的,而这些需求也是由观测量的性质所驱动的。

本域包括的要素均是传统的星载数据处理和电力部件,包括卫星至地面、地面至卫星、星载通信子系统和所有位于地面的卫星控制单元。卫星运行地面站和所有的数据中继卫星也包括在这个域。此域与仪器数据流域是紧密联系在一起的。仪器数据流将在下一节介绍,将它们分开的主要考虑是:

(1) 它们有不同的关键驱动因素。操作数据流是由仪器操作的需求驱动的,包括常规操作或交互操作。仪器数据流是由数据量和分发速率的需求驱动的。

(2) 地面和卫星之间的操作数据流是双向的。仪器数据流是从卫星到地面的,是单向的。

(3) 操作数据流涉及中等数据量的复杂处理。仪器数据流涉及大数据量的较为简单的处理。

(4) 在地球观测任务中,虽然不是空间科学任务,这两种数据流也是使用不同的空间和地面硬件进行工作的,在许多情况下,它们的工作速度不同,被分配的工作频率也不同。

(5) 仪器数据流和操作数据流所产生的数据处理需要不同的专业技能,通常由不同的机构执行。

---

① http://esamultimedia.esa.int/images/meteosat/15_O.jpg

　　这两个域之间的交互如图 7.4 所示。在地面上,最重要的交互发生在载荷处理中心向任务操作提出观测请求时。与此相反,任务操作提供必要的仪器状态信息,这些信息可能是适当处理仪器输出所必需的。在轨期间,卫星管理单元能够像控制其他电子部件一样控制仪器。尽管设计域中包含了许多在轨和地面部件,但与之前考虑过的设计域的复杂相互关系和接口相比,卫星操作设计域更加直接,其设计决策自上而下,没有很多复杂的地方。主要的驱动因素是任务的操作方法和仪器的特性。有两种可能的操作模式：系统式和交互式。

　　系统式模式下的仪器连续工作,不需要频繁的地面操作干预。这使操作数据流可以在很少有人干预的情况下实现高度自主。

　　交互式操作模式,如天文台,仪器需要处理用户请求以观测特定的目标,由此产生的观测计划可以频繁、甚至突然改变。这需要空间和地面之间进行密集交互。

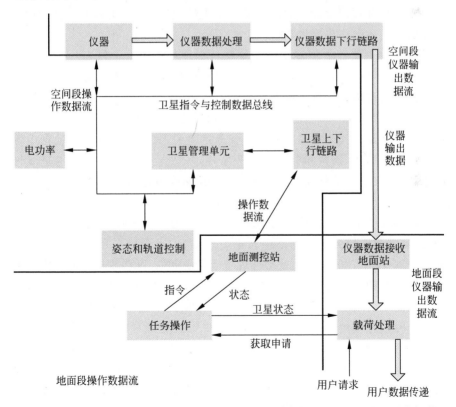

图 7.4　空间任务的功能块和端到端数据流,显示了域之间以及地面和卫星之间的分离。粗箭头表示大数据流。

操作数据流包括监控卫星状态所需的星上数据产品。在标称条件下，卫星将能够自主处理大多数事件。在非标称情况下，卫星会将事件通报地面。依据非标称事件的性质，卫星应采取自主行动或等待地面命令。

一旦已经建立了操作方法，就有必要调整卫星与地面站进行联系的频度。这个选择也将由任务轨道的选择所驱动。像星上的数据处理计算机或航天电子设备等卫星部件直接由监视和控制卫星及其仪器的需求决定。一旦仪器和平台的操作需求建立后，就必须得出电子监视和控制硬件的需求，并对所有要素进行设计。

7.1.5 仪器输出数据流域

仪器输出数据流域处理端到端空间系统必须执行的功能，以便接收数据采集请求（如果需要）、处理获取的数据并将数据交付给用户。同操作数据流域一样，这个域也包括在轨和地面两部分，主要驱动也是观测量和仪器的要求。其首要的设计驱动是由仪器产生的数据量，以及是否有要在特定的交付时间内向用户提供数据。

所有处理仪器数据输出的卫星在轨部件都属于这个域，包括处理、存储、调制和下行传输。地面接收站、有效载荷处理中心、数据分发网络和用户接口设备也构成了这个域的一部分。

就操作数据流来说，需求推导过程和最终设计结果非常简单：仪器所产生的数据数量和传输速度需求结合卫星轨道，将决定地面站或数据中继卫星（如果有）的数量和位置。一般来说，每次某一个地面站对卫星可见时，卫星都会下传星载仪器的数据。当交付速度最重要时，可能就需要使用数据中继卫星了。仪器的数据吞吐量与地面的最长不可见时间决定了星上的数据存储要求。根据数据的性质，可能使用也可能不使用数据压缩硬件。通常，科学探索任务的数据不应该进行压缩，但运营任务可以接受数据压缩。根据任务需求，特殊的数据处理可能是必要的，如为了安全性对信号加密等。必要的数据下行速率和空地链路预算将决定卫星数据下行的硬件。一旦地面站接收到数据，就需要确定交付给用户所需不同数据产品的主要处理步骤。有些用户可能更喜欢相对来说没有处理过的数据，或使用自己的处理方案，而另一些用户可能更喜欢高度加工过的数据。处理后的数据必须准时交付给用户，并保证数据质量。这就要求设计足够的地面设施作为与用户对接的接口。数据的处理往往需要外部来源辅助数据的接口，也需要使用其他空间任务产生的数据。

7.2 作为空间系统设计示例的天文台任务

需求的向下流动和域之间的相互关系已经在 7.1 节讨论过。图 7.1 的上部显示,观测量、仪器、观测方法、构型、轨道和姿态是紧密联系的。在能够继续进行更详细的设计工作之前,必须实现全局性的架构设计。本节将通过注释示例来详述和解释第一组设计的相互作用。本节将比较一些任务的总体架构,它们虽在不同的时间发射,但都是相同的类型。它们都是"天文台"任务。这些任务发射了天文学家们要求执行特定观测任务的望远镜。执行观测任务后,观测数据就下传至地面,经处理后分发给提出要求的天文学家。这样一项任务需要:

(1) 高质量的仪器,通常是大孔径望远镜。

(2) 对目标持续不间断的观测周期。

(3) 不被地球、月球或太阳遮挡的观测方向。

(4) 客户(天文学家)的快速、容易的接入,以利于观测效率和观测结果的快速交付。

(5) 从地面到卫星和从卫星到地面的快速、灵活、理想的交互通信。

(6) 仔细确定航天器的指向精度、稳定性和控制。

(7) 良好的热和热弹性设计。

(8) 持久的任务寿命周期。

为了说明这种演变,选择了以下任务:国际紫外探测器、哈勃空间望远镜、红外空间天文台(infrared space observatory, ISO)、XMM-牛顿卫星(XMM-Newton)、赫歇尔(Herschel)任务和詹姆斯·韦布空间望远镜(the James Webb space telescope, JWST,简称韦布空间望远镜)。它们涵盖了一个广泛的时间段,从 20 世纪 70 年代的 IUE 到 2014 年将要发射的 JWST(译者注:实际于 2021 年 12 月 25 日发射)。任务描述将突出影响顶层设计决策的主要因素:轨道选择、基本构型、任务寿命周期和流入及流出卫星的数据。

7.2.1 任务描述

1. 国际紫外线探测卫星

IUE[①] 是由 NASA 和 ESA 合作开展的项目,通过一个 45cm 口径的望

---

① European Space Agency. ESA achievement: BR-250[R]. ESA, 2005.

图 7.5　IUE 卫星[①]

远镜执行紫外线天文观测任务。它于1978 年由 Delta 2914 火箭发射，在轨任务寿命为 19 年。它被发射到位于大西洋上空的、近地点为 32 050km、远地点为 52 254km 地球同步轨道，传回了来自 9 000 多个天体的 100 000 多份紫外光谱。它是第一个灵活操作的卫星，可以对天文学家特别感兴趣的目标进行快速响应，并在要求提出后 1h内提供观测结果，如图 7.5 所示。

有两个中心接收观测需求申请并提供观测结果，分别是华盛顿特区附近的戈达德航天中心（Goddard Space Flight Center，GSFC）和马德里附近的维拉弗兰卡（Villafranca）。两个中心还对卫星进行控制，并接收和处理由望远镜产生的数据。由于所选轨道周期和位置，卫星可处在地面的连续控制中：维拉弗兰卡每天负责 8h，戈达德航天中心每天负责 16h。数据下行速率为 40kb/s。19 年的寿命使 IUE成为有史以来寿命较长的卫星之一。

2. 哈勃空间望远镜

哈勃空间望远镜是 NASA 的一项任务，与 ESA 进行了部分合作，用于高质量通用空间天文任务，包括紫外、可见光和红外辐射的探测。它搭载了一个直径 2.4m 的大口径望远镜，于 1990 年由航天飞机发射入轨，轨道高度为 600km，倾角为 28°。它的设计允许了宇航员进行在轨维修，这样就可以对仪器、太阳电池阵和电子设备进行升级。它仍然在轨运行，并已被宇航员维修了 5 次，包括光学器件在轨维修、太阳电池阵更换和电子设备更新，如图 7.6 所示。

位于巴尔的摩的太空望远镜科学研究所（Space Telescope Science Institute，STSCI）负责望远镜的科学操作，并向天文学家交付数据产品。卫星的日常监测及在轨卫星操作和仪器的管理由 GSFC 负责，提供每天 24h的连续服务[②]。天文学家们可以申请使用望远镜的时间，每年会发出问卷

---

① http://www.esa.int/images/iue_2_l.jpg

② http://hubble.esa.int/ and from http://www.stsci.edu/hst/、http://hubble.nasa.gov/index.php

图 7.6 哈勃空间望远镜

征集使用需求,需求可能被选中或拒绝,因为科学家们申请的时间是可用时间的 6～9 倍。当重要的瞬态事件的观察需要快速响应时,也可以要求特殊的"目标机会"时间安排。

从哈勃空间望远镜的轨道上看天球的可见度受到太阳和地球的强烈阻碍。为了防止太阳进入望远镜视场,在太阳周围有一个 45°的半锥回避角。望远镜的近地轨道意味着地球遮挡了几乎一半的天球。在其轨道平面接近 90°的方向上,有一个连续观测区,在这里被观测目标没有长时间被遮蔽。由于轨道的倾斜和由此产生的前倾,这个区域的位置围绕天球以 8 个星期的周期缓慢地移动。

哈勃空间望远镜的数据存储在航天器上。在发射的时候,存储设备主要是卷轴式磁带录像机,在后来的两次在轨维修任务中替换为固态数据存储设备。数据从星载存储设备通过位于地球同步静止轨道的跟踪与数据中继卫星系统(tracking and data relay satellite system,TDRSS[①])传送到地面。TDRSS 设计使在近地轨道上的卫星能够在 85%的轨道运行期间与其任务控制设施通信。TDRSS 能提供 2～48Mb/s 的数据率,但系统必须要和其他任务共享,包括最高优先级的载人航天任务。数据从 GEO 的 TDRSS 卫星传输到位于新墨西哥州白沙的地面站,之后再传输到戈达德航天中心,其与巴尔的摩的 STSCI 有数据链路,负责将数据处理、分发给相关用户。

3. 红外空间天文台

ISO[②] 是 ESA 的一项空间任务,在 2.5～240μm 波长范围内进行红外天文观测,使用的是 60cm 口径望远镜。它于 1998 年由阿丽亚娜 44-P 火

---

① http://www.spacecomm.nasa.gov/spacecomm/programs/tdrss/default.cfm
② European Space Agency. ESA achievements:BR-250[R]. ESA,2005.

箭发射升空,运行在近地点为1 038km、远地点为70 578km的地球同步轨道上。受限于在1.8K温度下冷却望远镜用的2 100L氦的消耗速度,它的设计寿命为18个月。实际任务期间,氦的供应持续了28个月。当它位于地球辐射带上方时,能够提供高质量的观测。在24h的轨道中,ISO有17h处于辐射带上方。它被作为一个天文台来进行操作,接受观测请求并交付所请求的观测结果。同时有两个地面中心控制卫星并与用户接口:主中心位于马德里附近的维拉弗兰卡,提供理论有效的17h中12h的可用观测时间。第二中心位于加利福尼亚州的戈尔德斯通,允许进行剩余5h的观测。在其寿命期内,卫星共进行了26 000次单独的观测。卫星的数据速率为33kb/s,其中24kb/s用于仪器输出的数据,剩余的用于卫星的监测。其构型如图7.7所示。

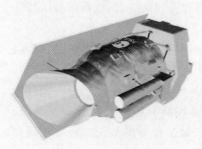

图7.7 ISO的构型

4. XMM-牛顿

XMM-牛顿是ESA的一项任务,其目标是在能量范围为20～0.1nm光谱的X射线部分进行天文观测。它有三个切线入射望远镜,口径为0.7m。每一个望远镜都有由58个同心镜及其焦平面组成的镜面模块。它于1999年由阿丽亚娜-5火箭发射升空。卫星运转在一条近地点为7 365km、远地点为113 774km,倾角为38.9°的大椭圆轨道上,轨道周期为48h。这个任务到2009年还在正常运转。这颗卫星不具备星上存储能力,观测数据以70kb/s的速率实时下传至位于澳大利亚的珀斯站、位于法属圭亚那的库鲁站和位于智利的圣地亚哥站。在48h的轨道周期中,卫星有多达40h位于地球辐射带的上方,能够进行观测。

XMM的观测时间分为3个部分:

(1) 开放时间:通过定期公告的机会向全球科学界开放。

(2) 机动时间:占总时间的5%,XMM项目的科学家可以自由支配。在这段自由支配的时间内,有"机会目标"观测时间。"机会目标"即在没有宣布机会的截止日期之前列入观测计划的目标。

(3) 标定时间:约占总时间的5%,是为了预先校准、监测与控制卫星和仪器[1]留下的时间。

---

① SCHARTEL P. XMM newton announcement of opportunity policies and procedures[R]. ESA,2005.

通常情况下，XMM 以预定计划的方式运行。因此，所有的观测都必须由申请人提前做出详细说明，其构型如图 7.8 所示。

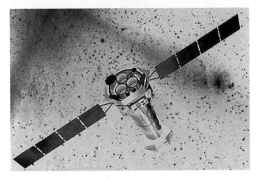

图 7.8　XMM-Newton 的构型①

5. 赫歇尔任务

赫歇尔任务②是 ESA 的一项任务，其目标是首次在 $100\sim600\,\mu m$ 的远红外区域进行天文观测。它有一个直径达 3.5m 的大口径望远镜，于 2009 年 5 月由阿丽亚娜-5 火箭发射升空。它与 ESA 的另一个任务普朗克卫星(the Planck sateuite)采用一箭双星方式发射。这两颗卫星被放置到一条围绕拉格朗日 L2 点的晕轨道上。这个轨道是日心轨道，距离地球 120～180 万 km。任务的预期寿命是 3 年。与 ISO 任务的情况类似，仪表寿命受限于在 1.65K 的温度下用于冷却的 216L 氦的耗尽速率。卫星能够将仪器产生的数据存储在 2.5GB 的星载固态存储器中。

其存储的信息以 1.5Mb/s 的速率下传至位于澳大利亚珀斯的地面站，每天最多传输 3h。卫星由德国达姆施塔特的中心来操作，数据从马德里附近的维拉弗兰卡分发。NASA 将在加州理工学院运行一个并行的分发中心，为美国的天文学家服务。其构型如图 7.9 所示。

6. 詹姆斯·韦布空间望远镜

JWST 是 NASA 的一项任务，ESA 也参与其中。就像哈勃空间望远镜一样，它是一种替代仪器，是一台通用的天文望远镜，但设计了专门用于观测红外光谱区域。它的口径达到 6.5m，将在 2014 年由阿丽亚娜-5 ECA 火

①　European Space Agency. ESA achievements：BR-250[R]. ESA，2005.
②　European Space Agency. ESA achievements：BR-250[R]. ESA，2005.

图 7.9 赫歇尔构型[1]

箭发射进入围绕拉格朗日 L2 点的日心晕轨道（译者注：实际发射时间是 2021 年 12 月 25 日）。与地球的距离以 6 个月为周期，在 120 万～180 万 km 之间变化。卫星的设计寿命超过了 10 年。由于使用了复杂的太阳屏蔽系统使得这么长的寿命成为可能。它的设计和目标使得不必使用液氢来进行冷却。

喷气推进实验室[2]（Jet Propulsion Laboratory，JPL）将使用位于加利福尼亚、西班牙和澳大利亚的深空网（deep space network，DSN）的 34m 口径的天线，提供任务飞行控制中心与 JWST 之间的通信。DSN 支持 16kb/s 的 S 频段指令上行速率，40kb/s 的 S 频段实时遥测下行速率，以及 28Mbps 的 Ka 频段高速遥测下行速率，可以在每天建立传输链路的 4h 中向地面下传多达 232GB 的遥测数据。其卫星操作与数据利用方法与哈勃相同。位于马里兰的太空望远镜科学研究所（Space Telescope Sciences Institute）负责与用户之间的接口，并接收和处理由 DSN 收集的数据。

如图 7.10 所示，JWST 的构型主要由一个用来遮挡太阳辐射的大遮阳板构成，同时也可以遮挡来自地球和月球的辐射。这确保了望远镜的工作避免受到太阳辐射，使其敏感的光学元件可以保持足够的低温以满足其任务目标。

7.2.2 任务比较

这些任务有许多共同之处，在实现上也有许多相似之处。然而，任务中的许多要素是不同的。下面，我们将分析它们之间的相似与不同，并从分析中吸取教训。

---

[1] http://esamultimedia.esa.int/images/spcs/herschel/herschel_8_high.jpg

[2] http://www.stsci.edu/jwst/externaldocs

图 7.10 JWST 的构型①

1. 仪器和构型

所有的物理构型都是由适应安装望远镜这个仪器的需求决定的,在发射过程中及在轨后的指向都需要它支持。构型必须使仪器能够指向目标,同时确保避开太阳和地球。构型也必须使太阳帆板朝向太阳,通信天线指向地球的正确方向。构型必须尽可能紧凑,以允许适度的惯性和高刚性,以便在目标之间进行快速的机动,并易于安装到运载火箭提供的容纳空间内。

在所有这些任务中,望远镜都位于卫星平台的顶部。这让所有卫星在发射过程中形成了圆柱形对称结构,与发射装置提供的圆柱形空间很好地匹配,运载火箭所供的空间足够容纳和承载自望远镜以下的所有负荷,包括卫星平台和与火箭的接口。在轨道上运行时,为防止太阳光直接进入望远镜而引起扰动,有必要建立一个望远镜可以承受的、由最高太阳视角度确定的禁区。为了应对这些太阳角度的限制,卫星将迫使望远镜绕太阳方向旋转来对准位于天球上的目标。也就是说,在轨道上,太阳将一直处于由卫星太阳方向所框定的圆锥体内,如图 7.11 所示。

除了 JWST 以外,在几乎所有任务中,望远镜的视线方向都沿着运载火箭的纵轴方向。这是迄今为止在火箭中容纳望远镜最简单的方法,但望远镜的孔径受到火箭整流罩包络的直径限制。为了克服这个限制,JWST望远镜的视线垂直于运载火箭的纵轴。这就允许 6.5m 口径的望远镜安装

① NELLA J, ATCHESON P D, ATSKINSON C B. et al. James Webb space telescope (JWST) observatory architecture and performance[C]//Optical, Infrared and Millimeter Space Telescopes. International society for Optics and Photonics,2004.

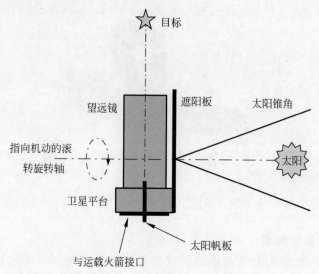

图 7.11 "望远镜"卫星的构型和太阳始终处于其内的锥角

到阿丽亚娜-5 火箭所提供的 4.5m 直径当中,但需要一系列复杂的展开机制,以实现运行状态的卫星构型。JWST 的详细结构将在第 10 章的图 10.18 中进一步讨论。

工作在红外区域的望远镜有 ISO、赫歇尔和 JWST,它们需要特殊防护由太阳和地球产生的光和热。在这种情况下,要么以太阳能电池阵列作为防护太阳的遮阳板,如 ISO 和赫歇尔,要么像 JWST 那样配备专用的可展开的遮阳板。更多工作在高能辐射区的望远镜,如哈勃空间望远镜、IUE 和 XMM-Newton,则没有这个限制,它们不需要遮阳板,可以使用从卫星平台上展开的常规太阳能阵列。

2. 轨道

这类任务的观测目标都是极其遥远的,所以对所有轨道来说,卫星到观测目标的距离基本上是相同的,尽管 HST 有时承担着对太阳系成像的任务。因此,轨道主要由望远镜对观测目标的可见性、避免太阳照射以及与地球通信的灵活性所决定。理想的轨道是远离地球且与太阳的几何关系可以预测的。这种轨道允许在不受地球或太阳干扰的空间的特定方向上进行几天甚至几周的观测。从这个角度看,理想的轨道应该是围绕拉格朗日点的日心轨道,JWST 和赫歇尔就飞行在拉格朗日 L2 点周围。在这个轨道上,太阳和地球大体在同一方向上,为保护望远镜的可见性所采取的措施对太阳和地球都适用。这个位置还可避免航天器在近地轨道上经历热瞬变环境。不过,到达这样的轨道需要大型运载火箭,还需要巨大的通信天线来接收和发送来自 L2 的信息,最远处离地球可达 180 万 km,这也是为什么以前的任务没有使用这个轨道。

地球同步轨道也是不错的选择,因为对于同一个地面站而言,它们能够提供很长的可见弧段,并且可以进行接近一整天的观测而不受地球或太阳的严重干扰,同时可以利用那些为地球静止轨道通信任务而优化的大量运载火箭。这是 IUE 和 ISO 卫星所选择的轨道。IUE 的轨道允许其不间断的工作,因为它的运行轨道直接位于地球辐射带的上方。此外,ISO 和 XMM 卫星有更高偏心的轨道,一天中当其位于地球辐射带以内时,必须将载荷关闭几小时。对于 ISO 来说,这一选择可以使总任务持续时间最优,其限制主要是卫星携带的氦冷却剂的量:携带更大量的氦在高椭圆轨道上运行,比携带少量氦、允许望远镜连续工作、但需要大量燃料的轨道更有效率。对于 XMM 来说,由于运载火箭的限制,使得选择一个每两天仅中断观测几小时的高椭圆轨道,比选择允许完全不间断使用仪器的圆形轨道更可取。最终轨道的选择总是受到众多因素的影响,包括最大化对特定目标不间断观测的时间、长任务寿命、长仪器观测周期、卫星操作的灵活性及发射约束等[①]。

20 世纪 80 年代热衷于在轨维修和航天飞机使用的发展趋势,迫使 HST 选择了一个航天飞机可以进入的轨道,这带来了一些积极的影响,比如宇航员能够对望远镜进行维修也能对太阳能电池阵列、图像处理电路、陀螺、热绝缘体、电池和大容量存储器进行升级。然而,所选择的轨道也带来了一些附加约束,除了避开太阳这一无法避免的限制之外,又增加了避开地球的固有限制,因为在如此低的轨道上,地球遮住了将近一半的天球。实时使用 TDRSS 通信系统解决了与地球的通信问题。然而,HST 与载人国际空间站共用 TDRSS 系统,而空间站比 HST 拥有更高的优先级,TDRSS 系统的可用性限制了 HST 望远镜的操作灵活性。HST 的最终使用寿命将会接近 20 年,充分证实了在轨维修的优势。自最初的探测器设计以来,使它的传感器利用了技术上的显著进步。尽管 IUE 设计寿命只有 5 年,它却已经运行了 18 年,而第二代观测卫星的设计寿命至少为 10 年。因此,这类卫星的良好设计会让它具有非常长的实际寿命。

3. 姿态

望远镜应该能够指向在天球上任何位置的不同的目标。就卫星的在轨

---

① BARRE H,NYE H,JANIN G. An overview of the XMM observatory system[J]. ESA Bulletin. European Space Agency,1999,100(100):15-20.

姿态而言，所有卫星都是惯性稳定的，必须操作整个卫星都指向被观测目标的方向。在所有的情况下，通信天线都是安装在卫星平台上并指向地球的。地球的方向会随卫星沿轨道的飞行而变化。为了将天线的指向和望远镜的指向解耦，通信天线必须是可指向的。

要避免望远镜开口朝向太阳的情况出现，卫星只能通过在这个方向绕转进行机动。太阳的方向在惯性空间中每年旋转一周，为了进行观测，有必要等到太阳在遮阳板的卫星平台一侧，而观测目标在遮阳板的望远镜一侧时再开始。就 JWST 而言，当遮阳板的视线（也就是卫星的姿态）位于垂直于太阳方向的 ±25° 带内时，遮阳板就会保护仪器[①]，如图 7.12 所示。这就定义了一个范围在卫星—太阳方向的、在 85°～135° 之间的 50° 功能视线区。天球南北极附近的天空区域是可以连续观测的。中纬度地区在长达 197 天时间内是可以观测的，在一年中余下的时间内则无法观测。黄道平面附近地区在每年两个 51 天的时间段可以观测，无法观测的时段分为两个 131 天的时间段。正如在 7.2 节解释的，对不同要求目标的观测机会是由在地面制定的任务观测计划分配的，必须考虑到太阳—卫星—观测目标的几何关系所提供的季节性机会。

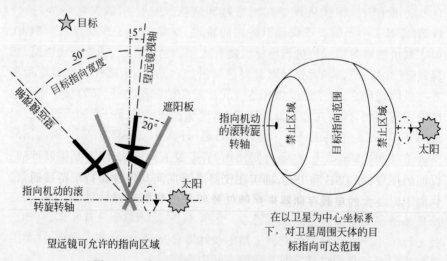

图 7.12　受太阳和卫星构型限制的 JWST 观测区域

　　① NELLA J,ATCHESON P D,ATKINSON C B,et al. James Webb space telescope (JWST) observatory architecture and performance[C]//Proceedings of Optical. Infrared & Millimeter Space Telescopes. International Society for Optics and Photonics,2004.

4. 操作与利用

看起来,用户能够快速、直接地访问天文台似乎是很常见的情况,然而实际情况并非如此,有两个原因:

(1) 在现实中,可用的观测时间是有限的,观测请求远远超过可用时间。有必要通过"同行评议"流程对望远镜的使用进行把关,将可用的时间给那些最有价值的请求。

(2) 复杂的观测是一个季节函数,为平衡不同的观测请求,同时考虑到卫星可见性的约束,有必要建立一个长期的"季节性"的观察计划来优化卫星的使用。卫星不可能总是能观测到任何地方。

任务协调员会不时地提供"机会公告",用户团体可以通过机会公告表达他们的愿望。经过筛选过程之后,会选择出一些与可用时间相匹配的观测方案,并根据他们的需求进行适当的时间计划安排。这就形成了一个长期的卫星观测计划,该计划在实际观测之前就制订好了,并且占用了大量的可用观测时间。同时,所有任务都包含一个"快速通道"应急计划,即为了应对意想不到的或重要的天文事件而中断正常的观测流程,将卫星指向新的目标。这个较快周期的响应时间通常是几天到几周,其中包括评审请求的筛选所需时间,尽管已经使用了很快的审批流程。2009 年 7 月,HST 被控制在数小时内拍摄小行星对木星的撞击。通常,天文观测任务的操作场景是复杂的,制定观测计划是任务的一项重要规划活动。这些计划必须非常严格,以使分配的观测时间最大化,但也要足够灵活,以适应突发事件。时序安排是通过天文学家和负责卫星操作的工程师之间的密切互动来实现的。

正如我们所见,与卫星不间断的通信是令人向往的,但不是强制性的。以往的任务,如 IUE 和 ISO,确实在仪器运行期间与地球保持了持续通信。它们不需要大的星载存储器来存储仪器所产生的数据,因为数据产生后直接就能下传至地面。这使任务有了较大的操作灵活性。IUE 可以每天实际工作 24h,而 ISO 每天只在仪器位于范艾伦辐射带上方的 17h 内工作。这两个任务都使用了两个地面站,一个在美国,另一个在欧洲。

哈勃空间望远镜使用了 TDRSS 数据通信网络,以一个与卫星进行连续、实时数据交互的完全不同的整体数据流为特征,但需要与其他用户共享 TDRSS 网络,如国际空间站。由于需要对观测结果进行评审并达成一致意见,在参与和处理天文学家的请求方面,产生了一个与所有其他系统相同的系统。当哈勃空间望远镜不能使用 TDRSS 时,卫星可以使用其星载存储器存储数据。宇航员将望远镜的存储器从磁带升级为更灵活的固态存储器。我们已经看到，大容量星载海量存储器的可用性，可以减少昂贵的、长时间的与地面站的联系。JWST和赫歇尔每天只与地面联系几小时。这将减少地面站的使用和任务的整体成本，同时还使卫星操作有足够的灵活性，提供几乎不间断的仪器运行。由于星载大容量存储器的技术进步，已经产生了不需要与持续地面联系的下一代任务。

5. 卫星寿命和任务寿命

对天文观测的需求是持续不断的。理想情况下，连续不断的任务将能够在频谱的不同部分提供不间断的观测能力。然而实际情况并非如此。不过，天文学家们仍然进行着连续不断的观测任务，用越来越好的仪器提供了相当合理的对长期需求的覆盖。品质的提升也清晰可见，从0.6m口径的ISO到3.3m口径的赫歇尔，或从2m口径的HST到6.5m的JWST。可以说，所有这些任务实际上是提供了互补的观测能力，以促进我们对天文学的体系化理解。这种"计划外"的连续性是由于目前这里所列的所有任务的寿命都相当长，都远远超过了设计寿命，加上用户对投资方施加政治压力，可以确保新的项目通过批准。不过，天文学家的政治力量还不足以让他们在部分政治家那里得到一个长期的正式承诺，尽管他们越来越接近这一目标。

ISO由于它依赖所使用的氦冷却剂使得其寿命有限。观察到类似现象的JWST使用了复杂巧妙的展开机构，以允许更长的任务寿命。更长寿命的优势以付出复杂的构型为代价，这将在10.3.3节详细讨论。

值得强调的是，这些任务的实际寿命都超出了预期。IUE和HST两个任务都持续了近20年。

7.2.3 天文台任务的顶层设计交互

前两节分析了几个天文台任务的基本设计决策。本节将通过介绍更高层的需求和设计决策之间的相互关联来进行补充分析。这里的介绍并不是详尽的，而是将集中描述设计和规格如何与图像质量和数量、卫星尺寸、仪器指向需求等发生关联。这些相互关系尤其复杂，同时提供了一个设计决策多重含义的很好例证。

图7.13描述了由数据质量和数量需求所产生的级联关系和设计决策。飞行任务的天文学家需要数据具有一定的质量和数量。这些术语将分别在8.4.2节和8.4.4节仔细探讨。在这里只需要了解，空间分辨率是仪器分辨出的两个图像特征之间的最小距离，辐射测量分辨率是仪器测量信号强

度的最小差异。

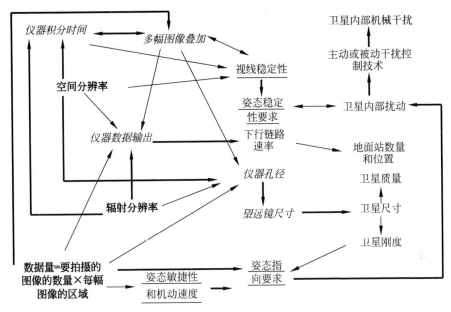

图 7.13 需求之间的相互关系

图中加粗的文字表示用户的需求,派生的需求中,常规文字表示系统,斜体文字表示仪器,下划线文字表示卫星姿态

良好的空间和辐射测量分辨率取决于能否正确地检测来自限定的来源地的微弱信号。为了能够正确地检测到信号,需要一个具有大的信号收集面积的仪器。这将决定仪器的尺寸,进而将影响卫星整体尺寸和质量。前几节已经详细讨论了仪器和卫星尺寸设计可能带来的影响。为了避免对所获取的图像进行积分处理时出现图像拖尾效应,良好的空间分辨率要求仪器的视线必须是高度稳定的。这需要非常精确的卫星姿态控制来提供准确的视线控制,同时避免机械扰动。对于体积大、质量大、灵活的卫星来讲,实现高指向稳定性是很困难的。卫星机械和姿态推力器本身就会引入机械指向扰动,对仪器的指向稳定性产生影响。高分辨率天文观测需要严格控制内部的机械扰动。这可能需要使用主动或被动的阻尼技术,使设计进一步复杂化。关键是要确定姿态控制系统和任何内部的机械扰动源,使仪器指向和指向稳定性与仪器的分辨率相匹配。

为了减少在上文中描述的问题,可以通过对几个持续时间较短的图像相加来增加总积分时间,以提供强积分信号。这将放宽对仪器的尺寸和视线稳定性的要求。不过,这也将增加仪器的数据吞吐量和完成每个最终观测所需的时间。这种积分时间的增加会减少任务产生的观测结果的数量，对天文学家和用户来讲，也就相应地降低了任务的价值。

用户总是倾向于获得尽可能多的观测结果，而且每一个最好都有一个大的视场。大视场需要大型且复杂的仪器。大量图像的获取要求有高的灵活性，使仪器能够快速地从一个目标重新指向另一个目标。这反过来又需要一个强有力的姿态控制系统和一个高刚度的卫星。卫星的刚度和灵活性与仪器孔径和卫星尺寸是直接矛盾的。使用强大的姿态控制推力器也与前述的平稳、精密的姿态控制需求不一致的。卫星产生的大量数据需要快速和高效的数据下行链路子系统和/或大量选址合理的地面站，以提供与卫星更长时间的通信联系。对指向扰动的合理考虑需要结构性的视角。指向扰动将在 9.8 节详细讨论。上面的段落只是一个简介，本节讨论的相互关系将在第 7~12 章多次进行讨论和扩展。

7.3 多星设计

关于实现一个任务目标所需要的卫星数量有一些设计决策，因为相同的需求可以由一个、几个或多个卫星来满足。例如：

（1）一颗地球静止轨道卫星能够为地球上指定区域的用户提供连续的通信服务。一个近地轨道卫星星座可被设计用来在整个地球上提供连续的通信服务，例如铱星（详见 9.6.3 节和 10.3.4 节）。

（2）少量或者仅仅一颗携带具有大视场仪器的卫星，可以提供与大量相对较小视场卫星类似的观测能力。

（3）大量低可靠性、短寿命的廉价卫星，可以提供与少量高可靠性、长寿命的昂贵卫星相似的服务时长。

在某些情况下，例如之前提到的地球静止轨道卫星，卫星数量与轨道选择有关，但是在另外两种情况下，卫星星座会沿着非常相似或相同的轨道运行。

卫星集体提供一项服务应具有受控的轨道位置，这意味着它们应该是一个星座。9.11 节将集中描述星座的设计和维护。本节将研究使用大量还是少量卫星来提供类似性能的设计驱动。

7.3.1 数据量和数据质量与卫星数量的关系

如果任务需求可以用一颗卫星来实现，通常就会用一颗卫星来实现任务。然而，用几颗卫星来提供相同的服务，也有很多优点：

（1）它允许更小、更强健、更简单的仪器和卫星,对于任务具有更低的开发风险。小型强健的卫星采用经过验证的技术,可以同时具有廉价和可靠的特点,可以容纳在较低成本的运载火箭内。强健的卫星已经在 5.3.1 节讨论过,在 13.2.4 节讨论低成本卫星时会再次提及。

（2）地球表面是弯曲的,观测远离卫星星下点轨迹区域的仪器将看到那些区域被强烈地缩短或扭曲。使用几个小刈幅的卫星代替一个独立的大刈幅卫星,可以将使观测的图像失真降到最低。

（3）星座中的每一颗卫星在经过地面站的时候,都将顺序下行传输存储在星上的信息。这允许进行更长时间、更有效的(更低的速度和更长的持续时间)任务数据的下行。

（4）多颗卫星降低了风险,使任务应对失败的能力更强。一颗卫星的失效并不意味着任务的结束,仅仅是性能的降低。

对于同样的一组计划约束和同样的项目组织风格,将仪器的能力分解到多颗卫星中(如果任务需求允许的话),更可能意味着总任务成本的增加而不是降低。此外,为了用多颗卫星提供相同的功能,将允许使用那些用精简管理技术(详见 13.2.3 节和 13.2.4 节)就可以实施的成熟技术,其结果可能会降低整体成本。

缩小仪器的尺寸会减小孔径的尺寸。当仪器的孔径减小时,不仅是数据量,数据质量也会降低。采用"合成孔径"技术,将多个仪器联合起来,可以解决这个问题。不过合成孔径方法并不总是适用的,它们要求控制每个单独仪器的相对位置。对于许多应用来说,用多个小型仪器替代一个大型仪器来提供同样的任务数据质量是不可能的。

正如我们所看到的,有很多因素在影响究竟是部署一颗还是多颗卫星的决策,对一颗或多颗卫星的优缺点是要平衡的,必须针对每个特定任务仔细权衡。最近的历史提供了支持所有三种实现形式的例子:单星、多星和双星任务:

（1）单星任务:大多数可以通过一颗卫星执行的任务都是通过这种方式植入的。在 7.2 节描述的所有任务都是仅使用了一颗卫星实现的。

（2）多星任务:如 RapidEye[①],由 5 颗卫星组成,每颗卫星上都有一个小相机,提供 70km 的刈幅和 6.5m 的分辨率。每颗卫星都足够简单,重量仅 150kg,但它们联合在一起,就能提供非常高的数据产出率和高效的任务

---

① TYC G,KRISCHKE M,et al. The rapidEye spacecraft[C]//Proceedings of the 4th IAA Symposium on Small Satellites for Earth Observation,2003.

性能。

（3）双星任务,如哨兵-3(详见 8.3.3 节和 9.6.1 节),其初始设计考虑了一颗或两颗卫星的选项。最终选择了两颗卫星。这个情况将在下面详细研究。

哨兵-3 的目标是提供地球陆地和海洋环境的运行信息。太阳在海面的高反射率造成了海洋观测的困难,当太阳的强光妨碍仪器观测时,会对图像质量会产生负面影响。而用户会要求能够提供在 3 天时间内完全没有强光覆盖的任务。为了进行海洋观测,哨兵-3 是一台由几个独立相机组成的仪器。每个相机提供大约 12°的视场,并且可以以不同的形式排列。问题是如何排列各个独立的相机,以最有效的方式实现 3 天重访的需求。在该任务的设计阶段,研究了两种备选方案:

（1）第一种方案：6 台相机安装在同一个平面光学平台上。在这种情况下,需要 2 颗卫星来满足 3 天的覆盖需求,因为强光会污染某些相机提供的观测结果。

（2）第二种方案：两对双相机分别指向天底方向的前向 30°和后向 30°,以代替位于中心的两台相机。在这种情况下,一颗卫星就能满足覆盖需求,因为前向或后向相机总有一个不会受到太阳的照射。

使用两对双相机的方案实现了高效、快速对地覆盖。不过,这需要使用一个更大、更重、复杂的仪器,因为 6 相机解决方案的平面光学平台会被一个能够携带 8 台相机的十字形三维光学平台所取代。这个变化使仪器的长度由 0.85m 增加到 1.45m,也使校准装置和冷却系统的安装复杂化。此外,该仪器使任务能够在用户要求的 3 天内完成海洋覆盖性能。一颗搭载 8 台相机的卫星也确实比两颗各搭载 6 台相机的卫星便宜。不过,最终的任务实现青睐的是简单的仪器解决方案,为了满足 3 天的需求必须使用 2 颗卫星。复杂的 8 台相机布设被认为风险太大且笨重。此外,最终选择的简单解决方案是一颗接一颗地交错发射卫星,从而确保了任务设计的强健性。图 7.14 为 8 台相机布设结构图。

7.3.2 任务寿命与卫星数量的关系

正如在 4.5 节所提到的那样,当运营任务满足了长期的社会需要时,它就要尽可能长时间的持续下去,例如环境监测或通信业务。要确定运行寿命,就必须确定如何在单个卫星之间共享任务寿命。总的任务寿命必须要有清晰明确的要求。尽管现实的持续时间是有限制的,也必须确定所需的任务寿命是否与单颗卫星的寿命相匹配。在这方面,长期运营任务通常是

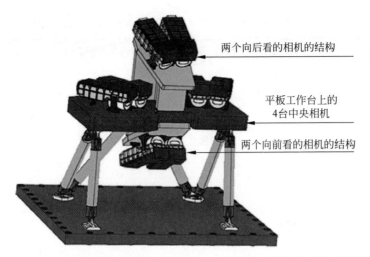

两个向后看的相机的结构

平板工作台上的
4台中央相机

两个向前看的相机的结构

图 7.14　哨兵-3 OLCI 相机组装在光学平台上,可在任意光学条件下提供完整刈幅。这个备选方案实际上没有使用。[1]

通过一系列卫星来实现的。

图 7.15 中呈现了上文提到的哨兵-3 卫星可能的实施计划。每颗卫星在 7 年的任务寿命期后可靠性为 0.8,在 10 年寿命后脱离轨道。每个卫星的可靠性曲线随着时间的推移而下降,因为其可靠性随时间逐渐恶化。这意味着,当一颗卫星继续正常运行的概率变得过低时,就需要发射替代卫星(如横轴上的箭头所示)。三种曲线显示了至少有 1 颗、2 颗、3 颗卫星可用的情形。在 20 年(240 个月)的寿命期共发射 6 颗卫星,至少有 2 颗在轨道上运行正常的卫星的可用度总是高于 0.8,在大部分任务期间都高于 0.9,这是系统最初的需求。

在现实中,也经常有制造精良的卫星生命期远高于可靠性计算提供的保证值。在本书 5.5.6 节中提到过,欧洲气象卫星(Meteosat)5 号、6 号和7 号设计运行寿命为 5 年,到 2005 年仍然运行正常,此时它们已分别服役了 14 年、12 年和 8 年。图 7.15 的可用度计算提供了对各种可能性的一个很好的概述,并阐明了可能的情况。卫星的成本约束与卫星所享有的长期使用寿命的结合,最终建议使用数量少于可用性分析实际得出数量的卫星。第二代欧洲气象卫星(Meteosat)的第一颗卫星在 2002 年成功发射,采用 3颗或 4 颗卫星,覆盖该任务的名义使用寿命至 2018 年,预计将只有 3 颗哨

---

[1]　图片来自泰雷兹公司。

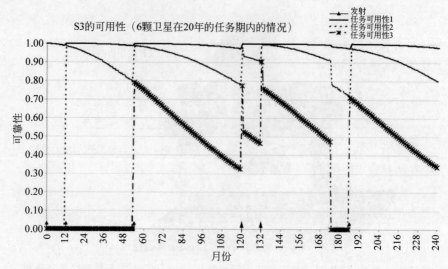

图 7.15　需要 6 颗哨兵-3 卫星以提供在 20 年的寿命期中高于 80％的可用性①

兵-3 卫星以提供一个运营寿命 15 年的系统。

7.4　体系

　　体系分析和设计方法已在国防和信息技术领域应用了一段时间,而后被引入到了空间系统领域中,主要有两个目的:

　　(1) 现有的空间资产以及与地面系统之间的集成和互操作性,使它们能够一起提供它们单独无法提供的服务。这更像是利用现有空间资产提供新的服务。

　　(2) 从面向资产的系统设计转向面向服务的设计,聚焦于终端用户的需求。这更倾向于是结合了新要素和现有要素的设计并提供新的服务。

　　体系方法特别适用于处理与民用和军事安全、灾害管理和环境监测等领域有关服务的提供。体系方法提供:

　　(1) 操作的独立性:每个构成系统都可以独立运作。当它们单独运行时,每个构成系统都能够满足一组特定的需求,而这些需求正是创建它的最初原因。

　　(2) 管理的独立性:每个构成系统都可以独立设计和实现,也可以在实际上进行单独的管理和运行。

---

　　①　图片来自泰雷兹公司。

（3）渐进发展：由独立系统组成体系，没有呈现出完全的、形成后的状态。它不是在单个项目中实现的，而是由可以在任何时候发展、消失或重新出现的现有系统和新系统组成的。

（4）突现行为：体系能够提供任何一个独立系统在孤立状态下无法提供的服务。

（5）地理分布使得组成部分仅交互信息。

体系分析和设计方法是基于使用正式的架构框架（详见2.2.2节）和正式的系统描述语言。其目的是以一种严格的方式来定义环境，从而识别出问题，主要是那些涉及信息交换的问题，这些问题是提供所需服务所必需的。体系是使用新的和现有的地面及空间系统的联合来实现的。正确的分析不仅能提供静态视图，而且还能够提供一个不断发展的视图，用于表明体系内的系统将如何发展，以及需要采取哪些措施，以确保特定服务的中长期交付。

目前在空间的整体地球观测能力是被全球对地观测体系（Global Earth Observation System of Systems，GEOSS）[①]概念正式承认的一个体系范例。理解地球的天气、气候、海洋、大气、水、陆地、地球动力学、自然资源、生态系统、自然和人为灾害是至关重要的，所有在轨的地球观测卫星都对这些任务做出了贡献。地球观测活动构成了推进这一理解的关键性投入。最终的愿景是实现一个体系，能够通过协调的、全面的、持续的地球观测活动，得到那些与环境相关决策的充分信息。GEOSS由所有现存的独立的地球观测卫星组成。总体目标是使这些任务的管理人员能够接受和实施以技术规格为中心的互操作性安排，以便通过采用商定的标准和数据共享安排来收集、处理、存储和传播共享数据和产品。这种互操作将集中在接口层面，从而尽量减少对受影响的空间任务的影响。

SSTL灾害管理星座（disaster management constellation，DMC）是由6颗卫星在2010年组成的，萨里卫星技术有限公司负责制造和运营，其分辨率和所有权见表7.1。

表7.1　SSTL DMC星座各卫星的所有者及图像分辨率

卫　　星	所　有　者	图像分辨率
Deimos-1	Deimos Imaging SA	22m
UK-DMC2	SSTL	22m

---

① European Space Agency. GEOSS 10 years implementation plan，the group in earth observation（GEO）：ESA BR-240[R]. ESA，2005.

卫　　星	所　有　者	图像分辨率
Beijing-1	北京宇视蓝图信息技术有限公司	32m,4m PAN
UK-DMC	英国国家空间中心	32m
NigeriaSat-1	尼日利亚航天研究发展局	32m
AlSAT-1	阿尔及利亚国家太空技术中心	32m

　　联盟的每个成员都有独立的卫星成像能力,根据联盟协议,这一能力应用于支持共同目标。所有成员都签署了一项不具法律约束力的协议,提供高达 5% 的卫星成像能力。这样的原始安排允许通过不寻常的操作方式来进行数据分析。该星座的每颗卫星都提供了分辨率为 32m 的三个波段的地球图像,其中几个拥有全色仪器的分辨率可达 4m。组成星座后,这些卫星能够以平均 1 天的延迟观测地球的任何部分。可以在 24h 内重新安排这些卫星(取决于可用的资源),图像下传的时间从 10min 到 24h 不等,主要取决于目标和地面站的位置。从数据接收到产品发布的时间从 4h(未经正射校正)到 48h(利用地面参考控制点进行正射校正,以产生亚像素精度)之间变化。所有卫星在一起的时候,会具有它们分开时所没有的能力。DMC也可以被认为是一个体系。

8 观测量与仪器域

关键词 仪器工程、空间仪器类型、光学仪器、微波仪器、观测需求

本设计域在 7.1.1 节介绍过。本章首先分析仪器与其观测量之间的关系，随后简要介绍卫星携带的各种类型的载荷，最后对五个空间任务进行调查研究。

ESA 的风神号（Aeolus）地球观测卫星，用多普勒测风激光器作为光学仪器的有源元件来测定大气层内的风速。

NASA 与 ESA 联合的天文卫星 JWST，利用一个巨大的望远镜观测相对冷的早期宇宙，它携带的是无源光学仪器。

ESA 的哨兵-3 任务携带的仪器中有一台雷达测高仪器，测量能够引起洋流的海平面高度，雷达高度计是一个有源微波仪器。

印度空间研究组织（Indian Space Research Organisation，ISRO）和 CNES 联合开展的热带水循环任务（megha-tropiques）载有两台无源微波辐射计，用于研究水蒸气、云特性和降水。

ESA 和 NASA 联合开展的太阳磁层观测任务尤利西斯携带了一系列磁场和电场传感器。这些仪器是原位测量仪器，不能进行遥感。

上述五项任务包含了卫星使用的五类主要仪器，很好地展现了不同仪器在实施过程中出现的各种问题。

接下来本章会继续分析作为设计驱动因素的观测需要及必须产生良好数据的仪器的特征类型。之后的一节包含了端到端的性能，举例说明确定这些仪器和搭载它们的空间任务的"最终"性能有多么复杂。

正确的功能分配是实现最优设计的两个基本机制之一，另一个是正确的预算分配。接下来的四节专门分析不同的设计域，详细研究在每个域的设计过程中功能和预算分配。本章将分两节对此进行分析，一节专门讨论仪器的功能分配，另一节讨论预算分配。

前一章的图 7.1 中给出了需求逐步细化的过程。该图的上部分描述了

设计过程早期的顶层决策,它们大多数与观测量有关。图 8.1 主要针对这些决策。

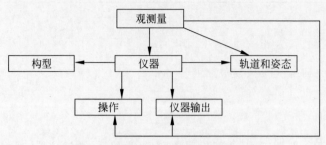

图 8.1　观测量与仪器域的外部关系

空间任务的目标是获得有关被观察对象或过程的信息。为了获取这些信息,空间任务离不开仪器。也就是说,观测量和观测仪器代表了任务的基础,并且自始至终影响着空间系统的设计。所有的设计决策都离不开妥协和双向的相互作用,然而仪器的需求——作为任务基本目标不可分割的组成部分——通常影响着所有其他系统部件的设计。例外的情况是,当观测量与仪器需求出现耦合关系时,会不可避免地推动任务超出成本、风险、进度等基本计划限制。这种情况需要结合降低任务目标重新设计任务,甚至取消整个任务。

8.1　观测量和仪器选择

理论上,任务用户只关心接收到的用于研究目标或研究过程的相关数据,并不关心所采用的观测技术本身。海洋学家感兴趣的是获得一定质量和数量的海洋环流数据,而不是这些数据的获取途径,如雷达高度计、热红外传感、多普勒雷达技术和洋流原位浮标测量法等。可能有人认为,从用户需求出发,一个系统设计师应该提供备选的观测技术,并且应该尝试提出能够实现这些需求的最有效的技术。然而,如 7.1.1 节所指出的那样,通常情况并非如此,观测技术的选择通常在设计过程开始之前就由任务用户确定了,因此这种选择会作为一个设计约束提供给任务设计者。

观测量与观测技术的相互关系存在两种可能的情况:

(1) 新观测技术使得从观测目标收集的观测数据质量和数量取得了突破,这种情况在科学探索任务中较为常见(详见 4.5.3 节)。

(2) 在成熟情况下,不止一次经过充分验证的观测技术能够提供关于观测目标的数据,这在运营任务中较为常见(详见 4.5.4 节)。

在推进涉及新观测技术的新型空间任务中,专注于观测目标的科学家们和倾向于新观测技术的科学家们总是作为同一个团队。在系统设计师开始考虑如何实现一个潜在的新任务设计之前,观测目标科学家和观测技术科学家应该已经制定了一个可行的初步观测概念。ESA 风神号任务通过测量由风携带的粒子对从卫星发射并反射回卫星的激光信号中所产生的多普勒频移来研究大气风。早期的任务支持来自大气科学家和激光科学家。大气科学家推动风神号任务是因为它以科学突破为特色——获取无云大气中的风剖面,激光科学家支持风神号任务是因为该任务对于他们研究领域的发展有潜在价值。因此,空间任务设计者使用目前活跃的光学技术来设计任务,并不是完全从头开始。

在运营任务中,观测技术往往是成熟的,任务设计者可以更加自由地从一系列可能的观测技术中选择仪器概念。回到 7.1.1 节中的例子,可以利用有源散射仪(如 MetOp[①])、无源偏振微波辐射计(如 Coriolis/WindSat[②])或者有源多普勒激光雷达(如 Aeolus[③])观测大气层的风。海面风也可以作为雷达高度计和从图像时间序列测定云漂移情况评估的高空风的副产品。用户可以在没有任何观测技术参考的情况下,提出他们对观测量的需求,使系统设计师能够研究高效费比的观测技术和满足项目目标的最佳任务实现的若干选项。

然而,用户通常知道现有仪器的优点和缺点,因此经常会在提出需求的时候考虑到这些因素。例如 NOAA 和 Eumetsat 这样的运营机构,通常联合用户共同制定关于观测量的顶层文档和基于现有观测技术的需求文档。带来同样的结果是,任务设计者不会从观测量本身着手,而是从一个或几个可能的仪器概念出发。

极少数情况下,系统设计师需要对仪器进行更换,他将从任务的基本目标出发,研究所有可供选择的备选仪器。每个备选仪器都会侧重于被观测事件的不同方面,并且在任务性能和开发成本与风险方面有不同的优缺点。这些不同的备选仪器可能需要任务有不同的架构。最终将根据其相对于任务目标的优缺点平衡来选择最优备选方案。在差别很大的选择之间进行这种比较是一个困难和漫长的过程。正确执行涉及对要求的彻底评估、将顶层需求分配给系统要素、满足需求分配的设计、建立足够详细的仪器概念,

① http://www.esa.int/esaLP/LPmetop.html

② http://directory.eoportal.org/pres_CoriolisWindSat.html

③ http://www.esa.int/esaLP/LPadmaeolus.html

以便能对每种备选仪器端到端的性能、成本和风险进行评估。这一过程远没有那么简单,而且不能经常重复。

8.2　观测量和仪器域所涉及的要素和部件

第 9～12 章均首先概述了将要讨论的设计域中涉及的要素和部件,尽管如第 1 章中所述,本书的目的是从空间系统组成要素相互关系的角度而不是从要素本身的角度进行描述和分析。第 1 章还指出,期望读者已经从许多涵盖这些学科的优秀实例中学习过空间系统相关技术。依照上述观点,后续章节的内容和目的并不是详细描述与各个域相关的科学和技术,甚至不提供相关的入门知识,而是探求各域部件所执行的功能,作为对它们相互关系分析的介绍。

根据前面章节的描述,我们将根据仪器类型(而不是观测量类型)对这个域的部件进行分类调查研究。卫星载荷可以被分为 6 类:

(1) 遥感类无源光学仪器。

(2) 遥感类有源光学仪器。

(3) 遥感类无源微波仪器。

(4) 遥感类有源微波仪器。

(5) 原位感知仪器。

(6) 通信载荷。

前四种卫星载荷都遵循遥感空间仪器工程的划分标准。从系统设计师的角度看,这也是一个合理的划分,因为每一类载荷都有不同的实现问题。比如,无源微波仪器不受太阳光照影响,而无源光学仪器受太阳光照影响。这四类仪器都能探测来自被观测目标的电磁辐射。在使用无源仪器的情况下,这种辐射要么是源自然发出的辐射,要么是目标反射的太阳辐射。有源仪器自身产生并发出辐射,这些辐射经被测目标散射后由仪器检测。原位测量仪器的种类非常多,包括磁场、电场和重力场传感器,还包括质谱仪这种可以探测卫星周围化学成分的仪器。通信载荷不仅仅由通信卫星携带,还有总是要与地面通信所有的卫星。

8.2.1　无源光学

无源光学仪器探测从空间某一特定方向而来的光学辐射的强度,因此它们提供空间(方向)和辐射(强度、频率)信息。根据它们注册的频率,这些仪器可以探测 γ 射线、X 射线、紫外辐射、可见光和红外辐射。这类仪器可以探测一个、几个甚至很多个频段的辐射,既能够探测被观测对象直接发出的辐射,也可以在地球或其他星球被太阳照射的情况下探测被观测对象反射的太阳光辐射。

探测电磁辐射的仪器传统上可以分为成像仪、光谱仪和辐射计。成像仪主要收集空间信息,光谱仪主要收集频谱数据,辐射计主要收集辐射强度信息。然而大多数现代仪器都具备三个特点:良好的辐射质量、良好的光谱分辨率和良好的空间分辨率。不过,其中一个方面的功能往往作为主要的设计驱动。比如,高分辨率地球观测全色成像仪主要是由空间分辨率驱动的。

无源光学仪器包括以下组成部分,如图 8.2 所示:

(1)望远镜:收集来自被观测空间区域的到达能量。

(2)像滤波器或分光计类的部件:根据观测需求将探测到的辐射进行分频。

(3)焦平面:检测辐射并将其转换成信号。

(4)指向和扫描部件:使望远镜指向感兴趣的区域。

(5)校准部件:校准仪器的辐射响应。

(6)入口挡板:保护仪器入口免受非观测目标的辐射。

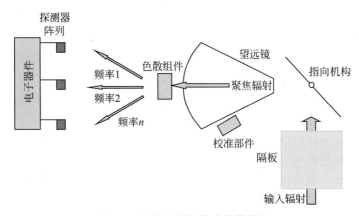

图 8.2　无源光学部件功能模块图

无源光学仪器还包括必要的机械和热控部件,以及处理检测到的信号和控制仪器所需的电子设备。

聚焦望远镜以折射透镜或反射镜为特征,可以将接收到的目标辐射汇集起来。根据光学元件的组数对望远镜进行分类:施密特望远镜使用一套光学元件组,卡塞格伦有两组,三镜面消像散(three-mirror anastigmat,

TMA)有三组。拥有更多光学元件组的仪器质量更好，但也更复杂。非聚焦望远镜用遮罩来确定接收辐射的方向，主要用于研究高能量 X 射线或宇宙射线。

通常由指向机构控制的瞄准镜是使仪器的指向或其入口光学系统朝向观测目标所必需的。一个特定观测任务所感兴趣的区域可能远大于望远镜的视场，在这种情况下可以通过机构来对整个区域进行扫描。有时，卫星本体可以指向最佳方向，此时就不需要指向机构，如图 8.3 所示。无论如何，望远镜的扫描速度必须足够快，以保证在规定时间内完全覆盖感兴趣的区域。

通过平台姿态来进行指向调整　　　通过镜面变化来进行指向调整

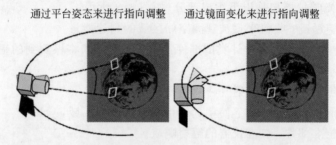

图 8.3　实现仪器指向的不同方案：卫星与机械机构[①]

在某些情况下，为了保护望远镜不受不必要光源的干扰，需要使用称为挡板的大型、复杂、通常是可展开的结构，这些挡板会显著改变卫星构型。8.3.1 节的图 8.6 提供了一个很好的大型挡板实例，图 7.5、图 7.6 和图 7.7 也展示了不同尺寸的挡板。然而，赫歇尔（图 7.9）和 JWST（图 7.10）卫星没有使用圆柱挡板而使用大型平面挡板，主要目的是避免不必要的光源，防止太阳光进入或影响望远镜。在许多情况下，外部挡板非常大，会为卫星带来复杂的适应设计问题。

大多数无源光学仪器在一个以上的频段中获取信息，因此必须包括能够将入射辐射分离成所需的多个频带的光学部件，每个频带必须覆盖所需的带宽。滤波器将入射光分割为多个频带，分光计可提供多频段精细的光谱分辨率。

辐射将由位于仪器焦平面的传感器阵列来探测，该阵列由独立的探测器组成。每个独立的探测器将提供一个与来自特定方向的特定频段辐射强度成比例的信号。观测仪器的瞬时视场除以探测器的数量决定了探测器的角分辨率，探测器的角分辨率乘以到被观测目标的距离将决定空间分辨率。

---

① 图片来自于欧洲航太国防集团。

校准部件提供了确切已知的辐射强度和光谱特性的辐射,可用于验证精细控制输入的探测器的输出。

仪器还需要配备电子部件来对探测器所产生的信号进行读取并数字化,用于仪器数据处理和仪器控制。

需要生成一个三维的"图像立方体":沿迹图像、垂直图像,以及沿其光谱内容。探测器阵列将由以下内容之一组成:单个探测器、一维探测器线或二维探测器矩阵。利用零维、一维或二维传感器阵列构建图像立方体的三个维度,需要使用辅助工具来提供缺少的维度,这些工具包括:

(1)卫星沿轨道运动提供沿轨迹方向的刈幅。

(2)指向扫描机构提供垂直于航迹方向的刈幅。

(3)色散元件和多探测器阵列提供光谱内容。

在"摆扫式"布置中,一个或非常少量的探测器机械扫描可以提供垂直于航迹方向刈幅。如果扫描速度足够快,能够在卫星沿空间分辨率为1个像素的轨道移动所需的时间内,对垂直于沿迹方向的刈幅进行扫描,那么具有足够时间响应的单个探测器就应该能够提供图像。使用多个像素将按比例降低所需的扫描速度。在所有的情况下,卫星沿轨道方向的飞行速度提供了沿迹方向的刈幅。频率维度将通过使用色散组件将不同的频带发送到不同的传感器阵列来提供,每个感兴趣的频带一个,如图8.4所示。

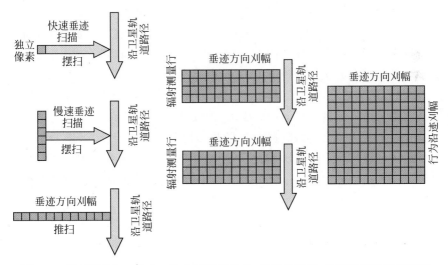

图8.4 用于频率和一或二维空间覆盖的单、多部件摆扫、单频推扫和步进凝视式感知方案

在"推扫式"布置中,为覆盖所要求的整个刈幅区域,焦平面探测器需要

阵列一个长尺寸以安装尽可能多的探测器。与摆扫式布置一样,沿轨方向的扫描将由卫星沿其轨道的运动提供。这种方法需要复杂的探测器阵列而不需要扫描机构。与之前一样,频率维度可以通过使用色散元件将不同的频段发送到不同的长线性阵列来提供,每个感兴趣的频段一个。矩阵阵列由若干行和列组成,每一行对应不同的频率。色散元件或滤波器将辐射信号分开,使所需的辐射频率照射相应的行。矩阵阵列也可以用于改善辐射测量性能。随着卫星的移动,不同的行可以专用于以相同的频率观察相同的地面空间分辨率单元格。这将增加实际观测时间并得到更好的辐射测量性能。

在步进凝视式布置中,可以使用一个正方形二维探测器阵列获取沿迹和垂直于沿迹两个方向的空间信息。一旦获取图像,卫星或者合适的机构将瞄准线移动至下一个瞬时视场,直到覆盖全部目标区域。

仪器的设计将由以下一系列需求来决定:

(1)空间分辨率决定望远镜的孔径和焦距,进而决定了整个卫星和仪器的尺寸。

(2)光谱分辨率决定色散部件的特性:滤波器或分光计。

(3)光谱频段的数量决定色散部件和探测器阵列的概念。

(4)高辐射测量精度要求高的辐射收集能力:大的望远镜孔径和长积分时间的探测器。高辐射测量精度还需要使用精密的校准部件。

(5)为目标区域提供所规定的概观视图的时间决定了仪器刈幅,而刈幅反过来会影响探测器阵列的像素数。大刈幅需要大口径光学元件、高数据吞吐量和复杂的数据处理电路。

同时,还必须确定望远镜、焦平面和扫描等概念。就其本身而言,仪器的概念和尺寸将控制卫星的接口要求,即仪器质量与体积、可见性与指向需求、功率与能量消耗、仪器数据吞吐量和热接口。某些情况下,仪器也会对卫星的设计提出特殊的要求,如整个卫星是否灵活,载荷是否需要特殊的散热等。仪器的可见性要求也将对卫星构型、卫星轨道和姿态选择产生很强的影响。

光学仪器的设计,比如光学概念、分光计概念、焦平面和探测器阵列概念、孔径尺寸、焦距等,是一项高度专业化的任务,所有与之相关的设计决策均出自于专家之手。这些专家还为系统设计师提供所需要的机械、结构和热控概念设计、与设计相关的风险信息,以及在初步设计阶段降低这些风险的途径。大型探测器阵列的开发是一个非常漫长而复杂的过程。

大多数与仪器相关的设计决策都包含基本的系统级影响,系统设计师必须向专家提供相关的反馈,特别是在设计决策可能对系统的其他组成部分产生不利影响的情况下。因此,系统设计师必须时刻准备在基本任务参数(比如仪器孔径、轨道姿态、卫星构型、全系统数据吞吐量等)中做出合理的妥协。

仪器孔径和最终确定的整个仪器尺寸需要系统设计师与专家进行反复交互。在某些情况下,必须使用尺寸与运载器包络不相适应的光学部件。这就需要使用可展开的光学部件甚至是合成孔径光学部件。JWST 的可展开光学部件(详见图 7.10 和图 8.7)就是这种解决方法的一个很好的实例。

与仪器指向概念和指向功能分配相关的决策,即仪器指向或卫星指向,同样需要不同的专家和系统设计师之间的频繁交互。

要求高刈幅、高分辨率、多频段覆盖的仪器会产生海量数据。这些数据的吞吐量将驱动下行数据流的架构。系统设计师需要与专家和用户进行沟通,从而就仪器性能、仪器设计复杂性、在轨或地面数据处理,以及数据下行链路架构等方面达成妥协。

仪器的热控和热稳定需求以及它们相应的设计解决方案也具有系统级的含义,需要系统设计师与专家之间的交互。

8.2.2 有源光学

有源光学仪器直接向所研究的目标发出光波辐射,并检测随后反向的散射辐射。由于激光具有相干性和明确定义的波长,通常被用作有源光学仪器的辐射源。

以激光作为光源的有源光学仪器包括以下几种不同类型:

(1)多普勒激光仪发出激光脉冲,遇到大气灰尘或分子后反向散射,对返回信号进行分析,可以探测由于灰尘或分子运动速度产生的多普勒频移,进而推导出大气风数据。

(2)反向散射激光雷达发射激光脉冲,测量反向散射信号的强度,从而推导出云的特性或粉尘密度剖面。

(3)激光测距仪通过测量反向散射信号的延迟,来确定仪器与目标之间的距离。这个距离可以用来探测树梢高度或冰层厚度等参数。

(4)通过检测与特定化学物质的精细吸收或发射谱线,激光也可以被用来探测大气中的化学成分。

有源和无源光学仪器使用相同的部件,在 8.2.1 节介绍的部分也是适用的,但有源仪器还需要激光源和激光发射镜。有源光学仪器可以工作在一个或几个波长。如果使用几个波长,则需要使用不同的激光源、选择感兴趣的频带所必需的色散元件，以及与感兴趣的频带数目一样多的探测器阵列。

影响有源光学仪器的基本设计决策是由在必要观测精度的探测参数下，需获取的反向散射辐射量来决定的。这可以通过增加激光发射器的功率或接收望远镜的收集能力（孔径大小）来实现。高功率激光需要大量的电能，并将产生大量的热，需要从激光源处散掉。生产高性能、高可靠、持久耐用的激光器并不容易，持续的有源光学任务需要激光源的数量有高度冗余，以抵消在轨过程中出现的失效。通过增加接收望远镜的口径可以降低激光源所需的功率，但大口径望远镜很重，难以安装在卫星上，这就增大了整个卫星的尺寸，增加了任务成本。

另外，还需要确定的是仪器的视线是固定的还是可变的。在单一视线的情况下，仪器只能沿卫星飞行方向和姿态确定的线路提供数据。如果线路能够变化的足够快，仪器就可以提一个刈幅，这样就增加了任务的产出，但会使概念变得复杂。因为每个由刈幅覆盖的单元格都需要独立的激光脉冲，激光脉冲的视线和接收望远镜的指向需要足够快地改变，以便覆盖整个刈幅。这些都是非常繁重的需求，使设计变得非常复杂。

有源光学仪器在仪器本身和卫星整体上都需要良好的尺寸稳定性。这需要高性能的热控和一流的高尺寸稳定性结构。由激光源产生的热量会使尺寸稳定性变得更加复杂，需要使用专门的冷却装置进行散热。

提供或不提供刈幅是一个权衡的过程，既要满足用户期望的大量高质量数据，又要克服提供有源光学仪器所面临的非常严重的困难。最终的决策将依赖系统设计师在用户需求与投资方支付由此所产生费用的意愿之间做出的平衡。

和无源光学仪器情况一样，有源光学仪器实际的设计仍然掌握在专家手中。系统设计师应该牵头研究如何在激光器功率与望远镜口径大小之间进行权衡。大尺寸仪器对卫星的质量、构型和造价都有较大影响。较高的激光功率会导致任务寿命的减少和任务风险的增加。系统设计师必须在大口径相关的成本和高能激光器相关的风险之间进行平衡。轨道高度的选择是系统设计师需要牵头开展研究的另一个设计域。在较低的高度飞行会缩短与目标之间的距离，就可以使用较低功率的激光器并减小望远镜的尺寸。不过，低轨道高度需要大量的燃料来进行轨道保持，推进器点火引起的指向扰动也更频繁。系统设计师必须平衡仪器的复杂性与其对轨道和姿态控制系统的后果。

8.2.3　无源微波

　　无源微波仪器测量的是被观测事件所产生的自然微波辐射强度,它是不受太阳光照约束和云层影响的,这也是这类仪器的一个主要优势。与无源光学仪器类似,无源微波仪器也可以探测空间信息、频谱信息、辐射信息或上述信息的综合,但一般情况下,起决定作用的设计因素是辐射测量的品质,即辐射强度的精确度。

　　就像无源光学仪器一样,无源微波仪器也根据其频率范围进行分类。$1\sim150\mathrm{GHz}$ 的无源微波辐射计很常见。$1.4\mathrm{GHz}$ 的仪器可以观测土壤湿度和海面温度;$10\mathrm{GHz}$ 和 $18\mathrm{GHz}$ 可以对海洋风进行探测;在 $18.7\mathrm{GHz}$ 附近的仪器可以对雨水进行探测;水蒸气可以用 $23.8\mathrm{GHz}$ 的仪器探测,云层内的液态水可以用 $36.5\mathrm{GHz}$ 的仪器探测,云层内的冰可以用 $137\mathrm{GHz}$ 的仪器探测。无源微波仪器也能提供温度探测和大气湿度探测。温度探测使用 $60\sim63\mathrm{GHz}$ 的频率范围,湿度探测在 $50\sim57\mathrm{GHz}$ 的频率范围内。

　　微波仪器可以是单一像素的,仅提供在天线视线内某一点上的信息,也可以在给定刈幅上提供图像。对于后者,天线必须具备扫描功能以提供所需的覆盖。

　　无源微波辐射计的基本探测链包括:收集天线、用于放大接收信号的低噪声放大器、选择所关注频率的滤波器以及检测器。外差式接收机还包括振荡器,以产生一个中等频率与入射的辐射混频,之后进行放大和检测。此外,无源微波辐射计也需要校准装置、控制和处理电子器件、结构、挡板、热控和扫描机构。用于研究低频微波的仪器与高频微波设备相比,在比例上通常更大,并且可以使用不同的聚焦和探测技术。微波辐射计需要对仪器进行适当的校准,通常是通过提供一个已校准的微波辐射源和朝向冷空的视野作为第二参考来实现的。考虑到微波辐射的波长较长,其空间分辨率主要受仪器孔径的限制。微波仪器的空间分辨率比光学仪器的分辨率差很多。对地观测光学仪器的分辨率可以从 $1\,000\mathrm{m}$ 至 $1\mathrm{m}$ 以下,而对地观测微波仪器的分辨率为 $1\,000\sim100\mathrm{m}$。微波仪器使用旋转反射面的扫描机械装置。如果需要高空间分辨率,则旋转的表面要足够大,并且由大型反射面的旋转产生的扰动要尽量小,这可以通过使用反向旋转或平衡机构来实现。

　　与光学仪器的情况一样,对微波仪器来说,最重要的决策是确定接收天线的孔径,主要的影响因素是所需的空间分辨率,这将直接影响仪器的尺寸。观测所使用的频带数量取决于所研究事物的性质和用户的需求。接收喇叭、滤波器和探测器必须要适应不同的频率,还要确定探测方法是直接式的还是超外差式的。

由于微波仪器相对较低的分辨率,数据输出量也属中等,因此对其在数据处理和数据下行链路方面的要求也是适中的,数据处理的设计要易于实现。此外,微波仪器体积较大,导致其机械和热设计比较复杂。

正如上文提到的,仪器的设计是仪器专家的责任,但扫描类微波仪器在早期也需要结构、机械和热控方面的专家介入,来解决机械和热的问题。由于对旋转要素、热及空间稳定性的要求,质量和尺寸等方面会增加。系统设计师应该在所有这些专家中进行协调。如果所选择的旋转部件存在不平衡性,则会产生力及力矩,从而改变卫星的指向。这种情况会不可避免地出现在仪器及姿态控制专家的交互过程中,这时也需要系统设计师进行协调。

还有一个需要系统设计师注意的附加问题是可能存在潜在的人造辐射源,这些辐射源会污染被观测到的辐射源发出的辐射。地基雷达和通信天线会发出辐射波,仪器会接收到辐射波与被观测源辐射波混合的信号。国际规则规定了地球观测仪器探测受保护的频带。用户、系统设计师和仪器的设计师必须要清楚这种规则。卫星本身也会搭载通信天线或雷达,这些也是微波辐射源。这些天线在设计时就要避免对微波辐射计测量信号造成污染,这意味着发射频率需要避开敏感的接收频率。为了进一步减轻这个问题带来的影响,发射天线和接收天线必须分开布置。这可能会对卫星的构型造成较大的影响,需要系统设计师密切关注。

8.2.4　有源微波

像有源光学仪器的情况一样,有源微波仪器发射微波辐射,照射被观测的区域。有源微波仪器的优点是它们自己对目标进行照射,使观测不受光照和气候条件的影响,包括没有阳光或存在云层的情况。有源微波仪器广泛地应用在对地观测任务中。

成像雷达发射雷达脉冲,这些雷达脉冲被反射回来并转化成观测目标的图像。考虑到辐射波长和卫星与目标之间的距离,任何合理的空间分辨率所需的正常仪器孔径都将大得无法想象。为了解决这个问题,卫星使用可以提供媲美光学仪器的空间分辨率的合成孔径雷达(synthetic aperture radars,SARs)。SARs是侧视雷达,对接收信号进行复杂后处理来模拟接收天线,其孔径等于卫星照射每个观测点时所经过的距离。SARs是强大的成像仪器,其天线面积可达数十平方米,轨道高度为 $600 \sim 800 \mathrm{km}$,可以提供高达米级的分辨率,其刈幅大约为十至几百千米。

散射仪通过研究后向散射辐射的特征,来获得被测目标表面的纹理信息。这种仪器可以用来确定水面的风速,因为空气与水界面的纹理会随着风速的变化而变化。它也可以用来探测冰或雪融水。

雷达高度计是天底方向探测雷达,它发射脉冲,并通过测量信号返回仪器的时间来确定仪器距目标的距离。雷达高度计通常用来研究海洋、河流和湖泊的水位。

测云和测雨雷达能够确定云的密度和降水强度,这一目标是通过分析经云层颗粒、雨滴和雪花等反射的雷达回波信号来实现的。雷达高度计和云、雨雷达通常是小刈幅的回波探测器,尽管他们可以研制成提供大约十分之几千米数量级的中等刈幅。

有源微波仪器可以划分为下列部件,如图 8.5 所示。详细介绍如下:

(1) 前端,包括抛物面、平面天线,以及其他用于发射和接收雷达信号的部件。

(2) 后端,包括所有雷达操作所必需的电子设备。

(3) 仪器控制和数据处理的电子设备。

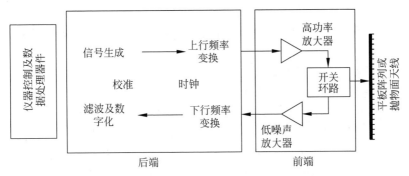

图 8.5　SAR 和 RA 功能模块图

仪器的前端产生和接收高频微波辐射信号。天线接收并发射微波辐射。合成孔径雷达天线既有抛物面的、也有平面阵列,且面积较大,有数十平方米;测云、雨、雪的雷达尺寸适中,天线面积在 $1\sim10m^2$;雷达高度计尺寸最小,天线面积约 $1m^2$。在较长波长下工作的仪器尺寸一般比较大,但辐射能量的总量较小,从而简化了电力需求和散热配置。大尺寸天线需要复杂的收拢及展开机构,以解决收拢状态下能够容纳在运载火箭提供的较小体积内和在轨期间大面积构型的需求之间的矛盾。大型可展开天线的机械和热设计涉及复杂的专业工程领域,在系统定义的最早阶段就应考虑。

平面阵列天线有大量相似的辐射元件，它们通过组织和分布来形成所期望的天线波束。抛物面天线将发射或接收到的信号集中在抛物面反射器的焦点上。有源天线的表面有大量小型电子发射和接收组件，这些模块的工况可以通过多种方式进行重新配置，从而允许天线提供具有不同刈幅和分辨率的不同雷达模式。有源天线具有多种射频功率架构，如完全或部分分布的射频功率，或由有源元件的行或列提供功率。无源天线有一个集中的前端，信号被分发到抛物面天线或平面阵列的辐射单元上。

后端是雷达的一部分，工作在较低的频率，完成后向散射辐射的检测和数字化处理。后端生产的发射信号将被送至前端进行调制和放大。后端的功能通常包括上下行频率变换、校准硬件和时间参考。仪器还包括所有用于功率产生和传递、数据处理和仪器控制的必要电子设备。

工作于 L、P 频段等低频的 SAR 配置有大尺寸天线，需要复杂的展开机构和精细的结构设计。如 C-X 或 Ka 频段这样的高频雷达需要的天线更小，但通常仍然是相当大尺寸的可展开天线。更高频率的 SAR 通常要求提供更加优良的空间分辨率，并具有相对较小的天线和比例高的能量发射水平。这就需要复杂的发电和散热系统。

有源微波仪器可以在一个或多个频段以单极化或多极化方式发射和接收信号，并能够提供干涉测量产品。使用有源天线的 SARs 是灵活的，能够工作在不同的模式：需要大的刈幅时就对应到较低的分辨率，需要提高分辨率时就减小刈幅。因此，需要设计一个包含各种使用模式的计划。有源天线能够指向不同的方向，在大范围内进行快速扫描。无源天线只能通过缓慢改变卫星的姿态来改变其指向。

频率、频率组和极化方式的选择直接源自应用的需求：C 频段用于海洋和冰的观测，L 或 P 频段用于植被的观测，接近光学品质的图像需要使用 X 频段，对土地进行分类则需要多组频率和极化方式。因此，频率组和极化方式的选择通常不属于设计决策，而属于设计师必须满足的需求。

有源微波仪器的设计是一个复杂的过程，要定义大量强相关的参数，包括雷达脉冲重复频率、脉冲带宽、脉冲发射和接收时间窗口的分配、脉冲能量、天线宽度和长度、不同的刈幅和分辨率组合，以及微波波束对地的最大、最小入射角。专家们需要对其进行多次迭代，以产生能够满足任务需求的设计。这些迭代是仪器设计过程不可或缺的。

天线概念和形状（抛物面或平面阵列，如果是平面阵列，就涉及是有源的还是无源的）的选择是关键的设计决策。有源微波仪器使用电子扫描提供刈幅宽度及在地面上的定位，因此不需要扫描机构。不过，许多大尺寸

SAR 天线需要复杂的展开机构,这种机构需要精细化的设计。SAR 的数据吞吐量、功率消耗和散热量通常都很高,尤其是高频率、高分辨率的 SAR。高分辨率 SAR 不能连续进行工作,因为其产生的海量数据不可能下传到地面,其天线和后端电子设备还会过热。运行时间的分配必须通过平衡用户对大数据量产品的期望、被成像的目标区域,以及在各种平台子系统设计限制之间保持兼容等方面的因素来确定。

因为 SAR 的天线较大,并具有复杂的展开结构,故其对卫星的收拢和展开构型有很大的影响。SAR 将支配有效载荷与平台之间的接口、电力及能源的产生和管理、卫星操作和安全模式姿态,以及系统数据流通等,甚至还支配着安装在同一卫星上的其他仪器。SAR 也需要制定操作策略,以提供最佳覆盖或重访。所有方面都对整个任务设计有影响,并且要求仪器专家、任务系统设计师和所有其他任务设计专家进行密切的交流。

雷达高度计和其他有源、非成像的微波仪器通常比较小,产生的数据量也较少,功率消耗适中,具有与卫星本体的接口简单的特点。在这种情况下,专家们将向系统设计师提供整个仪器的概念和一套定义完整的接口。

在轨运行时,SAR 发射的电磁辐射可能会干扰卫星上的其他设备及地面活动。为了避免这种干扰,国际电信联盟(International Telecommunication Union,ITU)分配了用于星载 SAR 的频率范围。例如,星载 X 频段的 SAR 被分配了 9 500~9 800MHz 的频率窗口。仪器设计时必须要考虑这些频率规则。ITU 也建立了雷达照射地面的最大功率密度的限制。

8.2.5　原位仪器

对卫星周围电场特性做出反应的天线或线圈可以用作电场传感器。专用传感器可以探测磁场,质谱仪可以用来探测化学成分,还有一些探测器能够识别离子或像宇宙射线那样的高能粒子的特性和能量。加速度计通过测量位于卫星上的物体的加速度来探测大气密度。重力场可以通过监视参考检测质量体之间不同的运动来进行探测,这些检测质量体可以安装在同一个卫星上,也可以安装在相距数百、数千千米的不同卫星上。

重力传感器是复杂的仪器,它将完全主导宿主卫星的构型。重力传感器需要卫星保持极其平静的状态,最大限度减少寄生干扰加速度和卫星内部的相对位移。因此,需要使用特殊的姿态和轨道控制工具,采用精密的热和结构概念,使空间变形尽量小。用来探测太阳风或空间尘埃的速度和密度、粒子的化学成分、物质密度或粒子类型和高能粒子频率的原位仪器通常较小,可以根据明确的安装需求来定义其与卫星的接口。这些仪器的制造是高度专业化的,需要很专业的技能,经常由使用仪器输出的科学家直接研制。探测电场和磁场的仪器通常也比较小,但它们与卫星的接口比较复杂。这些仪器是卫星构型和总体设计的强大驱动因素。电磁场传感器的安装位置要远离由宿主卫星电子设备产生的干扰场,这就需要使用大型可展开的吊杆,并将仪器部署在卫星顶端。大型的可展开机构是灵活的,它们将与卫星的姿态控制系统相结合,使高精度的指向变得更加复杂。磁场传感器也对卫星总体设计提出了严格的要求:能够产生磁场的材料应该完全避免或严格控制使用,同时,电子设备以及卫星上电流的产生、存储和分配网络在设计时应将其磁感特征降至最低。电场和磁场传感器还要求卫星的外表面保持一个恒定的电压,以避免在该表面产生磁场或电场。用于检测极低频电场变化的仪器可能非常大,可达几十米甚至更大。

如前所述,许多种类的原位测量仪器都是极为专业的,通常由科学家自己来制造。这种情况下,科学家必须提供安装这些仪器的正式接口文件。作为结果,系统设计师和整个卫星设计团队的作用将仅是根据正式接口需求安装有效载荷,考虑可能由其他有效载荷和平台需求引起的所有可能的设计约束。最大的例外是重力感应仪器,它使仪器和卫星部分的边界变得模糊:仪器就是卫星,卫星也是仪器。重力仪的每一个特征都会对卫星的其他部分产生影响,所以仪器和卫星必须在一起设计。

8.2.6　通信载荷

通信卫星是已经发射的主要充当信息中继的卫星,通信载荷是由通信卫星携带的有效载荷。远程通信任务有很多种:可以是全球性或局部的;可以具有单向或双向的信息流;根据具体的需求,所提供的通信链路可以是固定的或灵活的;能够运行在不同的轨道上。空间通信任务的设计高度专业化,已经超出了本书的范围。而且,通信卫星往往基于现有的设计,提供给系统设计师工作的回旋余地很小。不过,通信任务可以作为卫星任务设计实用案例,特别是在讨论诸如轨道、星座设计、卫星构型和卫星与运载器的接口等问题时。本书将在下面的章节中多次用通信卫星的设计来举例。对于所有卫星的接收和发送信息来说,它们都是通信任务。所有类型卫星携带的通信部件将在第11、12章进行讨论,这两章涵盖了整个卫星数据流。

8.3 仪器实例

8.3.1 风神

1. 任务目标

ESA 的 ADM—风神[①]任务是首个提供全球大气层风剖面测量的任务。其提供的剖面图将用于天气预报和加深对天气和气候过程的理解。详细的风剖面有利于提高全球天气数字模型的准确性，特别是在热带地区，更有助于预测强风暴。风神号卫星搭载了一个多普勒测风激光雷达，该雷达发射光脉冲信号，同时记录被大气中的云和尘埃散射回仪器的信号。反向散射信号的多普勒漂移提供了卫星与空气在激光雷达视线方向的相对速度。该任务能够提供海拔高度达到 30km 的全球风剖面。对于大气中海拔高度在 2km 以下的风，其恢复精度优于 1m/s。海拔高度在 2～16km 的，其精度优于 2m/s。该仪器能够提供沿着 50km 长条带的风速平均值，每小时能提供总计 120 个风剖面。该任务在 2010 年末发射，寿命期为 3 年，可能会延长 1 年。（译者注：该任务实际于 2018 年 8 月 22 日由织女号运载火箭发射，2023 年 7 月 28 日任务结束。）卫星将使用织女星号（Vega）或呼啸号（Rockot）运载火箭发射，飞行在高度为 408km、倾角为 97.06°的太阳同步轨道上，升交点地方时为 6：00（详见 9.4.2 节）。卫星总质量为 1 350kg（其中平台 650kg、推进剂 250kg、载荷仪器 450kg）。卫星的中心体是一个高 4.6m、长 1.9m、宽 2m 的立方体。太阳能阵能够提供 2.2kW 的电力，卫星平均的电力需求是 1 400W。卫星保持对地指向姿态，但与轨道面法线方向夹角为 35°。其构型如图 8.6 所示。

2. 仪器

大气激光多普勒测量仪（atmospheric laser Doppler instrument，ALADIN）的包括：用于向大气层发射激光短脉冲的大功率激光系统、用于收集反向散射光信号的大型望远镜和用于分析从不同大气层接收到信号多普勒频移的高灵敏度接收机。激光脉冲通过一个二极管泵浦 Nd：YAG 激光器产生，波长为 355nm、能量为 150mJ。脉冲是不连续的，相当于每 28s

---

① INGMANN P，LINDER S，GRETE A，et al. ADM-aeolus：ESA's wind mission[C]// Proceedings of the ESA Special Publication ESA Special Publication，2010.

图 8.6 风神号卫星构型①

发射 7s 的 100Hz 脉冲。它能够在每 200km 提供平均超过 50km 的风速轮廓线。卡塞格林望远镜由直径为 1.5m 的主镜主导。ALADIN 瞄准轨道面法线方向 35°是为了避免由其自身速度引入的多普勒频移。两个光学分析仪分别测量分子瑞利散射的多普勒频移及来自气溶胶和水滴的米氏光散射。之后,高灵敏度的光电探测器将光信号转化为电信号,并在星上将其放大、存储,直到发送到地面进行处理。

8.3.2　詹姆斯·韦布空间望远镜

1. 任务目标

詹姆斯·韦布空间望远镜②已经在 7.2.1 节进行了介绍。作为卫星构型的例子,它将在 10.3.3 节进一步讨论。它被设想为哈勃空间望远镜的后续任务,可以使科学家观测到最遥远的第一代恒星。这些早期的恒星和星系非常遥远,它们产生的极其微弱的信号和光会被红移到电磁光谱的红外部分。为了提供在红外波段对微弱目标的正常观测,必须使用一个口径非常大的望远镜,且必须要冷却到非常低的温度。这个任务将观察大爆炸后的第一束光、年轻星系的聚集及恒星和行星系统的诞生。天文学家将

---

① European Space Agency. ESA achievement：BR-250[R]. ESA,2005.

② SABELHAUS D, DECKER J. James Webb space telescope project overview[C]// Proceedings of the Aerospace Conference. IEEE,2006.

JWST 作为一个运营设施来使用,将接收观测申请、准备观测计划、实施观测、分发数据。按照运营任务的目标,其设计寿命长达 10 年。卫星的重量为 6 800kg,于 2013 年由阿丽亚娜-5 ECA 火箭送入拉格朗日 L2 点(详见9.4.6 节)周围的日心晕轨道(译者注:实际发射时间是 2021 年 12 月 25日)。这个轨道与地球的距离在 120 万～180 万 km 之间,轨道周期为 6 个月。L2 点位于相对于地球和太阳的一个固定点,在这个位置,太阳与地球在同一个方向上。JWST 的姿态是惯性稳定的。为了满足天文学家的观测申请,卫星的远望镜需要具备改变指向的功能。不过,为了避免相对于地球和太阳的过热情况,必须对其指向进行严格限制(详见图 7.12)。这些限制的影响是严重的,它们让望远镜需要被一个大的可展开式遮阳板保护,遮阳板主导了卫星展开的构型,其可展开的遮阳板的尺寸长为 19m,宽 13m。

2. 仪器

6.5m 口径的望远镜有一个有铰链的、多面、可调整的主镜,以及一个具有支撑结构的可展开的副镜面。主镜由 10 个六边形的镜面组成,在发射时收拢成 3 个面:处于中心的面是固定的,两侧的面有铰链结构,在轨运行期间才展开。另一个结构用来展开望远镜的副镜面,副镜面在发射时也是收拢状态,如图 8.7 所示。JWST 主镜的面积是哈勃空间望远镜的 6 倍,但其单位面积的密度是哈勃空间望远镜的九分之一。在轨期间,可以对望远镜有 10 个镜面元素的主镜进行调整,以改善发射后的对准效果,并对仪器进行降温。镜面的形变可减小到 0.15μm 以内。由于有复杂的、可展开的遮阳板以及相对于太阳恒定的几何关系,整个仪器的温度可以被动冷却到

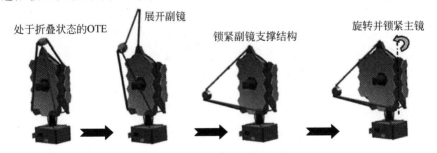

处于折叠状态的OTE　　展开副镜　　　锁紧副镜支撑结构　　　旋转并锁紧主镜

图 8.7　JWST 展开顺序[①]

与运载器的接口位于结构的底部

① NELLA J. ATCHESON PD. ATSKINSON CB,et al. James Webb space telescope (JWST) observatory architecture and performance[C]//Proceedings of the Optical,Infrared and Millimeter Space Telescopes. International Society for Optics and Photonics,2004.

40K。这就可以提供足够高的灵敏度以检测初生恒星及星系发出的微弱红外信号。为了实现最佳的性能，一台机械冷却器可以将中波红外探测器组件冷却到7K。望远镜的观测范围为0.6～28μm，从望远镜收集的光被送到下列四种不同的仪器：近红外多目标光谱仪、近红外相机、近红外可调滤波器相机和中波红外相机及光谱仪。这四个仪器封装在一个特殊的模块内，该模块将提供结构、热控、控制电子和数据处理设备。

8.3.3 哨兵-3

1. 任务目标

哨兵-3任务[1]是全球环境与安全监测项目(global monitoring for environment and security，GMES[2])的一部分，其总体目标是支持欧洲关于可持续发展的目标。该任务致力于提供中等分辨率的全球海洋和陆地观测(4.5.4节)，具有稳定的质量和高水平的可用性。项目从2007年开始实施，在2012年发射(译者注：哨兵-3A卫星于2016年2月16日发射，哨兵-3B卫星于2018年4月25日发射。)，由两颗间隔180°，运行在倾角为98.6°的太阳同步轨道上的卫星组成星座。该轨道可以实现全球覆盖，并且在全年的光照条件都一致。轨道高度为800km，轨道周期为27天，可精确飞行385圈，这是对陆地和海洋应用的最佳覆盖模式。这颗卫星最低工作寿命为7年，但其被设计可运行长达12年。卫星总质量为1400kg，其中100kg为燃料。卫星的平均功率消耗为1100W。它有一个较低的立方部分承载平台子系统，上面的部分则安装了绝大部分载荷仪器。其在轨构型如图8.8所示。

2. 仪器

除了整套大型仪器之外，卫星仍然比较紧凑，可与小型运载火箭的体积和质量限制相兼容，如图8.8所示。为了提供不同类型的观测量，哨兵-3搭载了大刈幅/中等空间分辨率的可见光和近红外仪器、可见光热像仪(SLSTR)以及一套由四个仪器组成的雷达高度计系统。哨兵-3可获得4种不同类型的观测量：

(1) 由OLCI仪器获取的海洋彩色产品，用来得到生物物理数据。

(2) 由雷达高度计获得的海洋地形数据，其由微波辐射计(micoowave

① BAILLION Y，JUILLET J，AGUIRRE M，et al. GMES Sentinel 3：A long term monitoring of ocean and land to support sustainable development[C]//Proceedings of the IAC-07-B.1.2.04，2006.

② http://www.gmes.info/.

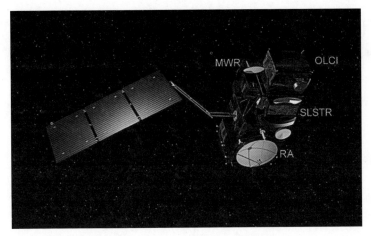

图 8.8　哨兵-3 卫星在轨运行构型①

radiometer，MWR)、激光反射镜(laser retro-flector，LRR)和 GPS 接收机提供支持。

(3) 由 SLSTR 仪器获得的陆地和海洋表面温度。

(4) 由 SLSTR 和 OLCI 协同工作生成的陆地彩色产品，可以得到陆地和植被的生物物理信息。

OLCI 是一个中等分辨率(300m)、宽刈幅(1 250km)的光谱仪，在 0.4～1.02mm 的频率范围内提供 21 个频带。该仪器由五个推扫式小型相机组成，每个相机提供整个刈幅的一部分。SLSTR 是一个光学机械扫描仪器，在 0.55～12mm 范围内提供 9 个频带，分辨率为 0.5～1km。它有两个扫描机构，提供两个视角：一个是刈幅为 1 800km 的向下的视角，另一个是刈幅为 750km 的向前视角。这种双视角可以改善大气修正和表面温度恢复精度。雷达高度计(radar altimeter，RA)将脉冲发送到水面，其返回所需的时间经修正后就可以提供卫星到水面的距离。为了修正由雷达信号路径上的离子产生的时延，RA 在 Ku 和 C 两个频段发射脉冲信号。这两种信号之间不同的时延可以推导出雷达脉冲传播路径上离子的密度。为了对距离进行准确计算，需要对测量误差进行修正。为此，卫星搭载了无源微波辐射计来修正水蒸气引起的时延，并携带一个导航传感器，以确定卫星的绝对参考位置，并得出绝对的实际海平面。这一实际海平面与以地球表面等势重力确定的参考平面，即大地水准面相比较，能够得到洋流记录。卫星上搭载的一组镜面(激光反射镜)能够将地面激光器发射的信号反射回地面，可以

---

① 图片来自泰雷兹航天公司。

作为轨道确定的辅助工具。

8.3.4 热带云

1. 任务目标

热带云(Megha-Tropiques)[1]卫星的目标是提高我们对热带大气中水循环、大气对流动力学等方面的认识。

该项目是法国和印度空间机构的合作开发项目，其中典型的机构是CNES 和 ISRO，能够同时进行水汽、云、凝结水、降水和蒸发的测量。热带区域的对流是一个快速而非常剧烈的过程，涉及水的传递——无论是气体、液体还是固体——包括大气层不同层之间的能量交换。该任务主要研究热带对流天气系统的特征和生命周期，提供的产品有：云凝结水含量、云冰含量、降水率、潜热释放到大气、综合大气水汽含量、上层大气辐射流量，以及海面风测量。热带云在 2009 年底由印度的 PSLV 运载火箭发射，进入高度为 870km、倾角为 20°的低倾角轨道，所以，它一直在热带上空飞行。卫星很小，总质量约为 900kg。

2. 仪器

该卫星搭载了 3 个仪器：较大尺寸的微波成像仪 MADRAS 及较小尺寸的微波探测仪 SAPHIR 和扫描辐射仪 SCARAB。

MADRAS 是一个圆锥扫描微波成像仪，其目的是研究降水和云的属性。该仪器的刈幅为 1 700km。它有一个直径为 0.65m 的抛物面天线，旋转速率为 25r/min。MADRAS 测量由水和云在 $10.7 \sim 157$GHz 的 5 个频率上产生的上升辐射。除了一个频率外，所有频率都能探测到水平和垂直极化辐射。3 个最低频率的空间分辨率为 40km，最高空间分辨率为 6km。该仪器包含一个用于记录来自冷空能量的校准镜面，并聚焦到接收喇叭。除冷空校准镜外，该仪器相对于卫星旋转（详见后文图 8.21），安装了保护结构以提高在测量辐射路径上各部件的热稳定性。侧向保护面有一个大的开口，以实现对深空可见。该仪器相对来说比较大，对卫星的构型起支配作用。

SAPHIR 是一个多通道无源微波湿度探测器，其通过测量位于 183.31GHz 水汽吸收线附近的 6 个不同通道的亮温来提供湿度曲线。SAPHIR 的刈幅与 MADRAS 是一样的，但采用了跨轨的扫描模式。

---

[1] http://132.149.11.177/MEGHAT/index.htm.

　　SCARAB 是一个跨轨无源多光谱扫描辐射计,能感知地球发出的上层大气的红外辐射。SCARAB 测量 4 个通道发出的能量;第一个通道测量在 0.2~4mm 范围内反射的太阳光照强度;第二个通道测量在 10.5~12.5mm 范围内地球发出的热辐射;第三个通道记录 0.2~200mm 之间的辐射总量;最后是可见光通道,提供地理参考。由于扫描几何的关系,在卫星轨道正星下点比其他点具有更好的空间分辨率(35km)。在刈幅的边缘,空间分辨率会降低到 90km。其实物如图 8.9 所示。

图 8.9　热带云卫星

8.3.5　尤利西斯

1. 任务目标

　　尤利西斯自 1990 年发射以来一直绕太阳在轨运行。它帮助科学家了解太阳、日球层,以及太阳对地球的影响。这是第一个在日球层内从太阳赤道到太阳两极进行原位观测的卫星。其以太阳为中心的轨道近日点为 1.35AU、远日点为 5.4 AU,相对于黄道面的倾角为 79.1°,轨道周期为 6.2 年。为了进行太阳两极的观测,卫星需要大量的能量,才能离开所有行星轨道面所在的黄道面。

2. 仪器

　　尤利西斯装载有 9 台科学仪器,其中一部分如图 8.10 所示,能够检测和测量太阳风离子(太阳极点太阳风观测器)、电子(日光层光谱、成分和各项异性低能量实验设备)、磁场(矢量氦磁力计和磁门磁力计)、高能粒子(带电粒子成分检测设备)、无线电和等离子波(标准无线电和等离子波勘测仪)、尘埃、气体、X 射线和伽马射线(伽马射线暴实验设备)。所有这些进行原位测量的仪器都比较小，它们的质量在 2～15kg。大型的单极天线(7.5m)和偶极子天线(72.5m)用于探测低频电子和等离子波。磁场通过两台磁力计、量子探测器和一组线圈来测量。两台磁力计都安装在一根展开的长杆顶端，以减小卫星平台电子设备产生的磁噪声。

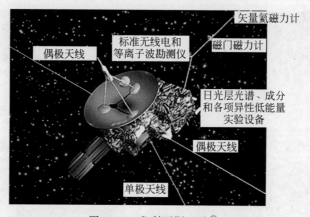

图 8.10　尤利西斯卫星[1]

8.4　观测需要作为设计驱动

本章将分析信号的整个频谱范围，从很低的频率到微波、光，再到高能辐射。

8.4.1　观测频率和大气

除了重力感应等极少数例外，观测量是通过测量电磁效应来检测的。电磁效应可以通过频率来加以区分。

观测不同频率的仪器有不同的设计、需要不同的特征、属于不同的工程学科。图 8.11 提供了 8.3 节提到的五个任务和 7.2.1 节介绍的五个天文台任务的观测频率汇总。这两组任务在整个电磁频谱上提供了很好的观测选择。尤利西斯的无线电和等离子波试验使用 72.5m 长的金属导线天线

---

[1]　http://www.esa.int/.

观测周围电场的极低频率变化。热带云的 MADRAS 在微波范围内进行观测,并且有大型旋转天线,需要保持精确的平衡和空间稳定性,以避免主卫星平台中的扰动。所有的红外仪器(ISO、JWST、Herschel 和哨兵-3 的 SLSTR 仪器)都在红外谱段进行观测,需要制冷到非常低的温度。JWST 还需要一个非常大的可展开式结构来防护来自太阳和地球的热。哈勃空间望远镜在可见光和红外谱段进行观测,主要是为了满足航天员进行在轨服务的需要,所以它的轨道必须与航天飞机轨道相兼容。风神卫星工作在可见光范围内,它的形状是由大口径望远镜的需求所决定的。IUE 和 XMM-Newton 同时工作在 X 射线和伽马射线频段,其驱动因素主要是极高的空间精度要求,这个特征随着观测频率的升高变得越来越重要,XMM 的切线入射镜要求空间精度优于 2nm。

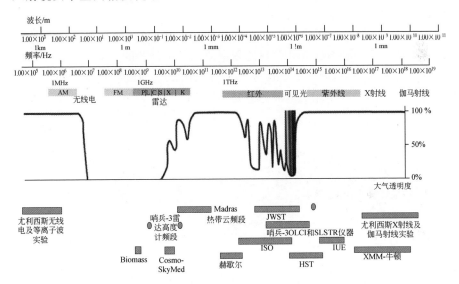

图 8.11　辐射频谱和在不同频段观测的仪器

地球大气层对于一定范围的电磁频谱来讲是透明的,对另一些则是不透明的。为了从太空中观测地球,卫星的工作频率需要具备合适的大气透明度。图 8.11 体现了这个可以利用的区域。透明度迅速改变的频率区域能用于研究大气的垂直结构:随着透明度的降低,到达仪器的辐射将来自更高的海拔高度;随着透明度的增加,辐射将来自更低的海拔高度。这可以用来研究沿观测路径的大气湿度和温度等参数的变化。对于天文观测,在大气不透明的频率范围内,空间仪器是唯一的选择。赫歇尔、ISO 和 XMM 等望远镜任务就是这种情况。基于卫星的天文观测也避免了在所有频率上的大气失真。这就是为什么有些基于空间的天文任务，即使在大气层透明的频率下也要进行观测，哈勃空间望远镜就是一个最典型的例子。

为了分析观测频率对空间任务设计的影响，需要对工作在不同频率的相似仪器进行比较分析。如图 8.12 所示，Biomass 和 Cosmo-Skymed 是两个需要大型天线的 SAR 卫星。Cosmo-Skymed 是意大利的 X 频段高分辨率对地观测任务。它可以获得空间分辨率约为 1m 的图像。Biomass 是 ESA 的 P 频段任务，用来对全球林地进行监测，提供 50m 的图像空间分辨率。P 频段 SAR 的波长在 69cm 左右，X 频段 SAR 的波长为 3.1cm。这两项设计的尺寸是由这些波长的比率决定的。工作在 P 频段的 Biomass 需要使用 17.9m×4.5m 的天线，其太阳能电池阵产生 1kW 的电量。Cosmo-Skymed 需要小得多的 5.7m×1.4m 的天线，但需要一个可以产生 3.8kW 电量的更大的太阳能电池阵。

Biomass 的较低频率对天线的空间稳定度要求较低，但其天线尺寸是非常大的。Cosmo-Skymed 较高的频率使用了小得多的 SAR 天线，但需要非常大的发射功率，因此需要较大尺寸的太阳能电池阵。这导致每个任务的卫星构型和与构型相关的问题总是不同的。

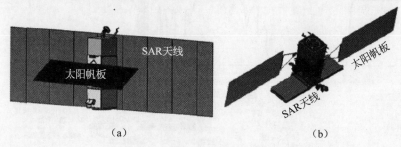

图 8.12　P 频段和 X 频段的 SAR 卫星[①]

（a）P 频段 SAR 卫星 Biomass；（b）X 频段 SAR 卫星 Cosmo-Skymed

8.4.2　数据质量

在讨论不同参数的测量数据质量之前，有必要先从准确度、精确度和分辨率方面对其进行区分。

准确度是被观测的准确参数值与其恢复值之间的差异度。精确度是对同一观测目标重复观测所获得的观测值之间的差异。分辨率是仪器所能探

---

① Cosmo-Skymed 图片由 ASI 提供；Biomass 图片由泰勒斯公司提供。

测到观测量的最小变化。一些情况下,例如长期海平面变化监测,需要以
"绝对的"准确度确定海平面的高度。然而,对于其他观测量的恢复,例如与
海洋环流相关的异常海洋动力地形监测,需要监测相对变化,这就需要好的
分辨率而不是好的准确度。对准确度要求较高的任务难度较大,实现起来
要求也比较苛刻,因为它需要确保仪器在整个任务期间保持连续和绝对正
确的性能,这就需要复杂的仪器和复杂的仪器校准。有高精度需要的任务
要长期保持仪器的性能不发生变化,但对绝对校准的要求没有那么苛刻。仅
需要高分辨率的任务要求最低,它允许仪器对观测量的响应存在缓慢漂移。

要区分什么时候用户要求绝对准确度,什么时候要求足够的精度或分
辨率,就要求系统设计师必须正确理解用户的真正需求和供应商设计的局
限性。从这个中心观点来看,系统设计师应该负责正确地进行说明设计,从
而避免设计不足或过度设计。

数据质量由任务目标决定。以下是质量参数的分类:

(1) 辐射测量准确度。

(2) 光谱质量。

(3) 空间分辨率。

(4) 调制传递函数(modulation-transfer function,MTF)。

(5) 时间分辨率:覆盖和重访。

接下来将分别描述这些分类。

1. 辐射测量准确度

辐射测量准确度是仪器提供观测物所发射出的辐射正确读数的能力。
为了提高辐射测量准确度,需要提高测量过程中的信噪比。

增加仪器的孔径能够增加信号强度,可是大孔径也存在它自己的问题,
即增加了尺寸和成本。使用多行探测器来观测同一个目标,增加了积分时
间,也提高了辐射测量质量。然而,该技术要求在积分周期内需要对卫星的
姿态保持高精度的监控,这就产生了苛刻的姿态控制和恢复需求。姿态控
制方面将在第9章进行讨论。为了降低噪声,必须提高探测器的品质,仪器
和探测器的温度也就必须降低。高品质的探测器价格昂贵,开发风险较大。
探测器在低温工作需要复杂的热控设计和卫星构型。这些将在第10章详
细讨论,但可以从JWST(详见前文图7.10)的构型中清晰地看出来。

为了进一步提高辐射测量的质量,必须准确确定到达仪器的辐射强度
和探测器读数之间的关系。对仪器产生确定的辐射输入的校准装置确定了
这种关系。高准确度校准装置是复杂的,可能需要对太阳或外空的特殊视

线。这会使仪器和卫星的构型更加复杂。

2. 光谱质量

光谱质量是指仪器能够恢复的光谱带的准确度、带宽和数量。光谱质量越好，对观测目标有用信息的恢复能力就越好。

光谱质量需要在仪器内部使用分光计或滤波器。分光计能够分散入射的辐射，将辐射定向到不同频率的不同行探测器阵列，从而对分散的辐射进行采样。滤波器可以分开进入的辐射，并直接将辐射定向至不同的焦平面，每个焦平面对应一个滤波器。滤波器较小，但每个频段需要一个焦平面。分光计能够在一个探测器矩阵上提供大量的小带宽频带，但其体积大且复杂。在这两种情况下，在多频段进行观测的仪器体积都比较大。在大量频段观测的仪器也会产生大量的数据。在第 11 章将分析处理极大的数据吞吐量的系统级影响。

3. 空间分辨率

空间分辨率是一个遥感系统能够检测到的两个相邻特征之间的最小距离或一个特征的最小尺度。每个空间分辨的地面像素由单个探测器在所选定的积分时间内的读数产生。对于推扫焦平面，为了实现大刈幅下较高的空间分辨率，需要一个配备大量独立探测器的长阵列。对于横扫焦平面（详见图 8.4），高扫描速度是至关重要的，这需要复杂的扫描机构，能够在整个任务期间保持必要的速度。这意味着这个机械装置要有非常高的可靠性。在这两种情况下，仪器都会变得更加复杂。如果探测器阵列需要专门开发，会增加任务的风险和所需的开发时间。

空间分辨率与孔径和仪器尺寸也直接相关。衍射极限定义了在给定频率下能够提供给定分辨率仪器的最小孔径。在微波仪器中，孔径的大小限制了分辨率。MADRAS 的微波仪器提供的空间分辨率在 10.7GHz 时为 40km、在 157GHz 时为 6km。工作在光学频段的仪器通常不受衍射限制，低轨卫星 Ikonos 在可见光范围内用 0.5m 孔径提供的图像分辨率为 0.8m。

4. 调制传递函数

调制传递函数表示光学系统能够在逐渐精细的最大对比条纹之间提供良好对比度的能力。分辨率和对比度是一对矛盾的概念，较高的分辨率意味着只能提供较低的对比度。在分辨率为 0 的时候，对比度能达到最为完美的 1，但随着条带宽度变窄，所要求的空间分辨率变得更精细，对比度就会降低。一个光学系统的品质是由系统最优分辨率下的 MTF 值表征的。MTF 值从 1(完美对比)到 0(没有对比)。在最大空间分辨率处,MTF 值为 0.3 是较为合理的。

5. 时间分辨率:覆盖和重访

为了能够理解所观测的事件,应通过任务设计来跟踪它们的动态变化。许多事件可以被认为是稳定的,在整个任务期间可以仅进行一次观测。在其他情况下,事件是变化的,就需要经常进行观测,以表征它们随时间变化的情况。例如,天气变化是很快的,气象学家需要每隔几小时更新全球大气视图,而全球海洋环流变化是缓慢的,海洋学家需要每隔几天更新全球海洋视图。

连续两次经过同一区域观测目标之间的时间间隔定义了任务对观测目标的时间分辨率。

有些任务需要系统地提供涵盖大范围目标区域的概要视图。在极端情况下,目标区域能够扩展到整个地球或整个天球。在这些情况下,时间分辨率必须实现对指定区域的重复全覆盖。为了实现大面积的快速覆盖,任务必须提供比较宽的刈幅。如果单颗卫星在所要求的时间内不能提供所要求的覆盖,就需要几颗卫星同时工作。哨兵-3(详见 8.3.3 节)就是这种情况,它需要两颗卫星来实现覆盖需求。最佳覆盖的设计是 9.9.3 节讨论轨道和姿态时将详细讨论的一个重要主题。覆盖需求直接决定了仪器的刈幅和任务数据的吞吐量。

在其他情况下,用户可能仅对观察特定的、局部的、快速发展的事件感兴趣,比如洪水、森林火灾或剧烈的天文事件。在这些情况下,仪器需要具备较小的刈幅,并能够提供尽可能宽的指向范围,仪器必须尽可能长时间地保持适当的方向指向。此时,良好的时间分辨率将要求对特定目标区域频繁的重访,卫星必须要有最佳的轨道和指向范围,这时就不需要大的刈幅。最佳重访的设计将在 9.9.3 节讨论。重访任务要求的刈幅较小,产生的数据量也较少,但它们的操作是非常复杂和交互式的,需要控制卫星指向所要求变化的方向。这就需要卫星与地面任务操作部分之间进行密集的交互。交互的内容将在 8.4.5 节进行讨论。

对地观测光学仪器仅能在没有云和良好的太阳光照的情况下工作。这种情况下,必须要对理论上的重访或者覆盖和实际考虑云和光照条件下的情况进行区分。

8.4.3 图像变形

有大刈幅或有宽指向范围的对地观测仪器，就不可避免地要仔细检查观测到的几何形状中被扭曲的区域。覆盖地平线到地平线的卫星可以在一天内观察到整个地球，但这种快速的重访是以辐射测量质量和刈幅边缘分辨率的降低为代价的。然而，在任务的时间分辨率最重要情况下，可以容忍与图像变形相关的质量下降。高度为 800km 左右的低轨气象观测任务就属于这种情形。在这个高度，地面像素尺寸（空间采样距离）将随着大约为 47°的偏离天底角下降至四分之一，如图 8.13 和图 8.14 所示。这个高度能检测到地球地平线的角度为 62.7°，在地平线上像素的变形将是无限的。

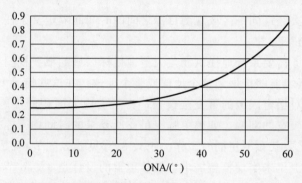

图 8.13　800km 高度轨道上天底的空间采样距离（spatial sampling distance, SSD）与偏离天底角度（off-nadir angles, ONA）之间的关系

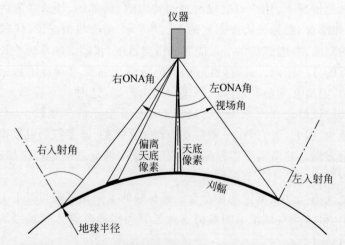

图 8.14　由于地球是一个球体，随着观测区域远离卫星星下点的天底方向时，大刈幅仪器将会产生渐进地、越来越失真的图像

刈幅边缘附近的观测值在空间分辨率和辐射质量方面都会恶化。这是因为被监测的辐射在大气中行进到达刈幅边缘的距离,与到达刈幅中心附近相比要远得多。所以,到达仪器的信号会受到大量的由大气层对太阳辐射散射引起的污染。来自太阳的光照从刈幅的一边到另一边会发生变化,对大的仪器刈幅从边缘到中心也会发生变化。这是引起图像质量恶化的一个补充因素。位于地球同步静止轨道(详见 9.4.4 节)的对地观测卫星提供的较高纬度地区的图像质量要比赤道附近的差。地球同步静止轨道位于赤道上方高度 35 786km 处。在这个距离上,卫星将以 8.7°偏离天底的角度指向地球边缘,卫星看到与地平线重合的地球纬度为 81.3°。在接近地平线附近的像素变形会越来越大,如图 8.15 所示。

图 8.15 地球同步静止轨道卫星的观测仪器在赤道上空能够提供 300km×300km 的视场
当接近北极附近时,将产生越来越严重的图像形变。黑线显示了在高纬度地区的图像失真,会导致空间分辨率和图像质量的逐步恶化【审图号:GS 京(2024)0686 号】[1]

最大可接受的变形程度取决于具体应用。图 8.16 显示了在入射角高达 60°时仍然能够提供形状可以被检测的"有用"图像。不过,在应用中可能需要非常高的辐射测量品质,例如不同类型植被的检测可用的入射角将会更小。每种应用的最大可接受值是由专家来确定的。

8.4.4 数据量

卫星携带的仪器产生输出数据流。产生的数据量依赖于每单位时间内覆盖的像素数以及从每个像素恢复数据的量。因此,仪器的数据吞吐量将随着下列因素增加:

---

① 编者注:本书插图系原文插图。

图 8.16 同一台仪器在同一距离，分别在 0°(左)和 60°(右)视线入射角条件下的对
地高清晰观测(见文前彩图)
右边的图像相对于左边的较为模糊，说明 60°入射角情况下图像质量会恶化

(1) 信息是在一个点、一个较大的区域还是在一个较小的区域上获取的？这定义了观测区域以及仪器工作的刈幅。

(2) 所研究的现象是否受到了快速空间变化的影响，以至于必须解决在小尺度上发生的变化以理解它们？这定义了观测的空间分辨率。

(3) 现象是否具有很高的变化强度特征，因而必须要对非常小量和非常大量的准确度进行测量？这定义了观测的动态范围。

(4) 所研究的现象是否会在不同的频率上发出辐射？是否需要通过详细研究这些频率的响应来刻画这一现象？这定义了观测的光谱范围和光谱分辨率。

上文已经讨论过，仪器的刈幅取决于覆盖要求。观测全球、动态目标要求快速的覆盖，意味着会产生大量的数据。必要的空间分辨率也是由观测目标的性质所决定的。一些观测目标通过使用单个频率就能充分表现，另一些事件则必须在多个频段上进行观测。单一频段的"黑白"图像能够识别人造目标，如道路、建筑物、飞机等，但为了获得沿海水域叶绿素的含量或区分年轻与成熟的林地等复杂产品时，就需要多个频段。更高的辐射测量分辨率增加了数据吞吐量，因为提高分辨率后对每个像素都需要有更多的比特来表示。高的空间和辐射测量分辨率、高刈幅和多频段恢复是许多仪器所期望的特征，但是，降低数据的吞吐量会直接影响这些期望的特征。用户对于尽可能高的数据吞吐量的期望可以解释为对更高数据吞吐量的要求。高分辨率成像仪易产生大量的数据，一个现代的高分辨率 SAR 的数据产生速度能够高达 1Gb/s。这么大量的数据传输到地球是很困难的，卫星的下行链路能力将会成为整个任务的瓶颈。唯一的解决方案就是限制仪器的工作周期，也就是限制仪器实际工作的时间百分比。数据下行链路的问题因为有关带宽可用性的国际规则和近地轨道上相对短暂的地面接触而变得更加复杂。哨兵-3 不是高分辨率任务,不过它使用了国际规则允许使用的几乎所有数据下行链路带宽容量,同时在每一轨都要与地面联系一次(12.3.3节)。更高轨道上的卫星与地面有更长的联系时间,但是从卫星至地面距离也更长,这成了限制数据吞吐量的一个附加因素。这些限制将在第 12 章进行讨论。克服数据吞吐量瓶颈的一个可能的解决方案是增加卫星数量,这已经在 7.3.1 节进行了讨论。通过增加卫星数量来提高覆盖率还有一个附带的优势,它使得用更小刈幅、更小的刈幅边缘入射角、更少的空间变形和更有效地修正大气影响的仪器满足用户期望的需要成为可能。所有这些都将提高图像质量。另一个降低数据吞吐量的可能途径是进行数据压缩,将在 12.4.4 节进行讨论。

尤利西斯(详见 8.3.5 节)任务中的原位测量仪器和风神任务(详见8.3.1 节)中的回波探测器没有刈幅,仅产生中等数据量的数据。原位测量仪器沿它们的运行轨道通过监测不同的点来表征观测目标的空间变化情况。如果观测目标在空间和时间上是动态的,就会给用户在空间或时间的变化之间进行区分带来困难。正确区分它们的唯一方法是使用多颗卫星,这样就有可能通过比较不同仪器同时测量值来测量空间的变化,例如Cluster 任务(详见 11.4.1 节),其由 4 颗卫星组成,用于研究地球磁层中的快速变化事件。

8.4.5　系统式与交互式观测

关于观测量的研究,对于要观测的特定区域,有些情况是可以预测的,有些情况是不可预测的。气象学和海洋科学运营任务的观测模式是完全可预见的,仪器的任务是对整个地球或海洋进行重复覆盖。同样程度的可预测性也适用于那些观测目标是较大或较小区域的任务,如整个地球、陆地或需要研究某些天文特征的已知天球区域等。不能预测的事件包括洪水、森林火灾或超新星的突然出现。在这些情况下,任务必须要能够很快地对用户可能相互冲突的请求做出快速反应。

对于可预测的目标,观测方法将是一致的、重复的和简单的。对于不可预测目标,观测方法必须是交互式的,即有必要定期确定在哪里观测、如何进行观测,并控制卫星去这样做,因此其操作将是非常复杂的。除 JWST任务外,在 8.4 节描述的所有任务都是系统式的,在 7.2 节讨论的所有天文台任务都是交互式的。对于后一情形,天文学家将对观测的特定目标提出请求,一个科学评审团队会根据它们的科学价值来评判这些请求,卫星操作工程师将从卫星资源和指向能力等方面进行分析。他们将共同起草一份接受一些请求的观测计划,并拒绝其他的请求。最后,观测计划将发送至卫星去执行。这些步骤包括了科学和操作团队及用户之间的密切协作。

无论是快速变化的目标,还是缓慢变化或静止的目标,都可能需要进行复杂的交互。造成任务交互性的与其说是观测对象的速度或相对活跃性,不如说是它的不可预知性。在 7.2 节所描述的任务中,绝大多数天文学家不研究快速变化的事件,但是这些任务的操作计划依然持续不断地在修改。其组织的复杂性来自于大量具有冲突观测需要的竞争用户之间分配稀缺资源(观察时间)。此外,快速变化的动态观测量需要全球监测,也就需要快速地全球覆盖。因此,这些任务需要多颗大刈幅的卫星。但是,针对连续运行的仪器来说,其操作相对简单。气象卫星任务提供了此类空间任务的典范,它们具有苛刻的覆盖要求,但是可以进行直接的系统观测操作。有一些任务将这两种观测方式结合起来,例如在任务的第一部分对整个天空进行天体观测,在此过程中的操作是系统式的,接下来是对用户请求的感兴趣的特定目标进行成像。

系统式观测的主要设计标准是:

(1) 为了研究观测目标的动态,任务必须具备在特定时间周期内对感兴趣的区域进行观测的能力,例如整个地球或天球。这是覆盖速度的需求。覆盖速度将决定仪器的刈幅。

(2) 卫星和仪器的构型及轨道必须在所需的间隔时间内提供对目标区域的必要覆盖。仪器观测模式可宽可窄,但其必须是重复的。

(3) 操作模式较为简单,一般情况下不需要更新观测模式,正常情况下上行指令并不频繁。

对于交互式任务的主要设计标准是:

(1) 系统必须能够对特殊观测请求做出快速响应。必须要规定的两个参数是:响应速度、“响应性”或响应时间,即从接受请求到首次观测的时间间隔,以及调整信息更新频率的“重访”需求。

(2) 为了跟踪所观测事件的动态,任务必须具备在特定周期内重访的能力。这定义了理想的轨道和仪器指向范围。

(3) 卫星刈幅是由动态事件的规模或事件周围一个更宽广的环境区域决定的。

(4) 仪器和卫星操作涉及制订和更新复杂的数据采集计划,以协调用户的需要和卫星的限制。

（5）仪器观测模式是高度多变的。仪器构型和卫星姿态控制的设计必须提供指向的灵活性。

8.4.6　响应能力，捕获延迟和滞后

仪器获取关于观测事件的信息。用户希望尽可能快地利用这些信息，但交付延迟是不可避免的。所有信息都要经过不同的阶段：申请、计划、上行链路注入、获取、下行链路至地面、地面处理，以及分发至用户。这些步骤可以快一些，也可以慢一些，这取决于任务的设计。所以，必须确定品质指数，用于评定数据交付给用户的速度。重访和覆盖这样的参数之前已经讨论过了，现在定义另外三个参数，其相互关系如图 8.17 所示：

（1）滞后。

（2）获取延迟。

（3）全系统响应能力。

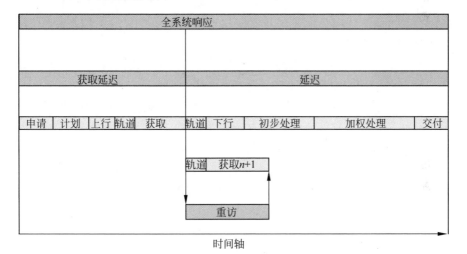

图 8.17　时间轴事件和获得观测量的品质因数

　　数据获取至数据交付之间所经过时间称为数据滞后。数据滞后的需求以及分配给滞后的时间取决于观察对象的性质和数据的使用情况。一些应用要求数据获取后尽快交付，其他的一些则可以容忍较长时间的数据滞后。动态事件的操作观测要求较短的数据滞后，因为任务将用于实时决策，但科学研究需要对数据进行详细的研究，通常对滞后没有要求。风神号（8.3.1 节）的数据既可以提高我们对于大气物理学的理解，也可以用来帮助预测天气的实际演变。在前一种情形下，长时间的数据滞后对于科学家来讲是没有问题的，然而在第二种情形下，如果要将它的数据整合进天气预

报模型，就需要尽快地获取数据，所以，短时间的数据滞后是很关键的。哨兵-3每隔几天提供地球的概貌视图，但在数据获取后3h就可以交付。这些延迟是与研究的动态过程相匹配的，例如海洋环流或植被生长的速度。数据滞后需求是仪器输出数据下行链路架构、处理和分发等设计的基础。所有这些方面将在第12章进行讨论。

图8.17中的"获取延迟"时间包括：接受、处理及上行向卫星发送必要的指令，以及卫星到达轨道位置及姿态指向观测目标所需要的时间。观测要求的接受和处理取决于负责操作的地面段设计，数据获取请求至卫星的上行链路取决于负责操作的地面站和轨道的选择。负责操作的地面段和地面站将在第11章进行讨论，轨道将在第9章进行讨论。卫星到达合适的轨道位置需要的时间完全取决于轨道，而卫星指向正确的目标需要的时间完全取决于卫星姿态控制的敏捷性。研究快速瞬变事件的科学任务需要快速反应，也就是要具有非常小的数据获取延迟。意大利伽马射线天文台"AGILE"[1]由其观测目标即伽马射线爆发的属性决定了时间延迟很短，其从申请到获得所申请的图像之间通常仅有几分钟的延迟。

从申请至交付的整个系统响应是通过延迟、获取及滞后间隔相加计算得出的。总响应时间是由每个组成部分的要求相加决定的。对某些种类的任务，一个或多个时间间隔是可以忽略的：系统式观测任务没有获取延迟，对于仅观测一次的任务来讲没有重访需求。不过，所有观测数据都需要下行链路和处理，这意味着所有任务都具有某种形式的滞后。

为了提高总体响应能力，必须进行有效的操作和快速的数据处理及分发。不过，延迟也取决于地面站与卫星之间的通信机会，以及卫星观测目标区域的机会。所有的机会都是轨道几何、卫星数目和地面站共同决定的一个严格的函数。

8.4.7　观测目标和视线的旋转

遥感仪器获取感兴趣区域的图像。在大多数情况下，感兴趣的区域过大以至于不能通过一幅独立的图像获得。所以，为了彻底地覆盖整个区域，任务必须规则地产生出拼嵌的图像。为了完成这个工作，所有的图像必须正确定位。这意味着不仅仪器要指向目标方向，而且与目标视线相关的卫

---

① CELESTI E, BULGARELLI A, COCCO G D, et al. AGILE, A satellite for high-energy gamma ray astrophysics: prospects for the Mini-Calorimeter[J]. New Astronomy Reviews, 2004, 48 (1-4): 315-320.

星方位要让不同图像或图像条带能够恰当地拼接在一起。

这个对卫星姿态的附加约束限制了卫星构型设计的可能性。所有会产生规律概要视图的仪器都存在这一方面约束。

8.4.8 仪器接口

卫星平台子系统为仪器提供所有的基础服务,毕竟,只有执行实际观测仪器才能证明任务的合理性。为了将这个概念正式化,需要一个文档来明确卫星能够为仪器提供的特定服务。在早期设计阶段,对仪器、卫星自身以及任务操作过程等方面的修改和调整是必要的。一旦这三个要素协调一致,就可以生成一个最终的载荷接口需求文档。一套全面的仪器接口需求包括:

(1)运载火箭和在轨运行构型所允许的仪器质量和质量特性。

(2)运载火箭和在轨运行构型所允许的仪器体积包络。仪器孔径是仪器总体尺寸和最终包络的基础驱动因素。

(3)与仪器之间的结构接口要求,包括:①航天器结构。②用于仪器地面处置的地面支持机械设备。

(4)视场和指向方面,包括:①是否需要卫星提供部分或全部的仪器扫描和指向功能。②所要求视场的大小和方位。这将影响卫星的整体构型,并决定仪器所占据的卫星上的区域。③对月球、太阳或深空用于校准目的的视角和指向,或避免这些视角和指向以防止损坏敏感的探测器。④相对于太阳、天底(9.3 节)和恒星的主要指向方向。⑤指向范围。如果卫星所载的仪器自带扫描机构,就需要卫星为仪器提供清晰的视场。如果卫星负责仪器的指向,则指向范围就会对卫星的姿态控制提出要求。⑥指向准确度、指向先验信息、指向稳定性和指向稳定性先验信息。这些都会影响卫星的姿态控制系统以及它的热稳定性。⑦卫星的跟踪或扫描速率,以及由于仪器的指向和扫描而影响卫星的力矩和力。⑧指向或跟踪的持续时间和工作周期。⑨仪器与航天器外部对接的参考接口。

(5)电力和能源方面,包括:①电压。正常情况下,整个卫星有一个基本的服务,平台将向仪器给出工作电压和电压范围,仪器自身将适应要求。②平均功率和峰值功率和峰值功率占空比。平均和峰值功率之间差异取决于仪器的性质。③在主电源总线上感应电流波纹的限制。由于脉冲功率的特性,SAR 会引起这种现象。

(6)遥测和遥控方面,包括:①遥控和遥测通道数量。②遥控内存大小。③仪器状态数据。④仪器数据输出速率和仪器输出内存大小。内存的大小通常比所需的大小大很多。⑤时间测量同步要求。

（7）热控方面,包括:①整个仪器的温度限制。②仪器特殊部件的温度限制,如需要极端冷却的探测器等。③航天器与仪器外部环境之间的热交换。④通过平台来提供所需加热器功率和温控服务,例如温度测量和温度调节器。

特殊仪器可能引入附加的接口需求。感应电磁场的仪器需要对卫星进行电或磁的限制,重力感应仪器需要限制卫星内部的加速度。

在项目的早期阶段,建立一套严格的仪器对卫星的接口需求是没有必要的,甚至是不明智的。在一个项目被批准前,任务需求和任务设计会相互影响,同样地,整个卫星设计与仪器设计也会相互影响,最终找到各方都可以接受的解决方案。只有当这个初步的协调过程结束时,才有必要正式形成仪器与卫星其余部分之间的接口。

8.5 作为设计驱动因素的端到端性能

3.4 节介绍了价值工程、任务效能度量、端到端任务性能模拟器的概念。本节将对端到端性能的概念进一步讨论,并围绕本章讨论的仪器进行举例说明。

尽管本章已经将焦点从观测量转移到仪器,但为了提供对任务价值的真实评估,我们还是会回到观测量。为了提供"一组足以满足投资方目的为目标而定义的一个系统价值、成本和风险的信息集合",有必要开发一种用来从仪器数据得到最终产品质量的工具。这种工具就是端到端任务性能模拟器。

端到端性能模拟器应该包括仪器工作过程模型、卫星其余部分和地面处理过程的模块,也应该包括分析仪器数据如何转化成对任务用户有价值信息的模块。这需要来自不同的空间工程领域的专家和与观测目标及用户有关的科学家合作。

端到端任务仿真工具的两个目的包括:

- 将总体任务性能分解为分配给各个任务要素和部件的具体需求。即,通过使用自上而下的仿真,可以将其作为一种设计工具,用以确定对应最优设计的需求分配。

- 从任务要素和部件的性能得出端到端的性能。即通过使用自下而上的仿真，可以将其作为一种验证工具，提供整个任务价值的测量。

由于端到端模型的存在，研究者可以通过分析为降低成本而进行的设计修改对最终任务性能的影响，从而实现快速评估"假定推测"情景。端到端模型也有利于分析满足同一需求具有不同架构的不同备选方案，例如，用于对比使用精密星载标校工具和通过复杂地面处理达到的辐射测量精度的区别。

用于测量海洋环流的雷达测高法是一个理解端到端模型的很好的例子，因为这个过程是长期而复杂的，涉及很多不同的科学和工程学科。而且雷达测高经过了 20 年的发展，其作为基础科学和详细实施程序相结合的新领域，已经较好地确立了下来。在海洋环流中，海洋能够划分为大量相互作用的小单元。与流体动力学相关的物理定律支配着这些小单元之间的相互作用。这些单元具有诸如温度、盐度这样的属性，以及支配着单元之间交换的动力特征，如水的速度，等等。如果可以在一开始的时候定义所有单元的属性，则可以用一个数值模型来预测这些属性随时间的演化。这种模型能够基于频繁间隔的数据模拟单元的行为，在物理定律的约束下通过测量数据得出海洋初始状态的特征，并通过边界条件（如海岸的地理和风或洋流的强度和方向等）预测可能的演变。

洋流通过重新分配全球的水，使海洋表面偏离了平衡位置。如果整个海洋处于静止状态，洋流就会处于平衡位置。这个理论的表面称为"大地水准面"，它是地球重力场的绝对参考面或等位面。当地水平面和大地水准面之间的任何差都反映了海平面的异常。这些异常可以被绘制出来，海洋表面的等高线或斜坡的形状可以用来确定海洋在任何一点的运动，从而确定海洋的洋流。这意味着，预测海洋环流动力学所需的基础观测对当地海平面异常的精确观测。当今，卫星雷达测高技术能够提供这些海平面异常的测量。

雷达高度计向海洋表面发射无线电信号，利用测量信号返回的时间测定海洋表面高度和海平面的异常情况。这个时间间隔提供了从卫星至水平面的距离。雷达高度计专家将提供算法来模拟雷达的性能。知道了雷达信号的速度，就可以将延迟转化为距离。影响海平面的因素如图 8.18所示。

信号的速度取决于电离层中离子密度、大气密度和水汽含量等，确定这些参数是至关重要的。哨兵-3 的微波辐射计可以复现本地大气的水汽含

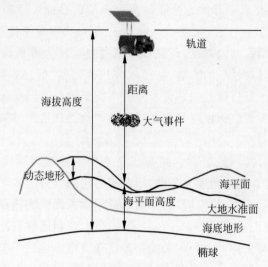

图 8.18　影响海平面的因素

量。通过对比 Ku 频段和 C 频段信号的返回延迟可以测量离子的密度，即返回延迟是频段和离子密度的函数。这些附属部件的运行也应该在端到端仿真中被建模，其中包括大气压力和大气湿度的真实模型。下一步需要修正逆气压的影响，即低气压或高气压对当地海平面的影响。该修正需要精确的全球大气压力高分辨率模型。气象学家应该提供这些模型。海洋表面与雷达脉冲之间的相互影响取决于海浪的活动，对海平面的正确估计需要海浪的先验知识。海洋学家和大气建模者可以提供这些先验知识。所有修正都完成后，就能计算出卫星至水面的真实距离。用于计算精密轨道坐标的星载高精度 GPS 接收机或其他工具可以对卫星轨道进行推导，进而得出在绝对参考系下海洋表面的异常情况。最后一步是用潮汐模型对潮汐引起的水位变化进行修正。这一长串计算的最终输出就是与海洋表面异常相关的端到端性能，是海洋学的观测量。图 8.19 中包含了雷达测高端到端建模步骤和每一步包含的技术内容。

　　对任何端到端性能仿真模型来讲，一个明确的问题就是它所包含的不同子模型之间的接口关系处理。具有不同技术知识和不同方法的团队将创建每一个子模型。所有正式接口需求的快速识别将允许所有子模型在同一端到端模型内、同一机械内同时运行和通信，这是一个至关重要的早期步骤。

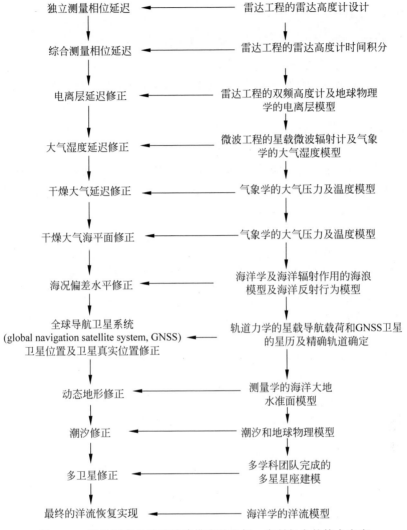

图 8.19 雷达测高的端到端建模步骤和每一步所包含的技术内容

8.6 功能分配

仪器是任务的核心,塑造了所有其他任务部件的设计。鉴于这一事实,本书将仪器产生影响的分析留在后续几章讨论,本节先讨论回答由仪器产生设计驱动的不同可能性是更合乎逻辑的。

本节将分析在后续章节中不再讨论的功能分配和设计决策。

8.6.1 扫描

仪器需要覆盖其感兴趣的区域。感兴趣的区域可能比仪器的瞬时视场大很多，所以需要具备扫描能力来实现全覆盖。扫描和指向已经在图 8.3 进行了介绍，作为"图像立方体"概念的三个维度分别是沿迹刈幅、横向刈幅和光谱维度。图 8.3 提供的例子展示了如何通过整星指向或使用指向镜来实现指向或扫描。图 8.4 展示了卫星沿其轨道方向运动，为仪器提供了沿迹方向的刈幅。这些话题将在本节进一步研究。

扫描功能可以通过仪器、卫星或卫星沿其轨道的运动来实现。如果仪器提供扫描，则关于扫描的设计决策，即轴承、电动机或控制电路的选择就成了仪器内部的事情，主要是专家对这一部分感兴趣。不过，有两个方面具有重要的系统级含义：尺寸的增加和机械扰动。

指向镜必须能够在交付刈幅所要求的所有位置照射仪器的孔径，如图 8.20 所示。这迫使镜子必须大于孔径尺寸，也就必须给大尺寸的镜子分配足够的空间以允许其在刈幅两个边界对应的点之间运动。由于需要额外的空间，指向镜仅适用于中小孔径的仪器。此外，大刈幅、中等分辨率的光学仪器也使用指向镜，因为中等分辨率与中等孔径是相匹配的。哨兵-3 的 SLSTR 仪器就是使用指向镜来进行扫描的这类仪器的一个很好例子。尽管如此，在 7.2 节中描述的所有望远镜，包括 IUE、HST、ISO、XMM、赫歇尔和 JWST 都有一个大的孔径，其指向都由整星来完成。是由仪器还是整星来完成指向，会对卫星的构型产生重要的影响。

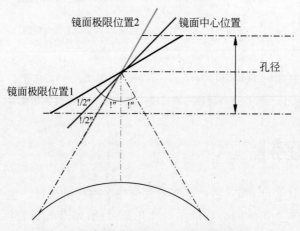

图 8.20　仪器孔径的大小与指向镜的大小

指向镜扫描会在卫星的其他部分引入机械扰动。为了避免对整星、仪器自身或卫星搭载的其他仪器的指向稳定性造成影响,必须要对这些扰动进行限制。由此产生的机械扰动的预算主要是姿态控制问题,将在9.8节进一步讨论。在扫描镜存在振荡运动的情况下,会出现特别严重的扰动。

仪器扫描的旋转轴可以以卫星的速度矢量为中心,或者是围绕天底方向。在前一种情况下,刈幅线是与卫星星下点轨迹垂直的直线,这样的仪器是一个横向扫描仪。热带云搭载的仪器 SAPHIR 和 SCARAB 就采用了这种方法。MADRAS 绕天底方向有一个圆锥扫描轴。对于圆锥扫描仪,从仪器到地面像素的距离和几何关系对于刈幅上的所有点来说都是相同的,刈幅上的所有地面像素的形状和尺寸也是一样的,因此可以获得更好的数据质量。图 8.21 中展示了热带云卫星的仪器对地球表面观测的几何形状。横向扫描仪的实现相对简单,但距离天底方向较远指向的成像会产生变形(8.4.3 节)。

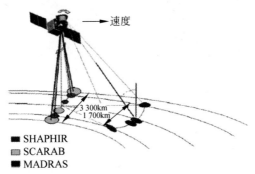

图 8.21　热带云卫星的仪器对地球表面观测几何形状[1](见文前彩图)

SAPHIR 和 SCARAB 为垂迹扫描,MADRAS 为圆锥扫描,SHAPIR 和 SCARAB 的图像在刈幅边缘会变形,而 MADRAS 的图像不会。

地球同步静止轨道卫星(9.4.4 节)相对于地球表面有固定的几何关系,这种情况下,卫星沿其轨道运动不会产生刈幅。为了覆盖感兴趣的区域,卫星需要提供两个维度的物理扫描。图 8.22 提供了两种可能的实现方案。第一种是采用两套指向镜的方案,第一套实现经度方向上的扫描,在纬度方向上固定不变,它提供的图像条带与赤道基本平行;第二套采用与第一套相同的机械装置,仅变为在纬度方向上进行扫描。这种实现方案需要一组线性探测器矩阵,每个观测频率需要一个阵列。第二种方案中仪器的

---

① http://132.149.11.177/MEGHAT/GP_satellite.html.

焦平面采用大型探测器矩阵。通过使用带有滤光器的旋转轮来截获到焦平面的光路，从而恢复不同的频段。在这种情况下，对每幅图像来说，扫描需要卫星改变姿态来完成。结果就是通过大的矩阵阵列产生相对较大单个图像，组成一个大的拼嵌图像。拼嵌图像的建立是通过机械的"步进凝视"操作或改变卫星姿态来实现的。自旋提供了第三种可能性，卫星的自旋可以用来实现沿纬度线的扫描。MSG 就是这种情况。

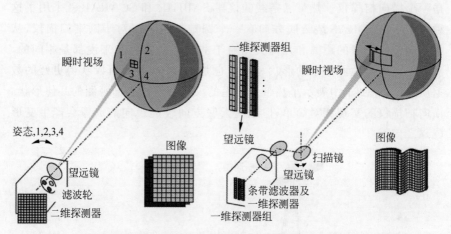

图 8.22　地球同步静止轨道卫星仪器两种可能的扫描及频带实现概念[①]

在 8.3 节讨论的 5 个任务中，风神不进行扫描，JWST 通过整星指向所需的方向来实现扫描，尤利西斯因搭载原位测量仪器也不需要扫描。热带云和哨兵-3 的仪器通过使用仪器内部的机械装置来进行扫描。

卫星作为整体也可以进行扫描和指向。这可以使仪器简单化，但使得卫星的构型复杂化。这些问题将在 10.5.5 节进行分析。

8.6.2　内部和外部校准

校准直接关系到仪器输出数据的质量和任务端到端的性能。仪器校准的方法是需要由系统设计师、用户和仪器设计专家共同做出的另一个设计决策。系统设计师需要知晓校准对整个任务设计的影响，以及它产生了哪些接口。

要求更高辐射测量质量的仪器需要包括作为仪器一部分的校准硬件。校准部件包括产生照射探测器已知的、稳定的信号源。对测量获得的输出和已知的输入进行比较，用于在整个任务期间对仪器进行校准。一些情况

---

① 图片由阿斯特里姆公司免费提供。

下,确知的辐射源是外部的:太阳、月球、深空或地球表面均匀一致的部分。这些外部校准源可能要求仪器或卫星提供特定周期性的指向姿态,这对卫星的物理设计有一定影响。例如,为了实现校准,需要提供相对于太阳的清晰视场。

有时,来自不同任务的不同仪器会观测同一事件。对不同的结果进行比较对所有的任务都是有好处的。这种方法有时被称为"外部校验",以区别于工作在空间系统范围之内的"内部校准"。系统设计师应该了解外部校验的需求,因为它需要建立与外部资源的协定,确保外部资源在整个任务期间是真正稳定的。

8.6.3 固体孔径、可展开孔径、合成孔径

本章多次提到,任何遥感仪器的关键参数都是其孔径尺寸。透镜、反射镜或天线的尺寸决定了孔径的大小。如果这个部件是一体建造的,则其尺寸必须要满足孔径尺寸的要求。如果所需的孔径比运载火箭提供的可利用空间大很多,则可能需要使用机构在发射后对相关硬件进行展开以获得工作孔径。固定孔径和可展开孔径的选择对仪器和卫星作为整个的构型设计来讲是最重要的因素之一。对比哈勃空间望远镜和 JWST 的构型(详见 7.2.1 节)就能证明,这一决策的结果会在卫星设计上产生的根本性变化,10.5.2 节将进一步进行讨论。孔径合成是另一种增加仪器孔径尺寸的技术。由于微波的波长更长,孔径合成在微波观测方面比在光学观测方面发展得更快。合成孔径雷达在 8.2.4 节已经进行了介绍。对系统设计师来讲,执行相似观测的合成和真实孔径的仪器会产生不同类型的设计和接口问题。如图 8.23 所示,对比合成孔径(欧空局土壤湿度与海水盐度卫星,soil moisture and ocean salinity,SMOS)和真实孔径(锥形微波成像仪,conical microwave imager sounder,CMIS)两个微波仪器是有意义的。

锥形微波成像仪质量为 348kg,属于 NASA 的科里奥利(Coriolis)卫星。该仪器可以在 6～183GHz 的范围内提供 77 个通道的微波辐射测量。它的构型与 8.3.4 节描述的 MADRAS 仪器非常类似,但它有一个更大的 2.2m 口径天线。同 MADRAS 一样,它通过绕天底方向的圆锥扫描来提供刈幅。SMOS 在 2009 年由 ESA 发射。(译者注:于 2009 年 11 月 2 日由俄罗斯呼啸号运载火箭在普列谢茨克航天发射场发射。)它在 1.4GHz 的单个频段上通过微波辐射线测定土壤湿度和海洋表面的盐度。SMOS 使用的合成孔径技术允许使用具有 4m 孔径的仪器,可以不需要机械或物理运动进行电子扫描,但仅能在一个频率上提供观测。

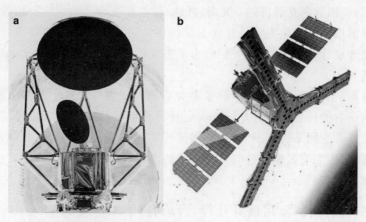

图 8.23　科里奥利卫星的锥形微波成像仪（真实孔径微波辐射计）和 SMOS 卫星 MIRAS 的合成孔径微波辐射计[①]

8.6.4　分辨率与高度

图像的空间分辨率是基本的品质参数之一。有两种可能的情形：

（1）观测目标位于遥远的深空，其距离与轨道无关。这种情况下，要获得好的空间分辨率只能通过使用大的孔径，并且在仪器的焦平面使用先进的探测器矩阵。

（2）观测目标位于被环绕的天体上。在这种情况下，降低轨道高度能够增加图像的空间分辨率。

同样的仪器在更低高度飞行时能够提高分辨率，但仪器的刈幅也会相应减小。然而，对于有大刈幅的非动态观测目标的应用来讲，这不是一个重要的设计因素。不过，这个方法也是有限制的，低轨道高度的大气阻力会对卫星轨道造成扰动。高度越低，大气越稠密，太低的轨道是不切实际的，因为需要复杂的轨道控制系统。地球重力场和海洋环流探测卫星（gravity field and steady-state ocean circulation explorer，GOCE）任务（详见 10.3.1 节）使用电推进技术保持其轨道高度在 250km。需要卫星在这么低高度飞行的任务，付出的代价也是比较高的。低于 400km 的任务在实际中越来越少。军用卫星会使用较低的轨道，以获得尽可能高的空间分

---

① 锥形微波成像仪为测试室中的仪器，图片来源于美国海军研究实验室；SMOS 的在轨图像来自欧空局。

辨率。美国军用卫星 KH-11 的远地点约为 443km、近地点为 300km[①]。地球只有很小一部分与近地点相吻合,在如此低的高度上获取图像的机会很少。这种方案不适用于需要频繁重访和充分覆盖的观测目标。

8.7   预算分配

在本章的前面的几节中,已经提到了与预算有关的下列要求:

(1) 8.4.2 节提到的辐射测量质量和 MTF。

(2) 8.4.4 节提到的数据量。

(3) 8.4.6 节提到的数据交付和滞后。

与大数据量吞吐相关的问题是第 12 章的一个主要议题。第 11 章(11.5.3 节)和第 12 章(12.4.2 节和 12.5.3 节)将详细分析数据交付和数据滞后问题。两个剩余的要求   MTF 和辐射测量质量   将在 8.7.1 节和 8.7.2 节介绍。8.7.3 节就端到端数据质量要求的预算提供补充信息。仪器实现的数据质量预算只是更大的端到端预算的一部分。8.7.3 节将进一步分析在 8.5 节提到的雷达高度计端到端性能的计算。

8.7.1   辐射测量的质量

辐射质量与仪器的信噪比预算是相关的。为了增加信号强度,有必要设计合适的构型(第 10 章)以装配大孔径的仪器。为了降低噪声,需要具备好的探测器技术和充分制冷的探测器。制冷方案的选择在 10.5.4 节讨论。增加分配给信号积分的时间也将改善信噪比。不过,在分配给信号积分的时间内,需要保持稳定的视线,这就对姿态控制(详见 9.8 节)提出了要求。为了允许更长的积分时间,任务产生的数据量会降低。这意味着,仪器信噪比预算的实现将产生一系列设计方案选择和派生的子预算,需要相互平衡。

8.7.2   MTF

8.4.2 节将 MTF 定义为仪器在越来越精细的空间分辨率下正确再现对比度的能力。特定的 MTF 值应该在下列来源之间进行分配:

(1) 分配给仪器本身的 MTF。这些误差包括探测器、孔径、衍射极限和望远镜尺寸精度误差。

---

① GROUP J I,SWEETMAN B, KIMBERLEY E, et al. Jane's space systems and industry [M]. Jane's Information Group,2007.

（2）与在探测信号所需的必要积分时间内仪器视线的扰动相关的MTF。这些扰动来自于缓变、低频部件的"漂移"和快速、高频部件的"抖动"。仪器视线与卫星姿态的扰动与准确度将在9.8.2节详细讨论。

与仪器相关的 MTF 预算处理由仪器专家来完成。与视线扰动相关的MTF 预算处理由姿态控制稳定性专家来负责。系统设计师需要在他们之间保持平衡。

8.7.3　端到端性能

8.5 节描述了端到端任务性能仿真，并较为详细地描述了雷达测高技术。我们看到，按照自上而下的方式评价总体任务性能，为优化任务设计提供了机会。哨兵-3 的要求是对海洋表面高度的恢复误差在 3～5cm 的量级。哨兵-3 端到端性能仿真的可用性允许建立假定的场景，可以增加或减少分配给每个单独误差源的误差。这就允许我们对备选任务架构进行审查，对任务的整体性能有作用的所有部件进行不同的设计和不同的分配。目标是在对预算进行有效分配的条件下完成任务设计，因而难度最大的设计特征可以分配相应较大的误差，以降低任务的总体难度。在哨兵-3 任务中，端到端的仿真也用于研究雷达高度计的简化方案。一是采用单频雷达，这会导致电离层误差的增大，二是不使用微波辐射计，这会增加回波通过潮湿对流层引入的误差。分析结果建议保留两种设计特征，因为不保留就会导致不可接受的误差水平。最终的预算分析如表 8.1 所示。

表 8.1　高度测量误差预算

误差类型[1]	误差值/cm
高度计随机误差	1.3
海面状态偏差/高度计偏差	2.0
电离层传播修正误差	2.0
干燥对流层修正误差	0.7
潮湿对流层修正误差	1.4
总测距误差（均方根）	3
径向位置 GPS 误差	2
海平面高度总误差	3.6

---

[1]　MAVRODORDATOS C，BERRUTI B，AGUIRRE M，et al. The Sentinel-3 mission and its topography element［C］//Proceedings of the IEEE International Geoscience and Remote Sensing Symposium，2007.

关于误差累加的规则已经在 5.5.4 节进行了介绍。在表 8.1 中,不同的误差源是互不关联的,电离层扰动的最坏情况与对流层水汽含量的最坏情况也不是相关联的。因此,误差源的总和将是每个独立误差源的一个均方根的相加。结果表明,最终的性能将主要由贡献较大误差的项来支配,适度放宽对中、低误差项的要求,对整体任务性能不会造成重大影响,但可能会稍微降低任务开发的风险和成本。

在端到端仿真中,表 8.1 中的每一行则表示为给定设计域分配的预算。例如,高度计随机误差将分配给所有对雷达高度计正确工作有贡献的内部仪器。与二次分配相关的决策是在仪器内部进行的,由仪器域的专家来落实。系统设计师的责任是确保最初分配到这个特定误差源误差值的实现,实际上,这个值对于仪器的设计来讲是足够的,并符合由投资方提供的成本和风险的指导原则。如果原始误差分配超出了成本和风险控制,就需要改进和精简设计,并为特定误差源分配一个更大的总体误差预算。这时需要确定其他的误差预算是否可以收紧。这个过程需要不断地重复,直到在设计难度与最终性能之间达成平衡。这样才能实现最佳的误差分配水平。如果所需的端到端性能要求太苛刻,这个平衡就不可能达到,而且各种设计部件看起来都不符合成本或风险准则。这种情况下,就需要请求用户降低任务预期,或者从投资方那里要求更多的经费和开发时间。端到端仿真的可用性可以为降低任务预期的请求提供合理的证明。

9 轨道与姿态域

关键词 卫星轨道设计、卫星姿态设计、空间环境、卫星轨道类型、卫星姿态类型、空间任务阶段、卫星指向扰动、卫星指向控制、覆盖、重访、GEO位置、配准、卫星敏捷性

轨道与姿态域在 7.1.2 节进行了简单介绍。本章首先介绍轨道与姿态域包含的要素和部件，接下来分析空间环境以及它是如何驱动航天器轨道和姿态的。接下来的两节（9.3 节和 9.4 节）描述了不同类型的姿态和轨道。9.5 节描述任务阶段和卫星模式。接下来分析四个空间任务：

（1）在 8.3.3 节介绍过的哨兵-3 地球观测任务。其环绕地球的轨道高度为 800km、轨道倾角为 98.65°。因其指向地球，它的轨道和姿态主要取决于为它的三个仪器提供系统和有效的对地覆盖需要。

（2）由 66 颗运行卫星组成的铱星通信卫星星座，加上在轨备份卫星，分布在 6 个轨道面内，轨道高度为 780km、倾角为 86.4°。卫星指向天底。这个星座计划提供全时、全域的全球通信链路。

（3）在 8.3.5 节介绍过的太阳科学任务的尤利西斯卫星。其飞行在近拱点为 1.35AU、远拱点为 5.4AU 的日心轨道上，相对于黄道面的倾角是 79.1°。该卫星通过旋转保持稳定，并保持对地指向。它的任务是研究整个纬度范围内的太阳磁层。

（4）昴宿星（Pleiades）任务。它是由两颗敏捷卫星组成的星座，主要承担高分辨率、快速响应的对地观测任务，卫星飞行轨道高度为 694km、倾角为 98.2°。它对地定向，但能够进行机动指向偏离天底最大为 43°。它被设计每天提供地球上任何一点的高分辨率视图。

这些任务提供了多种不同的轨道和姿态控制概念的广泛选择，可以进行广泛的应用。然而，为了充分覆盖所有设计方案的范围，必要时其他的任务也会被提及。9.7 节研究位于卫星周围天球上的可观测天体（太阳、地球、观测目标或深空）的几何和可见性及不同轨道和不同姿态下的这些几何

的不同。9.8节介绍指向和指向扰动。再之后的两节,如同本书本部分的所有章节一样,分析了与功能分配和预算数值分配有关的设计决策。最后一节(9.11节)主要介绍星座的实现和维持。

正如7.1节所指出的,卫星姿态和轨道的确定是直接由观测量和仪器支配的第一个设计决策。图7.1指出的与轨道和姿态设计的相互关系在图9.1中进行了更详细的描述。这个域在相互关系方面是比较丰富的。其接口对象包括:

(1)仪器。姿态和轨道定义了观测目标的可见性条件。

(2)运载火箭。运载火箭将卫星运送至所选择的轨道。

(3)卫星构型。包括天线、太阳能电池阵、热辐射计的位置及仪器的位置,因为姿态和轨道定义了卫星的可见性。

(4)卫星操作及仪器数据下行链路架构,因为轨道几何定义了其与地面站联系的模式。

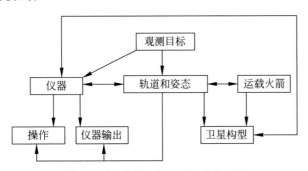

图 9.1   轨道和姿态设计的外部关系

如图9.1所示,轨道和姿态对外的相互关系是非常复杂的。为了正确定义这些相互关系,需要一个好的架构来获得最佳的系统概念。在这个域中,有两个方面特别困难,需要细致和长期的讨论:

(1)卫星周围的几何和可见性是什么样的? 这将在9.7节分析。10.4节将讨论卫星的构型将如何处理由几何作为驱动因素所产生的问题。

(2)指向作为端到端的问题将在9.8节进行分析。

上述要讨论的问题是复杂的,从本章的内容幅度就可以看出来,本章是本书最长的一章。

9.1   涉及本域的要素和部件

本节将着眼于轨道与姿态域所包含的要素和部件。根据其功能划分为

3个子部分：

(1) 运载火箭。

(2) 轨道确定和修正工具。

(3) 姿态确定和控制工具。

9.1.1　运载火箭

运载火箭不针对特定的任务进行设计，但可以在现有的设计中选择，这种形式是任务设计约束的一部分。商业项目的系统设计师可以自由地选择最佳运载火箭。在非商业的项目中，运载火箭通常必须从投资方给系统设计师提供的一些政治合意的备选方案中选择。

运载火箭的所有者以正式文档的形式制定火箭的使用规则。因此，任务系统设计师可以忽略除火箭与载荷接口以外的内部细节，而主要依靠正式的运载火箭文档中的信息，典型的文档是"运载火箭用户手册"或"运载火箭用户指南"。出于这个原因，本节不会介绍运载火箭设计这一高度专业化领域所涉及的部件和技术，这不是本书的目的。本节会对运载火箭进行功能概述，以及运载火箭和发射场如何影响卫星设计和轨道的选择。

运载火箭携带卫星从地面进入轨道。当火箭穿过大气层时，卫星仍然被保护在封闭的火箭整流罩内，将其与直接气动力和热隔离开来。一旦火箭飞出大气层，就会抛掉整流罩。在发射的各个阶段，运载火箭为卫星提供机械和电气接口。机械接口可以确保发射期间卫星的安全，电气接口可以为卫星提供电力。一些火箭的发动机可以多次点火，这样可以进行轨道修正或将多颗卫星送入差异不大的轨道。一些火箭也可以同时发射 2 到 3 颗中型尺寸的卫星或一大批较小的卫星。

一旦进入预定轨道，运载火箭将切断其与卫星的物理连接，并将其弹出。运载火箭所产生弹力的任何不对称性都会使卫星产生一个旋转速度，这个速度应该尽可能地慢，以使卫星能够快速进入一个安全的姿态，并与地面卫星控制中心建立通信链路。

运载火箭在发射过程中总是会将一些误差引入到卫星的预定轨道中。在运载火箭的文档中应当指出这些误差最恶劣的情况。入轨误差将决定卫星为了修正入轨偏差而需要携带的燃料量。

发射场为火箭发射提供必要的服务。运载火箭需要的辅助服务包括加注燃料、装配和发射控制。卫星在发射前需要进行最终的检测、加注并装配至火箭上。

首先要决定选用的运载火箭以及发射场。如上所述，运载火箭通常要在有限的可能性范围内选择。火箭需尽可能的便宜,但也必须可靠,并必须提供与任务需求相匹配的性能规格。另外还需要决定是专门发射还是与其他卫星共享的多星发射。专门发射可以提供最佳的入轨性能和更自由的发射日期选择,但是必须独立承担全部发射费用。一箭多星的共享发射降低了发射成本,但需要与其他任务在发射时间及发射轨道上达成妥协。

在轨部署卫星星座常常需要一次发射多颗卫星,同时也需要提供不同卫星与火箭之间专门的结构接口。为了避免相互碰撞的风险,一项非常重要的工作是与火箭管理部门就根据预定轨道和确定的时间延迟将卫星弹出的策略达成协议。

运载火箭的选择会对卫星提出要求。如果有多个火箭可以选择,对卫星的要求将依据所有火箭中的最坏情况。

发射场定义了它将为卫星的最终验证和在运载火箭内安装卫星提供的服务。发射场管理部门还可以确定这些活动的持续时间,这些将作为任务进度的一部分。由于并非所有发射场都适合所有轨道,因此产生了进一步的约束条件。为将地球同步轨道通信卫星送入近赤道平面,在赤道附近的发射场将最大限度地利用地球自转速度和运载火箭提供的能量。因此,接近赤道的发射效率更高。

运载火箭的各级在使用后就会被丢弃,存在碎片落在有人居住地区的风险,这对于每个发射场的发射方位是有限制的。所有的轨道限制情况都会包含在运载火箭的文档中。有些情况下,发射场每年会有可用时间的限制。

通常,在任务架构设计与运载火箭管理机构正式审批火箭合同之间要经过很长一段时间。为了避免出现关于火箭选择的无法预期的问题,应当使卫星具备与多种火箭的匹配能力,以防第一选择的价格增加或其可用性出现问题。

9.1.2　轨道确定和修正工具

卫星轨道经常需要进行修正。轨道修正有两种类型:

(1)轨道变化。通过强大、长时间的推力,使卫星由一个轨道变到另一个轨道。

(2)轨道控制。使用短时而精确的推力,修正卫星相对于标称轨道的漂移量。

以下几种情况需要大的轨道变化:

(1)为了补偿由运载火箭引入的入轨偏差,可能需要大的初始轨道修正。

（2）卫星释放时的轨道并不是最终的轨道。例如，许多通信卫星被运载火箭送入一个高偏心率轨道，之后使用它们自己的星载推进装置进入所需的地球静止轨道。

（3）如行星际任务这样的情况，需要实施几次主要的变轨以满足任务所需的复杂轨迹。这些任务可以通过星载推进子系统来完成。有时通过与行星的精准交会也能提供大的轨道变化。

（4）碰撞规避机动。这些问题可能会出现，特别是在近地轨道任务中，因为绕球轨道的物体数量不断增加。实际上，一般每次机动需要两次小的变轨，第一次为了规避卫星与目标发生碰撞的风险，第二次将卫星恢复至原来的轨道。

（5）离轨也是一项日益频繁的要求，目的是清理已经完成使命的和已成为太空垃圾的卫星的空间。这些卫星对未来的空间任务构成了威胁。地球低轨卫星必须降低它们的高度，以便大气阻力使卫星再入大气层，并在大气中烧毁。地球同步轨道卫星在其寿命末期也需放置到"坟墓轨道"。

外部扰动会影响所有卫星的标称轨道，它们的轨迹相对于标称轨道会发生漂移。这些外部扰动因素包括：大气阻力，地球重力位的高阶项，太阳、月球和太阳系其他行星的引力作用。为了修正这些漂移，卫星必须使其推进子系统采用最高效的燃烧方式提供精细、受控的推力，避免其脱离任务规定的标称轨道。此外，外部因素也可以用来实施有用的轨道转移，例如，太阳同步轨道（详见 9.4.2 节）使用地球引力势的非球形值，可以以所需速度提供轨道面的自然改变。

为了实现任何轨道变化，首先要确定卫星所飞行的轨道。地面段飞行操作团队传统上实施轨道确定的任务，但近来低轨卫星也通过使用接收机检测来自 GPS 或 Galileo 等导航卫星的信号来实施自主轨道确定。

为了实现变轨，卫星必须以高速喷出燃料，提供所需速度的能量来源取决于卫星的星载推进系统的性质，主要有以下几类形式：

（1）加压的惰性气体以一定速度喷出，该速度是存储压力的函数。

（2）像肼这样的单组元推进剂在催化剂作用下会分解，这个化学过程将产生能量以增大喷射速度。

（3）两种化学物质——氧化剂和燃料会发生反应，产生的能量会增加喷射混合物的温度和动能。

（4）在离子推力器中，推进剂在电场中被电离和加速。在这种情况下，由卫星的电力部件提供加速度能量。

加压惰性气体系统使用包含存贮气体用的贮箱、管路和过滤器、调整气流的阀门以及排出加压气体的喷嘴来提供推力。加压惰性气体易于实施、成本低。但是,仅由气体膨胀产生的能量在每单位质量下仅能提供较小的脉冲。加压惰性气体对于任务所需的轨道控制来说是足够的,但是对于需要大尺度轨道修正的需求来说是不够的。这些系统使用的推进剂是惰性的、没有危险的,这使得它们在地面进行卫星制造、装配和测试期间易于处理。由于其尺寸小和易于使用,小型任务通常选择加压惰性气体系统。

单组元推进剂系统使用与加压惰性气体同样的部件,但单一组分推进剂需要额外的催化剂用于燃料的化学分解。像过氧化氢或肼这类单组元推进剂分解产生大量的热,由此产生的喷射速度比较高。单组元推进技术比较成熟,并广泛应用,但其燃料有较高的挥发性、毒性、危险性,需要特殊的地面存贮、处理程序和设施。

在双组元推进子系统中,氧化剂和燃料分别存储在不同的容器中,在燃烧室内将其混合。化学反应使燃烧产物的温度升高,并通过喷嘴高速喷出。在液体双组元推进系统的情况下,所需的部件与单组元推进系统类似,但是需要不同的贮箱、阀门、过滤器和管路处理氧化剂和燃料。液体双组元推进剂产生的化学反应比单组元推进剂的热分解产生的能量更多。液体双组元推进系统对于需要大脉冲推力的主要的轨道变化应用更为有利,也可用于如轨道控制或小的轨道变化等需要中等推力的需求,但是它们比单组元推进系统更加复杂和昂贵。此外,双组元推进剂的使用还需要专门的地面燃料处理程序和设施。

像其他情况一样,电推进系统也需要贮箱来存贮要喷射的气体,需要相应的管路和阀门,另外还需要离子推力器。在这类推力器中,气体被电离、加速、喷射、电中和。电子推力器还要有能对离子进行加速的所有电子器件,包括高功率高电压电子器件、控制电子器件、用于提供离子加速能量辅助的太阳能电池阵和电力生产硬件。与电力生产、调节和控制有关的质量和体积较大,可能会减少大部分与推进剂较高弹射速度相关的质量优势。这些推力器适合于提供长时间、小而连续的推力。

飞掠变轨是卫星在其去往目的地的途中与一颗行星进行交会而产生的机动。卫星靠近行星,飞到它附近,之后加速离开,卫星的飞行轨迹相对于原来的轨迹会发生改变。这是一种利用外部扰动实现变轨的特殊方法,在行星际任务中被广泛使用。飞掠变轨通过从行星到卫星的动量转移来改变卫星轨道,可以在不消耗燃料的情况下实现较大的轨道变化。使用这种方法并不意味着成本低廉,因为这增加了任务的时间长度并涉及复杂的操作,但它往往可能是实现所提议的轨道唯一切实可行的方法。

传统的轨道确定是使用地面至卫星之间的通信链路进行距离测量来实现的。该链路将定义完好的测距音传送至卫星，然后由卫星将其返回至地面站。返回的信号频率将作为卫星和地面站之间速度的函数，从中可以推导出卫星实际飞行的轨道。近来，地球低轨卫星携带的在轨 GPS 导航接收机能够自动确定卫星位置，并推导出卫星的轨道。这两种手段也可以同时使用。

轨道和整个推进系统的架构是同时建立的，因为它们的建立会相互影响。这两个决策应该在项目的很早期就完成，它们对几乎所有的关键任务参数都具有重要影响，包括仪器、任务寿命周期、任务成本和风险等方面。

所选的轨道和任务需要会产生轨道变化和轨道控制的需求，包含的参数如：是否使用轨道修正；使用飞掠行星变轨还是强大的星载推进；是使用单推进系统，还是一个用于大型轨道修正机动和另一个用于更精细的轨道维持的双系统等。轨道修正方案的选择也决定了整个任务时间线的建立。例如，飞掠行星变轨的任务要比包含强大上面级的任务要持续更长时间。

一旦基本架构建立，接下来就是确定轨道修正子系统的性质、选择单组元推进系统还是双组元推进系统，同时需要确定诸如贮箱的数量和位置、阀门、过滤器、推力器和管路等所有其他详细的设计决策。轨道修正概念的建立是至关重要的，并且还需确定进行轨道修正的频率。另一个需要考虑的重点是轨道修正机动会怎样影响任务操作和卫星的观测可用性。在轨道机动期间，卫星通常不能执行观测任务。轨道控制子系统在特殊环境下也能用来控制卫星的姿态，例如在安全模式下（详见 9.5 节）或者为了进行大的轨道变化要进行姿态调整时。这一需要所产生的需求也应考虑到。

不管是大的运载火箭发动机还是小的卫星推力器，火箭发动机的设计都是高度专业化的，与其他空间工程学科是分离的。卫星的推进部件一般不针对任务进行专门设计，而是在一系列看来适合任务需要的现有部件中进行选择。基于这种观点，推进工程师在总体架构定义过程中所起的作用相对较小。此外，同时确定轨道及轨道控制的架构是一项基本的决策，应该在项目初期尽早确定。它的影响贯穿整个任务的设计，这意味着这是一个由任务系统设计师主导的决策。系统设计师也应主动识别设计决策对任务的影响，例如，在轨道修正期间降低仪器的可用性，或在卫星自主或轨道确定和控制的地面干预之间进行选择等。这些内容将在第 11 章的卫星操作部分讨论。还需要考虑轨道修正子系统概念对以下方面的影响：

（1）质心位置及任务中随着燃料消耗产生的质心位置变化。这将驱动卫星姿态控制子系统的设计。

（2）推力器轴位置及可能的羽流效应对卫星敏感部件的污染。

9.1.3　姿态确定和控制工具

姿态控制包括确定将要使用的控制方法和相关姿态控制模式。控制方法的选择包括确定合适的姿态传感器、执行机构、扰动力矩和所使用的控制逻辑。

有 5 种可能的姿态控制方法：自由无控、重力梯度、自旋稳定、双旋/动量偏置及惯性控制。这些方法将在 9.3 节详细描述。

卫星姿态通常通过熟悉的物体定位来确定，如太阳、地球本体、地球磁场或恒星。太阳传感器通过检测太阳光辐射方向来确定卫星的姿态。这种方法精度较差，但简单、可靠。地球临边传感器检测地球本体与寒冷深空的温度变化，具有中等精度和复杂度，其优点是卫星仪器通常指向地球方向。

磁力计测量地球磁场的矢量方向，通过比较测量值与磁场地图来得到卫星姿态。这种方法精度低，但强健可靠。星敏感器是一种小型望远镜，可以对特征明显的恒星进行高精度方向检测，以提供卫星姿态在惯性空间的绝对参考。两个星敏感器分别观测不同的方向，就可以提供卫星所需的三轴姿态参考。现代星敏感器也能在“迷失在太空”的情况下识别卫星姿态，能够通过测量恒星位置随时间的变化得到角速度。各类陀螺仪也能用来测量卫星的角速度。它们是姿态传感器的补充，可以确定角位置，提供更强健和精确的控制逻辑。

卫星的姿态控制逻辑取决于多种因素，包括姿态控制概念、传感器、执行机构和姿态精度及敏捷性要求。过去，控制回路通过使用“硬连接”形式的模拟控制逻辑来实现。近年来，控制回路已经变为数字式，主要利用卫星中心计算机或专用计算机等来实现。数字控制通常采用反馈回路，但也可以采用特殊的前馈方式。这种方式允许卫星从一个良好的初始点启控来辅助姿态控制。

执行机构能够提供改变卫星姿态的力矩。重力梯度杆是一个可展开的结构，在杆端设置配重来产生重力稳定力矩，使卫星与当地垂线或重力矢量方向保持一致。一旦杆偏离了当地的垂直方向，作用在卫星不同部位的重力产生的拉力将试图使杆与引力场方向对齐，从而为卫星提供一个参考姿态。如果卫星振荡，被动阻尼器将耗散所产生的能量。在卫星振荡时，它们内部的液体被迫与球或孔相互作用，消散与运动相关的能量，并最终使运动停止。卫星的形状和质量分布决定了卫星的惯性属性，所产生的惯性比可以提供固有的重力力矩，以作为非展开的重力梯度杆。磁力矩通过通电线圈与地球磁场相互作用，将力矩引入至卫星。调节线圈的电流可以调节力矩的强度。力矩由通电线圈和地球磁场相互作用产生，并且始终与控制回路的磁偶极子矢量和卫星所在位置的地球磁场矢量所形成的平面正交。不过，使用几个磁力矩器可以提供不同轴向的力矩，这种器件相对简单和精确，并能够长期运行，但它们仅能提供中等强度的瞬时力矩。动量轮由惯性轮子、电动机、轴承和控制电路组成。控制电路可以直接控制电动机来给惯性轮加速或减速。轮子速度的任何变化都将对卫星的其他部分产生力矩。动量轮是能够以很高精度提供大力矩或小力矩的灵活工具。但它们受到最大允许速度的限制，必须通过外部扭矩来减小它们的速度，以防止它们达到其最大允许速度。为了在所有方向上提供力矩，至少需要安装 3 个轮子，第 4 个轮子通常用来作为冗余。控制力矩陀螺仪是可以改变旋转轴的动量轮。改变高速旋转的动量轮的旋转轴可以将强力矩引入到卫星的其他部分，从而快速改变卫星姿态。控制力矩陀螺是昂贵的、具有复杂控制电路的高性能产品，能提供很高的精度和最强的姿态驱动。推力器的作用线不经过卫星的质心也将产生力矩。推力器可以用于大或小的姿态变化，以及卸载动量轮。

许多要求极高精度的卫星会使用仪器本身作为补充的姿态传感器。GOCE（详见 10.3.1 节）使用重力感应加速度计来获取卫星的角加速度。天文望远镜使用望远镜自身获取的图像作为补充，望远镜是一个极高精度的星体跟踪器。

首要的基本设计决策是在采用完全主动的控制概念和使用一些额外的被动控制部件之间做出选择，如重力梯度杆或卫星的自旋。7.3.1 节对比了三轴稳定的 GOESS 卫星和自旋稳定的 MSG 卫星。卫星姿控方式的选择对卫星构型及整个任务设计具有重要影响。这一选择会受到许多复杂因素的影响，包括以前的可选方法的经验、仪器要求、姿态控制要求、成本及风险等。一旦决策完成，传感器、控制逻辑和不同控制模式执行机构的选择都要确定下来。由运载火箭发射入轨后的卫星初始姿态捕获的策略设计是非常重要的。

姿态控制带宽非常重要，它决定了控制权开始降低的频率。指向误差与带宽呈反比，精确指向的系统需要较大的带宽。在理想情况下，姿态控制回路要求卫星在控制带宽内表现为刚性固体，并且任何大型柔性可展开结构都应具有控制带宽以外的固有频率。然而也不都是这样,有一些要求高精度指向的卫星携带了大型低刚性可展开式部件,JWST(详见 8.3.2 节)就是一个例子。任务设计不仅要求确定卫星的指向精度,而且要求明确卫星的指向稳定性和这两个参数的恢复精度。

对于敏捷卫星来说,重新定向的速度是非常重要的,这需要使用非常大的动量轮、控制力矩陀螺或大功率推力器来提供必要的大力矩。其他情况下,任务将要求缓慢的、连续的姿态变化。动量轮是理想的选择,它能在其轴向通过有层次地改变轮的旋转速率来提供受控良好的连续力矩。动量轮是最灵活、使用范围最广的姿态控制执行机构,它们能够根据需要,在短时间内或长时间内提供适度小或大的力矩。

姿态控制是一门高度专业化的学科,有成熟的分析工具用来推导卫星在面临多变环境情况下的性能。这些工具可以模拟卫星的动态环境及其姿态控制部件对环境的响应。模型应能够以必要的精度水平表示空间环境的变化。姿态控制是整个卫星设计的核心,将驱动许多其他工程学科做出设计决策。这种高度专业化对整个设计过程产生了强烈影响,产生了这样一种情况,即姿态控制通常是由负责整星交付的同一实体来设计的。姿态控制传感器和执行机构也是从已经有的型号中挑选出来的,并由专门的供应商提供。

系统设计师在平衡姿态控制设计对整个任务的影响方面起着主导作用。姿态控制系统与卫星仪器及其运行模式的关系是非常重要的。

在高精度指向的情况下,控制由卫星(包括姿态控制执行机构)产生的微小扰动是非常重要的。这就有必要建立和管理一个微小扰动预算,以便在所有可能的来源中进行分配。指向预算是姿态控制与其他子系统相互影响的另一个因素,例如结构或热控子系统,只要收紧空间稳定性,姿态控制就可以放宽。需要在不同的工程领域之间分配相互冲突的需求是由系统设计师主导的另一个至关重要的领域。

9.2 空间环境作为轨道和姿态设计的驱动因素

本节会概括地描述空间环境,并分析外部环境是如何驱动卫星轨道和姿态设计的。作为本节的补充,在 10.2 节将分析作为卫星构型影响因素的空间环境。空间环境在 ECSS-E-ST-10-04A[①] 等专业文献中有描述。关于

---

① European Cooperation for Space Standardization. Space environment:ECSS-E-ST-10-04 [S]. ESA,2000.

空间环境更为全面的描述请参考引用的文献《空间环境及其对航天系统的影响》，作者是 Vincet Pisacane，收录在 2008 年的 AIAA 教育系列丛书中。本节主要分析了地球周围的空间环境，这仍然是当今绝大多数空间任务所处的环境。当卫星在地球轨道以外的其他行星或近地天体飞行时，需要进行专门设计以应对行星际空间环境，这一内容将在 9.2.6 节进行介绍。

9.2.1 引力场

卫星绕着一个中心天体的引力场运动。作为一种暂定的近似，这个中心天体可以被认为是完美的球形，且是均匀的。在这种情况下，卫星将遵循牛顿定律，其轨道的轨迹将是双曲线、抛物线或椭圆，而中心天体在它的一个焦点上。实际上，中心天体的质量分布是不均匀的，因此，相对于理想状态来说，围绕它的轨道需要进行适当的修正。无论中心天体的形状是什么样的，引力场都将是一个势能场，满足拉普拉斯方程，可通过一个中心力来描述，这个中心力是由一系列通过勒让德函数的两个参数——级数 n 和阶数 m——描述的球谐项扩充的。这些球谐函项是被环绕天体质量分布的函数，可以通过分析在轨卫星的轨迹获得。像 JGM-2[①] 这样的高精度模型提供的球谐系数阶数高达 70。GOCE 任务（详见 10.3.1 节）的目标就是获取高精度地球引力场，可提供 200 阶以上的球谐系数。

需要高精度确定卫星位置的任务要使用高精度模型来确定其轨道，但绝大部分任务仅需要考虑几个最重要的球谐系数。最重要的球谐系数是J2，反映了 22km 的地球极地扁平。J2 的数量级是主要牛顿引力项的0.000 5。由 J2 产生的扰动能够发挥积极作用，可对轨道提供可控的、有益的变化。太阳同步轨道（详见 9.4.2 节）和 Molniya（详见 9.4.3 节 ）轨道的存在就归因于 J2。J3 说明了这样一个事实：地球不仅是扁平的，而且呈现出轻微的梨形，在两极突出了 16.5m。J3 的数量级是牛顿引力的 10^{-6}，常常被用来控制"冻结轨道"（详见 9.4.2 节）。J22 反映了地球的赤道半径不均匀这一事实，使位于地球同步轨道位置的卫星产生了一个长期（周期 800天）的东西摆动。为了控制卫星的位置，必须要对轨道进行修正。当靠近行星中心时，引力场将越来越强，产生的引力差异、重力梯度作用在卫星的不同部分上，将会引入力矩，使卫星处在能量最小的方向上，其长边指向垂直

---

① NEREM R S, LERCH F J, MARSHALL J A, et al. Gravity model development for TOPEX/POSEIDEN: joint gravity models 1 and 2[J]. Journal of Geophysical Research, 1994, 99 (C12): 24421.

方向。在一些卫星姿态中,重力梯度力矩代表了一个需要被补偿的扰动;在其他情况中,它可以发挥积极作用,因为它可以提供一个相对于中心天体的固定姿态。

地球引力场支配着地球周围的轨道。不过,太阳和月球的引力会扰乱卫星的标称路径,在需要对轨道进行精细控制以实现任务目标的任务中,必须对这种影响进行补偿。地球同步静止轨道(详见 9.4.4 节)位于由地球赤道轨道定义的平面上。太阳和月球会对卫星施加引力,使其偏离这个平面。地球同步轨道的设计就需要星上的推力来补偿这种扰动。如果卫星远离地球,其引力场就会变弱。拉格朗日点(详见 9.4.6 节)位于地球和太阳引力场具有相同强度的位置。

9.2.2　地球磁场

像引力场一样,地球有磁场,也是一个势能场,可以被描述为一个主偶极项加上一个逐步变小项的展开式。地球的偶极轴相对于它的旋转轴来说是倾斜的,随时间推移而改变方向,且强度逐渐衰减。有几个定期更新的参考场用于应对这些变化,特别是国际地磁参考场[①]。地球磁场不会影响地球卫星的轨道,但它确实会因其与卫星内部的电流相互作用产生力矩影响卫星的姿态。地球磁场通过与星上产生电流的相互作用,可以作为姿态控制工具来使用。地球磁场也可以作为定姿工具,通过测量磁场的方式获得卫星姿态。如果要利用地球磁场进行卫星姿态的确定和控制,卫星上就必须携带磁场地图。磁场的高次球谐项通常只对专注于磁场测量的任务感兴趣。这些项取决于地球的地壳、地幔、地核的磁性特征,对它们的测量通常用来进行地球物理特征的研究。作为经度、纬度和半径函数的地球磁场的精确描述对于分析地球电离层来说是非常关键的,这是获取卫星辐射环境的必要条件(详见 9.2.5 节)。

上文描述的磁场是由固态地球所产生的。有一些外部因素也能影响卫星周围的磁场:太阳风将引起高地平纬度磁场的变形;电离层内部的电流也将引起磁场的改变。在离地球较近的地方,这些磁场源的影响是很小的,通常不需要考虑。在距离地球较远的地方,主要偶极项的强度将减弱,外部场的影响将变得重要。例如,在地球同步轨道位置,地球的磁场强度为 $100nT$,但会受到大约 50% 的日周期调制的影响,甚至在强地磁太阳风暴期

---

①　PEDDIE N W. International geomagnetic reference field-the third generation[J]. Journal of Geomagnetism & Geoelectricty,1982,34(6):309-326.

间可以翻转。

9.2.3 中性大气

在卫星轨道高度上残存的大气产生的气动阻力将干扰卫星的路径，这种效应会影响所有飞行高度在 1 000km 以下的卫星设计。大气阻力对于 500km 以下高度的卫星是一个重要的设计驱动因素，对于在 300km 高度以下飞行的卫星来讲，这将成为一个关键的设计驱动因素。飞行在 260km 高度的 GOCE(详见 10.3.1 节)卫星就是这样一个例子。由轨道速度和高空大气风引起的大气动力，如果不进行修正，会引起卫星轨道参数的改变，需要对这些空气动力进行补偿以避免轨道衰减。此外在任务末期，大气阻力可以降低卫星高度，为再入大气层和卫星自毁做准备。这样可以消除在轨碎片，避免对其他航天器造成危险。大气阻力的强度很大程度上取决于轨道高度和太阳活动这两个因素。大气密度随高度呈指数衰减，在太阳活动的最大和最小值之间能有两个数量级的变化。图 9.2 概述了不同太阳活动水平下大气密度随高度的变化情况，这种变化随着约为 11 年的太阳活动周期增减。

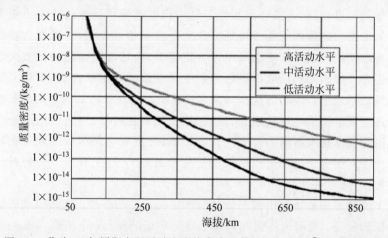

图 9.2　作为 11 年周期太阳活动和海拔高度函数的大气密度[1]（见文前彩图）

　　现有的参考模型可以对大气密度和气流进行确定。ECSS[2]建议使用

---

　　[1]　European Cooperation for Space Standardization. Space environment：ECSS-E-ST-10-04 [S]. ESA，2000.

　　[2]　European Cooperation for Space Standardization. Space environment：ECSS-E-ST-10-04 A [S]. ESA，2000.

由 NASA 戈达德航天中心管理的 MSISE-90[①] 模型。MSISE 提供了温度、分子和原子浓度、总密度和分子量的海拔高度剖面,以及作为"F10.7"太阳活动指数和地磁"Ap"活动指数的函数。F10.7 指数反映了在 10.7cm 处的太阳射电辐射通量,它与紫外线光照的强度密切相关。Ap 指数描述地球磁场的波动,通过对地面站测量结果的平均得到。对于横截面积较大的低飞行高度卫星,还需要考虑侧向风的影响。ECSS 建议使用 HWM-93[②] 模型。卫星轨道修正和姿态控制硬件必须制作成特定的尺寸以补偿大气阻力。为了补偿用于轨道保持的外力,在太阳活动高峰期,飞行在低轨道高度的大卫星需要频繁进行轨道控制机动以对轨迹进行精细控制。一般来说,这种频繁的机动会对任务产品的交付和卫星的操作造成负担。气动力主要是由卫星相对于近稳定大气的轨道速度产生的。除了地球自转所带动的整个大气层旋转之外,在卫星运行高度的大气风也起着次要作用。值得一提的是,对于飞行高度低的卫星,气动阻力是重要的扰动力矩来源。

9.2.4 太阳辐射

在轨卫星会接收到来自很多源的电磁辐射,太阳是这当中占支配地位的一个。来自太阳的辐射大约等于一个黑体在 5 762K[③] 的温度下发出的辐射。这些能量将照射并加热卫星,也为携带太阳能电池的卫星提供电能。光照密度几乎是保持不变的,在一个约 11 年的太阳活动周期中,变化率不足 0.1%。地球距太阳的距离约为 1.5×10^8 km,在这个距离下,太阳的总能量为 1.371kW/m^2。地球轨道不是完全的圆形,正因为如此,太阳的能量到达地球轨道的卫星时,全年会有 ±3.5% 的变化。在大气顶部和海平面的太阳辐射频谱如图 9.3 所示。

除了太阳整体辐射的均匀性外,其紫外辐射部分随 11 年的太阳活动周期和 27 天的赤道太阳旋转而变化。这种变化从近紫外低频部分的 50% 延伸到紫外高频部分的 2 倍,对于 X 射线频率则为很大的数量级。这种高能辐射是最高层大气加热的最重要因素,这也是在卫星通常的飞行高度上,大

① HEDIN A E. Extension of the MSIS thermosphere model into the middle and lower atmosphere[J]Journal of Geophysical Research: Space Physics,1991,96(A2).

② HEDIN A E,SPENCER N W,BIONDI M A,et al. Revised global model of thermosphere winds using satellite and ground-based observations [J]. Journal of Geophysical Research Atmospheres,1991,96(A5).

③ European Cooperation for Space Standardization. Space environment: ECSS-E-ST-10-04 [S]. ESA,2000.

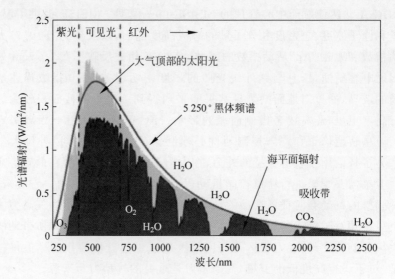

图 9.3　在大气顶部和海平面的太阳辐射频谱

气密度在太阳活动的最大和最小值之间发生大的变化的原因。

地球会反射到达它的部分太阳光。到达地球的太阳光总量与反射太阳光之间的比率称为"反照率"。地球的平均反照率在 0.3 左右，但根据其表面属性的不同，可以在 0.05～0.9 之间变化。在有云和雪的时候会出现最高值，在植被和海洋表面会出现最低值。地球自身也会产生红外辐射，辐射相当于一个温度为 288K 的黑体。

太阳与卫星之间的几何关系是一个主要的设计驱动因素，这个几何关系将在本章的 9.7 节进行讨论。太阳几何对卫星构型和热设计的影响也非常重要，将在下一章的 10.2.3 节和 10.4 节分析。

太阳辐射的压力作用于卫星，会对卫星的轨道和姿态产生摄动。这个影响是非常小的，但它是积累和持续的，所以在地球同步轨道卫星的设计中应该被考虑。相对于太阳能阵列对称的可展开太阳帆板（如图 7.2 所示）能够使卫星具有对称性并且补偿太阳能阵列上太阳光压所引起的力矩。

9.2.5　电离层辐射

太阳、地球大气和地球磁场以复杂的方式相互作用。这种相互作用导致高能电离粒子产生并停留在近地空间的特定区域内。地球大气下部包含离子的部分从大约 80km 至几千千米的高度。在较高的高度上，磁场形状在被称为范艾伦辐射带的区域中捕获了高密度离子。如图 9.4 所示，辐射带是由地球磁场产生的两个带电粒子区域，外辐射带的高度为 25 000～

32 000km,内辐射带高度为 1 000～10 000km。带电粒子会轰击和损坏飞经这两个辐射带的卫星,引起电子器件失效。锁定效应和单粒子翻转事件将会逐渐损伤电子部件。范艾伦带内的辐射较为强烈,卫星必须尽可能地远离它们。在近地空间电离粒子的强度主要取决于地球磁场和太阳活动。

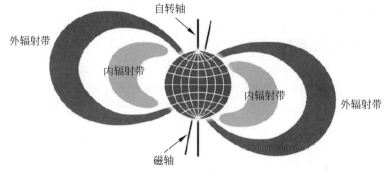

图 9.4　范艾伦带

计算机模型可以为特定轨道、任务时间和任务寿命提供可能吸收的辐射剂量的综合等效。这些模型和其他模型预测离子和中性粒子的影响,可用来确定保护卫星电子部件所需的屏蔽量。高辐射剂量需要使用重型防辐射屏蔽和先进的抗辐射部件,相应的成本会比较高。当卫星穿过等离子区时,会带有静电电势。如果卫星的不同部分带有不同的电势,则它们之间可能存在放电的危险,会损坏敏感的星载设备。在卫星外部覆盖均匀的导电涂层,并在不同部分之间进行接地将有助于避免这些损伤。

9.2.6　地球以外的空间环境

前一节主要描述了地球周围的环境,这是绝大多数空间任务涉及的环境。然而,穿越行星际空间或围绕其他行星轨道的任务需要针对它们在任务期间所遇到的特殊环境进行设计。空间环境专家可为空间任务所要经受的空间环境提供有用的信息。通过跟踪环绕月球和火星运行的卫星,可以用相当高的知识水平推导出这些天体的引力场。造访其他行星的卫星可以测定它们周围的磁场和辐射场。在其他天体上应用的着陆器和漫游车任务的设计需涉及这些目标天体的大气。金星的表面压力比地球高 92 倍,但火星的大气压力不到地球的 1%。木星有一个非常强的辐射带,飞经木星的任务必须要承受如此恶劣的环境。相反,行星际空间的辐射环境是比较良性的,像尤利西斯(详见 8.3.5 节和 9.6.2 节)这样的行星际空间任务具有很长的生命周期就是证明。太阳辐射强度与到太阳距离的平方成反比。当远离太阳飞行时，降低的太阳能强度导致任务需要大型的太阳能电池阵或必须在航天器上携带的其他电源，罗塞塔任务（详见 11.4.2 节）就是这样一个例子。不过，卫星在飞近太阳时，必须承受非常强烈的太阳高通量。围绕水星运行的卫星的太阳辐射水平为 6 249～14 389W/m²，具体水平取决于水星沿其轨道的位置。这对造访水星的任务设计有重大的影响。

9.3 姿态和姿态类型

卫星是在太空中自由运动的物体，必须约定相关的术语来定义它相对于参考系的姿态或方向，如图 9.5 所示。最自然的参考系就是卫星自身的运行轨道。轨道定义了三个方向：

(1) 速度或前进的方向

(2) 朝向轨道中心的天底方向

(3) 轨道面的垂线方向

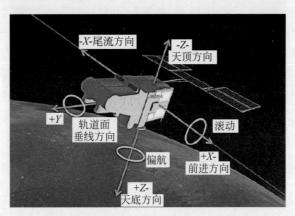

图 9.5　卫星本体轨道参考系及卫星姿态

相应的三个反方向为：反速度或尾流方向、天顶方向和轨道面的反法线方向。卫星的姿态及其旋转可以在这个参考系下定义。对任务来说，天底方向通常定义为自然的"下"方，也就是仪器指向被环绕的被测天体方向，通常是地球。还必须参照一个永久的"惯性"参考平面来确定卫星轨道。对于环绕地球轨道运行的卫星，最佳的参考平面就是赤道面。如图 9.6 所示，地球中心是这个参考系的原点，地球的北极是 Z 轴，Y 轴是白羊座的春分点方向，它定义了黄道和赤道平面之间的交点。当卫星不是绕地球运行时，最好使用太阳的质心作为参考系的中心,并以黄道平面作为参考面。此时,Z 轴将与黄道正交,同样,春分点方向将提供 X 轴方向。这意味着,以地球和太阳为中心的惯性参考系共享 X 轴方向。定义旋转的 3 个特定术语是:

(1) 滚动,绕 X 轴旋转。

(2) 俯仰,绕 Y 轴旋转。

(3) 偏航,绕 Z 轴旋转。

接下来的一节将介绍不同类型的卫星姿态的例子。

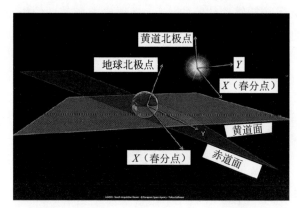

图 9.6　以地球和太阳为中心的惯性参照系

9.3.1　无控卫星姿态

　　一些任务不需要对卫星进行特殊的姿态控制。1975 年和 1993 年发射的两颗法国 Starlette 卫星就是这种类型的范例。如图 9.7 所示,Starlette 卫星是一个小而重的、由镜子覆盖的球形飞行器,镜子反射由地面发送的激光脉冲。通过信号返回的时间可以高精度确定卫星轨道,相应的可以进行地球引力场的测量。这些卫星是完全无源的,完全被镜面覆盖,不需要为了使激光正确地反射回地面而保持特定的姿态。

图 9.7　无控姿态重力传感卫星 Starlette[1]

---

[1]　http://directory.eoportal.org/get_announce.php? an_id=9867

9.3.2 重力梯度姿态控制

如果卫星有一个长轴,这个长轴将会自然的朝向天底方向,被动提供一个指向天底的面。这是一种方便的对准方法,可以为仪器观测和通信提供一个"向上"和"向下"的方向参考。为了稳定,与本地垂直方向对齐的轴应该是一个最小惯性轴。为了避免连续的振荡,卫星应配置振荡阻尼器。

重力梯度的稳定提供了一个参考方向,约束了两个姿态轴,但没有控制偏航方向。为了控制绕偏航轴的旋转,必须要配备辅助的姿态检测和执行工具。绕俯仰方向旋转的动量轮可以提供偏航和滚转方向的回转指向稳定性。在其他情况下,磁力计和磁转矩可用来提供姿态感应和执行,辅助进行被动的重力梯度控制。

图 9.8　Orbcomm 重力梯度稳定卫星[①]

这种方法的精度为 ±5°,尽管不高,但足以满足很多应用需求。最近的一个例子就是由 28 颗卫星组成的 Orbcomm 卫星星座,如图 9.8 所示,它可以提供全球信息收发服务。每个卫星重量为 42kg,携带一根 6m 长的杆,同时提供重力梯度稳定性和一个良好的天底指向,用于定位对地通信天线。Orbcomm 卫星使用磁力矩器进行姿态阻尼。

9.3.3 自旋稳定姿态控制

旋转的卫星具有陀螺惯性,这将使其在惯性空间保持定向,除非出现外部力矩扰动。如果卫星的旋转速度很高,其稳定性也会高,可以确保很高的指向稳定性。通过卫星自旋达到的指向精度可以达到 0.1° 或更高的量级。然而,这种稳定性在需要重新定向卫星指向轴的情况下可能是一种负担,因为需要长时间作用的大扭矩来克服陀螺惯性。

为了实现稳定的旋转,卫星必须绕轴以最大惯性旋转。这将影响卫星的构型,产生鼓状的卫星。如图 9.9 所示,ESA 的 ISEE-2 就是这样的一个例子。自旋稳定卫星的姿态通过太阳或地球敏感器测量。推力器用来改变旋转的速率和对旋转轴的方向进行修正。如果卫星的角动量向量与主惯性轴没有保持一致,就会产生章动运动。章动可以使用无源的章动阻尼器来

---

① http://www.satnews.com/cgi-bin/display_image.cgi?1908629056

避免。在9.6.2节要描述的尤利西斯就是自旋稳定卫星。与重力梯度稳定的情况一样,自旋稳定提供了一个参考方向,并约束了两个姿态轴。自旋稳定为高精度、低成本、简单可靠的姿态控制系统提供了一种简便易行的方法,在过去已经得到了广泛的使用。但是,它的刚性观测几何约束使其不适用于某些应用,同时也引入了对卫星的构型约束。这些将在10.4.2节详细探讨。

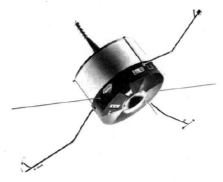

图 9.9 自旋稳定卫星 ISEE-2 (ISEE-B Executive Summary of He Phase C/DProposal by Dornier System and the STAR Consortium 1974)

9.3.4 双旋和动量偏置姿态控制

双旋卫星的一部分相对于另一部分旋转。双旋转具有自旋稳定卫星陀螺惯性的优势,同时为位于卫星非旋转部分的通信天线或仪器提供指向的灵活性。在极限情况下,卫星的旋转部分可以被减少到只有一个动量轮。这样的卫星从外部看是不旋转的,但是其持续旋转的动量轮提供了必要的动量偏置以及相关的良好指向稳定性和陀螺刚度。将在9.6.3节详细描述的铱星就是这种设计的一个例子。在一些情况下,组合的卫星动量能够被减小到0,这不利于通过陀螺惯性来提供卫星的内在指向稳定性,但它具有最大的指向灵活性。如图 9.10 所示,国防支援计划(defense support program,DSP)卫星持续指向天底,从地球同步静止轨道观测地球,通过一个强大的红外线望远镜监视弹道导弹任务。卫星本体以 5.7r/min 的速度旋转,望远镜的视轴相对地球指向的旋转轴倾斜为 7°,卫星的旋转允许望远镜扫过地球表面。为了补偿由卫星巨大的旋转本体产生的大陀螺力矩,DSP卫星配备了一个 80kg 的大动量轮,沿反方向旋转以抵消卫星的整体动量。

图 9.10　DSP 构型①

9.3.5　惯性稳定姿态控制

惯性稳定卫星根据任务需求可以指向任意方向，并保持或改变指向方向。这为卫星姿态提供了最大可能的灵活性。为了实现这个目的，卫星的姿态控制配备了拥有传感器、执行机构、反馈控制回路和控制逻辑的伺服系统。这是最宽的姿态控制策略，根据姿态敏捷度、精度和稳定性的需求，可以使用大量程的姿态传感器、执行机构和控制逻辑。在过去，这种方法被认为是复杂且昂贵的，但随着数字技术的进步，低成本卫星也开始使用惯性姿态控制。低成本的灾害监测星座卫星（disaster monitoring constellation，DMC）系列卫星（详见 11.4.4 节）就是这样的例子。惯性稳定卫星可以分为 3 类：

（1）天底指向：天底指向的卫星面向它们环绕的中心天体，通常是地球。这是地球观测卫星所要求的姿态，经常使用。哨兵-3（详见 9.6.1 节）就是这类任务很好的一个例子。

（2）敏捷、天底指向：在一些情况下，地球观测卫星需要在天底方向一个大的区域内快速进行重新定向。这为观察特别感兴趣的小区域的细节提供了必要的指向灵活性。Pleiades 卫星（详见 9.6.4 节）就是这样的一个例子。

（3）惯性指向：这类卫星可以指向惯性空间中的任何方向。所有在 7.2 节提到的天文台任务都是这个类型。

9.4　轨道及轨道类型

卫星轨道的选择必然导致选择定义它的所有参数。如图 9.11 所示，轨

---

①　http://upload.wikimedia.org/wikipedia/commons/5/5d/DSP_Phase3.jpg

道的定义由 6 个参数组成：

（1）升交点经度和轨道倾角：定义了惯性空间中轨道的平面。

（2）半长轴、偏心率和近地点幅角：定义了轨道面内的轨道。

（3）卫星近点角：定义了卫星在其轨道上的位置。

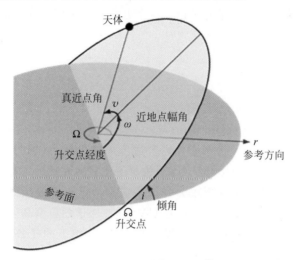

图 9.11　轨道参数定义 [①]

升交点经度 Ω 是纬度起始方向与轨道升交点方向之间的角度。升交点是轨道在上升方向穿过参考平面的点。对于绕地球运行的轨道，参考平面为赤道面，春分点（赤道与黄道面相交的方向）就是起始点。对于以太阳为中心的轨道，参考面就是黄道面，春分点仍然是起始点。

倾角 i 是轨道平面与参考平面之间的夹角。

偏心率 e 定义了轨道的形状。绕质心运行的牛顿轨道是一条二次曲线。圆轨道的偏心率为 0，椭圆随着长轴的延长其偏心率从 0 至 1 变化，抛物线的偏心率为 1，双曲线的偏心率大于 1。

半长轴 a 定义了轨道的大小。对于椭圆轨道，a 是最长直径的一半或椭圆的主轴。

近地点幅角 ω 是从近地点（距离中心天体最近的点）到升交点的角度。

近点角 v 是卫星到近地点的角距离。

除了上述定义的 6 个参数，还有 3 个有用的补充参数，它们是这 6 个参数的函数。

---

① http://en.wikipedia.org/wiki/Image：Orbit1.svg

升交点地方时定义了太阳与轨道的相对角度，即卫星过赤道时星下点的地方太阳时。这个参数通常被用来定义地球观测卫星的轨道。

轨道周期是卫星完成一个完整轨道运行所需的时间，是半长轴的函数。

由于轨道的偏心并且地球是非球形的，轨道高度是变化的。通常，轨道高度为半长轴减去地球赤道半径。这个参数对于理解地球轨道卫星的观测条件非常有用。

9.4.1　低地球轨道

1. 概述

低地球轨道(low earth orbits, LEO)正如其名字所示，是指绕地球运行的高度较低的轨道。运载火箭仅需要适度的能量就可以到达 LEO。LEO 适合于在细节上研究地球的任务，因为从卫星到地表的距离较近，允许在不使用大型仪器的情况下进行较为详细的观测。研究近地局部环境，例如地球的磁场或大气密度，也使用 LEO 卫星。这些轨道的典型高度区间在 500～900km。高度越低的地方大气密度越高，500km 以下的任务就需要越来越复杂的轨道控制部件，还包括大量的燃料。Aeolus(详见 8.3.1 节)轨道在 400km，以便其激光雷达工作，但它需要携带 266kg 的燃料，而卫星的干质量为 1 100kg(除燃料以外的总质量)。ESA 的 GOCE(详见 10.3.1 节)飞行在 250km 高度，需要连续的电推力以补偿大气阻力。范艾伦带恶劣的辐射环境决定了 LEO 卫星的上限。CNES 的 Jason 任务飞行高度为 1 336km。为了承受恶劣辐射环境的影响，Jason 需要采用特殊的防护措施。

轨道高度也受任务观测需要的影响。对于获取小区域高分辨率图像的任务来讲，较低的高度更合适，相比之下，较高的轨道更适合那些中等精度的大幅宽的仪器的任务。典型的高分辨率任务，如 Pleiades(详见 9.6.4 节)，其飞行高度为 694km，典型的大幅宽任务，如哨兵-3(详见 9.6.1 节)，其轨道高度为 800km。

轨道高度对任务操作和与地面联系的机会有明显的影响。轨道高度越高，与地面联系的时间就越长。典型的 90min 低地球轨道卫星经过每个地面站时，能提供 10min 的可见性。地面站的可见性将在第 11、12 章进行研究。

2. 大倾角轨道

这种轨道的卫星速度方向与地球旋转速度方向之间的夹角接近 90°，

地球的旋转速度不能帮助运载火箭。到达大倾角轨道需要比小倾角轨道消耗更多的能量。欧洲小型运载火箭织女星号从赤道附近的圭亚那库鲁航天发射场发射,可以将约 2000kg 的载荷送入 800km 高的轨道。倾角为 0°的圆轨道,但倾角为 90°时,它的运载能力只有约 1500kg。此外,大倾角的LEO 轨道能够提供对地球全球或准全球的覆盖,这使它们成为研究整个地球的理想轨道。大倾角轨道可以与布设在极地附近的高纬度地面站频繁的联系,实现卫星和地面之间的便利通信。

图 9.12 提供了 Jason 雷达测高任务的星下点轨迹。其轨道高度为1336km,倾角为 66°。它的轨道周期进行调整后,每 127 轨可以实现轨迹重访,时间略少于 10 天。Jason 任务作为参考任务,以极高的精度进行海平面和海洋环流的测量。轨道高度的选择主要由于为了获得最高的定轨精度,需要选择引力影响最小和阻力扰动最小的轨道。倾角的设计主要受相互冲突的两方面需求的约束:一是要保证覆盖大部分海洋,二是要确保在作为参考约束点的卫星过境交叉点有较好的几何,应尽可能准确地定位。Jason 的轨道也可以最大限度地减少潮汐对平均海平面测量的影响。铱星(详见 9.6.3 节)通信星座也利用了 LEO 的大倾角轨道,主要目的是使铱星能够提供真正的全球通信覆盖。

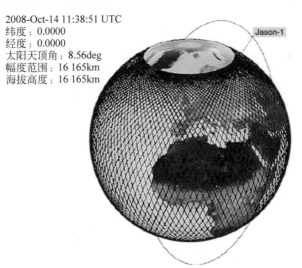

2008-Oct-14 11:38:51 UTC
纬度:0.0000
经度:0.0000
太阳天顶角:8.56deg
幅度范围:16 165km
海拔高度:16 165km

Jason-1

SAVOIR - Swath Acquisition Viewer - © European Space Agency - Taitus Software

图 9.12　Jason 卫星的轨道、轨道平面及星下点轨迹【审图号:GS 京(2024)0686 号】

3. 小倾角 LEO

LEO 小倾角轨道使运载火箭的质量投射能力最大化,使轨道成为那些不需要任何特定观测几何的应用的理想选择,例如微重力或技术验证任务、载人任务等。小倾角卫星不能对整个地球进行覆盖,但可以对它们飞经的有限区域进行快速覆盖。该轨道对于观测区域限制在赤道或热带地区的任务有明显优势,例如研究飓风或其他剧烈、动态的热带事件。NASA 热带降雨监测任务(tropical rainfall monitoring mission,TRMM)和 CNES-ISRO 的(详见 8.3.4 节)研究热带气候形态的热带云任务是两个典型的例子。TRMM 的轨道倾角为 35°,热带云的轨道倾角为 20°。夏季森林火灾多发区域通常在纬度 40°附近的地中海气候区域,所以 40°倾角轨道将是探测和监视这些区域的森林火灾任务的最佳轨道。

9.4.2 LEO 太阳同步轨道

太阳同步轨道倾角使地球引力场(详见 9.2.1 节)的 J2 项产生了轨道平面每年一圈的前移。也就是说,轨道平面是以与太阳相同的速度旋转的。这确保了轨道面与太阳矢量方向的角度基本恒定。如图 9.13 所示,由于地球赤道面与太阳黄道面之间的角度会产生季节性变化,这个角度仅仅是"基本"恒定。

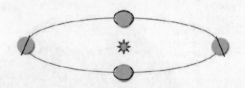

图 9.13　太阳同步轨道及一年中的太阳位置的轨迹形状

太阳同步轨道有以下 5 个优势:

(1) LEO 太阳同步轨道对应的倾角靠近地球两极,几乎可以实现对地球的全部覆盖,典型的轨道高度范围为 500～1 000km,轨道倾角为 97.4°～99.5°。

(2) 基本恒定的太阳轨迹在观测区域上产生了相同的光照条件。观测区域相同的光照使所拍摄的图像具有相对一致的质量,也使在任务期间获取的同一地区的所有图像易于比对。

(3) 太阳与卫星恒定的几何关系,使卫星的其中一边始终被太阳照射,另一边始终背向太阳,因而可以简化航天器的构型和热设计。

(4) 大倾角轨道可以与位于高纬度两极附近的地面站进行频繁的

联系。

（5）天底面是指向被环绕的行星的，这在逻辑上也是安装仪器和通信天线的面。

前三个优势与观测模式有关，后两个则与卫星构型有直接关系。这些优势解释了这种轨道对于地球全球观测所提供的好处。对地观测通常需要规则的轨道样式以实现最佳的对地覆盖、重访以及与地面站的重复联系。这就是为什么对地观测任务要精确重复其轨道星下点轨迹样式，其轨道周期 m 与太阳日 n 一致。如图 9.14 所示，哨兵-2（Sentinel-2）的重复周期为 143 圈，相当于 10 个太阳日。

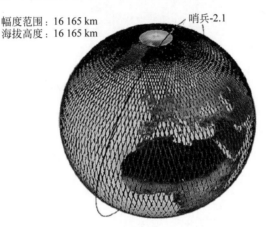

图 9.14　哨兵-2.1 的轨道，其轨道星下点轨迹重复周期为每 10 个太阳日或 143 圈
【审图号：GS 京（2024）0686 号】

9.4 节的开头介绍了升交点地方时这个参数，它定义了太阳、卫星和被观测区域之间的几何，它的选择必须要考虑任务目标。地方时在 6:00 或 18:00 的轨道具有几乎相同的几何形状，其轨道面与太阳光方向几乎垂直。这简化了卫星构型设计，使得产生太阳能量和散热更容易。但这种地方时的轨道光照条件较差，因为太阳刚好位于被观测区域地平线附近，不能完全照亮它们。因此，这些轨道仅适合那些不需要太阳光照射以有效观测其目标的任务，例如合成孔径雷达。12:00 附近的地方时可以为按轨道面垂直方向单轴旋转的太阳能电池阵提供足够的太阳光照，但是卫星在天顶处获得的图像效果是平的，质量较差，所以这种轨道很少使用。8:00～10:30 之间的地方时是光学对地观测的理想选择，大部分此类任务选择在 10:00，包括艾科诺斯卫星（Ikonos）、Spot 卫星、陆地卫星（Landsat）、哨兵-3 和哨兵-2。这种地方时还有一个附加的优势就是早上的薄雾已经消散，但下午的热带

云层尚未形成,可以在云层覆盖最少的时刻进行清晰观测。每条太阳同步轨道一天可以进行两次观测:一次在升轨期间,另一次在降轨期间,但仅有一次可以被太阳光照射。如果需要对观测目标进行频繁观测,可以采用一组不同地方时的卫星星座方案。如图 9.15 的示,NOAA 运营的气象卫星星座——国家极轨运行环境卫星系统(national polar-orbiting operational environmental satellite system,NPOESS)就是这样的例子,它由 3 颗卫星组成,每 4h 对其覆盖区域的信息进行更新。

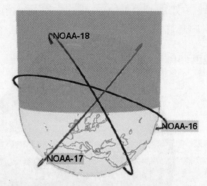

图 9.15　三等分太阳时的卫星星座:NOAA NPOESS 16 在 17:30, NOAA-17 在 21:30
　　　　 NOAA-18 在 13:30

灰色阴影区表示太阳的相反方向。

为了确保相同的观测条件,地球轨道卫星应尽可能保持与被观测目标表面之间恒定的距离。但是地球并不是完美的球形,所以,实际轨道并不是完美的圆形,卫星和地面之间的距离会随轨道路径一直变化。当考虑高阶引力项 J2、J3 和 J12(详见 9.2.1 节)会影响轨道的偏心率 e 和近地点幅角 ω 时,情况会变得更为复杂,进一步增大卫星到地面间距离的变化。尽管如此,初始偏心率和近地点幅角的一定结合有助于稳定这两个参数的长期演化,使卫星轨道高度的这些变化最小化。这种轨道被称为冻结轨道[1],在太阳同步任务中被广泛应用。一般情况下,轨道高度为 800km 左右,冻结轨道的初始参数为偏心率为 0.001,近地点幅角为 90°。哨兵-3(详见 9.6.1 节)和 Pleiades 卫星(详见 9.6.4 节)就飞行在太阳同步冻结轨道上。

哨兵-3 的运行高度(半长轴减去地球赤道半径)为 800km,卫星与地面的实际距离如图 9.16 所示。

---

① 　VLADIMIR A C. Orbital mechanics[M]. Reston, Va. American Institute of Aeronautics and Astronautics,2002.

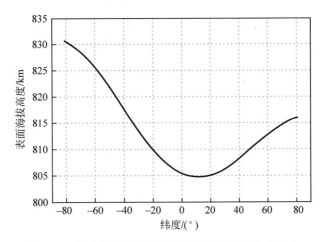

图 9.16   沿太阳同步冻结轨道的哨兵-3 卫星高度变化

9.4.3   中等高度地球轨道

中等高度地球轨道(mid-altitude earth's orbits,MEO)为从 1 200km 以上的 LEO 轨道到 35 786km 的地球静止轨道的范围。轨道周期从 100min 到 24h。这是一个很宽的区域,但任务可以使用的高度区域有限,主要是因为范艾伦带的辐射会对卫星产生不利的环境,因此轨道需要尽可能在高度为 20 000km 的内带之上,但要在外带之下。MEO 轨道的长周期使卫星可以相对于地球表面缓慢地运行,这就可以使其对地球的大部分区域保持长期不间断的可见。这种情况对 GPS、Galileo 这样的导航卫星星座来说是一个特别的优势,两个星座也都在 MEO 的圆轨道上运行。高的轨道高度也提供了低的引力水平和大气密度扰动,可以精确地确定每个卫星的轨道,这对导航卫星是很关键的。GPS 卫星飞行在 6 个平均分布的轨道面上,高度为 20 200km,轨道倾角为 55°,其轨道及地球星下点轨迹如图 9.17 所示。闪电轨道是另一种类型的 MEO,这类轨道的倾角为 63.4° 或 116.6°。在这个倾角上,地球的 J2 项不会引起升交点赤经的漂移。闪电轨道是高偏心轨道,其与地球自转共振的周期为 12h 或 24h。这类轨道会穿过范艾伦带,因此卫星必须要进行承受恶劣辐射环境的设计。这类轨道在卫星与地球高纬度之间的区域提供了长时间的能见度,这些区域与轨道的近地点、远地点重合,24h 轨道可以长时间可见 1 个区域,12h 轨道可以长时间可见 2 个区域。12h 轨道及地球星下点轨迹如图 9.18 所示,这种特征对于需要对上述区域进行有效监测的任务来说是非常有用的。俄罗斯广泛地使用闪电轨道,为其领土提供通信服务。

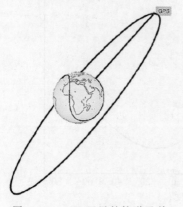

图 9.17　GPS 卫星的轨道及其　　图 9.18　闪电卫星(周期为 12h)的轨道及
地球星下轨迹　　　　　　　　　其地球星下点轨迹

9.4.4　地球同步轨道和地球静止轨道

地球同步轨道是轨道周期为 24h 的轨道。地球静止轨道
(geostationary orbit,GEO)是偏心率和轨道倾角都为 0 的地球同步轨道。
GEO 轨道提供地球表面与卫星之间恒定不变的相对几何关系,可以提供对
地球的广大区域持久的监测以及从这些区域到卫星的不间断的通信链路。
地球静止轨道是通信卫星选择的轨道。GEO 卫星也用来运营气象业务。
单颗 GEO 卫星仅能提供一个区域的可见,为了实现在地球上大部分地区
的全球覆盖,需要 3 到 4 颗卫星。另外,GEO 卫星位于赤道面上,不能观测
两极,也不能从两极被观测。目前的 GEO 气象运营星座由 4 颗 GEO 卫星
组成,其中两颗由美国提供,一颗由欧洲提供,一颗由日本提供。

GEO 卫星到地面的距离为 35 786km,卫星与地球之间通信链路的信
号必须足够强,才能应对如此远的距离。对于地球观测卫星,从 GEO 轨道
获得的空间分辨率将相应地低于通常从 LEO 轨道获得的空间分辨率。最
佳的通信和观测几何在赤道上,卫星在其正上方,几何在向两极移动的过程
中会逐步退化。在纬度为 76.3°的地方,地球静止轨道卫星仅有 5°的当地
水平仰角。这么低的仰角限制了高质量通信链路,因为信号越来越受到大
气厚度的影响。地球高纬度地区的观测几何因为卫星视线与地平线之间的
大角度而发生严重的变形。图像的几何变形已经在 8.4.3 节进行了研究。
由于在这些高纬度地区的几何变形、信号穿过大气层的厚度以及低水平太

阳光照,当 GEO 的观测目标在 60°以上纬度地区时,其观测质量是有问题的。如图 9.19 所示,GEO 卫星位于赤道平面,太阳位于黄道平面。所以,一年中有半年太阳在 GEO 卫星轨道面的上方,另外半年在其下方。

图 9.19　第二代气象卫星轨道及其与黄道面的几何关系

　　非地球静止的地球同步轨道是一些特殊的应用感兴趣的。大倾角的圆形地球同步轨道可以对高纬度地区提供很好的可见,如两极地区。即使如此,当卫星观测某一个极区时,另外一个极区也是无法可见的。所以,单颗卫星不具备连续观测的能力。这恰恰是地球同步轨道观测最有价值的地方。对两极实现连续的观测需要 3 至 4 颗卫星,但这通常难以实现,闪电轨道(详见 9.4.3 节)是高纬度专用卫星的首选。IUE(详见 7.2.1 节)使用非静止的地球同步轨道实现了与两个任务所用的两个地面站中的任何一个的连续通信联系:两个地面站一个位于美国,另一个位于欧洲,其星下点地面轨迹如图 9.20 所示。为了精确地维持其轨道,GEO 卫星必须克服两类摄动:

　　(1) 轨道倾角的改变,会引起卫星在地球上星下点轨迹的变化摄动。这是由太阳和月球的引力作用将卫星推离赤道平面引起的。这种影响的结果是轨道倾角每年增加 1°,持续 17 年,倾角最大达到 15°,之后效果将会开始逆转。

　　(2) 卫星在地球上星下点轨迹在东西方向移动的摄动。地球赤道并不是完美的圆(实际情况通过 J22 引力项来表述)。J22 对 GEO 卫星的轨迹产生了一个围绕稳定经度缓慢的运动漂移,在经度为 75.3°E 和 255.3°E 的地方正好与地球的最小半径一致。

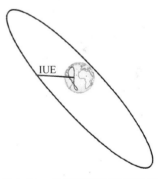

图 9.20　地球同步轨道 IUE 的
星下点地面轨迹

　　在大多数任务中,都需要对轨道摄动进行控制。7.3 节提到的 MSG 卫星使用了其携带的 976kg 推进剂中的 11%[①]来进行南北修正,4%来进行东

　　① European Space Agency. Meteosat second generation. The satellite development: ESA BR-153[R]. ESA,1999.

西修正,剩余的 83% 用于将卫星从阿丽亚娜火箭提供的过渡大椭圆地球同步转移轨道(geostationary transfer orbit,GTO)送入最终的 GEO 轨道。地球同步转移轨道是到达 GEO 轨道所使用的过渡轨道。它是一个远地点在 GEO 的高度、近地点在几百 km 高度的大椭圆轨道。像阿丽亚娜等许多运载火箭会将卫星送入 GTO 轨道,卫星本身应携带足够的燃料,以便将自身运送到 GEO 轨道。

9.4.5 长周期地球轨道

特别长的周期的轨道(24h 以上)对于将位置置于远离地球及其摄动的卫星是有用的,可以提供对天球的长时间不间断观测。这对天文研究是有特别有好处的,XMM-Newton(见第 7 章图 7.8)就是最典型的一个例子,它的轨道近地点高度为 7 365km,远地点高度为 113 774km,轨道倾角为 49°,轨道周期为 2 天,其轨道及其星下点轨迹如图 9.21 所示。在远地点附近,这个轨道允许连续进行 30h 的不间断观测,能够指向太空中同一个方向,同时能够保持在地球辐射带上方,避免对仪器的潜在影响。Cluster(详见11.4.1 节)是一个由四颗搭载原位测量仪器的卫星组成的星座。其轨道略有不同,近地点约为 25 500km、远地点约为 125 000km、倾角为 90°,图 9.22所示。这种轨道能够对地球磁场和太阳—地球之间相互影响的环境进行最佳分析。大倾斜椭圆轨道可以对地球磁场的大部分区域进行测量,仪器可以从距地球不同距离以及磁场的不同纬度进行采样,包括从最近的地球赤道面到最接近两极的地区。

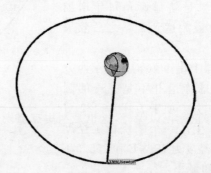

图 9.21　XMM 卫星轨道及其地球星下点轨迹

9.4.6 拉格朗日点

拉格朗日点是太空中卫星的轨道受两个大天体的引力影响而保持平衡

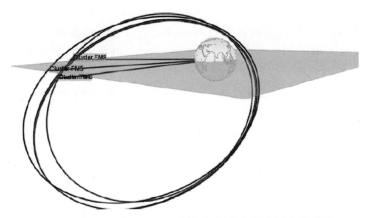

图 9.22　四颗 Cluster 卫星的轨道，图中也标出了黄道平面

的点，因而相对于它们保持静止。它们是圆形"三体问题"的固定解。日地系的拉格朗日点是相当重要的，在这些点上，卫星轨道将与地球和太阳保持固定的几何关系。在日地系中共有 5 个拉格朗日点，其中 L1、L2 点对于空间任务是有用的。L1 点位于地球与太阳之间的引力平衡点，在地球—太阳之间的连线上，距离地球 150 万 km。这个轨道是理想的、可以连续对太阳进行观测的轨道，且不会受由地球引起的摄动影响。ESA 和 NASA 联合开展的 Soho 任务搭载了太阳观测仪器就部署在 L1 点，类似于 NASA 研究从太阳到达地球的电磁扰动的 ISEE-3 任务。L2 点距离地球也是 150 万 km，但在地球后面与太阳相对的一侧。JWST（详见 8.3.2 节和 10.3.2 节）使用了 L2 点所在的轨道。卫星在 L1 和 L2 点不仅能够与地球和太阳保持固定的几何关系，对于需要高灵敏度和精确度的仪器，例如探测遥远或微弱天文信号的仪器，它们还能提供非常好的保护，抵御地球和太阳引起的光学和热扰动。即便如此，正好位于 L1 或 L2 点的轨道仍确实存在不稳定性，位于这两个点的卫星会逐渐漂远。L1 和 L2 侧面的轨迹称作"晕轨道"，需要中等水平的轨道修正就可以保持，这也是利用拉格朗日点的空间任务实际使用的轨道。

9.4.7　行星际轨道

行星际轨道在对于行星际空间"原位"事件的观测任务或者对遥远天体需要近距离考察时是必需的。

尤利西斯（详见 8.3.5 节和 9.6.2 节）就是这样的例子。它是一个对远离黄道面的区域进行原位观测的任务，需要轨道能够使卫星通过日球层的高太阳纬度区域，其二次太阳轨道如图 9.23 所示。为了到达目标轨道，尤利西斯利用木星对轨道倾角进行一个较大的改变。卫星使用了 IUS 和有效载荷辅助模块（payload assist module，PAM）两个专用的大型推进平台来达到这样的目标。罗塞塔（详见 11.4.2 节）是另一个复杂行星际轨道任务，其目的是在前往与其最后目标彗星会合的途中观测两颗小行星。罗塞塔的轨道是非常复杂的。它于 2004 年 3 月在库鲁发射场发射，包括 3 次飞掠地球的变轨机动，1 次飞掠火星的变轨机动，以及两次飞掠小行星 Lutetia 和 Steins 的变轨，并最终在 2014 年 11 月与彗星交会。这个任务将持续 10 年。

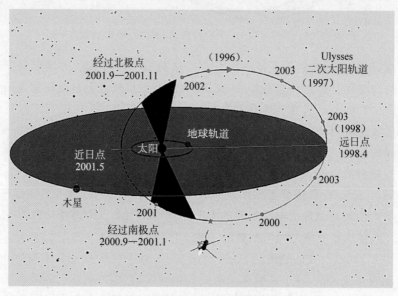

图 9.23　尤利西斯二次太阳轨道①

9.4.8　绕其他行星的轨道

卫星到达其他行星的卫星速度过高，必须降低速度才能被捕获。为了实现表面观测或着陆，轨道必须被进一步修正。对于环绕轨道运行的卫星，其对行星的观测模式将依赖于行星的旋转速度，就像环绕地球运行的轨道一样，还依赖于行星偏离球形的程度。火星的大气非常稀薄，所以轨道高度可以比环绕地球的低得多，利用响应较小的光学器件就能得到高分辨率的

---

① http://ulysses.esa.int/science-e-media/img/ba/Ulysses.

观测结果。如图 9.24 所示，ESA 火星快车任务最终绕火星飞行的轨道倾角为 86°，远火点距离火星表面为 10 107km，近火点为 298km，轨道周期为 6.7h。

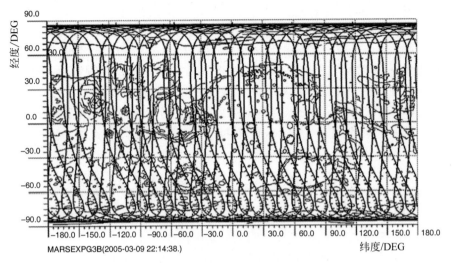

图 9.24　火星快车 9 天的轨道星下点[1]

9.5　任务阶段、模式及卫星姿态

纵观卫星的整个寿命期，在不同的阶段需要不同的姿态和姿态控制方法。每一种姿态控制方法称为一个"任务模式"。典型的阶段及其相应的姿态模式包括：

（1）初始化阶段。这个阶段开始于运载火箭释放卫星，终止于卫星建立一个安全的姿态，以及确保足够的电力供应、散热和通信。在这个阶段，卫星还将接通确保其自身无限生存所需的所有部件。也就是说，卫星以"安全模式"结束，其姿态和姿态控制可以确保卫星在无限时间段内安全运行。

（2）试运行阶段。开始于卫星展开其在初始化阶段没有展开的所有机构完成重新构型的时刻，并对所有的卫星平台和仪器的部件逐步开机、校准和表征。这一阶段结束时，卫星处于"标称模式"和姿态，准备执行所有功能。

---

① 图片来自于 GMV。

（3）标称运行阶段持续整个任务，但有中断。卫星开始根据任务目标获取观测数据。在这个阶段，卫星以标称姿态保持标称模式。

（4）轨道控制。这种模式将在短期内被有规律地激活。卫星将暂停数据获取，以便进行轨道校正，并根据需要启动推力器。为了轨道控制的需要，卫星可能需要进行大的姿态机动以使推力器调整至所需的方向上。

（5）安全模式。在卫星出现重大故障时，卫星将进入安全模式。在这个模式下，卫星会有一个安全的姿态，可以在没有危险的情况下永久保持，而卫星的大部分都是不能工作的。

（6）休眠模式。对于长时间需要处于最少活动状态的任务需要这种模式。例如罗塞塔（详见 11.4.2 节）在抵达目标彗星之前，在大部分的长时间飞行中处于休眠模式。

（7）离轨。这个阶段是在任务的最后阶段启动的。卫星需要进行专门的轨道机动以确保其再进入地球大气层。这一步的目的是使不再运行的卫星不会以空间碎片的形式危及未来的空间任务。在离轨模式期间，航天器的许多电子设备要关闭，并将燃料从储箱中排空。

这些阶段和模式可以根据每个任务的需求变化，例如火星任务轨道不需要进行离轨，一些卫星可能不需要轨道控制模式。然而，为了确保卫星的安全，所有任务都需要具备安全模式，其中最重要的参数应当是设计强健的，而在标称模式下，要保证任务所需交付产品的精度。这两个模式需要不同的敏感器、执行机构和不同的姿态控制回路。安全模式强健的姿态控制需要使用可靠的敏感器、执行机构和控制逻辑，保证其在大部分卫星部件失效或刻意关闭的情况下，仍然可以继续执行姿态控制功能。适用于安全模式的敏感器包括磁力计或太阳敏感器；适合的执行机构包括磁力矩器和独立提供回转刚度的开环轮子。控制逻辑可以是数字的或模拟的，只要在卫星的主要数字计算机停止工作期间它能具备功能就可以。标称模式下精度更高的姿态控制可以使用地球或恒星敏感器和由数字控制回路管理的动量轮来实现。控制回路很可能是数字的，并且安装在卫星的中心计算机中或者专门用于姿态控制的计算机中。

图 9.25 显示了哨兵-3 在地面和在轨期间的模式。关机模式、测试模式和待机模式是允许进行卫星测试的地面模式。发射模式是卫星安装在运载火箭上的模式。所有其他的模式都已经在上文进行了阐释。模式的转换可以通过遥控实现或自主实现。

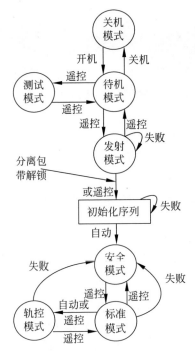

图 9.25　卫星地面和在轨模式及模式转换示例[1]

9.6　轨道和姿态示例

9.6.1　哨兵-3

这个地球观测任务的目标和仪器在 8.3.3 节已经介绍了,本节主要考察哨兵-3 的轨道和姿态。

1. 轨道

哨兵-3[2]飞行在倾角为 98.65°、半长轴为 7 178km 的太阳同步轨道上,相当于轨道高度 800km。其轨道周期为 6 059s。为了获得最佳的陆地、海洋影像覆盖和海洋测高,卫星轨道具有每 27 天飞 385 圈的重访模式,相当于每天运行 14+7/27 圈。将 7/27 近似为 1/4,其重访周期几乎为 4 天,即

---

①　Alcatel Alenia Space. AOCS technical justification-Sentine-3 definition phase：S3-RP-AAF-SC-375[S]. Alcatel Alenia Space,2006.

②　BAILLION Y,JUILLET J,AGUIRRE M,et al. GMES Sentinel3：A long-term monitoring of ocean and land to support sustainable development[C]//Proceedings of IAC-07-B. 1. 2. 04,2006.

哨兵-3B

哨兵-3A

图 9.26　哨兵-3 A、B 双星轨道和
1 天的星下点轨迹

【审图号：GS 京(2024)0686 号】

可在 4 天内(或在 2 天内使用两颗位于同一轨道但相距 180°的卫星)实现最佳的光学观测覆盖,并在 27 天内实现对海洋的高度测量。轨道平面的升交点地方时是 10:00,这是一条偏心率为 0.001 148,近地点幅角为 90°的冻结轨道,如图 9.26 所示。

需要对卫星轨道进行控制,使实际的星下点地面轨迹与标称轨道的偏差不超过±1km。为了所有的轨道控制需要,哨兵-3 携带了 120kg 的肼和两组 4 个 1N 的推力器。推力器用于初始轨道入轨误差的修正、轨道控制和运行寿命末期的离

轨控制。离轨时通过推力器将卫星轨道高度降至 500km,之后,大气阻力将使卫星在一个合理的时间期限内再入大气层销毁。哨兵-3 携带高性能的 GPS 导航敏感器,其主要功能是通过厘米级的高精度轨道确定(经过地面处理后的精度)来支持雷达高度计。GPS 也以 10m 量级精度实时提供卫星的位置。轨道修正机动只能通过地面遥控实施。

2. 姿态

哨兵-3 的姿态和轨道控制系统是天底指向、具有"偏航转向"三轴稳定的。后一特征是必需的,因为在标称姿态模式下,卫星的对地指向保持仪器与地球表面的垂直。在偏航转向之下,卫星绕自身偏航方向转动,以补偿因地球自转引起的图像扭曲。在赤道需要 4°的偏航转动,随着纬度的升高逐步降低,一直到两极为 0°,这些变化以轨道频率的两倍在环绕轨道期间发生。

在高精度标称模式下,姿态控制基于四个反作用轮,通过改变轮子的速度来提供任何期望方向的精确控制力矩。带有三个星敏感器的光学头提供卫星的姿态和姿态变化率参数。如果三个星敏感器中的一个失效,仍然可以提供姿态和姿态变化率,但性能会相应下降。通过使用磁力矩,可以将轮子的速度保持在可接受的水平以内。正确的磁力矩设置依赖于地球的磁场,其强度是根据星载场的模型和卫星的位置推导出来的,而卫星的位置由 GNSS 敏感器提供。在标称模式下,其指向误差优于 0.1°,姿态测量误差优

于 0.01°。卫星具有使其自身指向太阳的非标称安全模式,提供与其长期生存相适应的能源和热条件。在安全模式下,哨兵-3 使用了一组精度较差但可靠性较高的姿态敏感器和执行机构。磁力计、粗太阳敏感器和粗陀螺仪提供姿态感知。磁力矩器提供姿态控制,轮子提供陀螺稳定性,但它们处于开环状态,并不用于姿态修正。在这种模式下,磁场的强度和方向是由磁力计提供的。卫星还有一个轨道控制模式,用来执行大的轨道面外机动。在该模式下,推力器用来进行姿态控制,但轮子不运行。姿态由作为星敏感器补充的粗速率敏感器提供。

9.6.2 尤利西斯

尤利西斯是科学任务,于 1990 年发射,用于研究太阳和日球层,这些在8.3.5 节已经介绍过。尤利西斯在 2008 年退役,寿命期是 18 年。

1. 轨道

8.3.5 节提到,尤利西斯的仪器要进行原位测量,因此必须穿过日球层才能进行研究。为了提供所有太阳纬度的日球层全貌,卫星的最终轨道以日心为中心,其近日点为 1.35AU、远日点为 5.4AU,相对太阳赤道来说轨道倾角为 80°(详见图 9.23)。卫星从太阳的一极到另一极沿整个纬度区域绕太阳飞行,其轨道周期为 6.2 年。

为了实现以高达 80° 的日心纬度绕太阳两极运行的主要目标,该任务需要设计非常特殊的轨道控制策略,这需要大量的能量。尤利西斯仅重370kg,需要一整架航天飞机运载卫星和它的 IUS、PAM 各一个附加级,如图 9.27 所示。附加级使其达到 15.4km/s 的最终速度,尤利西斯也因此成为当时历史上最快的人造物体。另外,卫星需要利用木星进行飞掠变轨,将原始入射轨道的 23° 倾角变至任务最终需要的 80°。尤利西斯在行星际空间进行 16 个月的巡航后到达木星。

卫星装配了星载推进子系统用于进行小的轨道修正机动。卫星的位置由任务控制中心确定,该中心也指挥完成对推力器所有必要的操作。推进子系统包括两套四个推力器,每个有 2N 的推力。推力器携带了 33.5kg 的肼,存储在独立的球形压力罐内。

2. 姿态

卫星(详见图 8.10)是自旋稳定的,绕由天线视轴定义的轴以 5r/min的速率旋转,该视轴持续指向地球。由于其 6.2 年的轨道周期,这个方向的改变是极其缓慢的,可以认为在惯性空间是固定的。姿态和轨道控制子系

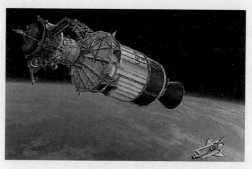

图 9.27　安装在 IUS 和 PAM 附加级顶部的尤利西斯[①]

统(attitude and orbit control subsystem,AOCS)的主要功能是保持航天器的自旋轴指向地球,并保持 5r/min 的自旋速率。附加功能是由轨迹控制需求、章动阻尼及因科学原因进行的姿态测量等因素决定的。航天器的对地指向姿态是由从冗余的太阳敏感器得到自旋速率、自旋相位以及太阳方位角信息的系统来测量和控制的。为了修正自旋轴相对于地球指向的平缓漂移,AOCS 需要周期性地执行机动操作。这些操作可以通过星上闭环控制、地面或者时间标记的命令开环控制等方式实施。肼推力器也可以提供必要的旋转速度和方向控制校正。姿态控制由被动的章动阻尼器提供支持。章动阻尼器的外形是一根管子,在内部将一个小球置于浓度较大的液体中,当其旋转轴相对于卫星的标称旋转轴产生章动时,小球会移动并消耗能量。卫星有一对 72.5m 长的钢丝臂,通过由卫星自旋产生的离心力保持拉紧状态。每根钢丝臂的根部有一个被动的管状阻尼器,以降低钢丝臂和航天器之间的振动。AOCS 具有故障模式检测和保护功能,可以进行自动防故障操作,并通过自动或地面初始化恢复序列两种手段进行功能重启。AOCS 还提供自主系统功能,用于安全的航天器重新配置。因地面与航天器之间的信号传输时间长,在出现意外的或预料之中的地面站无法跟踪情况下需要这样做。如果航天器在指定时间内最多有 30 天没有收到地面的指令,卫星就会启动搜寻模式来重新捕获地球。如前所述,为了到达最终的轨道,尤利西斯需要它的 IUS 和 PAM 两级火箭进行点火。为了保持稳定性,点火需要在非常高的自旋下进行。通过展开上文提到的钢丝臂,可将这种高自旋速度降低到标称的 5r/min。

---

①　European Space Agency. ESA achievement:BR-250[R]. ESA,2005.

260

9.6.3　铱星

1. 目的

铱星[1]是一个由 66 颗卫星组成的星座,服务于全球移动通信业务,能够提供真正的全球移动电话通信。铱星电话上行链路信号可以发射至星座中任何可见的卫星,卫星具有的切换技术可以在星间直接将信号传输给星座中位置最便利的邻近卫星。信号最终将通过下行链路传输给一个局域网关,该网关提供与整体通信网络的连接,或者信号可以直接到铱星电话接收。铱星的星间能力为局域网关的位置和数量提供了广阔的灵活性,其可以通过网络直接连接到公共电话系统。每颗卫星能直接进行高达 3 840 路的语音通信。信号从铱星电话发送到接收卫星、从最终的发射卫星发送到接收的铱星电话均使用了 L 频段传输。位于卫星上的可转向的 Ka 频段终端用于星间信号传输以及与局域网关之间的信号传输。铱星通过通信公司出售其服务,也可以使用铱星的功能提供增值产品和服务。每颗卫星的质量为 680kg。最初的设计寿命是 5~8 年。这些卫星在 1997—1998 年之间发射,但直到 2009 年,卫星的功能仍然正常,远远超过了设计寿命余量的要求。星座提供服务至 2014 年,对于铱星的更新计划目前正在开发中。

2. 轨道

铱星星座分布在六个轨道面。基线星座为 66 颗在轨卫星和 12 颗在轨备份星,其星座如图 9.28 所示。铱星轨道为 LEO 圆轨道,轨道高度为780km,倾角为 86.4°。选择这一高度是为了实现卫星和地面移动电话之间通信链路的最优化。倾角的选择主要考虑了最大的轨道稳定性,为了避免卫星在两极地区发生碰撞,在卫星之间保持了适当的距离。轨道周期为100min28s。轨道设计的主要需求是提供对地球不间断地全部覆盖。每颗铱星有一个大型对地指向的天线,提供 48 个 L 频段搭接的点波束。其总的覆盖区域直径大约为 4 400km,轨道的控制精度为横向 6km、沿迹方向 5km。卫星的轨道参数由星上传播,每周更新一次。相邻卫星的位置信息会传递给每颗卫星,作为可转向交叉链路天线的引导。每颗卫星安装了 7 个肼推力器,用于与运载火箭分离后的初始姿态控制、捕获地球、起旋、上升和下

---

① 　FOSSA CE,RAINS RA,GUNSCH GH,et al. An overview of the IRIDIUM(R) low Earth Orbit (LEO) satellite system［C］//Proceedings of the IEEE 1998 National Aerospace and Electronics Conference. NAECON 1998. Celebrating 50 years(Cat. No. 98CH36185). IEEE,1998.

降。同时还配备了一个电热肼推力器用来进行大的变轨。

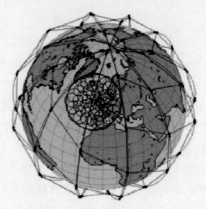

图 9.28　铱星 66 颗卫星的星座。图中显示了地面上的 L 频段天
线阵的覆盖区域①【审图号：GS 京（2024）0686 号】

3. 姿态

铱星的姿态和轨道控制系统提供了姿态控制和轨道及星座保持。在轨期间其姿态为天底指向，卫星的长轴指向地球。卫星是动量偏置稳定的。这种姿态②需要在所有天线中提供正确的可见性来驱动：

（1）3 个 L 频段天线用来进行卫星与地基铱星移动电话联系。

（2）Ka 频段馈电链路用来连接地基网关。

（3）Ka 频段交叉链路用来进行卫星与星座中与其距离最近的 4 颗卫星之间的联系，分别是位于同一个轨道面前后的卫星和位于相邻轨道面左右两侧的卫星。

在标称姿态模式，卫星的主要姿态控制是通过独立俯仰轴动量轮提供的陀螺稳定性来实现的。一个精密的地平线传感器提供主要的姿态参考，可以检测地平的红外信号。通过指令改变轮子的速度可以消除俯仰误差，滚转和偏航误差控制可以通过两个磁力矩杆的控制扭矩来实现。磁场方向是由三轴磁力计来决定的。标称姿态下，滚转方向的指向精度为 0.2°、俯仰为 0.3°、偏航为 0.4°。从运载火箭分离后，三轴陀螺仪可以作为姿态参考。在最初的地球捕获期间，可以使用宽视场低精度地球敏感器，采用上文所述的肼推力器控制姿态。这样的敏感器组合也在轨道机动期间的姿态控

---

① 图片由铱星公司提供。

② GARRISON T P, INCE M, PIZZICAROLI J, et al. Systems engineering trades for the IRIDIUM constellation[J]. Journal of Spacecrafts and Rockets, 1997, 34(5): 675-680.

制中使用,包括卫星在轨贮藏、抬高及降低轨道。卫星使用吹压式单一组分肼推进子系统承担所有推进功能。

9.6.4　昴宿星

1. 目的

如图 9.29 所示,昴宿星[1]是由两颗地球观测卫星组成的星座,提供宽带全色、蓝、绿、红和近红外 5 种谱段的高空间分辨率图像。这些图像在天底方向的空间分辨率为 0.7m,每幅图像提供的视场为 20km。组成它的卫星是两颗敏捷卫星,能够实现快速的指向和灵活的图像获取,其组成的星座能够对全球目标进行每日访问。该任务对于普通测绘、重要军事和民用安全需求来说是理想的。该项目由 CNES 主导,与瑞典、比利时、西班牙和奥地利合作,开始于 2001 年,第一颗卫星在 2010 年发射,第二颗在随后一年发射,设计寿命为 5 年。每颗卫星重为 1 000kg,太阳能电池阵能产生 1 500W 以上的电量。

图 9.29　昴宿星卫星[2]

2. 轨道

昴宿星飞行在高度为 694km 的太阳同步冻结轨道上,其星下点轨迹如图 9.30 所示。星座的两颗卫星在轨道上相位相差 180°,每天运行 14+15/26 圈,太阳同步轨道倾角为 98.2°。升交点地方时为 10:30。其轨道的星下点轨迹能够实现在每天对地球上任何一点进行访问。每颗卫星都使用

---

①　http://132.149.11.177/PLEIADES/GP_satellite.htm.

②　http://132.149.11.177/PLEIADES/Fr/index.htm.

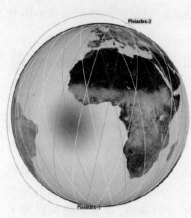

图 9.30　两颗昴宿星卫星 1 天的星下点轨迹【审图号：GS 京（2024）0686 号】

Doris 接收机实现自主定轨，其定位精度约为 1m。卫星轨道控制[①]使用的是一种包含了所有相关设备模块化的推进子系统。肼系统基于四个 1N 的推力器和一个 104L 的贮箱。这些推力器用来进行轨道控制，但不用于姿态控制。

3. 姿态

在标称模式，姿态确定任务由一套陀螺恒星系统来执行，包括提供角速度的陀螺仪和提供角位置的星敏感器。机动期间，固态光纤陀螺用来进行高精度定姿。所有定姿单元中起重要作用的光学头都位于载荷仪器上，以便将仪器视线的热扭曲降至最低。根据卫星的高敏捷性，姿态控制系统可以在"空间迷失"条件下确定卫星姿态，并通过判别星图来识别其初始姿态。昴宿星是一个很高分辨率的任务，其指向要求也就相应地非常严苛。卫星能够以 10m 的精度正确定位地面影像。在 694km 高度上，这相当于 14μrad 的指向精度。为了实现最佳机动所需的快速重新指向，它使用了一组由四个控制力矩陀螺（control moment gyros，CMG）组成的姿态执行机构，每个执行机构提供 15N·m 的动力。卫星采用专门的指导技术，避免了 CMG 常见的缺陷；它不是遵循一个可以锁定在奇点组的预定义姿态文件，而是在考虑卫星的历史和轨迹后进行组的重新定向，从而全面优化系统。这种方法允许使用全部的角动量能力包络，大约是基本 CMG 动量的 3.2 倍，可以实现简化的 CMG 组管理飞行软件。昴宿星也有安全模式，称为"捕获和安全保持"模式，其利用了地球磁场变化。在这个模式下，卫星每轨绕垂直于轨道平面的轴旋转两周。

综上所述，昴宿星是一个敏捷卫星，能够沿迹向或横向机动。这允许创建 20km×20km 的独立图像的"马赛克"，这些图像加在一起可以提供高达 120km×120km 的大图像。卫星能够指向的天底方向为 ±43°，该状态下两颗卫星组成的星座可在不到 1 天的时间内（详见 9.9.4 节）实现全球重访。

---

① BAUDOIN A，BOUSSARIE E，DAMILANO P，et al. Pleiades：a multi mission and multi cooperative program[J]. Acta Astronautica，2002，51(1/9)：317-327.

卫星构型紧凑,望远镜位于中心位置。它配置了可展开的太阳能电池阵,展开后的阵面会牢固地附着在航天器本体上,并具有辅助加强筋。这样就可以将惯性最小化、刚度最大化,同时卫星的敏捷性能也达到了最优化。卫星强大的 CMG 组可以使其在 8s 内旋转 5°、在 25s 内旋转 60°。昂宿星的敏捷性允许其每天获取多达 450 幅的图像。

9.7 卫星周围的几何关系

本节分析卫星周围天球的几何关系,要探讨的要素包括:

(1) 太阳。在 1AU 距离处的太阳张角大约为 0.5°。只有在不被地球遮挡时,太阳才可见。

(2) 地球。地球张角的大小取决于轨道高度,在高度为 800km 的 LEO 轨道上,地球的角距为 125°,在 GEO 轨道时角距为 17.4°。

(3) 深空占据以卫星为中心的剩余天球空间。

(4) 对于遥感卫星,观测目标的方向将决定仪器的指向。观测目标位于地球上或深空中。

(5) 通信地面站位于地球表面。

卫星周边的几何取决于卫星的轨道和姿态。姿态在这两个因素中更加重要,因为其主要决定了卫星周围的方向,而轨道主要决定了张角。卫星周围的天球几何对卫星的构型有强烈影响,10.4 节将详细讨论卫星周围的几何作为设计约束是如何影响卫星构型的。

9.3 节列出了 5 种可能的姿态策略,9.3.1 节研究了缺乏可以系统分析几何关系的无控卫星;9.3.2 节研究了重力梯度卫星,并从几何角度指出它们是天底指向的,本节将研究它们的特殊几何结构。9.3.3 节分析了旋转的稳定性,通过旋转来稳定的卫星有其自身特殊的观测几何,这一内容也在本节进行了进一步分析。9.3.5 节将惯性稳定卫星分为 3 类:天底指向的、敏捷的和惯性指向的。天底指向的惯性稳定卫星与天底指向的重力梯度卫星具有相同的几何,将他们在一起讨论。敏捷卫星具有广泛变化的几何关系,需要单独分析,惯性稳定卫星的特殊几何也是如此。9.3.4 节考察了双旋和动量偏置姿态:卫星的旋转部分具有自旋卫星的几何关系,但非旋转部分的几何是惯性指向或天底指向的。因此,围绕卫星几何关系的详细分析将考虑四种情形:

(1) 天底指向卫星。

(2) 自旋卫星。

（3）指向惯性空间的卫星。

（4）敏捷卫星。

这四种类别将在接下来的内容中涉及。

9.7.1 天底指向的卫星

1. 概述

对于天底指向卫星,地球的方向相对于卫星来讲是固定的,即地球一直处于天底方向。通常,决定了仪器方向的观测目标和决定了天线方向的地面站都是位于地球上的。

地球占据的立体角是卫星高度的函数,其函数关系如图9.31所示。轨道很低时,地球几乎占据了卫星周边一半的天球空间,越高的轨道对应的地球立体角越小。在使用最频繁的、约800km高度的轨道,地球占据了天球空间的1/3。在GEO轨道,地球占据直径为17.4°的立体角。此外,太阳占据的立体角为0.5°,可以认为对所有季节和环绕地球运行的所有轨道高度来说都是恒定的。

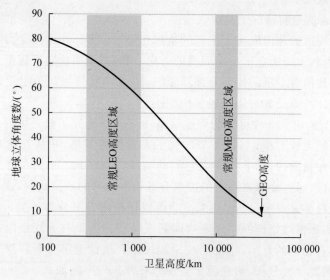

图 9.31 地球立体角与卫星高度的函数关系

如图9.32所示,太阳/轨道几何取决于轨道倾角及地球—太阳矢量的方向。地球—太阳矢量随季节移动,但其一直处于黄道平面内,轨道倾角相对于赤道面来说是固定的,赤道面与黄道面之间的夹角为23.4°。这意味着太阳/轨道几何将随四季的变化而变化,太阳/轨道方向相对于轨道面将

向上和向下移动 23.4°。太阳/轨道几何定义为太阳方向与标称轨道方向
的夹角，术语为 β 角。天底指向姿态的卫星在惯性空间中每轨旋转一周，在
卫星固联参考系内，太阳也同样绕卫星每轨旋转一周。这意味着太阳在卫
星的每一轨的飞行过程都是一个如图 9.33 所示的圆锥。该圆锥的轴是与
轨道平面垂直的矢量，锥角为 β 角，并随季节变化；当太阳接近轨道面时，
锥角会张大；当太阳与轨道面接近垂直时，锥角会更加尖锐；当太阳几乎
垂直于轨道面时，其方向沿轨道几乎保持不变；当太阳位于轨道面时，其方
向将绕卫星旋转。

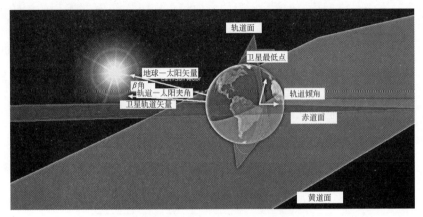

图 9.32　地心惯性参考系下的卫星轨道—地球—太阳几何关系【审图号：GS 京（2024）0686 号】

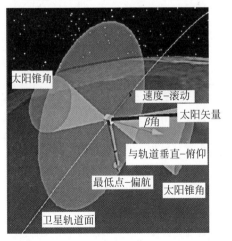

图 9.33　卫星本体参考系下的卫星轨道—地球—太阳几何关系

当由地球占据的立体角比太阳至天底轴向的角距大时，地球将遮住太

阳。当太阳与轨道面接近垂直时,锥角将变得非常尖锐,太阳将一直远离天底方向,轨道将不会形成日食。当太阳位于轨道平面内时,日食的时间是最长的,与由地球占据的天球空间部分成正比。在标称的 LEO 轨道,地球立体角的半径约为 60°(如图 9.31 所示),最长的日食时间约为轨道周期的 1/3。

这意味着,相对于天底指向卫星的太阳几何是随轨道变化的,可以描述成一个圆锥,并且随着季节变化而改变 β 角。这个变化范围较大的几何会对卫星的构型产生重要影响,因为太阳的方向决定了太阳能电池阵、散热器和仪器的位置。β 角变化的速度是卫星—太阳方向相对于轨道平面的旋转速度。在惯性空间中,地球—太阳的方向每年旋转一周,轨道平面的旋转速度是引力场不规则 J2 系数(详见 9.2.1 节)、轨道倾角、轨道高度和偏心率的函数。如图 9.34 所示,对于典型的约 800km 高度的近圆轨道,这个速度在最小的在赤道轨道的每 47.5 天一圈,到 90°倾角时每年一圈(轨道面在惯性空间中是固定的),再到倾角在 98°太阳同步轨道(详见 9.4.2 节)持续无限长的时间之间变化。

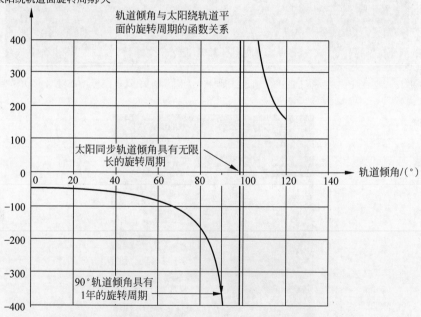

图 9.34 800km 轨道高度下太阳方向与轨道平面的相对旋转关系

为了充分理解天底指向卫星周围的地球和太阳几何形状,必须仔细研究作为轨道倾角和高度函数的不同太阳—地球—卫星的几何关系。后文会针对不同的场景进行分析。

2. 太阳同步轨道

太阳同步轨道在 9.4.2 节进行了介绍,描述了它的主要特征和对地观测的主要优势。其中的一个优势是,这种轨道有一个相当恒定的太阳—轨道几何。太阳同步轨道的几何并不是完全恒定的,因为:

(1)由于黄道面和赤道面之间的夹角为 23.4°,整个季节期间太阳会在轨道平面上下移动。

(2)太阳同步轨道的倾角为 97°~99°(具体角度取决于高度),超过 90° 的部分将与之前 23.4° 的黄赤交角结合。

随季节变化,太阳锥角 β 角是振荡的。振荡幅度取决于 23.4° 的黄赤交角和太阳同步轨道倾角超出 90° 的部分,即 7°~9° 之间的矢量相加。这种矢量相加是降交点地方时的函数(详见 9.4 节),其定义为当太阳在下降方向穿过赤道面时太阳方向与轨道平面之间的夹角。因此,有必要在不同轨道地方时下对不同情形进行分析。图 9.35 提供了在 800km 轨道高度、地方时 10:00 的卫星轨道—地球—太阳的几何关系。图 9.36 和 9.37 提供了地方时为 10:00 和 18:00 时的太阳与轨道面夹角、太阳同步轨道和太阳卫星的几何关系。

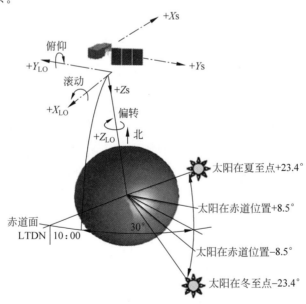

图 9.35 在 800km 轨道高度、地方时为 10:00 的卫星在地心惯性参考系下的卫星轨道—地球—太阳几何关系

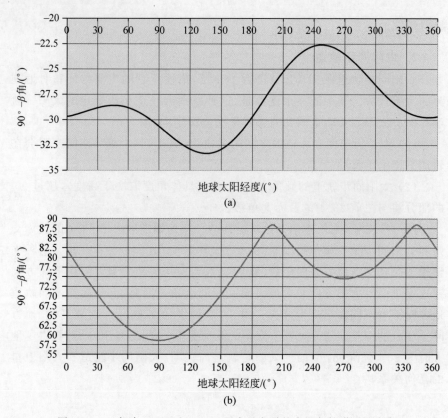

图 9.36 一年中 10:00 和 18:00 两个地方时的太阳与轨道平面夹角

(a) 10:00 地方时；(b) 18:00 地方时

在地方时为 12:00 的、不远的太阳同步轨道上，比如哨兵-3 的 10:00 的轨道，太阳始终离轨道平面不太远。如果地方时是 18:00，太阳永远不会远离轨道平面的法向。图 9.37 描述了这两种情况下的几何关系。这两种轨道的日食持续时间的季节性变化如图 9.38 所示。每年在 10:00 轨道运行的卫星的日食持续时间比较固定，为 33min 左右，相当于轨道时间的 1/3。若需尽量减小日食时间，则太阳同步轨道卫星可以 6:00 的地方时飞行，此时与太阳的角度总是接近垂直于轨道面。在 800km 高度，除了在夏至附近的 80 天之外，6:00 的轨道基本没有日食，此时日食最长持续 15min。

3. 大倾角非太阳同步轨道

在非太阳同步轨道中，太阳围绕轨道平面旋转。如果轨道倾角较高，太阳方向有时在轨道面内，有时接近与轨道面垂直。这意味着 β 角将是 0°~

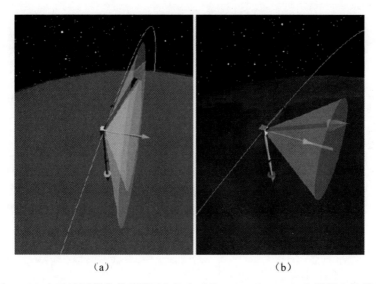

(a) (b)

图 9.37 在卫星固联参考系下两个地方时为 10:00 和 18:00 太阳同步轨道的
太阳卫星几何关系

(a) 10:00 地方时；(b) 18:00 地方时

在轨道上，太阳被表述为圆锥。图中显示了两个边界角度的圆锥。18:00 时的内角圆锥
在至点附近的 $\beta \approx 0°$，如图 9.36(b)所示。

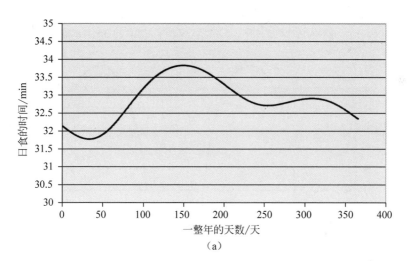

图 9.38 800km 轨道高度太阳同步轨道，10:00 和 18:00 两个不同地方时的日食持
续时间

(a) 地方时为 10:00；(b) 地方时为 18:00

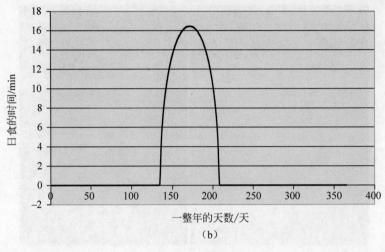

图 9.38 （续）

90°之间的任意值，并且指向天底。具有大倾角的非太阳同步轨道的太阳—轨道—卫星几何变化非常大，阳光几乎可以从任何方向到达卫星。这导致热设计变得更加复杂。日食的持续时间也会变化，如图9.39所示。当太阳在轨道面附近时，持续时间为轨道周期的1/3，当太阳在接近垂直轨道面的方向上时，基本没有日食。

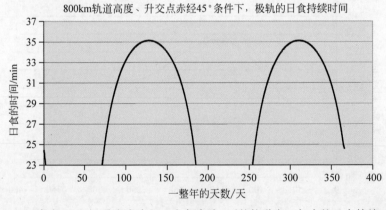

图 9.39　高度800km、升交点赤经45°、倾角为90°的轨道在一年中的日食持续时间

在大多数情况下，卫星有的面应始终受太阳照射，还有一些面应始终避免太阳的照射。然而，当太阳绕轨道平面旋转时，它将从照射的一面移动到另一面。如果在太阳经过轨道面的时候，卫星绕它的偏航轴旋转180°，原本在前面的一面就会变成后面的一面，反之亦然，所以不被太阳照射的一面

将继续避免太阳的照射。天底方向的仪器观测几何也不会发生改变。这种机动叫作偏航翻转,如图 9.40 所示。每次当太阳横向穿过轨道面时,都需要实施偏航翻转。这适用于没有在太阳同步轨道运行且需要一面始终避免太阳照射的天底指向卫星。

图 9.40　为避免卫星的某一表面受到太阳的照射,在非太阳同步轨道上的周期性偏航翻转机动(见文前彩图)

卫星绕天底(浅蓝色矢量方向)周期性旋转,所以旁边绿色矢量方向始终朝向太阳(黄色矢量方向)。正面的红色矢量方向从正向速度变为反向速度。

4. 小倾角轨道

当轨道倾角变小时,可能的太阳照射区域就会相应的减小。对于倾角为 0°的情况,太阳相对于轨道面的最大角度在春分点或秋分点时为 23.4°,在夏至或冬至点时为 0°。图 9.41 所示为轨道倾角减小的情况下,卫星轨道—地球—太阳的几何关系。

在这种情况下,太阳始终不会远离轨道面,它将在卫星的每一轨道上描绘一个浅锥体,逐步照亮航迹、天顶和卫星的向阳面。垂直于轨道面的两个面将被太阳照射。随着倾角的逐渐减小,角度也相应减小。较低的阳光照射水平使这两个面能够将卫星产生的热辐射出去。如果偏航翻转机动与任务相匹配,那么其中一面可以一直不被阳光直射。

全年的日食持续时间相当稳定。图 9.42 显示了 800km 轨道高度、45°升交点赤经、10°倾角轨道的日食持续时间。不同的持续时间主要受太阳每年的周期循环和在惯性空间中轨道平面约 50 天的旋转周期这两个因素影响。

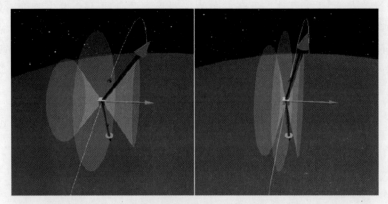

图 9.41 轨道倾角逐渐减小的情况下，卫星本体参考系下的卫星轨道—地球—太阳的几何关系

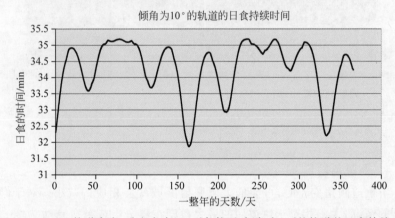

图 9.42 800km 轨道高度、升交点赤经 45°条件下，倾角为 10°的轨道的日食持续时间

5. 地球静止轨道

小倾角轨道的一个特殊例子是地球静止轨道（详见 9.4.4 节）。在地球静止轨道，太阳有半年时间位于北半球，另外半年时间位于南半球。如果卫星在春分点和秋分点进行两次偏航翻转机动，北极面和南极面就会快速翻转。这可确保其中一面始终不受太阳照射，对于提高卫星及其仪器的热控是很关键的。

地球静止轨道面向地球的立体角的半径为 8.7°。卫星处于赤道平面，处于黄道面的太阳将随季节相对于轨道面上下移动 23.4°。这意味着 GEO 轨道在一年中的大部分时间内是不会出现日食的。不过，在春分点和秋分点前后、太阳接近赤道面的时段，当太阳在轨道平面上的角度低于 8.7°时，就会发生日食。这样的日食在春分点和秋分点期间时间将最长,可以持续69.4min。GEO卫星必须能够应对这些长时间的日食。当太阳接近地球、但仍然没有被地球挡住时,卫星的天底朝向的那一面将会受到太阳光直射,如图9.43所示。这对卫星的仪器或载荷是不利的,需要使用防护遮蔽窗。在遮蔽窗关闭时,这些仪器将不工作。

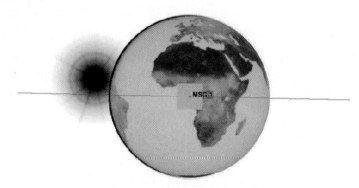

图9.43 9月16日秋分点附近,地球静止轨道上太阳进入日食。当指向地球边缘时,太阳能够致盲地球观测仪器【审图号:GS京(2024)0686号】

9.7.2 自旋卫星

与天底指向卫星的复杂几何相比,自旋卫星的几何关系比较简单。以卫星为中心的天球中的地球、太阳、观测目标和深空的位置都是由卫星的旋转轴定义的,旋转轴在惯性空间中是固定的。如果旋转轴的指向与黄道面或赤道面垂直,卫星的顶面和底面就不会受到阳光照射。当卫星旋转时,侧面会循序受到太阳光照射。卫星的自旋速度通常足够快,因而太阳相对于卫星的旋转速度也是足够快的,这让所有侧面上的阳光和热条件是一致的。因此,侧面是较为合理的安装太阳能电池的表面,顶面和底面用来辐射卫星废热能。由四颗卫星组成的Cluster星座就是这种构型的一个例子。卫星是圆柱对称构型,其顶面和底面用来辐射废热能,圆柱面用来安装太阳能电池。这种几何和相应构型的卫星通常用来研究地球磁层。7.1.3节已经对自旋卫星的特殊构型进行了介绍,图7.3提供了MSG的构型。尤利西斯(详见9.6.2节)有自己的同位素电源,不需要太阳能电池朝向太阳。尤利西斯的自旋方向是指向地球的,目的是使其与位于地球上的高增益大天线进行通信。

9.7.3 惯性卫星

指向天球的惯性卫星,几乎无一例外都属于天文台任务。它们的仪器不需要指向地球,在姿态的选择上有更大的自由度。对于这种惯性稳定卫星,天球不会像天底指向卫星那样每一轨道绕卫星旋转一周。对惯性卫星来说,空间几何的改变是季节性的和缓慢的。由于太阳的强烈辐射,要避免直接指向太阳或指向以太阳矢量为轴线的一个大圆锥内。其轨道平面会相对于太阳季节性的旋转,这样就定义了一种情形:天空中的某些区域在某些季节是可以访问的,而在另一些季节则是无法访问的。保护望远镜免受太阳辐射影响的一种方法是让它垂直于太阳方向,通过绕太阳方向轴旋转卫星来对目标进行观测,这种情况下使望远镜可以扫描垂直于该旋转轴的一条带。这在 7.2.2 节和图 7.12 中进行了讨论。然而,如果卫星绕地球运行,地球将绕卫星旋转,每一轨都会随着地球旋转出现卫星盲区的变化,卫星的指向和操作应考虑这一点。哈勃空间望远镜(详见 7.2 节)是一个在 LEO 轨道飞行的惯性稳定天文台的例子。对于轨道倾角为 28°的哈勃空间望远镜,天球绕轨道平面的旋转需要 8 周时间。CENC 的 Corot 任务是另一个例子。Corot 的轨道倾角为 90°,天球旋转需要 1 年时间。在这两种情况下,用户都会首选更高的轨道和更灵活的指向可能性,但是由于需要宇航员维修,哈勃空间望远镜被迫进入其目前的轨道,而 Corot 则是被预算制约。为了减小地球掩星的时间,需要较高的轨道高度,这样地球的张角会更小。在 7.2 节讨论的大部分任务如 IUE、XMM 和 ISO,都是远地轨道。

9.8 指向控制、指向扰动和指向修正

本节将分析卫星姿态控制、仪器指向、仪器数据获取质量和指向扰动之间的相互关系。也就是说,本节将指向作为一个端到端问题进行讨论。本书集中在对空间系统部件之间相互关系的分析上。仪器指向可能是相互作用最丰富的领域,在 7.2.3 节和图 7.13 中已经选择了这个领域的一些例子来说明一系列复杂的相互作用需求与设计决策。

对数据质量的要求会驱动指向需求。作为用户需求的结果,需要建立如下的预算:绝对指向、指向先验信息、指向稳定性、指向稳定性先验信息、地理定位和图像配准(详见 9.10 节)。如果对指向和一些机械扰动源有非常严格的要求,那么就必须建立一个关于机械扰动的独立预算。这些预算的分配将产生对卫星、仪器和地面处理等整个空间系统的要求。此外,与指

向相关的相互关系也是特别复杂的，主要表现在：

（1）需要对随机和非随机误差进行区分。

（2）需要对不同误差在频域的表现进行区分。

（3）需要对可以进行估计的误差、能够被校准和修正的误差，以及无法估计或纠正的误差进行分区。

对指向的处理是由姿态控制专家来掌控的。不过，指向在系统层面的含义应该作为系统设计师感兴趣的一个领域单独提出来。针对这种复杂性及系统设计师要理解这种复杂性的要求，本节的分析也会相应地更为彻底。本章所用的方法是 ESA 和欧洲航天工业界使用了多年的成熟方法。这个方法最早出现在 20 世纪 90 年代的"ESA 指向手册"[1]，现在合并在"控制性能"（ECSS-E-ST-60-10）文档[2]中。

9.8.1　卫星和仪器的指向及指向扰动

有效载荷证明了任务的有效性。对卫星姿态的正确理解应该根据其有效载荷的指向质量：

（1）卫星应将有效载荷指向预定的观测目标。这要求卫星的姿态和有效载荷的指向方向均正确。为此，需明确绝对指向误差（absolute pointing error，APE）的要求。

（2）如图 9.44 中的 Δt，成像仪器在给定的时间间隔内通过对焦面探测器接收的辐射信号进行积分来产生数据。在积分过程中，卫星必须保持稳定，以避免对从单一方向到达卫星的信号在通过不同探测器像素时出现拖尾效应。为此，需明确相对指向误差（relative pointing error，RPE）的要求。RPE 是在仪器的积分时间 Δt 内定义的，将规定卫星和仪器姿态变化率的限制。

（3）卫星应提供有关信息，以允许有效载荷对探测到的信号的方向进行正确识别。也就是说，要正确定位信号源。这就要求正确地知道卫星的姿态。这对姿态先验信息的绝对先验误差（absolute knowledge error，AKE）和相对先验误差（relative knowledge error，RKE）提出了要求。RKE 在仪器的积分时间 Δt 内也是相对的，其指定了姿态变化率的有关信息。

因此，卫星和仪器必须指向正确的方向，并且这个方向应该是已知的。

----

[1]　European Cooperation for Space Standardization. ESA Pointing Handbook：TIDC-CR-5522 [S]. ESA，1993.

[2]　European Cooperation for Space Standardization. Space Engineering Control Performance：ECSS-E-ST-60-10[S]. ESA，2008.

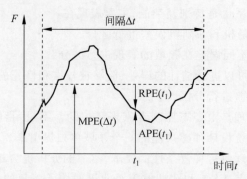

图 9.44　在仪器积分时间间隔 Δt 内，平均指向误差（mean pointing error，MPE）与相对指向误差结合产生的瞬时绝对指向误差

指向方向的变化率应该较小，且也是已知的。

　　在专业分析方法的帮助下（例如热弹性变形分析），通过对比由卫星定姿设备提供的姿态信息和仪器的真实的视线，可以确定卫星姿态和仪器视线之间的准线。仪器的真实视线由图像中目标点的位置来确定，这些目标点可以是位置确切已知的河流或恒星。这样就可对卫星姿态（由姿态传感设备定义）和仪器视线之间的偏差进行表征和修正。图 9.45 概述了轨道和姿态确定与控制所涉及的过程。对于姿态控制，内外部扰动将影响卫星的姿态、轨道以及仪器的指向。姿态控制系统能够补偿内外部扰动，只要那些扰动要足够慢，就可以用敏感器测量它们，进而使执行机构抵消它们。即姿态控制系统仅能补偿"低频"缓变的扰动。快速、高频的扰动和其他姿态敏感器检测不到的低频扰动（如上面提到的热弹性变形）会影响仪器的视线。对指向及扰动的频率特征的考虑是最重要的，将在接下来的两节中详细探讨。应明确指出姿态控制系统无法控制的这些扰动的最大允许值，以保持其影响在可接受的水平内。任务的最终产品需要对地球上或天球内的源进行正确定位，从同一地点收集的观测资料须进行配准。这会生成地理定位和配准的要求及预算，也意味着姿态控制系统会产生许多需要控制和分配的相互关联的预算。为了了解和精确控制仪器的指向，不仅需要了解和控制卫星的姿态，还要了解和控制卫星在轨道中的位置。这样所产生的要求将决定地面和在轨卫星的位置和速度敏感器，以及轨道确定算法和轨道控制策略的精度。

9.8.2　指向控制、指向扰动力矩、图像获取和频率范围

　　内部扰动力及力矩将改变卫星的姿态和姿态变化率。这些扰动通过卫

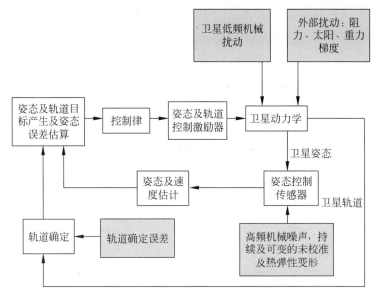

图 9.45 卫星姿态和轨道控制回路

星姿态控制子系统产生交叉影响。姿态控制子系统应确保卫星指向正确的方向，并使仪器视线在其对观测目标信息进行积分的 Δt 期间是稳定的。姿态控制的测量和控制能力、仪器的积分间隔以及扰动的内部来源可以依据它们的频率来表征和分组：

（1）定姿设备仅能够检测到比给定限制慢的实际指向变化。这意味着姿态感知频率有一个上限。

（2）姿态控制执行机构和控制回路需要时间来响应检测到的指向变化。即，建立姿态控制的上限。

（3）指向的扰动可以是慢的、快的，甚至是瞬时抖动。卫星内部的振动可能依其频率增加或减少扰动。

（4）为了提供足够的辐射测量品质（详见 8.4.2 节），信号到达仪器后应该在一个规定的持续时间 Δt（详见图 9.44）内进行积分。这个间隔也将定义相关仪器的相关频率。

姿态控制系统、扰动以及仪器的 Δt 的持续时间不同的时间和频率特征使得它们之间以一种复杂的方式互相影响，需要进行系统的研究。图 9.46显示了卫星指向扰动和指向控制在频域相互作用的总体视角。强度不变但频率升高的扰动可以产生递减的姿态扰动，因为力需要时间来使姿态发生变化，频率升高后会使引起姿态变化的力的持续时间越来越短。图中向下倾斜的曲线显示了扰动力/力矩和姿态扰动结果之间的"转移函数"关系。

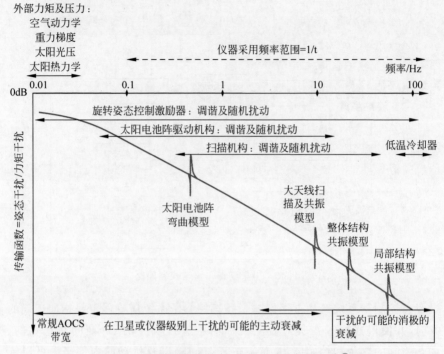

图 9.46　频域的指向控制、指向扰动及仪器积分①

　　有一些扰动发生在非常特殊的频率,主要是由于太阳能电池阵或卫星其他结构出现了共振,或来于指向镜面、天线或旋转姿态控制执行机构等旋转要素相关的谐波扰动。如果某种谐波扰动与某些卫星结构的共振模式发生共振,将会出现一种特别危险的情况。其他的扰动是宽频的"机械噪声",主要来自轴承或机械低温冷却器。机械执行机构的运动也会因机械干涉产生宽带的高频噪声。AOCS 的设计应将其自身限制在常规的低频带宽内,或者尝试对由太阳能电池阵驱动弯曲或大尺寸天线旋转产生的较高频率的扰动进行控制。也可以对仪器积分时间进行调整,使其具有更高或更低的频率。频率越低,与之相关的积分时间就越长,信噪比就越好(详见8.4.2 节和 8.7.1 节)。但较低的频率将使卫星其余部分的设计更加困难,因为这需要在更长的时间内保持仪器视线的稳定性。

　　对比与扰动、姿态控制系统和仪器积分时间相关的频率,有三种可能的

----

①　图片由泰雷兹阿莱尼亚宇航公司提供。

情况：

（1）低频的视线"漂移"扰动。其频率低于姿态控制系统的频率，也低于与仪器积分时间 Δt 关联的频率，如图 9.47(a) 中的低频曲线所示。为了抵消这些扰动，有必要明确规定视线指向的稳定性 RPE/Δt。为了降低姿态控制系统的复杂度，还必须要限制这些低频扰动的幅度。大规模、不可避免地由灵活的太阳能电池阵振动产生的缓慢运动也是这种类型的扰动。

（2）较高频率的扰动，高于姿态控制系统带宽的上限，但低于与仪器积分时间 Δt 相关联的频率，如图 9.47(a) 中的较高频率的曲线所示。为了控制这些扰动，需要明确规定这些扰动将产生的视线稳定性 RPE/Δt 的最大值。中等速度的扫描设备，如大型的扫描镜面或天线，都会产生这种类型的扰动。

（3）比仪器积分时间更快的扰动。为了限制它们的影响，应该规定这些"起伏"扰动的振幅，如图 9.47(b) 所示，需要明确指定最大起伏的振幅值 $\Delta \theta$。动量轮或快速扫描装置这样的中高速机械装置会产生这类扰动。很多高频噪声源也会产生这类扰动。随着频率的升高，要产生同样的姿态变化振幅 $\Delta \theta$ 就需要增加力。这意味着高频扰动应该非常强，对指向有明显的影响。图 9.46 中转移函数线的斜率递减已经说明了这一点。

减少仪器的积分时间 Δt 会使姿态控制任务变得更容易。如果需要长的 Δt 时间，比较可行的方法是通过获取观测目标的许多独立的快速图像，然后将这些图像叠加在一起，直至达到必要的长积分时间。为了叠加这些图像，需要知道获取每幅图像时卫星的实际指向数据。这将把情况从(2)改为放宽了对 RPE 要求的(3)，但对姿态先验信息的要求可能仍然非常苛刻。这种方法也减少了任务产生的图像总量，并使数据处理更加复杂。

机械装置运行会产生扰动力和力矩。动量轮或控制力矩陀螺这样的姿态控制装置在运行的时候也会不可避免地产生扰动力和力矩，有必要明确不同姿态控制执行机构产生的可允许的扰动力和力矩。一般情况下，都会对空间机械装置进行精细设计，使其运行平稳，仅产生低水平的扰动。不过，当仪器需要很苛刻的指向或指向稳定性时，或者卫星有大型的旋转装置时，这些扰动就会变成设计动因。在近地轨道提供米级精度水平的对地观测仪器都会要求对扰动力矩进行严格控制。这同样适用于较高角分辨率的空间天文望远镜。为了限制扰动，要求所有的旋转装置在质量上平衡，旋转轴和执行机构要运行平稳。对于高频扰动，应该考虑它们是局部产生的，并且当它们沿着卫星结构传导时，它们的强度会被阻尼降低。在主动或被动阻尼器上安装扰动源可以减少这些扰动。

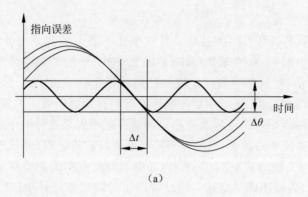

（a）

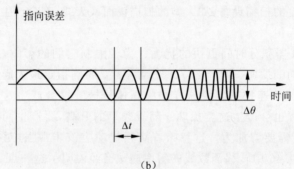

（b）

图 9.47　漂移扰动频率和起伏扰动频率相对于仪器积分时间间隔 Δt 的变化
漂移扰动频率相对于 Δt 的变化是缓慢的，限制视线的姿态变化率是必要的。起伏扰动的频率相对于积分时间间隔 Δt 是快速的，因此，限制视线的姿态变化幅度 $\Delta \theta$ 是必要的。
（a）漂移扰动频率相对于 Δt 的变化；（b）起伏扰动频率相对于 Δt 的变化

　　像热带云的微波仪器（详见图 8.9 和图 8.21）这类大型旋转结构产生的扰动代表了一种特殊情况。仪器在旋转频率处产生扰动峰值，可以将扰动峰值控制在姿态控制系统的控制带宽内。这种情况下，姿态控制会尝试补偿这种扰动。在任何速率下，所有的大型旋转部件都需要很好的平衡。在一些情况下，可以通过使用在轨联合执行机构来确保飞行中的平衡，这会增加仪器的设计复杂度，但会使姿控系统的设计更容易。

9.8.3　指向误差的类型

　　为了根据对仪器视线上的误差的分析来明确需求，有必要了解它们的类型。根据不同的分类标准对误差的区分如下：

1. 从确定性或概率性区分

（1）确定性误差的影响在一定范围内可以预测或估计。这些估计可以合并进误差的描述中。

（2）概率性误差无法在确定的时刻进行预测，但它们的影响可以通过统计方式进行定义，理想情况下可以根据功率谱密度、平均值或方差的形式来定义（详见 5.8.4 节）。

2. 从频率性能区分

（1）它们可以是恒定不变的。

（2）它们可以是非常缓慢变化的漂移。

（3）它们可以是在特定频率的谐波扰动，尤其重要的是轨道频率及与扫描机构有关的频率。

（4）它们可以是"宽带的"、像噪声一样的抖动。

3. 从修正的可能性区分

（1）有些可以通过地面处理进行校准、表征或部分的修正。

（2）有些可能不能进行修正。

在 9.8 节的开始提到的 ESA 和 ECSS 指南将误差分为以下四种类型：

（1）固有误差。这类误差与永久性的一次性（零频）事件有关。由装配误差或发射负载产生的永久性未对准误差就属于这一类。这些误差是概率性的，可以通过卫星发射后进行的在轨表征来测量和部分补偿。

（2）漂移误差。这类误差是变化非常缓慢的误差。由碳纤维结构中水蒸气的蒸发产生的对准逐渐变化就是这样的例子。这些误差是确定性的，可以进行分析，这种分析可以通过影响的周期性在轨特性演进来进一步验证。只要这些误差达到可预测或可测量的程度，就可以被修正。

（3）谐波误差。这些误差出现在特定的频率，例如，在轨运行时，卫星周围不断变化的热环境会在轨道频率上产生可变的热弹性变形。这个误差是确定性的，可以通过分析、测试及卫星运行初期的表征来进行测量和修正。上面已经提到，大型太阳能电池阵的缓慢振动或大型非平衡装置的旋转都属于谐波误差。

（4）噪声误差。许多误差表现为高频的宽带抖动。从概率性观点来看，它们是高斯噪声。敏感器的读数精度或球形轴承产生的高频力矩噪声都属于这种类型。

这些分类非常重要，它将决定各个误差源如何相加在一起。概率性的误差是不能直接相加的，但可以替代为它们相应的标准偏差的均方根相加，也就是两个标准偏差为 1 的误差将联合产生一个标准偏差为 1.41 的误差。对确定性的误差来说，当它们由同一原因引起时，就可以直接相加，例如由温度变化产生的热弹性偏差。非相关的确定性误差也应该使用均方根相加。

如上文所说,确定性误差可以进行计算(只要计算方法是有效的),也能被补偿。固有误差可以通过卫星在轨表征进行确定。这些内容在 9.10.4 节会进一步分析。

9.9 功能分配

9.9.1 轨道选择

第 7 章介绍了空间任务设计,7.2 节分析了天文台任务涉及的基本设计决策。分析表明,任务轨道的选择是设计过程最早期阶段就要进行的顶层决策,并且是基于任务各个方面的全面考虑。天文台任务使用的各种轨道在 7.2 节已经描述,哈勃空间望远镜的 LEO 轨道、IUE 和 ISO 的地球同步轨道、XMM 的大椭圆长周期轨道,以及赫歇尔和 JWST 的拉格朗日点轨道,这些轨道主要是由需要长期及不受阻碍的观测以及操作效率驱动的,但也受到运载火箭的限制以及技术所允许的自主水平的约束。9.4 节对最常用的轨道和典型的应用进行了介绍,并提供了轨道选择的主要驱动因素详细的综述。

一些任务需要尽可能低的轨道高度,风神(详见 8.3.1 节)卫星就是这类任务的范例。简化设计的仪器使得风神卫星倾向于更低的轨道,这使卫星轨道保持部件变得更加复杂,最终的轨道选择是在激光功率、望远镜口径、任务生命周期以及卫星携带的燃料量之间密切协调的结果。GOCE(详见 10.3.1 节)的轨道高度为 250km,这样的高度也是折中的结果。一方面,为了检测微弱的引力信号,要求降低高度以尽可能接近地球表面;另一方面,随着轨道高度降低,需要为离子推进提供越来越多的能量。

对于遥感任务,轨道高度、倾角和轨道重访模式也是在一些相互矛盾的需求之间进行折中。哨兵-3(详见 9.6.1 节)卫星星座搭载相同的仪器,运行在较低的轨道上,可以提供较高的空间分辨率。但是为了提供同样的覆盖,需要多个卫星或视场更宽的仪器,这样就可以在更低的轨道高度上提供同样的刈幅。但更宽的视场会降低图像的质量,并使图像边缘的空间分辨率受到扭曲(详见 8.4.3 节)。这种权衡的最终结果是选择了 800km 高的轨道。昂宿星(详见 9.6.4 节)的瞬时观测区域为 20km×20km,它的主要任务目标是非常高的 0.7m 空间分辨率,倾向于较低的飞行轨道。但是昂宿星也必须要满足在 1 天内对地球上的任何地方进行访问,这就要求其能大角度的偏离天底指向,当飞行高度越低时,这个角度要求就会变得更大。

哨兵-3 轨道的地方时是 10:00。接近正午的地方时更有利于沿海地区的观测,此时对海上相当暗的目标有较好的光照条件。而当任务目标在陆地时,应尽量避免正午时间,因为此时在陆地上的图像质量较低。从雷达高度计得到的每颗卫星在不同地方时飞行的数据会更加准确,可得到更好的海洋时间采样。然而,气候研究需要一系列长期和一致的数据,与以前的任务一致是至关重要的。许多 ESA 的任务都选择在 10:00 地方时附近,包括 ERS-1、ERS-2 和 Envisat。最终的轨道选择仍然是相互冲突的要求之间平衡的结果。

铱星(详见 9.6.3 节)星座的轨道及轨道高度是受满足移动电话随时随地接入的需求支配的。780km 轨道高度的选择也是为了缩短距离,使在卫星上不需要安装过大尺寸或高功率天线的前提下,能够与地基、低功率、便携式电话进行通信。为了实现全天时对地球全覆盖,铱星星座有 66 颗卫星,分布在接近极轨的 6 个轨道面上。Thuraya[①]是另一个类似于铱星的星座,也为手持电话提供移动通信服务,但它不是全球系统,而是部署在地球静止轨道上的。为了补偿这么远的距离,卫星携带了一套功能强大的通信系统,有一幅展开后直径可达 12.5m 的天线。这幅天线可以从 35 786km 高的地球静止轨道为地面电话提供令人满意的通信服务,但仅能覆盖的东经 44° 至东经 98.5° 的区域。事实上,Thuraya 是专门用于亚洲地区通信的,不需要卫星实现对整个地球的覆盖。正如 7.2 节所评论的各天文台任务的轨道大不相同一样,这些例子强调了一个事实,相似的服务可以通过使用不同的轨道体系来实现。

携带原位仪器任务的轨道都是由卫星需要经过的研究区域直接决定的。尤利西斯就是这样的一个任务(详见 9.6.2 节),通过利用原位仪器,飞经高纬度区域来研究太阳环境。Cluster 星座的轨道(见前文图 9.21)和卫星之间的间隔是由对地球磁场不同区域的采样需求决定的:90° 的轨道倾角提供了各个纬度的充分选择,固定的轨道平面提供了一整年太阳—地球之间的几何关系变化,高的偏心率提供了对于距离地球不同高度的选择。Rosetta 的轨道(详见 11.4.2 节)类似于尤利西斯,是行星际轨道,利用与行星的交会进行变轨。轨道的选择主要受与彗星交会的任务目标来支配,这需要卫星有高的冲量。最终的轨道是提供强大星载推进的复杂度与实施多个行星交会的困难之间的折中,与多个行星的交会简化了硬件设计,但使卫星的操作更加复杂,并拉长了任务时间。另外,轨道的选择强烈依赖于运载火箭的可用性,这通常是一个系统约束,系统设计师几乎没有选择的自由。

---

① http://www.thuraya.com.

尤利西斯之所以可能，是因为它具有非常特殊的发射条件，包括使用航天飞机和加上两个附加的推进级。如果不是 NASA 和 ESA 的合作，这种任务的实施几乎是不可能的。

9.9.2　姿态选择

9.3 节介绍了姿态，并分析了不同姿控类型的使用和不同任务特定选择背后的原因，还回顾了不同类型的姿态控制所使用的工具，包括无控、重力梯度、自旋稳定、动量偏置、天底指向的惯性稳定，以及惯性指向的惯性稳定等。9.5 节强调了大多数任务实际上需要不止一个姿态控制回路，通常需要一个复杂的高精度回路和一个简单的高可靠回路。并且这两个回路是由不同的姿态敏感器、执行机构和控制部件实现的。姿态控制模式的选择对整个任务有重大的影响，系统设计师在这个选择过程中起主导作用，因为它需要对任务许多方面的冲突影响进行平衡。姿态控制架构取决于任务的特定观测需求。绝大多数观测所环绕行星的卫星轨道都是天底指向的，进行原位观测的卫星大多采用自旋稳定，天文观测卫星一般采用惯性指向。在一些情况下，可以在姿态的种类之间进行权衡。地球静止轨道的对地观测可以使用自旋稳定或惯性稳定。MSG（详见图 7.3）是自旋稳定的，而GOESS（详见图 7.2）是惯性稳定的。天底指向可以通过惯性稳定体系来实现，如哨兵-3（详见 9.6.1 节），也可以使用重力梯度加动量偏置的方法，如铱星（详见 9.6.3 节）。过去，惯性稳定系统是昂贵的，但精度适中的惯性稳定系统现在是可以负担得起的。萨里 DMC 星座（详见 11.4.4 节）就是一个廉价的惯性稳定、天底指向的卫星。观测需求也决定了所需的精度水平。采用较高的观测精度需要较高精度的敏感器和执行机构，以及反应迅速的宽带控制逻辑。像敏捷卫星这样需要进行快速姿态变化的卫星需要强大的装置，比如控制动量陀螺或超大型的动量轮。一些高精度系统需要将仪器自身作为姿态敏感装置使用。用来研究太空的望远镜也可以作为星敏感器来确定卫星的姿态。GOCE 的重力感应仪器（详见 10.3.1 节）被用来确定卫星的角加速度。对于非常高精度的系统，姿态控制工具的选择也要保证使惯性扰动最小，这可能排除使用引起机械扰动的姿态执行机构。

9.9.3　覆盖及重访

1. 概述

覆盖已经在 8.4.2 节进行了定义，8.4.5 节分析了覆盖和任务感兴趣区域数据的系统获取之间的关系,任务区域可以是地球上的特定区域、全球或整个天球空间的任何特定区域。系统性的数据获取提供了针对感兴趣区域有规律的概要视场,并且必须满足在特定时间内完全覆盖该区域的要求。对于环绕目标的观测,其覆盖性能是仪器刈幅和卫星轨道的星下点轨迹或所涉及卫星的函数。为了提供完整的覆盖,轨道的星下点轨迹必须要以一个重复和规律的模式穿过观测目标的表面,并且每次重复间隔的距离要小于仪器的刈幅,重复周期要等于或小于规定的重访周期。重访已经在8.4.2节讨论,8.4.5节还考察了重访和交互式数据获取之间的关系。重访的标准与覆盖是相类似的:必须确定最优的轨道星下点轨迹,但要用仪器的指向范围来代替仪器的刈幅。对于天球观测目标,其轨道与覆盖无关。为了提供整个天球的概要视场,仪器的刈幅必须大于相对于天球的卫星姿态变化而产生的前后轨迹之间的角距,这会提供对天球完整的覆盖。

2. 回归轨道

就像上文解释的,对地球进行覆盖和重访的最优途径就是使卫星以等间隔的轨道星下点轨迹飞行。回归轨道的标准是经过一定的整数圈次后,卫星—地面的几何会回到原点。对于太阳同步轨道,这意味着 n 圈轨道正好运行 m 个太阳日。对于非太阳同步轨道,地球与轨道平面之间的差角速度乘以完全精确的 n 圈轨道所需的时间应该等于 m 个 $360°$。图9.48显示了太阳同步轨道可能的重复模式。当 $m=1$ 时,轨道路径的轨迹将每天规则的重复覆盖地球。在图9.48覆盖的高度范围内,当高度为888.3km、轨道周期为6 171.4s时,卫星运行14圈正好是精确的1天时间。图9.48也提供了哨兵-2和哨兵-3的星下点轨迹的位置。9.6.1节讲到,哨兵-3的星下点轨迹符合385圈正好对应27天的轨道周期。这个轨道每27天精确回归一次,每4天近似精确回归一次。哨兵-2的星下点轨迹对应10天时间正好运行143圈,这样的选择是为了使2颗卫星在5天内,或1颗卫星10天内实现对地球的最佳覆盖。要对观测区域进行完整观测,就需要仪器刈幅或指向范围大于星下点轨迹之间的间隔距离。图9.49提供了与这种情况相对应的地面入射角和轨道高度。根据图9.49,为了使在888.3km高度飞行的卫星实现对地球的1天重访,刈幅边缘的地面入射角必须是 $\pm65.7°$,需要的指向范围是 $\pm53.2°$,刈幅为2 789km。在这么大的入射角下,图像会出现变形,在刈幅边缘获取的图像质量是很差的(详见8.4.3节)。增加对全地球覆盖的时间会提高图像的质量。如图9.49所示,如果是2天回归,飞行在 720km 高度的卫星所需的最大入射角仅为 48°。同样的轨道,如果有 2 颗卫星就可以提供 1 天覆盖。两颗卫星在同样的轨道飞行,每颗卫星每天都覆盖另一颗卫星不能覆盖的区域。如果 1 颗卫星失败了,剩下的卫星可以通过调整提供每两天完整的覆盖。这种安排增加了强健性,尽管减少了暂时重访时间,但可使系统继续工作。哨兵-2 就使用了这样的方法,2 颗同样的卫星飞行在 786.1km 高的相同的轨道上,但 2 颗星的相位分开了 180°。轨道的回归周期为 10 天。如图 9.50 和图 9.51 所示,两颗卫星交叉的星下点轨迹每 5 天对地球实现全球覆盖。哨兵-2 的任务是收集高精度的植被和生物物理参数,需要最高的辐射测量品质。其仪器的刈幅是 274km,刈幅边缘的最大入射角是 11.1°。

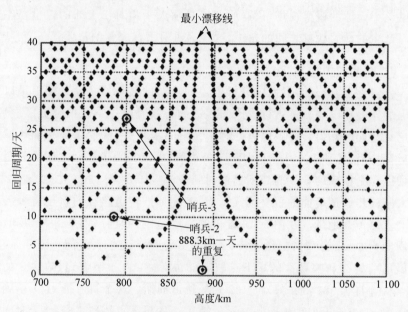

图 9.48　高度为 700～1 100km、周期为 40 天的回归轨道
高度为平均半径减去赤道半径

精确的轨道回归模式和最佳覆盖的概念也可以应用于没有刈幅的仪器。雷达高度计提供的海平面异常点测量(详见 8.5 节)数据,可以用来建立全球动态海洋模型。在这种情况下,提高覆盖意味着需要将每 m 天收集的数据构建成一个网,其密度要足以满足建立全球动态海洋模型的需要。海洋具有很强的惯性,动态洋流和涡旋的跨度为 10～100km,通常能持续几个星期甚至几个月。根据这些实际情况,回归周期在 1 个月、测量密度在

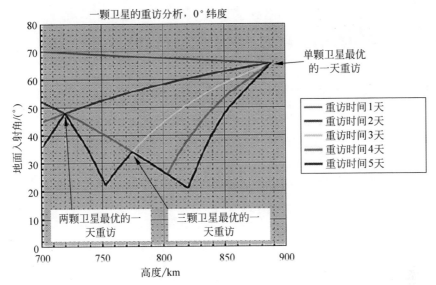

图 9.49　高度为 700~900km 之间、1~5 天实现全球覆盖的地面入射角（见文前彩图）
最优的 2 天和 3 天轨道位置可以用两颗或三颗卫星提供最优的 1 天覆盖

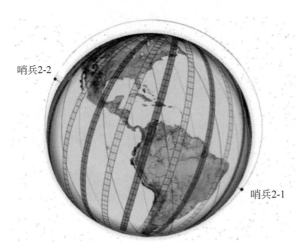

图 9.50　2 颗哨兵-2 卫星的一天覆盖【审图号：GS 京（2024）0686 号】

50km 的量级就足够了。图 9.52 提供了两颗哨兵-3 卫星 27 天的星下点轨迹网和雷达高度计任务 Jason10 天星下点的轨迹网。2 颗哨兵卫星的星下点轨迹结合满足了测量密度的需求，Jason 的星下点轨迹密度较低，但其密度也足以作为整体测量一个的参考。

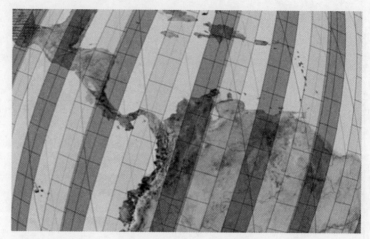

图 9.51　2 颗哨兵-2 卫星 4 天的覆盖。1 天多的时间将填充缝隙，并确保实现全球
表面覆盖。【审图号：GS 京（2024）0686 号】

图 9.52　2 颗哨兵-3 卫星（较为密集的细线）和 1 颗 Jason 卫星（较为稀疏的粗
线）27 天的星下点轨迹组合（见文前彩图）【审图号：GS 京（2024）
0686 号】

9.10　预算分配

轨道和姿态的许多关键要求是必须在促成这些要求的所有因素之间分
配的值。因此，每个关键要求会产生一个预算，需要在所有可能的误差源之

间进行分配。涉及仪器指向和卫星姿态的预算尤其复杂,在 9.8 节已经进行了介绍。具体而言,9.8.1 节建立了绝对、相对指向误差以及绝对、相对先验误差这类参数的要求,还建立了指向速率稳定性的要求。本节将分析与这些预算相关联的设计备选方案。

9.10.1　卫星位置

所有的任务都要求在给定精度水平下对卫星的位置进行测量和控制。这是控制规则的轨道星下点轨迹或是任务对实际感兴趣区域观测的需要。这就要求卫星不仅要有正确的姿态,也要有正确的轨道位置。确定卫星位置的误差通常是由以下因素造成的:

(1) 实时导航卫星(GPS 或 Galileo)的星历误差,这些数据用来进行轨道确定。

(2) 卫星和地面站之间相对速度的误差,通过在地面测量卫星信号的多普勒漂移来确定轨道。

(3) 大气阻力、如月亮—太阳引力等其他轨道摄动因素的测定误差,或者是引力场数据误差。

(4) 轨道测定算法误差。

(5) 轨道星历投影误差。

(6) 定时误差。

就像 9.2.1 节说明的那样,在低地球轨道,现在可以使用卫星上安装的星载 GPS 接收机进行自主轨道确定,但几乎所有的任务也都进行地面轨道确定并向卫星上行注入轨道预报数据。使用导航卫星进行星上自主实时轨道确定,提供的卫星位置精度优于 10m。在大多数情况下,对卫星定位的需求是中等精度的,但是非常高分辨率的对地观测要求由相应的精确轨道确定。

对于像雷达测高(详见 8.5 节)或测地卫星这样的应用,为了获得可观测数据,要求详细的卫星位置先验信息。精确的事后轨道确定需要使用高精度导航接收机,并进行复杂的处理。现在轨道确定可以达到厘米级。

9.10.2　仪器视线指向和恢复

仪器的视线误差与 9.8.1 节中的 APE 是一样的。视线恢复误差与这一节的 AKE 是一样的。回顾 9.8.1 节~9.8.3 节,引起 APE 的因素包括:

(1) 姿态控制系统的姿态指向误差:①外部低频扰动,如大气阻力或重力梯度力矩。②内部低频扰动,如大型非平衡缓慢转动的天线或影响姿态控制系统的热弹性变形的未修正部分。③姿态敏感器的测量误差，包括星敏感器、磁力计或陀螺仪。④姿态控制执行机构误差：动量轮、动量控制陀螺、推力器和磁力矩器等。⑤控制回路误差和带宽、控制律、指令算法误差。⑥定时误差。

（2）从姿态控制参考系到仪器视线参考系的热弹性变形。

（3）扫描仪器的扫描实现误差。

（4）在轨测试后，姿态控制参考系与仪器视线之间的残余对准偏差和漂移。

姿态的指向性能取决于姿态控制子系统和由环境产生的内外部扰动，包括大气阻力、重力梯度力矩、太阳风压力力矩等。卫星的姿态指向误差取决于姿态敏感器、执行机构和控制回路设计的特定品质。例如恒星敏感器会出现由诸如仪器量化或电子噪声等源产生的随机高斯误差。同时也会出现谐波误差和漂移，例如敏感器在温度变化时引起的误差，或由装配和集成误差所引起的偏差。

为了对感兴趣的区域进行观测，仪器的视线必须指向正确的方向，且其精度要与卫星刈幅相匹配。在利用仪器拍摄许多单幅图像拼接产生大尺寸图像时，APE主要是由为避免图像之间出现缝隙而需要小部分的重叠引入的。但是为了正确定位观测目标，需要事先已知仪器视线的精度，且其精度要与仪器的分辨率相匹配。空间分辨率要比仪器的视场小很多。这意味着，关于视线先验AKE的要求将始终与视线实现APE的要求截然不同，前者会更加苛刻。

例如，高分辨率的昴宿星任务（详见9.6.4节）产生的是20km的单幅图像，其组合起来可以产生更大尺寸或更广大区域的拼接图像。为了产生10%的有效图像重叠，需要卫星指向仪器的APE＝2.8mrad。然而，昴宿星需要对地面目标进行10m精度的自主定位，这需要指向先验信息优于14μrad。意味着相比AKE，对APE的要求可以宽松200倍。任何能够提供昴宿星所需的、指向先验信息的AOCS子系统都可以毫无困难地提供所需要的绝对指向。这是绝大多数任务的情况。

在某些特殊情况中，一部分任务对视线实现有非常严苛的要求。为了确保海洋测高任务产品的高质量，哨兵-3（详见9.6.1节）对高度计的实际视线进行了严格的规范，要求实际指向在地球椭球体的垂直方向上相差不能超过±0.2°。经调整权衡后，最顶层的误差以下列方式分配：

（1）姿态控制系统指向误差：0.10°。

（2）雷达高度计视轴指向误差：0.04°。

（3）卫星结构指向谐波：0.1°。

（4）卫星结构指向偏差：0.05°。

这为姿态控制系统和卫星的稳定定义了一套平衡的要求。这些要求中，偏差和谐波误差的差别已经在 9.8.2 节进行了讨论。

如上文所述，大多数飞行任务都需要将观测值正确地引用到其原始位置。这对视线的先验信息提出了严格要求。与视线的先验信息相关的因素有：

（1）姿态控制系统的姿态测量误差：①姿态敏感器的测量误差，常见仪器如星敏感器、磁力矩或陀螺仪等。②姿态估计误差。③定时误差。

（2）仪器视线的热弹性变形（偏差、漂移和谐波）先验信息的残差。

（3）扫描仪器的扫描测量误差。

（4）仪器视线参考系的偏差和漂移的先验信息残差。

对于成像仪器，在仪器尚未正式运行前的卫星在轨测试阶段，可以对其静态和动态的偏差以及姿态和仪器参考系之间的谐波变形进行表征。通过比较位置好的地面或空间参考点的实际和标称位置，可以表征这些偏差。在引入测量修正后，仪器视线指向的先验误差会减小到残差水平。在轨修正后的残留偏差是原始无偏差误差的函数，因为大的无偏差误差的存在，通过使用参考控制点来进行的精确偏差确定变得更加复杂。一个好的经验法则是，有了好的控制点就可以将偏差减少到原始无偏指向恢复误差的一半左右。对比热分析结果，测量的在轨温度和测量的在轨未对准偏差能够减小在轨期间与太阳照射变化有关的谐波误差。这个方法会减小与太阳照射和热控条件有关的谐波误差。通常认为它可以将谐波指向误差减小到原始值的 $1/3$。

9.10.3 指向稳定性实现和恢复

9.8.1 节和 9.8.2 节已经讨论了指向稳定性，分析了它是如何受仪器积分时间影响的。积分所需的时间取决于仪器的概念。少数具有摆扫视线的探测器（详见图 8.4）必须进行沿轨道星下点的快速横向扫描，以得到所需的刈幅。在这种情况下，积分时间是非常短的。推扫仪器（详见图 8.4）则是用大量探测器构成一个长固定阵列装置的方法产生刈幅，因此其分配给每个探测器像素的积分时间可以更长。更长的时间允许更多光子的积累，可以得到更高的辐射测量质量，但这也需要更严苛的稳定性以确保在这么长的间隔时间内仪器指向的稳定。指向稳定性直接关系到来自于一个单点的信号在不同接收像素之间是否会被损坏。这意味着，指向稳定性要求与由积分间隔(图9.47中的Δt)决定的单个像素(图9.47中的Δq)对应的角分辨率相称。在高分辨率仪器需要长积分时间的情况下,指向稳定性是非常严格的。下列因素会改变指向稳定性:

(1)如高层大气风等外部扰动。

(2)与热弹性变形相关,或与太阳能电池阵或者大型旋转机械等大型结构的运动相关的低频或中频谐波。

(3)由旋转或线性机械执行机构产生的高频扰动。

(4)姿态控制系统无法补偿的、与柔性卫星结构关联的高频姿态控制残留。

(5)由阶跃事件产生的、可能的高频结构扰动,如从日食到太阳光照的热瞬态现象、太阳能电池阵驱动机构的运行或推力器的点火等。

9.8.2节讨论过,姿态控制系统能够抵消在其频率范围内较低频的漂移扰动。这样,就有一个最大漂移要求来驱动AOCS的设计。同样也需要指定AOCS能够抵消的低频漂移扰动的最大强度。最大扰动应该在所有低频扰动源之间进行分配。

对于较高频率的谐波扰动和宽带"抖动"扰动超出了姿态控制系统的补偿能力的情况,只有通过限制引起指向不稳定的外部和内部扰动才能控制指向稳定性。因此需要建立附加的扰动预算,并在所有已识别的扰动源中进行分配。

9.10.4 地理定位

通过仪器所收到的观测结果必须要映射到其原来的位置,这个过程称为地理定位,需要在一个绝对参考系下映射每一个观测结果。这需要:

(1)将观测结果关联到卫星姿态参考系。

(2)将卫星参考系转换到在天球或被观测行星的一个绝对参考系下。

(3)在这个绝对参考系内定位观测结果的源。

地理位置需要仪器的视线(详见9.10.2节)和卫星沿其轨道的位置(详见9.10.1节)均被正确恢复。在9.10.1节和9.10.2节讨论的论述、预算和分配可以直接适用于地理位置的讨论。另外,地理位置需要将每个像素分配到其真正的地理起源,需要辅助的参考系转换。因此,跨系统要素的定时误差和时间协调误差是造成误差的原因。

像9.8.1节视线指向恢复AKE信息的情况一样,对地理定位的要求应该与仪器的空间分辨率相匹配。原则上,对地理定位的要求应该小于对空间分辨率的要求。对于几百米量级的分辨率,地理定位在空间分辨率的

0.2～0.4 之间是合理的。如果分辨率的量级是几十米或更小,提供小于 1 个像素的地理定位性能是不可能的。例如,昴宿星的分辨率是 0.7m,地理定位性能是 10m。地理定位数据是空间要素和地面要素相互支持过程的一部分。9.10.2 节已经讨论了在卫星在轨测试阶段,利用地面控制点来表征指向误差的方式。另一种可能的方法是在仪器图像的地面处理过程中不断地使用地面控制点。每幅获取的图像都将包含明确的已知位置的地标,可作为参考系留点对卫星实际姿态提供反馈,对整幅图像进行正确的地理定位。地面处理算法使用的地标有湖泊、河流或海岸线,在天文观测中,有非常精确的已知位置的明亮恒星用来作为地标。算法会综合和过滤卫星的姿态和轨道信息,同时,地标可以纠正仪器图像,提供对卫星姿态的最佳估计,以及提供图像中所有像素的最佳地理定位。改进的姿态信息可以反馈至卫星,用作姿态控制系统的调节因子。图 9.53 所示为图像地理定位的流程。

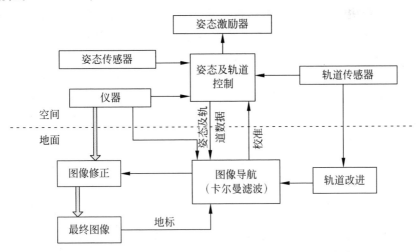

图 9.53　作为一种空间与地面互动过程的图像地理定位

　　地面与空间之间的这种反馈允许放宽对卫星姿态恢复的要求,并对端到端性能进行优化。如果使用这种方法,端到端性能将取决于在轨地理定位(地面处理前)的能力,以使其足够精确,可以作为地面图像处理算法的一个好的起点。此外,对每幅图像使用控制点将使载荷数据的处理更加缓慢、花费更大,需要建立参考系留点大型数据库。这一方法只有在有关地区特征的以前信息已得到时才可行。例如,一颗行星的第一批高分辨率图像就会缺乏其表面的任何先验信息;没有可见陆地的辽阔海洋图像也缺乏任何可识别的参考点。这些情况下,地理定位的性能直接取决于卫星的性能。

9.10.5　配准

配准是正确识别来自相同或不同仪器的不同频段对同一物理源的测量数据。这要求识别仪器之间及仪器内部的"相对"不重合。配准的潜在误差源相比地理定位来说要少，因为误差源是以统一的方式对整个卫星产生影响的，例如姿态误差就不会附加到配准预算中。不过，物理过程的正确研究需要使用从不同频段获取的信息，甚至要使用不同仪器获取的信息，这些信息必须以远小于 1 个像素的精度融合，所以通常要求有 0.1 或 0.2 个像素的配准精度要求。

对单一视线的仪器来说，配准是仪器内部的工作，将产生对不同焦平面之间以及同一仪器的不同光学路径之间可允许的最大变形的要求。总的允许的配准要求需要在所有误差源之间进行分配，这个分配会对热控、高稳定材料的使用、装配程序以及地面测试等提出要求。整个分配过程是在仪器内部进行的，通常由仪器专家负责。对于不同仪器之间的配准要求，系统设计师应该参与其中，总的配准预算将在仪器和连接它们的结构之间进行分配。

对使用具有不同视线和扫描模式的不同仪器的同一颗卫星进行配准测量是非常复杂的。哨兵-3 的 SLSTR 仪器具有两个圆锥扫描视线，OLCI 仪器采取的是一个非对称的跨轨道视场推扫模式。其配准几何如图 9.54 所示。为了获得改善后的全球植被生命状态信息，需要对从两个仪器获取的真实物理源的数据进行配准。这需要指定每个仪器内部及仪器之间的机械稳定性，以及 SLSTR 扫描机构的精度。

9.10.6　重新指向敏捷性要求

交互式图像采集仪器（详见 8.4.5 节）根据定期更新的图像采集计划依次在不同地区获取图像。这种情况下，必须确定一个表示卫星从两个不同的区域采集两幅连续图像所需要时间的指标。图像采集的请求有时会提前足够长的时间知道，这样可以允许采集策略最优，有利于实施可以最大限度地减小姿态变化、优化能够获取图像的数量的操作计划。在需要紧急观测的情况下，需要对姿态进行重大的调整。无论如何，允许快速姿态变化的敏捷卫星能够提供更多的图像，从而增加任务的价值。良好的敏捷性要求：

（1）减少仪器从一个目标至下一个目标重新指向所需的时间。这需要卫星具有强大的姿态控制执行机构，并通过设计紧凑的飞行器来降低卫星的惯性力矩。

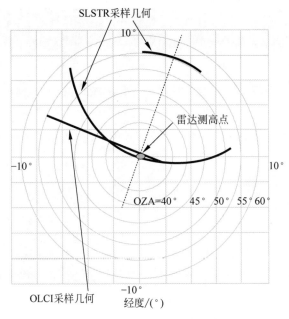

图 9.54　哨兵-3 的配准几何

（2）减小平稳过程时间。这个时间是指为了获取可接受的图像，仪器在重新指向后恢复至足够稳定所需的时间。这意味增加 AOCS 的带宽，以允许对残留振荡的快速补偿并强化卫星。

9.6.4 节的最后一段描述了昂宿星的敏捷性能。正如其中所解释的，卫星具有强大的控制动量陀螺仪、低惯性和高刚度。整个卫星的外部构型（详见图 9.29）是由可实现快速重新指向的紧凑性和刚性需求驱动的。

敏捷昂宿星这样的卫星任务能够提供灵活的指向策略，同时产生大量的图像，如图 9.55 所示。

9.10.7　速度增量和燃料

卫星有各种来源的能量以满足它们的推进需求。这种能量的一部分可以通过与行星的交会产生，如尤利西斯卫星（详见 9.6.2 节、图 9.23）。另一种选择是由专用的推进资源提供，这属于任务的一部分，但不属于卫星的一部分：使用的 IUS 和 PAM 火箭加速尤利西斯（详见图 9.27）就是这样的一个例子。不过，卫星仍然需要携带足够的燃料，以执行所有必要的轨道修正和轨道维持机动。星载燃料要在所有有需求的事件之间进行分配：

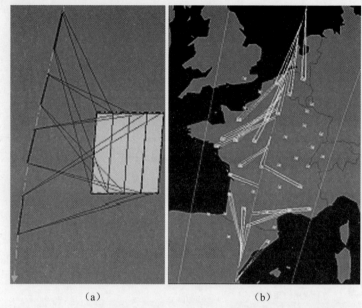

(a)   (b)

图 9.55　敏捷昴宿星卫星在单一路径上进行图像拼接的策略①
(a) 覆盖 1 000km×1 000km 的大量图像；(b) 在单一路径区域内

（1）运载火箭并不能把卫星精确地送入所需要的实际轨道，需要通过在轨燃料对所有的入轨误差进行修正。运载火箭专家需要提供入轨误差的平均值和最差值，卫星必须携带相应的燃料来补偿这个误差。

（2）一些任务的设计允许进行大的轨道修正机动，需要有足够的燃料来支持这种机动。例如 MSG，运载火箭将卫星送入大椭圆地球同步转移轨道，卫星通过携带足够的燃料将自身送至最终的地球静止圆轨道。执行这样大的轨道修正需要使用 800kg 燃料。

（3）要求精确轨道控制的卫星需要定期修正外部扰动产生的任何轨道漂移。在低地球轨道，漂移主要是由大气阻力引起的。在地球同步静止轨道，太阳和月亮的引力会改变轨道的倾角，这种影响也需要补偿。

（4）太空环境越来越拥挤，为了阻止卫星与太空中的其他目标发生近距离碰撞，需要分配部分燃料以备碰撞规避机动。

（5）为了避免卫星在自身任务完成后成为其他任务的危险因素，它需要携带足够的燃料，使自身转移到不构成危险的轨道上。

此外，某些任务的设计是在没有任何星载燃料的情况下运行的。这可

---

① http://132.149.11.177/PLEIADES/Fr/GP_systeme.htm

以降低成本,但却不能进行任何轨道修正机动。这种方法适用于大多数技术验证任务和一些不需要高精度轨道的科学任务。鉴于随着时间的推移,与标称轨道之间的漂移会增加,对要求长寿命期的运营任务通常需要进行某种形式的轨道控制。

每次必要的机动对燃料需求的总和决定了总燃料需求量。计算每次机动的燃料需求时,通常要包括其自身的安全余量。运载火箭专家提供的最差的入轨误差通常比实际的大,总的预算还应包括一个系统级的安全余量,一般为10%或更多。安全裕量的综合意味着"最有可能"的燃料消耗将低于参考设计方案,因此,大多数卫星的燃料能比原计划使用更长时间,这就提供了拓展任务寿命的可能。

9.10.8 机械扰动

机械扰动会改变仪器的指向和指向稳定性,建立指向和指向稳定性的要求,会自动建立对星上机械扰动的要求。不过,对于有非常严格的指向要求以及许多潜在的内部机械扰动源的任务,最好有一个专门的机械扰动预算。机械扰动预算结果可以为所有机械扰动源的设计提供参考。

根据9.8节的讨论,该预算应该在频域进行划分。可以定义3个频率范围,如图9.56所示:

(1) 低频范围:随着频率的上升,扰动要求将变得更加严格。

(2) 中频范围:扰动要求是恒定的。

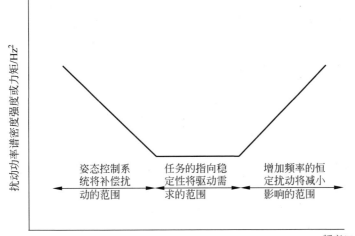

图 9.56 作为频率函数允许机械扰动的模板

（3）高频范围：随着频率变得更高，扰动的要求将被放宽。

低频扰动主要通过卫星的姿态控制来进行补偿。当频率变得越来越低时，姿态控制敏感器和执行机构将有更多的时间来测量和补偿这些扰动。当这些扰动的频率降低时，可以允许承受更大的扰动。在非常高的频率下，姿态控制系统将无法控制扰动。不过，高频扰动不会对指向造成大的影响，因为快速变化的扰动没有足够的时间使指向发生大的变化。这也就是为什么规定的允许扰动曲线会随频率的增加而增加。在这两个极端之间有一个中心频率范围，在这个范围内，允许的机械扰动是最小的。

由此得到的与频率相关的最大扰动包络可以用来指定分配给不同机械扰动源的值，这些值也将与频率相关。所有分配的数值在频域相加应小于在所有频率上允许的扰动最大值。

9.11　星座的实现与保持

一些任务需要多颗卫星相互之间保持特定的几何关系，这些卫星就组成了一个星座。多颗卫星星座的使用在7.3节进行了简要介绍。8.4.2节讨论了使用星座来避免大型刈幅仪器在图像边缘的质量不足，9.9.3节讨论了选择正确的轨道高度以及卫星数量来提供期望的覆盖和重访过程。除了满足任务要求外，星座还提供了一个强健的架构，能够应对单个卫星的失效，这样就不会对整个任务的可用性造成严重的威胁。这种强健性对于运营任务来讲特别有利，本书提供的3个例子均是运营任务，这并非偶然。

本节将补充讨论关于星座的设计和保持。9.6节描述了3个星座：哨兵-3、铱星和昴宿星。哨兵-3和昴宿星均由两颗卫星组成，铱星星座有66颗卫星。

对任务设计来讲，建立清晰的星座发射策略是至关重要的，其中包括对星座的初始部署和补充。对于由几颗卫星组成的星座，如昴宿星和哨兵-3，如何以及何时发射它们是一个问题。理想情况下，它们应该尽可能在短时间内连续发射，以尽快开始实现任务目标。不过，为了使生产和工业组织保持一个合理的规模，卫星的顺序制造和交付必须进行优化，即使这可能意味着在连续发射卫星之间会出现延迟。在某些情况下，任务资金是逐步提供的，这就意味着在较长的时间内，任务将使用比需求更少的卫星。

单颗昴宿星和哨兵-3卫星仍然可以提供高质量的图像，但其覆盖和重访将是期望值的1/2。尽管这并不理想，但在特定的情况下也是可以接受的。但铱星需要所有的卫星才能提供连续的通信覆盖，这是它的基本任务目标,如果星座仅仅有一半的卫星提供服务,其服务时间也会降为一半,这是无法接受的。因此,这类任务需要快速发射所有组成星座的卫星。

运载火箭可以容纳多颗卫星进行发射。然而,轨道倾角的改变需要大量的能量,只有在所有卫星均被送入同一个轨道面或非常相近的轨道面时,使用一个运载火箭发射多颗卫星才是可行的。相反,将卫星部署在沿着同一轨道上的不同点,只需要少量的能量。铱星使用了几种类型的大型火箭将 5 颗(德尔塔号火箭)或 7 颗(质子号火箭)卫星同时送入相同的轨道面。为了应对有可能的失败,有时需要发射 1 颗或多颗替代卫星来进行必要的补充。铱星使用像呼啸号和长征等小型运载火箭来实现替代卫星的发射。此时,卫星灵活性的需要是决定卫星主体构型的主要因素,将在第 10 章(详见 10.2.1 节和图 10.5)进一步讨论。

应用气象任务也需要使用星座。大气是动态变化的,对天气的系统监控需要提供快速覆盖。世界气象组织[①]要求每 4h 更新一次地球的天气覆盖。这一要求可以通过使用地方时相差 4h 的三等分轨道面的 LEO 卫星星座来实现。NPOESS 的气象 LEO 轨道星座(详见图 9.15)满足了这些要求。三颗 NPOESS 卫星中的每一颗都能提供地平至地平的图像,每颗星都能在 1 天时间内实现对地球的完整覆盖,3 颗星一起可以满足 4h 的要求。在刈幅边缘所需的最大入射角为 68°。由此产生的图像失真并不理想,但用户认为可以接受。

不是所有的任务都要求对整个地球进行覆盖。当所感兴趣的区域有限时,使用中等数量的卫星、选择合适的轨道就能实现所关注区域的最佳重访。森林火灾任何时候都有可能发生,且火势的发展会很快危及生命财产安全。所以,Fuego 任务允许在地球的 35°~45° 纬度区域提供双频段每30min 一次的重访。这个限制是可以接受的,因为对地中海地区森林的火灾监视是 Fuego[②] 的基本目标,所有的地中海地区的森林都位于这个纬度区间。为了实现如此苛刻的重访时间要求,该任务配备了 12 颗卫星组成一个 Walker 星座,分布在 3 个等分的轨道面上,轨道高度为 700km,轨道倾角为 47.5°,对目标区域的实际重访时间为 23min。Walker 星座[③]将 n 颗卫

① Final Report of the CGMS-WMO Optimization Workshop,Optimization of Satellite Observation Missions,WMO 2006.

② ESCORIAL D,TOURNE I F,REINA F J,et al. Fuego:A dedicated constellation of small satellites to detect and monitor forest fires[J]. Acta Astronautica,2003,52(9/12):765-775.

③ WALKER J G. Some circular patterns providing continuous whole earth coverage[J]. Journal of the British Interplanetary Society,1971,24(7):369-384.

星均匀地分布在 P 个轨道面上。所有轨道面都有相同的高度和相对于地球赤道平面相同的倾角。P 个平面的升交点沿赤道均匀分布。为了完整定义这个星座，还需要确定邻近轨道面卫星之间的近点角之差。这种区分由第三个参数真近点角 f 表示；如果一颗卫星在它的升交点，那么其相邻的最东边的卫星经过该升交点的时间为 f 乘以 $360°$ 再除以星座内的卫星数量。

10 卫星构型域

关键词 卫星构型设计、卫星构型类型、空间环境、发射环境、天底指向卫星、自旋卫星、惯性指向卫星、卫星预算

卫星构型域在 7.1.3 节进行了简单介绍。本章首先简要介绍了这一域中涉及"机械"空间工程学科的要素和部件,之后分析外部环境如何驱动卫星的构型设计,最后探讨了四个任务的相关设计决策。

(1) 重力感应任务 GOCE 是一个天底指向卫星,运行在地球上空 250km 高度的太阳同步轨道上,其设计是由使其大气阻力最小的需要驱动的。

(2) 尤利西斯任务在第 8、9 章均有介绍,它的构型设计驱动是大型通信天线、自旋姿态和长杆。

(3) JWST 是一个惯性稳定的天文台,飞行在拉格朗日 L2 点周围的晕轨道上,在第 7、8 章进行了介绍。它的构型驱动是要避免其大型可展开式望远镜受到太阳的热影响。

(4) 铱星是天底指向的通信星座,在第 9 章进行了介绍。它的构型驱动是:不同的运载火箭要容纳小型的或者大量的卫星,为其配备的不同通信天线提供良好的可见性,能应对相对于太阳极其多变的几何。

本书选定的任务有大、小两种规模,实施"原位"测量和遥感两种模式,以不同的姿态在不同的轨道飞行。它们提供了很宽的应用和场景范围,以说明不同因素对空间任务构型的影响。然而,影响构型设计的因素很多,可选的设计方案也很多。上面列举的例子并不足以涵盖设计决策的全部范畴,必要时可参考其他任务。

本章将继续用一节讨论卫星周边几何关系的影响,包括太阳、地球、观测目标、深空的位置等,以及其如何驱动构型设计。最后两小节分析了包含在本域内的功能分配和预算分配。

图 10.1 根据图 7.1 中给出的总体计划回顾了这个域的相互关系。与

轨道/姿态域(详见图 9.1)相比,构型域包含的相互关系数量是比较少的。构型设计决策的另一个特征是它们要响应之前在其他域完成的设计决策。这也就是为什么图 10.1 中的所有箭头都指向构型域。这种依赖性解释了为什么只有在基本的仪器概念、轨道、姿态和运载火箭等建立之后,才能进行构型设计:

(1)运载火箭提供的物理包络将提供可用的容积,并确定对可展开结构的需求。

(2)由运载火箭驱动的发射负荷和由姿态及轨道控制驱动的在轨负荷将支配收拢和展开构型的强度和刚度。

(3)太阳光照年度变化、深空的寒冷、预期要成像或测量源的位置,所有这些约束合在一起,限制了可用轨道和传感器姿态的选择,这反过来又影响了卫星构型的确定。

(4)姿态控制概念会推动卫星构型设计。这已经在 7.1.3 节中提到。

(5)轨道改变及轨道控制需求将驱动推进及整星的构型。

(6)外部环境力包括大气阻力、太阳光压、引力梯度,这些都是轨道和姿态的函数,也会驱动构型设计。

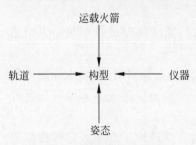

图 10.1　构型域的外部关系

任务围绕仪器开展设计是符合启发式设计模式的,如果要安装多个传感器,则必须首先将仪器的补充作为一个整体进行配置。不同传感器可能有完全不同的、互补的或相互矛盾的观测视角。首先进行的设计是仪器尺寸的设计,以便优化构型,将质量和尺寸降至最小,同时还要符合性能要求。应用图 10.1 中所有技术约束和要求得到的结果,从技术角度看可能是一个有效载荷最佳的构型,但还有一个可能会改变最终选择的考虑。这种考虑是可能提供一种构型,通过在有效载荷组件和服务模块之间提供模块化来简化航天器的装配集成和验证,从而有助于并行设计、制造和组装(详见后文中的图 10.37)。

10.1　本域的组成部分

卫星构型的总体定义依赖以下子系统的定义:

(1)主次结构。

(2)热控。

（3）展开和指向机构。

（4）作为机械和热要素的太阳能电池阵。

10.1.1 结构

结构工程在 2.4.1 节进行了介绍。结构是为卫星携带载荷或支持、保护卫星其他部分的每一个物理组成部分，通常分为主体结构和二级结构。主体结构是结构子系统的一部分，其定义了卫星的总体形状，承载着主载荷，并定义了卫星的基本振动频率。主体结构也提供了与所有地面支持设备和特殊测试设备的接口，用于地面装配、集成和测试。二级结构包括所有与主体结构相连的各个卫星部件的所有部分，在主载荷转移中可以忽略不计，对基本振动频率没有大的影响。二级结构的每一部分都需确保卫星的部件与应用该部件的本地刚度和强度要求兼容。

包括了主体结构和二级结构的结构部件有梁、板、法兰、裁剪的承载外壳和纵梁。用来连接这些结构的部件包括螺丝、螺母、焊接、粘接和铆钉。在空间任务中应用的结构部件设计要考虑刚度、强度和轻量。为了保证尺寸稳定性，较低的热膨胀是高价值空间应用的另一个要求。铝和钛是广泛使用的空间应用结构材料。碳纤维增强塑料具有很强的刚性、稳定性和轻量的结构，也被广泛使用。用铝和碳纤维芯及外皮做的蜂窝夹层也很常用。

最重要的设计决策是主体结构的定义，这主要由整个外部构型和发射负荷驱动，是最苛刻的负载环境。在发射过程中，主体结构被紧固在运载火箭上，其顶部与运载火箭没有刚性连接。所以，在发射时的主体结构是悬臂梁结构。该主体结构可以围绕中心管路、面板或框架梁来构造。图 10.2 展示了哨兵-3 的内部结构，其下半部分结构围绕中心管路，上半部分围绕着面板。后文中图 10.9 显示的 Proteus 的结构概念是基于框架梁的一个例子。主体结构的概念包括对结构材料的选择：金属的或非金属的。金属结构较重，热尺寸稳定性也较低，但更便于反复的连接和分离。通常金属结构也比复合结构便宜得多。在项目的早期阶段，通常不考虑二级结构。由于机械设计强烈依赖运载器，系统设计师必须向专家提供至少两种可能的运载器，一个主用运载器和一个备用运载器，这样结构就可以根据考虑中的运载器所允许的最苛刻的载荷包络进行设计。另一个重要的设计决策是，卫星究竟是一个单独的结构块，还是可以划分成在地面单独处理的不同部分。大多数大中型卫星的结构可以分为两大部分：安装大部分卫星子系统的下层部分和安装仪器的上层部分。这种结构划分允许在这两部分连接前并行进行装配和测试，从而简化并缩短了装配及测试过程。

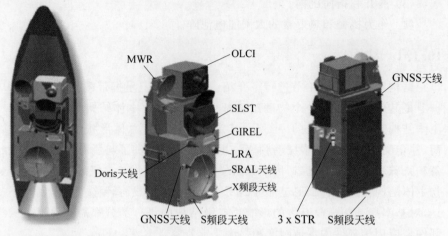

图 10.2　哨兵-3 卫星在运载器的装载构型及主构型驱动因素的位置和运载器包络[1]

　　系统设计师应该遵循专家关于结构设计和材料使用方面的建议。不过，系统设计师也应该主导卫星"外部"形状的选择，因为许多相互冲突的因素会影响到外部形状，包括仪器的可见性、环境、姿态、轨道及运载器等。特别值得关注的是航天器发射收拢和在轨展开时两种构型的刚度，这是为了确保与发射环境的兼容性、评估在轨构型与 AOCS 之间潜在的动态耦合。在这两种情况下，需要结构域专家帮助系统设计师实现这种兼容性。大多数卫星有一个结构子系统，由专门的供应商负责提供卫星的主体结构，二级结构的各部分通常是二级结构所承载部件的供应商来负责的。

10.1.2　热

　　热工程已经在 2.4.2 节进行了介绍。

　　实现热控功能的必要部件包括：产生热的部件，用于存储、传导和辐射热的部件，能够使用外部流体循环来传导热量的部件，具有局部增强或隔离温度敏感硬件的热传导，以及用来控制其他热部件的部件：温度传感器、加热器、导线和管理热控逻辑等。

　　卫星接收的热能主要来自太阳，是吸收太阳光谱中的可见光部分（详见图 10.11 和图 9.3），但是卫星辐射的能量比卫星本身的温度要低得多，是在红外范围辐射的。另外，绕行星运行的卫星会直接接收来自行星的红外辐射，并将行星表面的太阳辐射（反照率）反射到对行星有视角因子的卫星

---

① 　图片由泰雷兹阿莱尼亚宇航公司提供。

表面,这些在卫星热控设计的时候必须要考虑。同样,卫星反射面之间存在的环境热通量源的多重反射和吸收也需要考虑。此外,银光学反射器上的白漆或者石英这样的表面在红外频段辐射能力强,但在可见光频段吸收能力差,就会使卫星冷却;抛光的铝或金这样的金属表面很少辐射红外线,可以很好地吸收可见光,会使卫星变热。黑色漆面具有很高的红外线辐射率 ε 和很高的可见光吸收率 α,将制冷和加热这两个方面很好地耦合在一起。不受任何其他热源(例如内部传导)加热的表面的平衡温度和使用热光学材料进行热控制都完全取决于太阳吸收率与红外辐射率的比 α/ε。但必须注意的是,由于带电粒子撞击和在整个任务过程中暴露在紫外线下造成的损伤,在任务早期具有较低 α 值的高度抛光表面很快就会退化到更高的值。这个退化使 α/ε 比率随时间发生显著变化,所以有必要通过对在材料全新和预期寿命结束时卫星的热平衡分析了解这种变化,从而通过设计热构型来应对。随着时间的延长,卫星的表面在持续暴露于外部环境的情况下会逐渐变暖。辐射率的属性不是很敏感,通常在整个任务期间被认为是恒定不变的。为了使卫星与外部环境隔离,通常使用多层隔热材料。多层隔热防护层可以由用网隔开的不良散热层组成,避免层与层之间的接触和传导泄漏。也可以由多层褶皱的高反射率薄片组成,可以省去网状层的质量,但增加了通过防护层的厚度导致层间传导泄漏的风险。在这两种情况下,防护层必须开排放孔,以防止层间残留空气导热。因此,防护层的隔热性能是其层数的函数。实际的情形往往更加复杂,随着层数的增加,实现良好层间真空的机会将会减小,同时层间的空气传导增加了热传递。这对于像航天飞机这样的短期任务来说是一个风险。另外,这样的防护层在平坦或单一曲率的表面才能完全有效地工作,因为对防护层的任何压缩都将导致层间传导率的增加。在卫星内部也必须进行热交换,可以通过辐射或传导来实现。黑色漆面可用来进行辐射耦合。传导是特定部件提供的。随着被转移的热量变多,部件会变得越来越复杂:热倍增器能够转移中等数量的热,热管线能够转移的量更多一些,主动流体回路能实现最大的热量转移。热红外探测器这类的仪器必须运行在很低的温度。复杂的多级纯被动冷却能够满足这一要求,但由此产生的布局会对整星的构型产生强烈的影响。一个替代方案是提供"主动"热量泵,这需要流体回路和提供机械能。这个装置可以抽出热量,在特定位置达到一个非常低的温度。这个选择在 10.5.4 节会进一步讨论。冷却剂能提供极低的温度。在第 7 章介绍的 ISO 使用了2 100L 的液态氦,通过将液体转变为气体然后排放到太空中的过程将望远镜冷却到 1.8K。但这限制了任务的寿命期,当冷却剂耗尽后,任务就不能继续。相比使用大量部件来对卫星进行冷却，电加热器仅需要一个独立的专用部件就可以对卫星进行加热。加热器安装在需要热量的区域，可以根据当前的温度和总的热控策略来进行开启或关闭。热控部件通过数字控制逻辑来进行控制，但也能使用简单的模拟控制方法，如通过温度调节装置来控制开关。这个强健的方法可以确保卫星在故障情况下的生存，甚至包括计算机无法工作的情况。另一个简单的控制方法是使用具有高的热辐射或有效隔热特性的移动屏式百叶窗，其可以交替暴露于外部环境。

首要的决策是决定使用什么样的表面来与外部环境进行辐射交换、使用什么样的表面来对外部环境进行隔离。这个决策直接受到轨道几何的影响：为了实现热耗散，辐射表面必须要有一个很好的冷空视野，并能使其免受强烈的阳光照射。与上述决策密切相关的是建立用于热控的工具，无论是简单的还是复杂的。辐射表面和加热器通常被认为是简单的工具。热管线和百叶窗的复杂度适中，热量泵和复杂的被动散热器能够冷却至非常低的温度，像液态氦这样的冷却器被认为是复杂的工具。如果使用简单的工具，卫星的构型和姿态将会受到热约束的强烈影响。如果使用复杂的工具，卫星的构型和姿态设计就会相对自由，但热控变得更加复杂。

是否使用中等复杂度或非常复杂的热控装置是由仪器的要求决定的。红外探测器这样的仪器必须在很低的温度才能运行，而激光器这样的仪器则需要很高的散热性能。就像上文所讲的，复杂的热控解决方案使热控问题变得复杂，但简化了卫星的总体构型。所以，这些问题的最终决策是由系统设计师来完成的。

对具有简单的热控要求和相对恒定的散热几何的卫星设计决策是专家的责任，他们还应提供仪器的专门热要求和其他有特殊热需要的卫星部件的热设计。也就是说，辐射表面的位置必须由系统设计师确定，因为这个决策会直接影响卫星的总体构型、卫星的姿态和所选择的轨道，所有这些都是关键的顶层设计决策。

卫星有一套热控部件来确保对整个卫星进行合适的热控。这些部件通常被统称为热控子系统，由专门的供应商来负责和控制。此外，卫星可以有专门的热控组件来实现特定部位的热控需要，如科学仪器等。这些部件的交付通常是相应部分的供应商负责的。

10.1.3 机械

空间机械工程在 2.4.3 节进行了介绍。

机械装置是复杂多样的，其分布遍及卫星有重新配置需求的不同部位。

收拢构型会对卫星部件进行压紧约束。在发射期间,螺母、包带或锁等部件会作为结构紧固件。一旦入轨,螺母就会松开、包带就会切断、锁也会使用特殊的执行机构打开。机械锁也用来约束和支持展开构型的结构。执行机构提供运动及允许重新配置所需的扭矩和力。最灵活和通用的设备是电动马达,但是通过扭转和线性弹簧提供储存的弹性能量已被广泛使用。如果使用电动装置,就必须提供运动控制的电子设备和位置、速度测量装置。弹性能量装置不需要控制电子设备,但为了避免不受控的展开,在速度增加时采用了耗散能量的装置。电缆和滑轮或连杆将执行机构产生的扭矩和力传递到所需的地方。轴承和涂层用来降低运动产生的摩擦,也可以使用圆球和滚珠轴承以及液体或固态的润滑剂层。机构可分为单个和多个执行装置。卫星的重构机构仅需要运行一次。此外,指向装置需要多次或连续的驱动。用于卫星姿态控制的动量轮和动量控制陀螺也需要连续运作。一种特殊类型的指向机构用来转动太阳能电池阵,使其始终朝向太阳以实现能量产出的最大化。

和热部件的情况一样,在复杂的机构和复杂的构型之间要有一个折中。使用复杂的展开机构可以减小卫星的重量和收拢状态的体积,将卫星容纳到更小型、费用更低的运载火箭中。通过调整整个卫星的指向可以不使用指向机构,超大型的太阳能电池阵可以不需要使用太阳帆板驱动机构。使机构复杂化和使卫星剩余部分复杂化之间的权衡是一个复杂的问题,这个问题的解决取决于每个任务特定的环境。必须要确定的是使用电动还是机械马达进行驱动。一次性机构通常使用弹簧来实现,它不需要电子控制。但是为了避免过度的展开速度和展开结束时的冲击负荷,通常需要使用速度控制装置来控制弹簧的展开。一个非常理想化的状态是,任何机构都能在不更换任何部件的情况下复位到原始状态。此时,这些机构在地面的测试与在轨使用时就是一致的。在 AIV 程序中,地面经常需要这样的复位。使用一次性执行机构的装置有可能承担在需要时将起作用的单元替换为无法工作单元的风险。

机械机构遍布在整个卫星上:像天线和太阳帆板这样的大型可展开装置就有他们相应的机械机构,要求指向或扫描的仪器要有它们自己内部的机械机构,还有卫星的姿态控制子系统使用的旋转执行机构,所有这些机械机构都有同样的问题,需要它们的设计师具有相似的技能,但每个机械机构又与周围的部件存在强烈的相互作用。这意味着,机械机构不是一个自然的子系统。

机械设计是高度专业化的活动,专家需要对所有相关的设计决策负责。

系统设计师要直接参与总体构型相关问题的讨论,例如,在使用小型运载火箭的具有复杂展开状态的轻量卫星与使用大型运载火箭的相对大的、重的很少或不需要展开状态的卫星之间进行权衡。复杂的机械机构可以使卫星更加轻量化,但它们可能不可靠,也不能难以开发和测试。卫星的最终构型和机械机构的复杂程度需要系统设计师投入特别高度的关注。大型可展开机械机构的地面可测试性也是一个需要系统设计师早期就关注的方面,因为这会影响到成本和验证方法的可信性。

10.1.4 太阳能电池阵

太阳能电池可以将太阳能转换为电能。为了实现这一功能,太阳能电池需要结构支撑面板以及展开和跟踪机构。无论是收拢构型还是展开构型,结构面板都是用来支撑电池单元的,展开机构可以将太阳能板从收拢状态重新配置为展开构型,跟踪机构可以旋转整个太阳能电池阵,使其尽可能朝向太阳。

太阳辐射强度在 1AU 处为 $1\,367\mathrm{W/m}^2$。太阳能电池可以将这些辐射转换为电流。转换效率是电池材料的函数,转换效率范围为从硅材料的 20% 至最好的多结砷化镓材料的 35%。太阳能电池阵的实际效率还会因为物理因素的影响而降低。例如,太阳能电池阵的尺寸中通常只有 80%~90% 的面积部署了电池单元。太阳能电池阵与太阳方向之间的实际角度、电池老化和电池工作温度也会降低效率。综合起来,太阳能电池阵在 1AU 处,沿太阳方向,每平方米的表面上能够产生 150~300W 的能量。太阳能电池阵的结构部件与在 10.1.1 节(结构)、10.1.2 节(散热)和 10.1.3 节(展开和指向机构)中描述的相同。

会受到太阳照射的卫星外表面,可以用太阳能电池来覆盖。这是最简单、最廉价、最可靠的太阳能电池阵的类型。这些太阳电池阵被称为"星体安装"。星体安装形式的太阳能电池阵受以下限制:

(1) 可用外表面的尺寸。

(2) 覆盖了电池单元的外表面相对于太阳的可变几何关系。

(3) 星体安装电池的运行温度。在星体上安装电池的卫星本体不易散热,可能会变得过热。

这些因素限制了这些电池阵能提供的总能量。不过,这些太阳能电池阵被广泛应用在小型和中等尺寸的卫星上,这些卫星不需要大量的运行能量,简单、低成本是其主要的设计驱动。

卫星的太阳能需求决定了电池材料、阵面尺寸、展开方式,以及太阳跟踪几何的选择。卫星的能量要求将在 11.1.1 节进行讨论。太阳能电池阵的尺寸、展开方式和太阳跟踪几何将由运载火箭整流罩体积以及卫星总体构型产生的容纳约束来决定。由于太阳能电池阵通常是一个大型的具有指向性的展开式机构,因此主要的权衡与之前的部分类似,主要是机械机构的复杂度与卫星剩余部分的复杂度之间的平衡。这将在复杂但小型、高效及轻量化的太阳能电池阵和简单但大型、较重的太阳能电池阵之间做出选择。可展开的太阳能电池阵存在与大型可展开结构和机械机构有关的所有典型问题。而且,它们的设计驱动因素在每个任务中通常是非常相似的,相比于其他大型可展开装置相似度更高,参考现有可行的设计方案是可行的。在这种情况下,太阳能电池阵的选择和安装完全可以由专家来决定。在可用空间难以实现的情况下,可供选择的方案包括:设计一个专门的太阳能电池阵,以与约束相协调;为太阳能电池阵分配更大比例的可用体积;使用有更大尺寸整流罩的运载火箭。这三种选择都有明显的缺点。在此情形下,系统设计师就需要用整体视角来选择最优的方式。

除了太阳能电池阵的尺寸及其对卫星构型的影响外,这个子系统的大多数设计决策都可以安全地交到专家手里。不同的设计方案之间没有明显的差别,卫星的实现可以合理地采用不同的方法;例如,使用规则的或不规则的平台,或是使用不同类型的电池单元等。已有合格部件的可用性和供应商的经验将是确定设计方向的基础。

在许多情况下,需要考虑到太阳能电池阵是一个大型的、物理上连续的部件,与卫星有许多复杂的机械接口,它成为一个小的子系统,直接交付给卫星供应商。卫星供应商必须要考虑对平台和载荷性能产生的任何结构的动态影响。

10.2　作为构型驱动因素的外部环境

本节通过描述环境分析每种外部环境对航天器构型的影响,是对 9.2 节的补充。

10.2.1　运载火箭

运载火箭对构型有影响,因为它决定了:

(1) 卫星收拢状态构型的体积、卫星与火箭之间接口的形状和尺寸。

(2) 发射负荷及由此产生的刚度和强度要求。这个因素将定义几乎所有结构要素。

(3) 允许的卫星发射质量及卫星质心的位置。

供选择的可用运载火箭是有限的，而且受计划的约束。运载火箭应该来自特定的国家这一约束对其的限制更大。这使运载火箭成为一个主要的设计驱动因素。如果没有备选运载火箭，卫星就不能进行设计。从设计开始时必须参考一个或几个运载火箭，卫星的设计要与所有的参考运载火箭相匹配。

1. 体积限制

运载火箭整流罩的形状是绕发射轴旋转对称的圆柱圆锥状，这就会限制可用体积。在航天器的设计中，减重是公认的设计驱动因素，同时，对紧凑性的需求驱动了卫星的收拢状态构型。在 LEO 卫星设计中，卫星体积的限制常常比重量限制更为优先。为了解决体积分配问题，有三个可能的策略：使用有大型整流罩的火箭提供更大的容积；使用可展开的机械机构；通过优化卫星的形状合理地利用可用的容积。以上三种策略都是有限制的：大型运载火箭价格更高；使用可展开的机械机构风险较高，花费也大；即使是最灵巧的解决体积限制的方案也可能导致无法工作。在卫星设计过程中，体积限制的重要性在哨兵-3（详见 9.6.1 节）收拢状态的构型上就可以清晰地看出来，如图 10.2 所示，其仪器、天线和收拢状态的太阳能电池阵的位置很明显都是为了确保紧凑同时最大限度地使用由运载火箭所提供的容积。在一些极端情况下，运载火箭的形状决定了卫星的整体形状。

金鱼草（Snapdragon）卫星的构型是欧洲宇航防务集团（European Aeronautic Defence and Space Company，EADS-Astrium）的专利，如图 10.3 所示。卫星上装配了一副大型平面阵天线，这种构型对运载火箭容积的利用达到了最优。卫星分为两个半六边形，恰好安装在运载火箭的圆柱形空间内。卫星入轨后，两部分围绕一个共同的铰链展开，成为一个有大型平坦表面的展开式构型，这样最大的平面阵天线就与运载火箭能提供的容积相匹配了。这种构型还致力于最小化展开机构的复杂性，以获得最大的天线尺寸。当进行一箭多星发射时，卫星形状和运载火箭包络之间的相互关系会更加复杂。在某些情况下，卫星必须设计成特定形状，附加的结构适配器必须将所有卫星分别连接到运载火箭的顶部。图 10.4 所示为携带雷达高度计的小卫星星座装载实例。在运载火箭提供的空间内，卫星排成两排，每排四颗，火箭容纳了八颗卫星。小卫星的形状完全受适配形式的约束，为了适配所有的小卫星，大型的中心柱体也需要安装在火箭中。

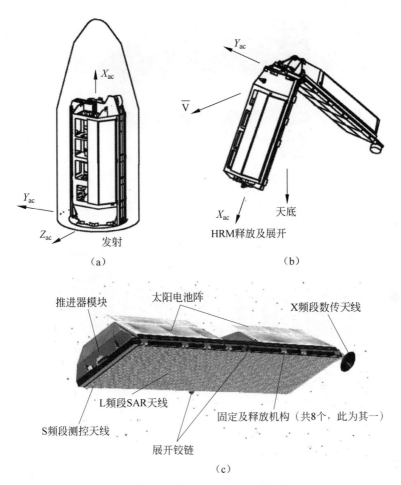

X_{ac}

Y_{ac}

Z_{ac}

发射

(a)

Y_{ac}

$\overline{V}$

X_{ac}　天底

HRM释放及展开

(b)

推进器模块　太阳电池阵　X频段数传天线

L频段SAR天线

S频段测控天线

固定及释放机构（共8个，此为其一）

展开铰链

(c)

图 10.3　金鱼草平面阵列卫星[①]

(a) 在运载火箭内；(b) 展开过程中；(c) 展开后

9.6.3 节介绍的铱星星座将在 10.3.4 节进一步讨论，这是一个构型设计适应运载火箭包络的极端例子。如图 10.5 所示，为了提供组建星座和补充卫星的灵活性，卫星的构型需要同时适应不同的火箭进行一箭多星发射时卫星数量的变化。一些运载火箭为一次同时发射两颗或三颗不同的卫星提供了专门服务，而且具有最小的形状限制和相互之间最少的接口问题。为了提供这些服务，火箭整流罩下的空间被分为两或三个明显分离的包络，

① ZINK M. The TerraSAR-L interferometric mission objectives [C]//Proceedings of the Fringe Workshop. Frigne：2003 Workshop，2003.

图 10.4　使用中央支撑结构在一个运载器内容纳由八颗雷达高度计卫星组成的卫星星座[1]

每个都与火箭有独立的接口，如图 10.6 所示。这种双重或三重构型广泛地用于 GEO 轨道通信卫星上。

图 10.5　铱星在德尔塔Ⅱ（五颗卫星）和质子号（七颗卫星）火箭上[2]

图 10.6　容纳两颗卫星的阿丽亚娜-5 火箭，每个卫星有一个独立的包络：上层和下层[3]

---

① 图片由 SSTL 提供。

② 图片由铱星提供。

③ EUROCKOT PEREZ. Ariane-5 users manual[M]. Evry：Arianspace，2004.

2. 刚度和强度限制

在发射过程中,运载火箭会将振动和加速度传递到卫星结构上:

(1) 火箭推力会沿推力轴向产生强烈的、缓慢变化的加速度,其方向与收拢状态下卫星的纵轴方向是一致的。图 10.7 给出了加速度随时间变化的曲线。

(2) 运载火箭会产生弱的横向加速度。这主要是由横向风或运载火箭推力的横向分量产生的。

(3) 突发事件,例如运载火箭的级间分离、推进器的开关机产生的突发横向或纵向的振动等。

(4) 运载火箭的噪声和高频推力变化也会引起有振幅和频率变化的振动。

由运载火箭产生的振动会以复杂的方式与卫星相互影响。根据卫星的安装位置和频率范围,由加速度引起的某些振动会逐渐衰减,另外一些会被放大。产生的负荷环境将在 10.2.2 节详细研究。

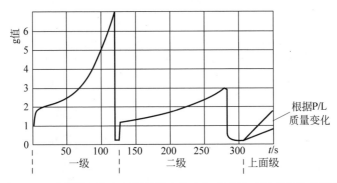

图 10.7　呼啸号火箭飞行期间纵向静态加速度随时间变化的曲线[①]

3. 运载火箭质量限制

进入不同轨道需要的能量水平不同,运载火箭的质量投送能力取决于所要求的目标轨道。将卫星送入轨道所需的能量也是发射中心所在地面位置的函数。发射工位在赤道附近发射效率更高,因为可以将地球的旋转速度作为能量附加到发射的卫星上。

图 10.8 提供了织女星号和呼啸号两种不同火箭执行相同任务时的容纳空间和发射质量约束对比。这颗卫星是为大气化学监测任务提出,需要以 96°倾角飞行在 820km 高的轨道上。织女星火箭能够将大约 1 450kg 的

---

① EUROCKOT. PEREZ. Ariane-5 users manual[M]. Evry：Arianspace,2004.

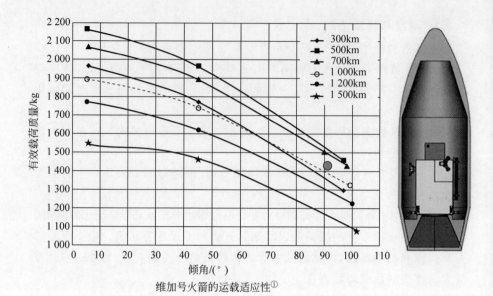

维加号火箭的运载适应性[①]

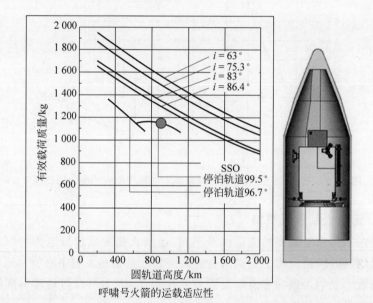

呼啸号火箭的运载适应性

图 10.8　大气监测卫星装配在两型可能的运载器上。圆点显示的是目标轨道[②]

①　EDOUARD PEREZ. Vega user's manual[M]. Evry：Arianespace，2002.

②　Configuration Courtesy of Thales Alenia. Rockot user's manual[M]. Configuration Courtesy of Thales Alenia，1999.

质量送入这样的轨道,而呼啸号火箭能运载 1 150kg 左右的质量。织女星火箭可以在接近赤道的圭亚那直接向北大西洋发射。呼啸号火箭具有类似的特征,但其在北纬 62.7°的俄罗斯普列谢茨克发射。与从圭亚那发射不同,为了避免火箭残骸坠落的问题,普列谢茨克仅能以非常特定的轨道倾角发射,如图 10.8 所示。这些发射地点的限制在空间系统设计时必须要考虑。

10.2.2　负荷环境

卫星在其整个寿命期内都会面临机械负荷。卫星构型,特别是它的结构,必须能够承受这些负荷,并保证不会出现严重的退化,要能够在折中的情况下完成任务目标。这些负荷可能是在地面、发射期间或在轨期间产生的。

1. 在地面

在发射前,卫星将在地面进行有关处理和转运工作,这些工作会不可避免地在卫星上产生应力和张力。在地面,必须设计和制造"地面支持机械设备",即运输和装配夹具,以便在搬运和运输过程中支持和保护卫星及其部件,从而确保地面负荷环境不会成为影响卫星结构的设计因素。然而,地面的运输和处理环境与在轨环境有很大不同。例如,在组装过程中,卫星的顶部可能挂在起重机的吊索上,到发射期间,卫星将固定在它的基座上。这可能导致地面环境成为卫星某些特定部分的设计驱动。该结构还必须保证容易组装和拆解,以便研究人员进入并更换任何放置在卫星内部的部件。卫星的组装过程是长期和复杂的,需要许多装配和拆解操作,更容易、更快速的装配会降低任务成本。这种对易接入性的需求禁止了那些本可以提供优良的强度和较小质量结构的解决方案,即这种方案应该是与易接入性不相容。图 10.9 描述了泰雷兹集团和 CNES 共同研发的希腊海神(Proteus)平台的装配构型。很明显,这个方案提供了方便的接入,实现了装配成本和时间的最小化。

2. 发射过程

10.2.1 节已经介绍了由运载火箭产生的发射负荷,并对运载火箭产生的负荷环境进行了分析。本节将描述负荷环境如何变成一系列塑造卫星的主体结构和二级结构形状的要求,并确定卫星的结构测试负荷。运载火箭的研制方会把发射加速度转换成一系列将要施加给要使用其运载火箭的卫星刚度和强度要求。这些要求包括:

(1)沿发射迹向和切向的准静态加速度。准静态对设计者来说意味着加速度的变化是足够缓慢的,可以作为静态来看待。

图 10.9　Proteus 平台的主结构为卫星部件提供了方便的接入[①]

（2）沿发射方向和横向的正弦加速度。

（3）作为频率函数的声学噪声水平。

（4）卫星允许的纵向和横向刚度。指定刚度可以避免卫星与运载火箭振动频率之间的危险耦合。

下面将织女星号和呼啸号两个类似的小型运载火箭作为例子详细说明运载火箭是如何影响卫星结构部件的。织女星号[②]和呼啸号[③]的用户手册明确指出了运载火箭三级在沿飞行方向和横向的最大加速度，包括动态的和静态的见表 10.1。织女星号详细说明了在 2～100Hz 的频率范围内对航天器底部施加的 1g 的低频纵向和横向正弦加速度。呼啸号明确在 5～100Hz 范围内在纵向有 0.8g～1.5g 的加速度、在横向有 0.6g 的加速度。织女星号的噪声水平在 20～2 000Hz 范围内为 145dB。呼啸号在 20～4 000Hz 范围内为 142dB。

表 10.1　两个运载火箭规定的最大横向和纵向加速度

飞行任务	横向加速度/g				纵向加速度/g	
	静态		动态		静态＋动态	
	织女星号	呼啸号	织女星号	呼啸号	织女星号	呼啸号
升空	−2	−1.8	±1.5	±1.8	±1	0.3
阶段一	−5.3	7.2	±1	±0.9	±1	±0.8
阶段二	−6	−3	±1	0	±1	±0.4
阶段三	−5	−16	±1	0	±1	±0.5

---

① http://smsc.cens.fr/PROTEUS/Fr/，版权归属为 CNES 和泰雷兹集团。

② EDOUARD PEREZ. Vega user's manual，issue 0，rev 0[M]. Evry：Arianespace 2002.

③ Configuration Courtesy of Thales Alenia. rockot user's manual，issue 2，rev 1[M]. Configuration Courtesy of Thales Alenia，1999.

收拢状态的卫星必须有足够的刚度以避免运载火箭动力学和卫星动力学之间产生危险的耦合。由于这个原因,运载火箭也要明确最小刚度。呼啸号要求卫星的第一横向固有频率大于15Hz,并禁止在16~33Hz之间[①]的纵向共振。织女星号[②]要求横向频率高于15Hz,纵向频率高于35Hz。上述规格将被转化为负荷案例,用于对卫星主体结构应力分析和测试用例。对于二级结构,规格包括:

(1) 正弦加速度曲线。

(2) 单个部件的刚度要求。

(3) 随机振动加速度曲线。

实际上,基于二级结构的设计情况和刚度,以及卫星会放大运载火箭的加速度这一事实,放大因素也需要考虑。为了覆盖所有可能的放大因素,运载火箭文档或卫星的规格中需要提供如图10.10所示的最差情况的包络。这是一个二级结构所支撑质量的函数:质量越轻,加速度就越高。这种说明方法使用简便,仅需要知道二级结构支撑物体的质量。即使是在初步设计中也是足够保守的。

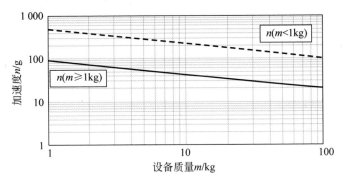

图 10.10　呼啸号指南二级结构的标注[③]

3. 测试负荷

测试负荷主要用来证明卫星能够承受发射带来的应力。测试负荷的设计要以真实发射负荷的最大包络为基础,再加上特定的安全余量。因此,在

---

①　Configuration Courtesy of Thales Alenia. rockot user's manual, issue 2, rev 0 [M]. Configuration Courtesy of Thales Alenia,1999.

②　EDOUARD PEREZ. vega user's manual,issue 0,rev 0[M]. Evry Arianespace,2002.

③　Configuration Courtesy of Thales Alenia. rockot user's manual, issue 2, rev 0 [M]. Configuration Courtesy of Thales Alenia,1999.

一个完美实施的任务中，测试对硬件要施加其将要经历的最恶劣环境应力。结构实际上将被设计得能够经得起测试标准。测试负荷是在适用于卫星机械环境的规格中定义的。

为了验证主结构抵御准恒定加速度下的性能，测试包括：

（1）使用液压执行机构在结构上施加静态压力。

（2）通过振动台产生正弦加速度。

主体结构抵御动态加速度的验证测试包括：

（1）发射时噪声环境的声学室模拟仿真。

（2）在振动台的正弦测试。

声学噪声特别适用于携带有轻量附属体的航天器，其每单位面积的质量相对较低，例如，收拢状态下的大型太阳能电池阵。二级结构需要使用振动台进行验证测试。这些测试验证了刚度、抗正弦加速度及抗随机振动的能力。

4. 在轨负荷

在轨环境中会产生四种类型的机械负荷：

（1）由于在轨温度变化而产生的、会使卫星结构部件膨胀或收缩的热弹性载荷。

（2）卫星构型重构期间产生的展开负荷，包括展开结束时的振动负荷。

（3）通过或大或小的姿态或轨道修正机动展开的构型中产生的负荷。

（4）自旋卫星离心力场产生的负荷。

在轨期间，负荷环境条件较好，不会影响卫星的主结构尺寸。不过，对于像天线和太阳能电池阵这样的大尺寸可展开结构和机构来讲，在轨负荷是一个影响因素。目前，大型可展开机构主导着所有搭载了它们的卫星的构型设计。这使得它们的早期分析和设计成为关键的一步。整个 JWST（7.2.1 节、8.2.2 节和 10.3.3 节）的构型设计就是围绕其望远镜和遮阳板的可展开机构进行的。

10.2.3　热辐射环境：太阳、地球和深空

在太空中，卫星将遇到四种热辐射源：

（1）太阳可以看作一个温度为 5 800K[①] 的黑体。在 1 AU 的距离处，太阳的能量是 1 367W/m^2。太阳的影响已在 9.2.4 节进行了介绍。

（2）从地球表面反射回太空的太阳光。通过地球反射的太阳光的比例称

---

① Spacecrafts Techniques and Technology，Volume 3 Chapter X. 3. 3. 2. 2，CNES Cepadues Editions.

为反射率。地球的反射率变化很大,在 5%～100% 区间振荡,平均为 30%[①]。

(3) 地球发出的热辐射。地球可以看作一个温度为 288K 的黑体。平均辐射能量为 230W/m²,根据地球表面温度的不同,其辐射能量在 150～350W/m² 波动。

(4) 由深空产生的宇宙微波辐射,可以看作温度为 3K 的黑体。

如图 10.11 所示,普朗克定律规定了辐射源的温度与其波长之间的关系。太阳的辐射峰为 0.4μm,地球的辐射峰为 10μm,来自深空的辐射峰为 1.9mm。卫星产生的热是电能利用的一种副产品,通过与太阳、地球和深空的热流交换来消散这些能量。卫星会根据不同的温度和外部表面的特性辐射能量。卫星的热控部件必须将卫星的温度保持在其正常功能所需的范围内,且必须在全年中卫星轨道引起的几何关系变化内做到这一点。为了确保卫星功能正常,绝大多数卫星部件需要保持在地球环境温度,即 290K 左右。卫星与太阳、地球和深空之间的辐射热交换取决于它们在卫星周围天球中的角距。太阳、地球和深空围绕卫星的几何已经在 9.7 节进行了讨论。

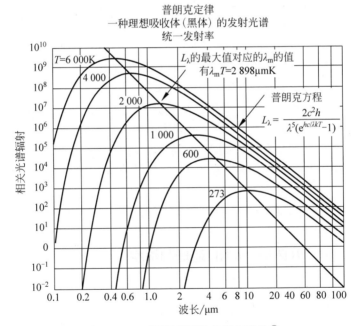

图 10.11　不同温度下的发射与吸收[②]

---

① European Cooperation for Space Standardization. Space environment: ECSS-E-ST-10-04C [S]. ESA,1996.

② 图片来源于 ECSS。

太阳和地球的位置根据卫星轨道和姿态会发生变化，并且会受季节的影响。如果太阳和地球与卫星的距离随轨道的变化而发生变化，则其角距也会变化。卫星的构型规格和热设计必须考虑热环境变化，这里的热环境是由卫星相对于太阳、地球和深空的几何关系的变化所定义的。10.4 节将系统考察不同轨道和姿态类型下最合适的卫星构型。卫星表面包含一部分专门的散热区域，其他部分将与环境保持热隔离。散热区域的位置应在所有指定的卫星姿态和轨道上，为卫星及所有部件提供所需的加热和冷却水平。空间任务计划必须避免散热器方向的过度变化。

10.2.4 空间环境产生的外部压力和力矩

空间环境产生的力和力矩对卫星的在轨构型有影响。力和力矩主要有四种来源：

(1) 中性大气（详见 9.2.3 节）：轨道的阻力和横向风。

(2) 辐射压力（详见 9.2.4 节）。

(3) 重力梯度力矩（详见 9.2.1 节）。

(4) 磁场感应力矩（详见 9.2.2 节）。

根据图 9.2，卫星轨道高度和太阳活动是决定卫星所处的上层大气密度并由此产生力和力矩的最重要因素。轨道高度的变化或太阳活动会相应引起卫星上空气动力和力矩的较大变化。

卫星的构型和飞行姿态直接影响到其垂直于速度矢量的横截面面积，加上大气密度和轨道速度，共同决定了作用在卫星上的力和力矩。

轨道高度越低，这些构型驱动因素就越显著。所有轨道高度低于 1 000km 并要求精细的轨道控制的卫星，都需要进行轨道保持以抵消空气阻力。在 500～1 000km 的高度范围内，普通尺寸的卫星仅需要携带中等重量的燃料，对构型的影响适中。如果轨道高度更低，并且卫星的横截面积较大，轨道保持所需要的燃料量相对于卫星的总质量来说是显著的，因此，减小卫星的横截面积就变成了一个重要的构型设计驱动因素。一个比较极端的例子是 GOCE（详见后文图 10.14），其飞行高度为 250km，横截面积的最小化就是最重要的构型驱动因素。金鱼草（详见图 10.3）和 Starlette（详见图 9.7）也是最小化外力影响构型卫星的例子。

如图 9.2 所示，在 11 年的太阳活动周期中，大气密度的变化在两到三个数量级之间。这就会使在太阳活动高峰期的空气动力比太阳活动平静期要强很多。在 LEO 轨道的卫星，通常是重复覆盖或重访轨道的星下点（详见 9.9.3 节）。这类任务以及任何其他需要严格轨道控制的 LEO 任务，将会指定标称与实际轨道之间可接受的最大差异。为了实现这些要求,需要通过或多或少的轨道修正来补偿大气阻力影响。这些机动在太阳活动高峰期比太阳活动平静期更频繁,对于有较大横截面积的卫星来说,其在太阳活动高峰期的任务操作会复杂化。因此,在太阳平静期完全能接受的卫星构型,在太阳活动峰年就变得不能接受。卫星的横截面积也可能在任务的寿命期内发生变化,这就引入了一个附加的气动力变化因素。

由太阳辐射和不断变化的太阳风产生的压力较小但持续存在,这种小的力矩会产生累积效应,也需要进行补偿。对于在地球静止轨道的卫星,这一影响就成了卫星构型的驱动因素。例如 GOESS(详见图 7.2)就携带了一个在远离卫星本体的地方展开的"太阳帆",来补偿由卫星单翼太阳能电池阵所产生的辐射压力。

作用在卫星不同部分的引力各不相同,由此产生的"重力梯度"力矩使卫星朝向最小势能方向,通常情况下是指向天底的卫星更长维度的方向。这个力矩可以用来进行简单便宜的姿态控制,但在一些任务中,优选的姿态和构型与最小势能方向是并不一致的,此时的重力梯度会对卫星施加一个恒定的力矩。大多数时候,这个力矩是很小的,通过卫星的姿态控制执行机构很容易进行补偿。例外的情况是,当卫星具有大的可展开结构,并具有产生高重力梯度扭矩的姿态时,会存在一种既不沿当地垂直方向,也不沿当地水平方向的几何关系。图 10.12 中描绘的 P 频段合成孔径雷达就是这样的例子,其携带了一个 12m×14.7m 的可展开的抛物面天线(LRA)。LEO 轨道上具有大型展开式附件的卫星,在确定其构型时必须始终考虑外部的力和

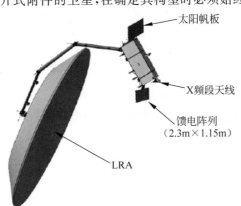

图 10.12　一种搭载 P 频段合成孔径雷达用于森林监测任务卫星的可能构型[①]

---

① 图片来自于泰雷兹集团。

力矩。在 LEO 轨道上具有大型展开式结构的卫星将受到大气阻力和重力梯度产生的力矩影响。

10.2.5 电磁辐射环境

卫星的构型必须与外部及自身的辐射环境兼容。9.2.6 节介绍了自然辐射环境，这个环境包含有可以损害卫星部件的高能粒子。通常使用防护金属层来保护这些部件。

卫星包含电磁辐射发射机和接收机。发射机功率通常较大，接收机非常灵敏。这就意味着存在卫星发射机影响接收机而产生错误信号的风险。为了规避这个风险，设计过程中应进行频率干扰分析，以确认发射机的功率和接收机的灵敏度处在不同的频率。发射和接收天线的增益方向图、它们之间的距离以及发射、接收天线之间可能存在的角或边缘，都将在这个问题的量化中起到一定作用。可以通过现有的仿真工具来预测这个影响。但这是一种难以计算的现象，而且仿真工具使用了较大的安全余量，常常导致过度设计。为了减少电磁干扰问题，发射和接收频率需要分开，但即使分离得很好，也需要避免会产生接近发射和接收谐波的频率。具有尖锐的辐射方向图的天线也能缓解这个问题。如果可行，当一个具有潜在干扰的发射机工作时，接收机可以设计为关闭状态。

在某些情况下，必须要使用展开的机构将辐射源与探测器分开。尤利西斯将敏感仪器置于 5.5m 的径向吊杆(详见图 8.10 和后文图 10.17)上，使仪器与尤利西斯使用的放射性同位素发电机产生的辐射及卫星电子器件产生的磁场分开。一个相关的问题是接收天线会接收到来自两个源的信号：一个来自观测目标方向，另一个来自卫星表面附近的反射。这种效应就是多径效应，它会使接收机产生错误信号。如图 10.13 所示，NASA 和 CNES 合作开展的雷达测高任务 Topex-Poseidon 通过测量与 GPS 卫星的距离来确定卫星的位置，但 GPS 信号在到达天线之前会通过卫星的本体产生反射，从而产生了卫星位置的误差。为了避免这个问题，像尤利西斯那样，Topex-Poseidon 也将 GPS 天线放置在距卫星本体 5.5m 远的吊杆顶端。在轨经验证实这个问题比预测的要小，在后续的 NASA—CNES 雷达测高任务——Jason 任务中，就取消了吊杆，它将 GPS 接收天线安装在了卫星的一个小平台上。Jason 后来的良好表现证实了这个简单的新设计是明智的。

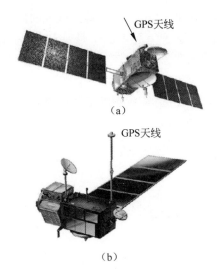

图 10.13　Topex-Poseidon 和 Jason 上 GPS 天线的安装[①]

(a) Topex-Poseidon 任务；(b) Jason 任务

10.2.6　外部环境的其他影响

影响卫星构型设计的更多环境因素包括：

(1) 辐射对太阳能电池退化的影响。

(2) 辐射对热控表面的热光学特性退化的影响。

(3) 由离子(主要是原子氧)对卫星外表面产生的侵蚀。

(4) 流星体和空间碎片对卫星的影响。

这些因素对航天器构型的影响都不是很显著，但在卫星设计中都需要考虑。太阳能电池和热控表面的退化是通过使用最适合的材料、由退化因数和安全余量决定的，这些因素是物理环境和任务周期的函数。这些因素的运用会产生一个强健、稍有一些过设计的卫星概念，以确保在预期环境中实现任务目标。对卫星构型有影响的代表性需求就是要适应能够应对任务末期电池性能退化的太阳电池阵的尺寸。离子、陨石或空间碎片的物理影响通常很小，可以通过数学模型来评估。在一些情况下，这种特殊的环境危险可能成为一个重要的设计因素。GOCE 速度朝向的外表面会直接受到 250km 高度上大气中包含的原子氧离子的冲击，因此被涂上了抵御这种侵蚀的涂层。卫星飞过特殊的有尘埃的空间环境时(例如彗星附近)，就需要

---

① http://132.149.11.177/.

特殊的保护结构层,ESA 的 Giotto 任务就是这样的例子。Giotto 携带了一个特殊的防护罩来保护卫星免受 Haley 彗星彗核[1]周围粒子的侵蚀。当然,卫星的设计也无法承受来自大量空间碎片的撞击,空间碎片包含的能量是很高的。作为替代,可以采用一种预防性的方法,即在可能的情况下预测发生这种碰撞的可能性,卫星需要携带足够的燃料进行轨道机动来规避。这对于航天器构型的影响就是需要安装一个足够大的燃料箱。

10.3 构型实例

10.3.1 海洋环流探测卫星

1. 任务目标

GOCE[2] 任务的目标是以前所未有的精度和分辨率绘制地球重力场。这一任务将大大提高我们对地球内部结构的了解,为海平面变化等海洋和气候研究提供更为可靠的参考。重力场是通过监测位于卫星内部 6 个不同质量的下落速率差来测量的。卫星的轨道越低,重力场确定的分辨率和精度就越高,因此要求轨道尽可能的低。GOCE 卫星由呼啸号运载火箭于 2009 年发射升空,飞行在地方时为 6 点、轨道高度为 260km、轨道倾角为 96.5°的太阳同步轨道上。该任务的周期是两个为期 6 个月的无日食重力感应期。由于日食环境与重力数据的平滑获取不相容,在两个感应期之间,卫星会因日食进入长达 4 个月的休眠期。卫星质量为 1 100kg,其中 200kg 分配给了重力感应仪器。

2. 构型

由于卫星轨道较低,它承受的强烈阻力影响了构型,构型设计要求横截面尽可能小,将大气阻力影响降至最低。卫星的形状像一架飞机,有翼状的太阳能电池阵和位于卫星尾部的方向舵状结构。它的特征是有一对位于卫星尾部的电离子推进器,用来补偿大气阻力并避免轨道衰减。离子推进器的功率需求要求使用尽可能大的太阳能电池阵,且必须是刚性的,以便将敏感加速度传感器的引力摄动降至最小。为了实现这两个相互冲突的属性,太阳能电池阵占据了整个运载火箭空间,提供高达 1.3kW 的功率。舵状表

---

① European Space Agency. ESA achievements：BR-250[R]. ESA,2005.

② European Space Agency. ESA achievements：BR-250[R]. ESA,2005.

面提供类似风向标的作用,提高了卫星被动姿态稳定性。太阳同步晨昏轨道和航天器的姿态可以适应该构型,这种姿态和轨道意味着太阳几乎总是垂直于卫星的轨道平面(详见图 9.37(b))。卫星的一个面总是面朝太阳并被太阳能电池所覆盖,其面向太阳一侧和内部构型分别如图 10.14、图 10.15所示。

图 10.14　GOCE 面向太阳一侧的构型[1]

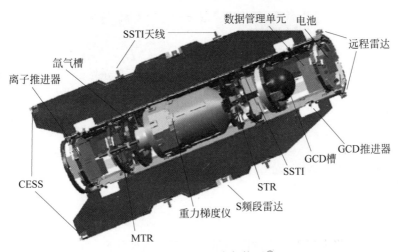

图 10.15　GOCE 内部构型[2]

与之相对的另一面永远朝向冷空,用于散热,其构型如图 10.16 所示。卫星最小横截面的点始终指向飞行方向,使大气阻力最小。其内部构型(详见图 9.15)受重力梯度测量仪器支配,位于卫星的重力中心附近,使重力摄动影响最小。GOCE 的仪器轴线必须指向地球的轴。该仪器不允许

---

① http://www.esa.int/.

② 图片来自于泰雷兹集团。

GOCE 的内部有任何负荷路径,其主体结构是卫星的外部面板。用来容纳卫星部件和电子设备箱较厚的横向凸缘,加强了这种外部主体结构。热控由一个多层绝缘体、光学表面散热器、电加热器和用于温度测量的热敏电阻组成。GOCE 的电子设备箱分布在卫星不同的横向凸缘中。GOCE 是细长的,其两个侧面中的一个侧面总是不会被太阳照射,所有通往该侧面的散热器的电气路径都很短。其电池是热隔离的,位于卫星的前缘。它自身具有散热器,使用了高散热效率的光学表面反射器。为了能够在运行姿态下检测极其微弱的引力信号,必须将任何能够生成引力感应加速度计之间相对加速度的热弹性变形最小化,以防止系统误认为这些加速度源自地球引力。为此,仪器的主结构由超稳定碳—碳复合材料构成,并与外部的温度变化隔离。为了实现这种隔离,引力感应加速度计将热量传到至一个舱内,进而将能量散发至另一个热控制舱,最终将热量传递至卫星背光面的散热器。面向地球的太阳能电池阵边缘安装的是通信天线,面向天顶边缘安装的是 GPS 卫星的导航天线。

图 10.16　GOCE 背光面构型[①]

10.3.2　尤利西斯号

8.3.5 节叙述了尤利西斯的任务目的,9.6.2 节讨论了其轨道和姿态控制系统。本节将讨论它的构型。

尤利西斯是自旋稳定型卫星,以 5r/min 的速度围绕着指向地球的天线轴线转动。尤利西斯是一颗平整的方形卫星,其构型主要由一个 1.65m 直径的高增益天线和一个用于产生电能的放射性同位素热电源构成。此外,它还具有 4 个用于支撑和开展相关实验的可展开的臂。5.5m 长的径向悬

---

① http://www.esa.int/.

臂和2个7.5m长的导线悬臂部署在垂直于旋转轴的方向,借助于卫星的离心力场保持稳定性,而7m长的轴向悬臂沿旋转轴向部署。这样就对后悬臂的刚度和对准能力提出了非常苛刻的要求。

尤利西斯在发射时位于IUS和PAM之上。PAM通过卫星底部提供了一个典型的结构界面,IUS为较重的放射性同位素热电源(radioisotope thermo-electric generator,RTG)提供直接的辅助支撑。尤利西斯是一个小卫星,总质量只有370kg,其中55kg分配给了有效载荷。RTG最初提供284W功率。其太阳—地球一侧的构型如图10.17所示。

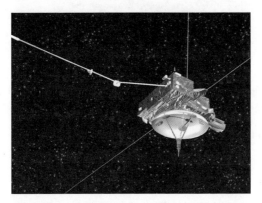

图10.17 尤利西斯太阳—地球一侧的构型[①]

尤利西斯的轴向悬臂由一个预应力、可卷曲的弹性铜铍合金管锚定在位于航天器的反太阳面的轴向臂架驱动机构上。悬臂通过由一台步进电动机驱动一组滚轴产生的牵引力展开至7.5m长。如图10.18所示,卫星的结构是箱型,由铝合金制成。主结构包括四个纵梁,分别是用于安装卫星电子设备箱的主平台、天线连接支柱、放射性同位素热电源和卫星外壳体。

尤利西斯的高增益天线始终指向地球。航天器的轨道参数使得地球和太阳的方向大体一致,因此,高增益天线的背面背对着太阳,适于散热。为了与这种几何形状保持一致,隔热层保护阳光照射天线一侧,而相反的一侧装有热辐射器。尤利西斯的热控制由内部/外部能源的转储结合来实现,要么加热卫星内部部件,要么向外部散发余热,以补偿不同的太阳能输入。

---

① http://www.esa.int/.

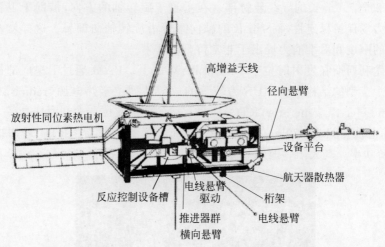

图 10.18　尤利西斯内部布置，主结构（浅灰色）和热辐射器（深灰色）[①]（见文前彩图）

10.3.3　JWST

7.2.1 节介绍了韦布空间望远镜，8.4.2 节对其进行了进一步讨论。上述两节简要介绍了其结构和构型。本节将进一步描述卫星的构型。

塑造 JWST 构型的两个主要考虑因素是：必须提供一个孔径比运载火箭的载荷整流罩直径大的望远镜；需要将望远镜持续冷却至极低的温度以实现要求的灵敏度。第一个要求需要望远镜的主镜是可展开的；第二个要求需要望远镜可以持续避免来自太阳的直接辐射。从所选择的轨道来看，太阳和地球大致是在同一方向的，卫星的一侧总是指向它们，另一侧则面向外太空。卫星平台、太阳能电池阵和通信天线都位于面向地球/太阳一侧，而望远镜则位于对面一侧，具有对深空一览无垠的观测视角。

一个大型可展开式的遮阳板将卫星分为两个部分。图 7.10 描绘了 JWST 的望远镜一侧，图 10.19 描绘了面向太阳/地球一侧的构型。其构型以两个大型伸展机构为主：

（1）6.5m 孔径望远镜及它的铰接、多面、可调主镜、可展开次镜支撑结构（详见图 8.7）。

---

①　European Space Agency. ESA achievement：BR-250[R]. ESA，2005.

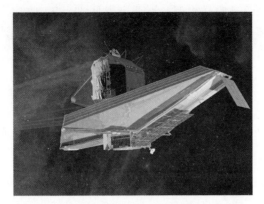

图 10.19 JWST 构型[1]

（2）19m×13m 可展开遮阳板。

卫星在轨期间，辅助机构部署了一个将望远镜与温暖的卫星平台相隔离开的塔形装置，这使得从平台向仪器的热泄漏最小。JWST 的复杂机构是由它的两个关键要求所决定的：延长任务寿命，同时尽可能维持仪器的低温。如图 10.20 所示为其卫星结构。

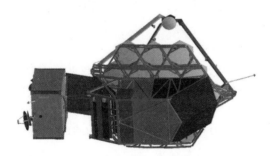

图 10.20 JWST 卫星的结构[2]

卫星平台的构型是标准的，其可展开式的太阳能电池阵和高增益通信天线是高耸突出的。从航天器姿态来讲，太阳能电池阵是固定的，总是面向太阳，而高增益通信天线则通过指向机构实现高精度指向地球。由于 JWST 庞大、复杂的可展开式结构和机构，使其收拢和展开的构型差异非常

① JAKOBSEN P,JENSEN P. James Webb space telescope：a bigger and better time machine [J]. ESA Bulletin. European Space Agency,2008(133)：32-40.

② NELLA J, ATCHESON P D, CHARLES B. James Webb space telescope（JWST） observatory architecture and performance[C]//Proceedings of the Conference on Optical,Infrared, and Millimeter Space Telescopes. International of Society for Optics and Photonics,2004.

大。图 10.21 描绘了收拢构型。展开步骤见图 8.7。收拢构型的主要设计驱动是阿丽亚娜-5 型运载火箭的整流罩包络。JWST 的设计显然是为了充分利用整流罩内部的所有可用空间，以允许装载与运载火箭兼容的最大孔径仪器。

图 10.21　JWST 在阿丽亚娜-5 运载火箭中收拢的几何视图①

10.3.4　铱星

9.6.3 节介绍了铱星，进行了对卫星轨道和姿态的描述。本节将重点关注驱动铱星构型设计的约束条件。

铱星的中心部位又细又长，呈三角形横截面形状。其延长部分指向天底，由一对垂直于天底轴线部署的太阳能电池阵提供辅助稳定重力梯度力矩②。飞行器的长度为 4.06m，太阳能电池阵两端间的距离为 8.38m。每颗卫星的总质量为 725kg，电源生产能力为每块电池阵可供能 620W，电源子系统可以处理高达 4 000W 的功率峰值。

细长三角形的形状是由于需要在一个运载火箭中容纳多个卫星，通过将卫星沿运载火箭的纵轴平行堆叠，可以同时为每个卫星提供与运载火箭的独立接口。每颗卫星分为三个模块：

（1）上面部分包含卫星的通用服务平台，包括电源和太阳能电池阵。

（2）中间部分包括有效载荷电子设备，由 3 个 L 频段方形平面阵列天线提供了与地面移动电话相链接的接口。

（3）下面部分包括 Ka 频段天线和相关电子设备。

卫星的构型很大程度上受其通信天线视场需求的影响：

（1）有四个万向架 Ka 频段馈线链路用于链接地面通信天线网关，要求卫星持续指向天底方向。

（2）4 个 Ka 频段交叉链路用于与其他卫星联通，2 个为固定式，2 个为

---

① JAKOBSEN P，JENSEN P. James Webb space telescope：a bigger and better time machine [J]. ESA Bulletin. European Space Agency，2008(133)：32-40.

② GARRISON T P. systems engineering trades for the Iridium(R) constellation[J]. Journal of Spacecrafts and Rockets，1997，34(5)：675-680.

万向式。2 个固定链路用于连接同一轨道平面上一前一后的卫星,同时 2
个定向天线用于连接位于其左右两侧的卫星。

(3)3 个大型 L 频段天线用于连接地面手持电话,如图 10.22 所示。
这需要天底方向清晰的大锥角视野。

(4)卫星的构型同时也受其轨道的强烈影响,86°的轨道倾角使得太阳
沿着卫星轨道平面季节性地漂移。作为漂移的结果,卫星及其太阳能电池
阵对太阳光的朝向不断随轨道和季节变化(详见 9.7.1 节以及图 9.33)。
为了补偿这一点,每个太阳能电池阵均配有 2 个指向机构:一个具有 360°
旋转能力,能够沿轨道连续跟踪最佳的太阳位置;另一个具有 90°旋转能
力,定期小幅度地调整,以保证第一个机构在任何时候均能维持太阳能电池
阵垂直于太阳。这种变化的几何将在 10.4.1 节和图 10.29 中详细讨论。

图 10.22   铱星的收拢及展开构型(图像使用 AGI-STK 获得)

正如 10.2.1 节所述,卫星的构型使得其发射具有最大的灵活性。其细
长的三角形形状,能够有效地同时在德尔塔和质子号运载火箭中容纳 5 个
或 7 个单体。该设计同时还兼顾了小型运载火箭,以防在轨故障需要用少
量卫星补充星座的情况。长征系列火箭和呼啸号运载火箭实际上都被用于
这一目的,每次能够将两颗卫星送入轨道。

10.4   围绕着卫星的几何与构型

包括太阳、地球、月球、观测目标和深空在内的、围绕卫星的天球几何是
非常多变的,这取决于卫星的轨道和姿态以及可观测对象的性质和方向。
在 9.7 节已经对这种复杂多变的几何进行了详细讨论。本节的讨论从被分
析的几何开始,描述和讨论响应这些几何所采用的构型。可能的空间几何
数量是无数的,与之对应的潜在构型更加丰富。本节将讨论过去大量已采

用的备选方案，在 9.7 节的基础上概述所研究的卫星类型：天底指向卫星、自旋卫星、惯性指向卫星和敏捷卫星 4 种。

10.4.1 天底指向卫星

1. 概述

天底指向的卫星总有一个面一直指向它所环绕的行星。这个面是观察行星的仪器最合适的位置，因为它提供了对行星表面的无遮挡的视野。对于地球轨道卫星来说，该面也是安装星地通信天线最合适的位置。与惯性空间中卫星每轨道周期一圈的速度相比，卫星的自转速度较低，所引起的在轨离心加速度较弱，天底指向卫星可利用大型细长可展式结构来提供较高的展开构型自由度。天底指向卫星构型可以像 SSTL 的 DMC 方盒（详见后文图 11.10）那样简单，也可以像图 10.12 描绘的有 12m 口径抛物面天线的 P 频段 SAR 那样复杂。

2. 太阳同步卫星

我们已经在 9.4.1 节和 9.7.1 节中介绍了太阳同步轨道，并在图 9.35、图 9.36 和图 9.37 中研究了它们所产生的几何。这类卫星应用范围很广，因为它具有已经讨论过的重要优点，即对卫星和观测目标都有相当恒定的太阳光照，并可全球覆盖。天底指向的 LEO 太阳同步卫星是一种典型的地球观测卫星。太阳相对于卫星的位置是由卫星的地方时（详见图 9.35）定义的，而将太阳能电池阵和卫星看作一个整体的构型强烈依赖于地方时。卫星沿轨道运动使其可以访问所绕行天体表面的轨迹。太阳同步卫星对于用天底指向仪器从南北两极间勘测地球是理想的。如 8.4.5 节所述，系统任务提供定期的地球天气视图。9.6.1 节介绍了哨兵-3 卫星，它实现了对地球表面的系统性、概要性覆盖。哨兵-3 的在轨构型在朝向太阳一面是可展开的太阳能电池阵，朝向深空的一面安装有散热器，仪器和通信天线在天底指向面并朝向地球。这是典型的对地观测太阳同步卫星的构型，如图 10.23 所示。太阳能电池阵的最优几何形状取决于卫星与太阳的几何关系，由太阳能电池阵平面与太阳能电池阵旋转轴之间的倾斜角来定义。太阳能电池阵的最优倾斜角取决于相对于在轨卫星的太阳位置角，即，取决于在轨地方时（详见 9.4.2 节）。哨兵-3 的地方时为 10 点，太阳锥体的 β 角轴（详见图 9.33）沿轨道运行的角度在 22.5°～33.5° 之间振荡（详见图 9.36(a)）。由此产生可提供最多太阳能的最优倾角在 28°～30° 之间。

NPOESS（详见后文 12.3.4 节和图 9.15）是一个气象卫星星座，该星

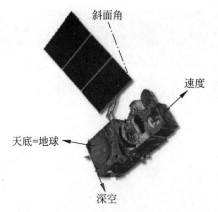

图 10.23　哨兵-3 的展开构型，包括仪器面（天底）、太阳能电池阵面（太阳）和散热面
（深空）。卫星的斜面角为 30°。①

座用于对大气层系统性观测，其构型与哨兵-3 完全一致。仪器与天线位于
指向天底的一面，朝向太阳的一面是太阳能电池阵，散热器安装在背光面。
为了使相对于太阳方向的太阳能电池阵的几何形状达到最优，三颗卫星除
太阳能电池阵倾斜角度外，卫星的构型是完全相同的：22.5°对应 13:30 的
卫星，72.5°对应 17:30 的卫星，37.5°对应 21:30 的轨道（地方时 21:30 相
当于太阳—卫星几何视角下的地方时 9:30）。这意味着在 17:30 轨道上卫
星具有大倾斜角，其太阳能电池阵类似于图 10.24(a)，而在 21:30 和 13:30
则具有类似于图 10.24(b)的小倾斜角。

　　如图 10.25 所示，Spot 卫星是一颗进行交互式观测的卫星，能够获取
用户所要求地球区域的高分辨率图像。该卫星携带 2 台可通过内部机械机
构操纵镜面，使其垂直于沿迹方向的指向来获取偏离天底指向图像的仪器，
能获得空间分辨率为 2.5~10m 的 60km×60km 图像。2 台仪器可提供更
广泛的覆盖范围，或对同一目标提供两个几乎同时的立体视图。镜面指向
机构允许在垂直于沿迹方向平面内到天底指向±27°范围内的目标视图。
Spot 在地方时 10:30 时经过降交点，其太阳能电池阵倾斜角为 22.5°，这意味
着太阳能电池阵及其旋转轴均接近垂直于轨道平面，如图 10.24(b)所示。

　　除了与哨兵-3 在构型上的明显相似性，两者有一个根本的区别：Spot
飞行时卫星的纵轴垂直于速度矢量，而哨兵-3 的速度矢量平行于纵轴。这
使得 Spot 的"底部"成为面向太阳一面，太阳能电池阵一旦展开，就位于该

---

　　①　Thales Alenia Space. Sentinel-3 phase B-C/D quotation executive summary［R］. Thales
Alenia Space，2007.

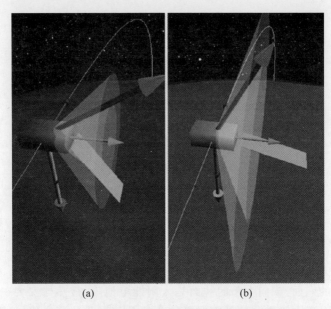

(a)　　　　　　　　　　　　(b)

图 10.24　不同地方时的光学太阳能电池阵倾斜角

（a）地方时为 8：00（太阳始终未远离垂直于轨道面）；（b）地方时为 10：00（太阳始终未远离轨道面）

区域。背向太阳一面完全由 2 台仪器占据。该位置有利于热控，同时可以避免太阳直射。平台的散热器位于 3 个侧面，能够沿轨道相继接收阳光。因此会产生热量，但也足以使卫星平台散热。像 Spot 这样的横向飞行具有更加对称的惯性矩阵，对姿态控制更加有利。哨兵-3 的纵向飞行可提供充足的空间来容纳需要开阔冷空视场的仪器，这种额外的空间对需要极低温冷却、需要充分利用有限可用空间的多仪器任务来说特别有价值。多数现代对地观测任务携带了若干的上述仪器，使得纵向飞行结构成为方便仪器容纳的较好选择。NASA 的 Aura（详见后文图 10.41）也是一个纵向飞行结构的例子。

多数 LEO 太阳同步任务携带的是无源光学仪器，运行在 500～1 000km 高度的轨道上，并避开 06：00 左右的地方时以获得有效的太阳照度。在这种情况下，卫星将在每圈轨道上经历一次日食，其持续时间将略长于轨道周期的 1/3（详见图 9.38（a））。这就需要相应增加太阳能电池阵的尺寸以吸收足够的阳光对电池充电，以便在日食期间给卫星供电。

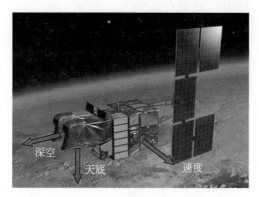

图 10.25　Spot 5 卫星构型及飞行几何[①]

GOCE(详见 10.3.1 节及图 10.14)是另一个位于太阳同步轨道的天底指向型卫星,但因其观测不需要阳光,它的地方时是 6:00。在这种情况下,就没有必要旋转太阳能电池阵来提供相对于太阳的合理的几何关系(详见图 9.37(b))。GOCE 利用了这个优势,其特点是将有翼的太阳能电池阵牢固地附着在卫星上。6:00 的轨道具有短暂的日食或没有日食(详见图 9.38(b)),能够以最小尺寸的固定式太阳能电池阵提供有效的能源生成,特别适用于 SAR 卫星。ESA 的哨兵-1、DLR 的 TerraSAR-X 和加拿大 RADARSAT-1 与 RADARSAT-2 均是这种构型的范例。如图 10.26 所示,哨兵-1 是一颗工作在 C 频段的 SAR 卫星。它具有 2 个可展开的太阳能电池阵且不需要旋转,因为太阳总是近乎垂直于它们。SAR 为侧视仪器,哨兵-1 的 C 频段 SAR 连同卫星本体的指向偏离天底方向 30°,而通信天线则正对天底方向。

可展开式的、旋转的、跟踪太阳的太阳能电池阵(如图 10.26 所描述的)为太阳能电池提供了最优方向,确保以最小的太阳能电池面积提供最佳的功率。但低成本的小卫星通常仅需要适度的功率,这与它们的太阳能电池阵附着在卫星本体外部的简单构型相匹配。这种情况下,卫星的构型就像一个中心体,例如一个立方体、不用部署即可展开的太阳能电池阵。随着卫星的在轨运行,安装在本体不同位置的太阳能电池将逐渐地被太阳照射。第 11 章中图 11.10 所示的安装了 SSTL DMC 的低成本立方体卫星就是这样的例子。

---

① 　http://132.149.11.177/IcSPOT/spot5.jpg.

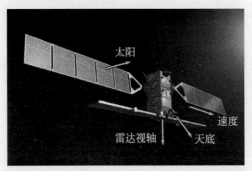

图 10.26　哨兵-1 卫星构型及飞行几何[①]

3. 高倾角非太阳同步卫星

对于非太阳同步轨道,太阳相对轨道平面会产生较大范围的移动。这会影响到观测视场中的光照条件,并使需要面对太阳的太阳能电池阵和需要避免阳光照射的散热器的几何方向变得更加复杂。为了提供必要的电能,有四种可选方案:

(1) 固定式太阳能电池阵。其太阳能电池板指向若干个方向,这样无论太阳在哪个方向,都能够获取足够的太阳能。这种方式的电池板是超尺寸的。

(2) 尽可能准确地跟踪太阳的单轴旋转太阳能电池阵,足够大以提供所需的能量。这种方案仅对中倾角轨道有效。

(3) 太阳能电池阵的跟踪装置具有 2 个不同的旋转轴,使得无论太阳与卫星的相对位置如何,太阳能电池板都可以跟踪太阳。

(4) 卫星作为一个整体相对于偏航/天底方向的转动能力,与具有第二个转动轴的太阳能电池阵相结合,可使太阳能电池阵始终垂直于太阳。

ESA 的 Cryosat 采用的是方案(1);CNES—ISRO 的 Megha Tropiques (详见 8.3.4 节)采用的是方案(2);铱星(详见 10.3.4 节)采用了方案(3),ESA 的 Galileo 采用了方案(4)。下面将对上述实例逐个分析。

Cryosat 测量南极和北极冰的厚度,其轨道倾角为 92°,其构型如图 10.27 所示。在这样的倾角下,卫星的轨道平面在惯性空间几乎是固定的,太阳每年绕行该平面一次。在某些季节,太阳将垂直于轨道平面,并从一个相当恒定的位置沿轨道横向照射卫星。在太阳位于轨道平面的季节,太阳会上升至地平线上,照射卫星的后面;随着卫星沿轨道运行,太阳会向航天器天顶方向移动,并最终低于地平线并照射卫星的前缘侧。为了应对这种复杂多

---

①　图片来自泰雷兹集团。

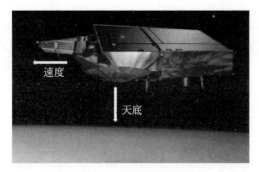

图 10.27 Cryosat 卫星构型①

变的几何关系,Cryosat 在背向天底的一面安装了帐篷状的固定式太阳能电池阵。雷达高度计与通信天线位于朝向天底的一面。安装太阳能电池阵的两个天顶平面,其角度和大小均达到最优,不论太阳是在轨道平面还是垂直于轨道平面,都能够提供相近的太阳能生成。太阳能电池阵的效率不会很高,但考虑到所给空间的可用性,所产生的能量完全可以满足卫星的需求。NASA—DLR 的 GRACE 任务具有相同的轨道和卫星构型。

Megha-Tropiques 的主要目标是研究热带的水循环。为了保持在热带上空的轨道,使其科学任务最大化,它的轨道倾角为 20°。如图 10.28 所示,其双翼太阳能电池阵的旋转轴与轨道平面垂直,并在每圈轨道中均匀的转动一周。太阳环绕着轨道平面,但作为一个低倾度轨道,太阳相对于太阳能电池阵的太阳角度(如图 9.41 所示)总是与轨道平面保持中等的角距。

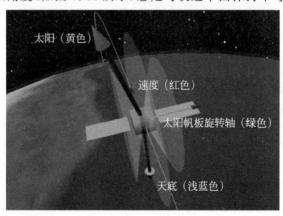

图 10.28 Megha-Tropiques 太阳—地球几何(见文前彩图)
大的黄色箭头表示太阳方向,太阳方向的黄色圆锥随轨道和季节而变化。

---

① ESA www.esa.int.

铱星的轨道倾角接近 90°，太阳光可以从几乎任何方向到达卫星。如图 10.29 所示，为了实现星地之间的通信，铱星须保持一个相对于地面的固定几何关系；而且，它必须在偏航方向维持恒定的几何关系，以便星座中的每颗卫星在飞行时能够与飞行至其周边的卫星建立连接。这就意味着需要有 2 个旋转轴的太阳能电池阵：

（1）一个旋转轴可以从 0°旋转至 90°，以提供最优的倾斜角度。其执行机构以小步进操作来准确跟踪太阳位置相对于卫星轨道平面的季节变化。

（2）一个旋转轴通过在每个轨道周期内均匀旋转 360°来跟踪太阳。

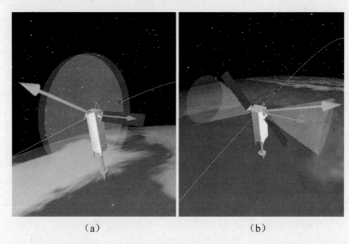

（a）　　　　　　　　　　（b）

图 10.29　铱星随季节变化与太阳和地球的几何关系。在每一个季节，太阳能
电池阵的倾斜角度将调整到最佳的照射角度。
（a）太阳接近轨道平面的季节；（b）太阳垂直于轨道平面的季节

在 8.4.7 节的任务中，卫星可以相对于仪器的视线自由转动。雷达高度计任务就属于这一类。Galileo 是由 27 颗卫星组成的欧洲导航卫星星座（外加 3 颗在轨备份卫星），卫星运行在 3 个轨道高度为 23 222km、倾角为 56°的圆形轨道平面上，其构型如图 10.30 所示。Galileo 发出导航信号，地球上的接收机可以通过计算地面接收机至发射信号卫星的距离（通过信号的延迟时间确定）来确定其地理位置。该应用模式允许仪器围绕着正对天底方向的视轴旋转，这使得卫星在构型上设计了 2 个太阳能电池阵，且均有 1 个旋转轴。这种单一的旋转机制和卫星在天底定位的能力相结合，使得太阳能电池阵始终朝向太阳。散热器位于放置太阳能电池阵的一侧，且始终垂直于太阳。

在非太阳同步轨道，太阳季节性地围绕卫星轨道平面旋转，并依次照

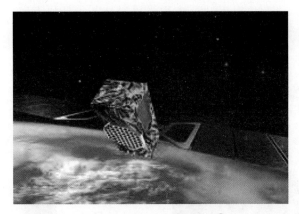

图 10.30　Galileo 卫星构型[①]

射卫星的每一面。为了避免阳光照射散热器,当太阳穿越轨道平面时,卫星要围绕天底方向进行季节性的偏航翻转机动(详见图 9.40)。这种方式可以防止太阳对卫星某一面的直接照射。对于定位散热器来说,这是一个实用的选择,因为翻转的频率很低,由此产生的运行约束完全可以接受。

4. 低倾角轨道

如图 9.41 所示,在低倾角轨道,黄道与赤道平面间的夹角适度、绕垂直于赤道平面的轴线旋转的太阳能电池阵,在整个轨道和所有季节中,都可以季节性地相对于太阳合理放置。太阳电池阵和太阳几何关系如图 10.31 所示。以一个主体为立方形的卫星来讲,其 4 个表面将被阳光照射,另外 2 面则处于阴影中。这 2 个阴暗面是放置散热器的逻辑位置,对于所有的低倾角轨道而言均是如此,无论是 LEO 还是 GEO。9.4.4 节介绍了地球同步轨道,这种轨道结合天底指向姿态可实现对地球广阔区域的连续覆盖,常用于通信和对地观测任务。

指向地球的仪器应设计使得光照影响最小,可以通过最小化仪器扫过地球以外视场的方法来实现。使用挡板来遮蔽进入仪器的光照或使用遮光器来阻断进入仪器内部的光,当遮光器被激活时,仪器就无法运转。这种情况已在图 9.43 中描述。

地球静止轨道气象卫星 GOESS 的构型(详见图 7.2)是这类卫星的典

---

① European Space Agency. ESA achievements：BR-250[R]. ESA,2005.

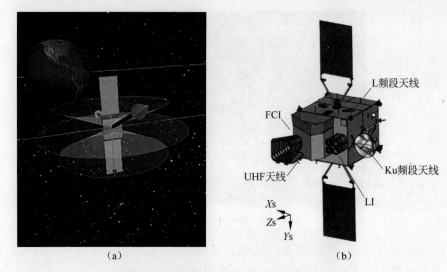

（a）　　　　　　　　　　　　　（b）

图 10.31　太阳电池阵与太阳的几何关系。这种构型具有最佳的太阳能电池阵，
　　　　　但是太阳能电池阵干扰了深空的视场。[1]

型实例。GOESS 的仪器位于天底方向，通过挡板来遮光。在太阳照射不
到的 2 个侧面中，一面安装了散热器，另一面安装了单翼太阳能电池阵。为
了抵消太阳能电池阵上的光压，散热器一侧安装了一个可展开式的太阳帆，
置于远离散热器的吊杆上，以使太阳帆可能对散热器造成的热效应最小。

　　第三代气象卫星（meteosat third generation，MTG）将是未来欧洲的地
球静止轨道气象卫星。其最终设计方案尚未确定，但所有的构型备选方案
均选择了天底指向姿态。其中一种方案的特征就是太阳翼的对称布置，如
图 10.31 所示。这使得用一种不需冷空视场就能降低探测器工作温度的主
动机械式冷却器成为可能。其可能的一种构型如图 10.32 所示复杂机械式
冷却器和复杂构型之间的权衡将在 10.5.4 节更详细地描述。大多数需要
通信天线朝向地球的通信卫星都采用了这种天底指向的姿态。通信卫星最
常见的构型特征是卫星的太阳能电池阵是对称的。Alphasat（图 10.33）就
是一个很好的例证，如图 10.33 所示。它具有对称的太阳翼，天底指向一侧
部署了天线（收起时），2 个侧面同样也被太阳照射，2 个垂直于太阳能电池
阵的侧面可以永远都不会被太阳照射，在发射时用于收拢太阳能电池阵，在
轨时则用作散热器。卫星的底面用于与运载火箭进行连接。

---

①　图片来自泰雷兹集团。

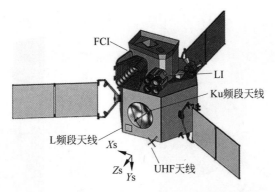

图 10.32   未来欧洲地球静止轨道气象卫星 MTG 的一种可能构型[1]。这种构型具备可用于制冷的最佳深空视场,并使用了三个固定的太阳能电池阵。

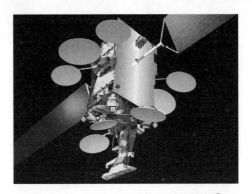

图 10.33   Alphasat 通信卫星的构型[2]

10.4.2   自旋卫星

自旋卫星的姿态控制已在 9.3.3 节中叙述,围绕卫星的相应几何形状已在 9.7.2 节中叙述。本节将研究自旋卫星对卫星构型的影响。

垂直于旋转轴的卫星表面固定在一个惯性参考系,而平行于旋转轴的表面会看到围绕着它们迅速旋转的天球。影响自旋卫星构型的最重要因素是旋转产生的离心力。这些力会对卫星可展开结构产生负荷,可展开机构很难适应自旋卫星,除非将它们垂直于旋转轴部署。旋转轴同时也决定了围绕自身的圆柱对称性。这种对称性正好与具有圆柱对称性的运载火箭整流罩自然吻合,使圆柱形卫星能够有效利用运载火箭为其提供的可用空间。如图 10.34 所示的通信卫星 Anik C、气象卫星 MSG(详见图 7.3),以及如

---

① 图片来自泰雷兹集团。

② 图片来自阿斯特里乌姆公司。

图 10.35 所示的地球磁层任务 Cluster(详见 11.4.1 节)均是采用了这种构
型的案例。

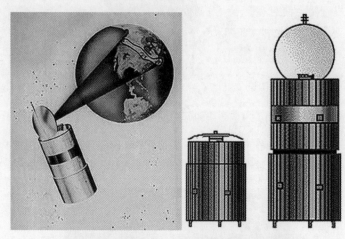

图 10.34　Anik C 卫星在轨、收拢及展开后的构型[①]

图 10.35　在 Fregat 上面级上搭载的两颗 Cluster 卫星[②]

　　如上所述，自旋卫星简单、稳定，可充分利用运载火箭提供的容积。然
而，圆柱对称性在指向上缺乏灵活性，高离心力几乎没有给设计人员提供自
由度。此外，自旋卫星较难克服在太阳能电池阵大小、扫描模式以及散热器
几何形状上的限制。但当任务目的能够与上述限制相容的情况下，这种构
型是非常有效的。

　　对于原位观测不受仪器指向方向约束的卫星来说，自旋构型是一种有
吸引力的选择。尤利西斯(详见 10.3.2 节)是这类卫星的一个范例。尤利

---

　　①　http://www.boeing.com/defense-space.

　　②　The Cluster-Ⅱ Project Team. The Cluster-Ⅱ mission-Rising from the ashes[J]. ESA
bulletin,2000,0(102)：47-53.

西斯具有垂直于旋转轴的展开机构：70m 长的金属丝悬臂和 5m 长的刚性铰接式悬臂均由离心力场来展开并拉直。7m 长的轴向悬臂沿着旋转轴展开,任何失调都会使悬臂因离心力而弯曲,离心力随着悬臂挠度的增加而增加。这对悬臂的刚度和定向提出了苛刻的要求。实际上,在任务的最初几天,轴向悬臂在展开时受到离心力和太阳的热辐射而出现振荡。这种振荡在卫星自旋过程中产生了危险的章动,但随着太阳停止照射轴向悬臂,悬臂上的振荡消失,从那以后,悬臂一直正常运行。

Cluster 是另一个由圆筒状的自旋卫星进行原位观测的范例。它具有 2 对 100m 长的线状天线和 2 个 5m 长的径向悬臂,均垂直于旋转轴部署。其在构型设计上适用阿丽亚娜-5 运载火箭,该火箭曾在首飞试验中一次发射 4 颗 Cluster 星座的卫星。遗憾的是,发射最终失败,2 枚 Soyuz—Fregat 火箭随后各搭载了 2 颗卫星升空。显然,卫星非常适合放入圆筒状外壳的运载火箭中,如图 10.35 所示。

Cluster 星座以倾角为 90°的极椭圆高轨绕地球飞行。在该倾角下,轨道平面固定于惯性参考系中,太阳每年绕行轨道平面一周。卫星的旋转轴垂直于黄道面,覆盖有太阳能电池的卫星旋转圆柱表面总是垂直于太阳的方向,这是产生电能的最优姿态。每颗卫星的顶部和底部均不会受阳光直射,将散热器部署在该处,可有效地提供向冷空散热。

如上文所述,自旋卫星的指向是不灵活的,但是在地球同步轨道上这不是一个主要问题。一颗 GEO 自旋卫星的旋转轴垂直于轨道平面,其仪器视轴垂直于旋转轴,在每个 360°自旋周期中,有 17.4°会沿赤道方向扫过地球表面。这就自然实现了对地球的东西向扫描,而南北向的扫描仍需要一个机械机构用于进行全球覆盖。MSG(详见图 7.3)就属于这一类卫星。这种布置的主要缺点是在卫星 360°的自旋周期中只有 17.4°用于观测,这就降低了可观测时间与仪器采集信号的强度。为了弥补信号强度的损失,需要配置更大口径的仪器。

从卫星构型和天球观测几何的角度来看,通信卫星属于地球观测卫星。它们的天线必须指向地球,以便接收并转发数据流。Anik C 是圆柱形构型通信卫星的一个典型范例。Anik C 是一颗加拿大通信卫星,由休斯公司(现在的波音公司)制造,三颗卫星于 1983—1985 年制造并发射。卫星采用了一个圆柱形伸缩式太阳能电池板,以增加太阳能收集的可用面积。卫星顶部有一个高增益抛物面天线,沿卫星自转的反方向旋转并始终指向地球。该构型提供了良好的指向稳定性,可以充分地利用运载火箭提供的空间。该卫星的直径为 2.16m、收拢高度为 2.82m、展开高度为 6.43m。卫星在

GEO 位置上的质量为 562kg。

在 20 世纪七八十年代，这种构型广泛应用于 GEO 通信和气象卫星中，但今天它已经不常见了。姿态控制和大型可展开结构方面的进步，加上更大功率、指向灵活性和载荷性能的需要，使得这种构型已经过时。

10.4.3　惯性指向卫星

惯性指向卫星对于观测天球和深空事件是理想的，因此通常为天文卫星。本节讨论的所有例子均为天文任务。展开式构型的角加速度较低，如有需要，有足够的自由来设计使用具有大型、细长、可展开结构的卫星。

惯性指向卫星可以指向任意方向，太阳、月亮、地球（用于下行数据链路和上行指令链路）和潜在的观测目标的位置都是高度多变的。这使得卫星构型的设计比天底指向卫星或自旋稳定卫星更加开放。对惯性指向卫星来说，其构型须能平衡精确指向要求、被研究的天文事件的观测、用于发电目的充分的太阳照射、用于散热暴露于深空中和用于通信的地面可见度。不仅太阳能电池阵与散热器的位置需要考虑太阳的位置，仪器的指向同样也要考虑太阳的位置。天文仪器是非常灵敏的，一般不能让阳光直接照射。

7.2 节介绍了观测量、轨道和姿态这 3 个空间任务主要设计驱动因素之间的相互作用。鉴于 7.2 节中研究的所有任务均为惯性稳定，该节同时介绍了惯性稳定卫星的构型。7.2.2 节分析了此类卫星的基本设计驱动，其分析的前提在这里也是适用的。在这些例子中，构型受到望远镜所需承受的发射负荷环境的制约，同时在卫星的可展开构型中要提供大口径望远镜和卫星仪器的精确指向。

10.4.4　敏捷卫星

这是一类特殊的卫星，其突出的特点是能够迅速机动至任务所需的任何方向。从可以指向任意方向的意义来说，所有的惯性卫星都是敏捷的，但真正的敏捷卫星能够实现快速变更的目标所需的快速姿态变化。敏捷卫星特别适用于对地观测中对所关注小区域的高分辨率观测。它们的敏捷性使其能够覆盖许多不同的感兴趣区域。这种能力也可用于提高发电量。例如，由天底指向姿态机动至惯性太阳指向姿态，使得太阳能电池阵垂直于太阳，从而增加电池阵的发电量，并在此期间对电池进行充电。

在敏捷任务中，整个卫星都指向观测目标所要求的方向，不需要专门的仪器指向机构，既不需要沿迹，也不需要垂迹。卫星必须紧凑且具备足够的刚性，使惯性最小，同时避免灵活的展开性和仪器指向之间的动态耦合。高分辨率对地观测任务 Pleiades(详见 9.6.4 节及图 9.29)是此类任务及其最终构型的一个很好的例子。卫星构型紧凑,望远镜位于卫星结构的中心。太阳能电池阵是可展开的,其面板被牢固附着到卫星本体上,辅助的加强纵梁用来最大限度地强化刚性并降低指向扰动。紧凑的构型确保了最小的惯性与最大的机动性。

RapidEye[①] 是一个商业的中等分辨率对地观测小卫星星座,由 5 颗位于 620km 高度、11:00±1h 地方时的太阳同步轨道上的完全相同的卫星组成。它在 5 个光谱段内提供最大分辨率为 6.5m 的图像。卫星可以垂直航迹方向机动±25°,允许每天对地球上的任何地方进行重访。卫星质量为 150kg,其中仪器占 35kg。仪器的孔径为 150mm。如图 10.36 所示,卫星为立方形,没有任何可展开机构。该构型使得卫星惯性最小、敏捷度最高,提高了卫星的可靠性,并将成本和风险降至最低。作为一个近于 12:00 地方时的太阳同步卫星,太阳的几何如图 9.37(a)所示。太阳能电池阵由位于卫星速度方向($+X$)、速度反方向($-X$)和天顶($-Z$)表面的面板组成。由于它的地方时总是非常接近轨道平面,太阳将沿轨道依次照射 3 个面板。仪器和天线位于天底($+Z$)表面并指向地球。上述布置并不能提供太阳能电池的最优使用,但对于任务本身来说已足够,并完全符合简单、鲁棒的卫星设计方法。

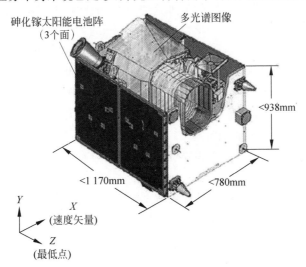

图 10.36 RapidEye 卫星:小型敏捷卫星构型的例子[②]

① "The RapidEye" Spacecraft,Gary Buttner,IAA-B4-1105P.

② http://directory.eoportal.org/presentations/6166/7466.html 图片由 SSTL 提供。

10.5　功能分配

本节分析该域的设计决策，这些设计决策意味着将功能分配给不同的机械单元和部件。

10.5.1　主体结构形状

本节分析了卫星的主体结构可以采用的不同形状。主体结构形状的设计驱动有：

(1) 火箭整流罩容积的限制。容积限制要求细长体卫星的形状须适应火箭整流罩（通常较长）。

(2) 火箭有效载荷质量限制。质量限制要求结构紧凑的卫星最小化负载路径，并优化使用结构质量。

(3) 要求轴向中心相对于火箭载荷接口的偏移达到最小。

如图 10.37 所示为给出了哨兵-3 的内部结构。该卫星可分为包含子系统和燃料箱的下半部分和包含仪器的上半部分。火箭整流罩呈圆柱—圆锥形，长度比其宽度更长。为了充分利用火箭所能提供的最大容积，卫星必须设计为细长形。我们已经讨论过这方面的若干实例：图 10.2 给出了哨兵-3 的装载构型，图 10.3 则给出了 Snapdragon 的装载构型。上述两种情况中，卫星均为细长形，对火箭所提供的容积实现了最佳使用。图 10.16 中的 GOCE 构型也是细长体卫星。长的卫星体自然地将主体结构分为上下两部分，每部分均有其各自的功能：上半部分用于携带仪器，而下半部分则用于携带卫星子系统。下半部分通常称为"服务模块"，上半部分则称为"仪器模块"。这种分割式设计历史悠久，1972 年由 ESA 发射的 TD-1 就采用了这种设计。卫星的上下两部分可并行装配，只有当每部分的主要问题均得到解决后，上下两部分才会结合在一起。这样会加速装配过程。将单颗长体卫星划分为两部分是多仪器载荷 LEO 任务最常见的构型。下半部分的服务平台有一个主结构管，是到火箭的主要负载路径。侧面的面板用来容纳卫星的子系统，而大型中心管则为轨道控制的燃料罐提供足够的刚性、强度和空间。哨兵-3 上半部分的主体结构基于面板而非管子。基于面板的主体结构能够有效容纳由承载面板隔开的独立隔间中大体上是立方形的仪器，最大化地利用了可用容积。

短卫星具有相近的长度和宽度。这些卫星能够为最小的悬臂距离提供最大的内部体积。对于相同的结构质量，短卫星将比相同内部容积的长体

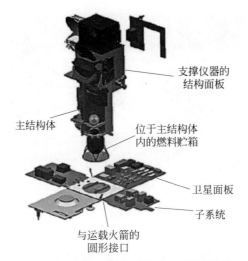

支撑仪器的
结构面板

主结构体

位于主结构体
内的燃料贮箱

卫星面板

子系统

与运载火箭的
圆形接口

图 10.37 哨兵-3 卫星构型下层服务模块和上层仪器模块的展开视图[1]

卫星刚性更好、更坚固,这就是其明显的结构优势。然而,短卫星不能充分利用火箭整流罩内部细长形的容积。但在以下 2 种情况下,这不是缺点:

(1) 用一枚火箭发射多颗卫星时。

(2) 对于 GEO 或更高轨道任务,当火箭的质量约束比体积约束更为严苛时。

许多针对 GEO 优化的中型和大型运载火箭可以一次同时发射多颗卫星。就 GEO 而言,火箭的细长型整流罩被划分为 2 个或 3 个容积,每个容积均可放置一颗卫星(详见图 10.6)。这些容积具有相似的纵向和横向尺寸,多数飞行在 GEO 的中型卫星具有立方形的形状,如图 10.38 所示。

将卫星推送至远离地球的位置需要较高的能量,这使得深空卫星主体结构的设计驱动是质量限制,而不是容积限制。例如,深空卫星罗塞塔(详见 11.4.2 节)的形状近似为立方形,其中心体尺寸为 2.8m×2.0m×2.0m,对于阿丽亚娜-5 运载火箭的整流罩来说没有任何的容积约束。

结构需求要求强度和刚度。卫星在尺寸上的缩小使其刚度和强度得到提高,可以降低结构材料的厚度。此外,材料具有最小的不能再减小的实际厚度。由于小卫星相当容易满足结构要求,使用看起来并非最优但能够在优化容纳空间的同时完全满足结构要求的结构是可行的。图 10.39 给出的

---

① BAILLION Y. Sentinel-3 definition phase final report[R]. Thales Alenia Space,2007.

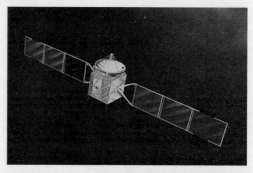

图 10.38　短立方体形的通信卫星 MARECS,可通过共享发射将其送入地球静止轨道①

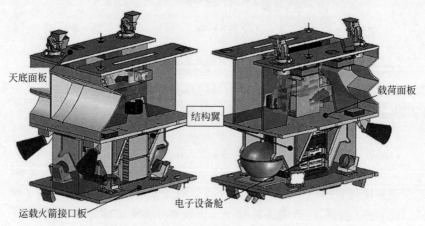

图 10.39　SSTL 微小卫星结构安排的前(右)视图和后(左)视图②

SSTL 卫星的主体结构就是此类结构的典范。

10.5.2　可展开的结构与机构：固定的与展开的

　　主体结构定义了用于发射的装载构型,可展开结构与机构定义了在轨展开构型。大型的可展开结构与机构复杂且昂贵,但它们解决了对紧凑的发射构型的要求和最终展开的在轨构型之间的矛盾。如果需要一个展开的在轨构型,就必须要有一个大型的可展开结构。多数卫星具有大型可展开太阳能电池阵,用于收集卫星运行所需的能量。可展开机构对提供仪器或通信天线必需的无障碍视场同样非常重要。第 8 章反复提到,需要大孔径

---

①　European Space Agency. ESA achievements; BR-250[R]. ESA,2005.

②　图片来自于 SSTL。

灵敏仪器来探测实现任务目标所需的微弱信号。如果仪器的孔径大于火箭所允许的大小,就需要使用可展开机构。10.3 节研究的构型包括没有机构的紧凑的 GOCE 卫星,以及采用了若干个可展开结构和机构的 JWST,每个结构与机构对任务目标的实现来说都是至关重要的。8.4.1 节提到了观测频率对仪器的影响及低频率的观测为何需要更大的仪器。图 8.12 比较了 X 频段和 P 频段 SAR 卫星的构型,以及较低频率的 P 频段卫星为何需要一个非常大的天线。图 10.12 和图 10.40 给出了对满足 P 频段 SAR 观测需求来说至关重要的大型可展开机构的实例。尤利西斯(详见图 10.17)用于观测低频电磁波,同样采用了可展开的机构:7m 长的单极轴向天线、75m 长的偶极辐射天线和 5.5m 长的径向悬臂。

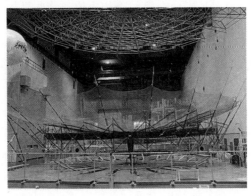

图 10.40　地面重力补偿装置支持下直径为 12m 的抛物面天线的展开测试[①]

　　使用更大型的运载火箭可以避免复杂可展开机构的相关问题。以具有大容积为特征的阿丽亚娜-5、Delta-Ⅳ 等运载火箭或者航天飞机更容易承担容纳大型卫星的任务,然而它们都很昂贵。选择使用大型复杂的可展开机构或者大型运载火箭是任务架构设计中的一项重要权衡。图 7.9 中的赫歇尔卫星具有能够放入阿丽亚娜-5 运载火箭内的最大刚性直径结构。最终成为赫歇尔(当时被称为远红外太空望远镜)最初设计概念的是突出一个具有分段主镜的可展开式的望远镜,像雏菊的花瓣一般,能够放入阿丽亚娜-4运载火箭所提供的相对较小的容积内。使用较大的阿丽亚娜-5 运载火箭最终使得赫歇尔用单个镜片就可以满足其需要。哈勃空间望远镜的主镜尺

　　① MINI F, SCIALINO G, LUBRANO V, et al. European large deployable antenna(12 meter): Development status and applications[C]//Proceedings of the IEEE Aerospace Conference, Big Sky, MT, USA, 2007.

寸从最初设想的 3m 减小至最后的 2.6m，就是对在航天飞机货舱内放置一整件货物需求的一种权衡。此外，JWST 也包括满足其非常苛刻的任务要求所需的复杂可展开机构，这需要一个比哈勃空间望远镜具有更大直径的孔径仪器，并且能够在红外范围内运行而不会受到液态氢制冷的相关寿命期限制（与 7.2.1 节提到的 ISO 的情况一样，其寿命仅限于 2 年）。JWST的机构具体包括：

（1）将 6.5m 口径的主镜放入 4.57m 直径的阿丽亚娜-5 运载火箭的铰链机构。

（2）调整副镜相对于主镜正确位置的机构。

（3）一个 18m×12m 的可展开的遮阳板。

（4）增加仪器与卫星平台在轨间隔的机构。这些机构是使从卫星平台到仪器的热泄漏最小所必要的。

（5）可展开的散热器、太阳能电池阵和可定向的高增益天线，均位于卫星平台的侧面。

上述机构详见图 8.7、图 10.20 和图 10.21。

大型可展开的机构也需要复杂的测试流程。为了对大型可展开机构的开发成本进行可靠评估，需给出可展开机构及其测试流程和测试所需装配架的详细设计。图 10.40 体现了在地面上展开一个大型、可储存抛物面天线的复杂性，它要求必须模拟太空失重环境条件。这就需要使用专用的装配架，在可行的情况下对地球引力进行补偿。这些测试的设计是复杂的、有风险的、昂贵的。多数情况下，太阳能电池阵是卫星最大的可展开机构。大部分时间内，太阳能电池阵需要跟踪机构来确保能够以最大面积接受太阳照射。现代卫星需要大型的太阳能电池阵，在大多数情况下，这意味着它们必须是可展开的。幸运的是，太阳能电池阵的展开运动并不复杂，设计能够容易地从一个任务调整至下一任务，因而减少了相关风险。

10.3 节叙述的任务中，JWST 和铱星使用了可展开的太阳能电池阵；GOCE 使用了固定的太阳能电池阵；尤利西斯使用放射性同位素热电源代替了太阳能电池阵。GOCE 无法使用可展开机构，因为机构的运动会对敏感的重力感应加速度计造成扰动，尽管它是固定的，刚性太阳能电池阵也是在能够与运载火箭整流罩兼容的类型中最大的。尤利西斯的轨道距离太阳很遥远，所以采用放射性同位素热电源来产生所需的电能。尽管如此，对于远离太阳飞行的任务来说，使用太阳能电池阵同样可行。11.4.2 节中将叙述的罗塞塔卫星在其任务的最重要阶段飞行在 5AU 的距离。在这个距离，太阳能电池阵所产生的能量是在地球附近飞行时的 1/25。由于欧洲缺乏美国在 RTG 方面的专业技术,罗塞塔采用了大型的细长太阳能电池阵来弥补,因而主导了卫星构型。尤利西斯是 NASA 与 ESA 的合作任务,由美国交付 RTG 是该任务合同条件中的一项。若使用 RTG,罗塞塔的构型将更为紧凑,但其 32m 长的太阳能电池阵能够在 5AU 的距离产生 400W 的电能,足以满足任务需求。与尤利西斯 RTG 提供的 284W 电能相比,该太阳能电池阵提供的电能令人满意。

10.5.3 标准平台与专用平台

需要指出的是,卫星构型与卫星平台不是同一回事。无论是专用的卫星平台还是标准的卫星平台,都是一个构型的总和,即机械概念、外部形状加上航电概念。设计具有完全不同的形状但具有相同航电概念的卫星是完全有可能的。本节叙述卫星的构型,并将重点放在标准平台上。标准平台意味着标准的结构概念和标准的形状。

标准平台可以携带不同仪器,这已成为近几十年来降低空间任务成本的一种途径,然而其实际性能却喜忧参半。在某些情况下,它们确实提供了有效的性能;而在其他情况下,它们的表现是令人失望的。主要原因是空间任务是极其多样化的,而在任何任务中最困难的部分总会是仪器的构型和性能。标准平台倾向于降低任务中更简单方面(即卫星结构和标准的子系统)的成本,同时却使其最昂贵的部分——仪器变得复杂。而且,空间环境和任务要求也是极其多变的,因此,标准平台几乎总是需要或多或少的改动,这反而抵消了标准平台的优势。4.11 节回顾了 20 世纪 80 年代 NASA 在标准化行星探测过程中的问题。

尽管如此,标准平台为卫星提供了不同仪器可安装位置的参考设计,在许多情况下这都会有所帮助。标准平台对诸如近地轨道对地观测卫星家族这类飞行于相近轨道、携带相似需求仪器的卫星家族来说是有效的。NASA[①]地球观测系统(earth-observing system,EOS)的 Terra、Aqua 和 Aura 使用了标准平台,NOAA 将在 NPOESS,即其未来运行的系列 LEO 气象卫星上使用标准平台。

EOS 和 NPOESS 均基于 T430 平台,图 10.41 所示为使用了 T430 平台的 Aura 卫星。该平台由诺斯洛普—格鲁曼公司设计,用于约 800km 中

---

① BLOOM J H. The NPOESS spacecraft and payload suite. A next generation low earth orbit observation platform[C]//Proceedings of the Geoscience and Remote Sensing Symposium,2003. IGARSS'03 Proceedings. 2003 IEEE International,2003.

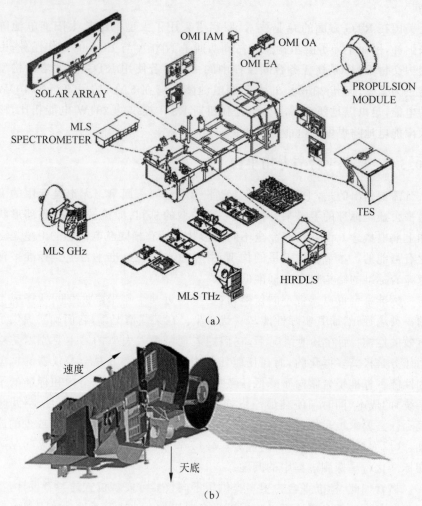

图 10.41　基于 T430 标准平台的 Aura 卫星
(a) 有效载荷及卫星子系统在标准平台内外安装的细节①；(b) Aura 卫星的在轨构型②

等高度的太阳同步轨道绕地飞行任务。T430 平台拥有复合轻量化结构，允许有效载荷最大化，其钛支撑表面为容纳仪器提供了灵活性。它提供了模块化的接口和标准的数据总线，便于安装和测试。平台能够兼容不同地方时的轨道及不同的太阳与太阳能电池阵的几何关系。该平台已经验证了其携带不同仪器组合的灵活性。Terra 卫星的整星质量为 5 200kg，携带了

---

①　http://aura.gsfc.nasa.gov/spacecraft/index.html.

②　http://aura.gsfc.nasa.gov/spacecraft/images/equip_confi g.html.

6 台仪器的有效载荷总质量为 1 100kg,其太阳能电池阵可以提供 2.5kW 的电能,卫星于地方时 10:33 飞行在 705km 的轨道上。Terra 使用 TRDSS 进行数据中继,在卫星构型上体现的相当明显。NPOESS[①] 的 3 颗卫星分别在 13:30、17:30 和 21:30 这 3 个不同地方时高度为 833km 的太阳同步轨道上运行。尽管它们都将属于 5 000kg 以上的类别,因为它们携带不同的仪器,三颗卫星的质量还是有所不同的。该平台能够提供高达 7kW 的电能。不同的地方时定义了不同的太阳与太阳能电池阵的几何关系。EOS 和 NPOESS 使用的标准平台自 1999 年起一直在太空中提供优质服务,并仍将持续 10 年或者 20 年。该记录依赖于迄今为止标准平台实现所携带的对地观测仪器要求方面的高度相似性。尽管如此,这个标准平台仍随着时间不断在发展:有效载荷空间由 EOS 的 10m^2 增加至 NPOESS 的 14m^2,仪器的数据下行链路方式也发生了变化。EOS 卫星使用 TDRSS 数据中继卫星,而 NPOESS 则使用一种完全不同的下行链路方式,将在 12.3.4 节中讨论。上述情况是在理论"标准"平台上适应 NPOESS 和 EOS 的不同需求所采取的变化的实例。

另一个通用平台的例子为 Proteus,该平台已用于各种用途。不同于 T430 平台,Proteus 平台被设计的能够在完全不同的轨道高度、倾角和太阳—地球几何关系下运行。Proteus 很小,只能容纳少量的仪器,多数情况下只有 1 台。Proteus 是阿尔卡特公司和 CNES 共同针对 300kg/300W 级的 LEO 有效载荷进行的概念设计。它的名字是希腊神话中的海神,是一个能够任意改变自身形状的怪物。Proteus 平台已被证实能够像其名字那样运行在许多不同的轨道和姿态下,如图 10.42 所示:

(1) Corot 是惯性稳定的卫星,轨道高度为 900km、倾角为 90°。

(2) 雷达测高任务 Jason 的轨道高度为 1 336km、倾角为 66°。

(3) SMOS 和 Calipso 运行在太阳同步轨道,前者轨道高度为 755km、地方时为 06:00;后者轨道高度为 705km、地方时为 13:30。

Proteus 飞行在不同轨道和姿态的能力已被证实。然而,在上述三个例子中,它对这些仪器的效能是有限的,需要 1 个包括了数据处理和数据下行链路服务的上面的"仪器平台"来连接仪器,这对无法由 Proteus 基础平

① ANDREOLI L J,COYLE K A. Payload accommodations on future environmental sensing spacecraft: Lessons learned from EOS and the future with NPOESS[C]//Proceedings of SPIE Vol 5659,Enabling Sensor and Platform Technologies for Spacebrone Romote Sensing,2004.

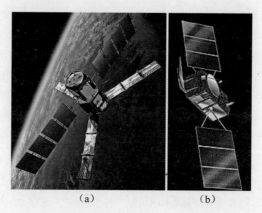

（a）   （b）

图 10.42　使用 Proteus 平台的 SMOS 和 Jason 卫星
（a）SMOS 卫星①；（b）Jason 卫星②

台提供的仪器来说极其重要。这里所描述的成功例子都是用一个限制的交换实现的。T430 能够为许多 LEO 太阳同步轨道的仪器提供广泛的服务，而 Proteus 能够为不同轨道的有效载荷，最好为单一仪器携带自己的服务。

10.5.4　被动与主动热控

卫星必须消散自身产生的热能，为此目的提供的散热器需要完全暴露在寒冷的深空。有两种可能的情况：

（1）需要冷却卫星部件至接近地球上的正常温度，约 290～300K。

（2）需要冷却卫星部件至极低温，根据具体应用，从 200K 至接近绝对零度。

对多数结构来说，适宜的工作温度是环境温度，能够使热变形最小，同时还保证机械接触面的平稳运行。此外，多数表面不受太阳连续照射，能够充分消散由卫星电子设备箱在环境温度下产生的热量。图 10.23、图 10.25 和图 10.26 给出了多种散热器布置的例子。

当需要冷却至极低温时，这种情况就完全改变了。极低温对于减少仪器探测器的噪声是非常重要的（详见 8.4.2 节）。ISO（详见图 7.7）利用液态氦将望远镜探测器冷却至 2K，JWST（详见图 10.19）结合被动式散热器、遮阳板和主动式冷却器将探测器的温度降至 7K。JWST 复杂的热与机械方案促成了更长的任务寿命，这对于具有此类特征的天文台任务来说是一

---

① http://www.esa.int。

② http://132.149.11.177/html-images/HomeGB.html。

个明显的优势。散热器的位置、使用被动式散热器或者主动式冷却器(机械或其他)的权衡一直都是一项重要的决策,会对卫星的整体构型产生重大影响。被动式冷却器能够增加可靠性和任务寿命,但会增加卫星构型的复杂度。图 10.31 和图 10.32 比较了两种运营气象卫星可能的构型,其中一个采用主动式冷却器,另一个使用了被动式冷却器。主动式或被动式冷却器的选择具有重要影响,必须在仔细考虑所有关键问题及其在各个层次的不同影响后做出决定。这种对端到端视角的需要显然将决策权交给了任务系统设计师。

10.5.5　仪器指向与卫星指向

为了完成任务,卫星上的仪器必须以特定的模式来进行指向,该功能可由仪器或整个卫星来完成。这个问题曾在 10.4.4 节讨论敏捷卫星时涉及,同时也在 8.6.1 节、图 8.20 及图 8.3 中进行了讨论。

将扫描功能分配给每个单独的仪器是卫星携带多个适当孔径仪器时的首选方案。在这些情况下,指向镜的尺寸是中等的,扫描功能是每个仪器都要具有的,而卫星整体构型不再成为关注的重点。每个仪器的指向都将产生内部的力和扭矩,从而改变其他仪器的指向,因此需要规定每个仪器能在卫星上引起的最大摄动量。所有机构的设计必须考虑这些最大摄动值。

大型仪器的孔径不能通过移动镜面或反射镜进行指向,必须要将整个仪器对准目标。这时最有效的方式就是将整星指向所需的方向。这就要求对主要构型的调整。如果指向由卫星负责,那么卫星只能在某一时刻指向某个方向。这意味着任务要么仅能使用一个仪器,要么需要让所有仪器在不危害任务的情况下都能够指向同一个方向。

10.6　性能分配

10.6.1　质量预算

在设计的早期阶段,需要建立卫星的整体质量数值,并给卫星的各子系统和仪器提供初步分配。在早期阶段,卫星的质量并不是一个固定的数值,而是与期望的轨道和所使用的运载火箭相关。随着设计逐渐成熟,卫星质量及其轨道将收敛成为空间系统的需求。在实现任务的过程中,卫星还需要燃料用于可能的轨道变化。这将定义 2 个质量限制:干质量和湿质量。湿质量为由运载火箭送入轨道的卫星总质量,干质量则为卫星总质量减去其所携带燃料后的质量。运载火箭的选择应适应卫星的最大"湿"质量,所需携带的燃料量将确定剩余的"干"质量。最终得到的干质量必须被分解并分配给卫星上的仪器和子系统。在设计的早期阶段，以下措施可提高质量余量：

(1) 找到任务的最小质量构型。

(2) 分析轨道路径的变化。

(3) 考虑更强有力的运载火箭以搭载更大的卫星质量。

(4) 减少仪器的数量和复杂度。

措施(1)是最有效的，找出一个最小卫星质量构型并不意味着降低任务的目标。如果措施(1)不可行，措施(2)能够提供解决方案。一个合适的轨道设计能够在满足任务目标的同时搭载更重的卫星。措施(3)意味着要使用更加昂贵的运载火箭，并且有可能超出任务预算。措施(4)将减少任务的成果输出。

各种选择的权重将确定一个或多个有关轨道、有效载荷和运载火箭选择的架构，以实现任务目标。这些预估可作为任务初步设计的参考点。在设计的早期阶段，质量估计将不是自下向上的计算，而是自上而下的计算，由运载火箭所确定的允许的卫星总质量必须被分解并分配给不同的卫星部件。在任务设计阶段采取措施(3)和措施(4)来降低超重质量，要么去除仪器的功能，要么选择更大的火箭，都会对任务产生重大影响。这些选择要么减少科学回报，要么增加成本。然而，它们具有明确的优势。与其提出过于乐观的质量估计而有可能在工业生产阶段被证明不可能实现，还不如明确提出任务需要更强有力的运载火箭，并报出相关的附加成本。

根据任务的不同，干质量和湿质量之间关系的差异很大。Wertz[1]在其著作《空间任务的分析与设计》的附录 A 中给出二者关系见表 10.2。

表 10.2　典型卫星推进剂的质量

卫星类型	湿质量/kg	推进剂质量/kg	推进剂质量/%
通信	982 ± 550	166 ± 180	17 ± 7
对地观测	1475 ± 661	63 ± 66	4.3 ± 2.4
微小卫星	140 ± 45	70 ± 92	50 ± 17

CNES[2]建议对地观测卫星的推进剂质量为总质量的 6%，预期寿命为

① WERTZ J R, LARSON W J. Space missions analysis and design, Appendix A, the third edition[M]. Springer, 1999, 894.

② CNES. Spacecraft techniques and technology[M]. Cepadues Edition, 2005：volume 1, module 1-51.

15 年的通信卫星推进剂质量为总质量的 55%。这种区别来自于每个卫星使用不同的规则来定义什么被包含在内,什么不被包含。Wertz 经常以有专用上面级的卫星来举例,而上面级并不是卫星自身的一部分,这意味着推进剂仅用于轨道维持。而 CNES 的估计是基于阿丽亚娜火箭将卫星送入中间的 GTO 轨道(详见 9.4.4 节),55% 的燃料数值包括了将卫星由大椭圆 GTO 轨道转移至 GEO 轨道所需的燃料,再加上轨道维持所需燃料。在对地观测任务中,由运载火箭将卫星推送至最终轨道,Wertz 与 CNES 的估计就是相似的。

下一阶段将对仪器和各种子系统进行估计。文献中提供了对初步质量分配的估计。表 10.3 给出了 Brown[①] 和 Wertz 提供的估计。这两位作者给出的数值相近,他们为诸如电源或结构等传统子系统的质量估计提供了一个良好的基础。然而,仪器通常是空间任务中最具创新性的部分,即便是在设计的最初期阶段,它们的质量也不能自上而下的分配,而必须自下而上的估计。正如第 7 章和第 8 章所述,即使设计过程刚开始,仪器的概念已经足以对仪器质量进行粗略估计,这是可能的。此外,一旦设计开始成型,就必须将自上而下的质量分配与日益完善设计的自下而上的估计进行对比。随着设计的成熟与进步,卫星的实际质量总会增加,而且增长得比任何理性的人认为的都要多。

表 10.3 典型的卫星每个子系统质量分配

干质量分配	通信		气象		行星
	Brown	Wertz	Brown	Wertz	Brown
结构质量占比/%	21	21	20	19	26
热质量占比/%	4	3.6	3	2	3
姿态控制质量占比/%	7	7	9	4.5	9
功率+管线质量占比/%	29	32	24	24	26
推进质量占比/%	7	3.8	5	6.1	13
测控通信质量占比/%		4.8	4	3.5	6
数据处理质量占比/%	4		4		6
有效载荷质量占比/%	28	27	31	35	11

同样,根据 Brown 的教材,7 个 NASA 任务从批准到成为一个全面的工程并发射的过程中,卫星质量的增量从 10% 到 36% 不等,平均增加了

---

① BROWN C D. Elements of spacecraft design[J]. AIAA Education Series,2002(5):68.

27％。随着设计细节程度的增加,质量将不可避免地增加,独立的质量估计将与考虑了卫星仪器和子系统的实际最终质量不确定性的成熟度因子保持平衡。成熟度因子为大于1的数值,并与各种卫星部件质量的最佳估计相乘。随着设计被更好地定义,成熟度因子会降低,直到成为完全建成的飞行单元后变为1。不同的来源发布了将用作成熟度因子数值的不同的指南。对于全新设计的早期阶段,AIAA[①]使用了表10.4给出的数值。

表10.4　成熟度因子

质量类别	AIAA 推荐的最小重量可能性%											
	0 阶段结束			A 阶段结束			B 阶段结束			C 阶段结束		
	1	2	3	1	3	4	1	2	4	1	2	3
0～50kg	50	30	4	35	25	3	25	20	2	15	12	1
50～500kg	35	25	4	30	20	3	20	15	2	10	10	1
500～2 500kg	30	20	2	25	15	1	20	10	0.8	10	5	0.5
大于 2 500kg	28	18	1	22	12	0.8	15	10	0.6	10	5	0.5

表10.4中,类别1适用于新的航天器;类别2适用于基于先前已开发的家族,在既定设计框架内对复杂性和能力进行扩展的下一代航天器;类别3适用于基于现有设计的生产级开发,已经生产了多个单元,并有相当数量的标准存在。各阶段如同图1.6及6.3节所示。一些卫星部件最早的质量估计一直被严重低估:二级结构和电气管线就是该方面的两个例子。除了成熟度因子,卫星的设计必须包括相对于所选运载火箭最大可用质量入轨能力的整体预留。提供宽裕的成熟度和安全余量是非常重要的,因为早期设计阶段的质量估计总是乐观的,且对卫星整体质量(所选运载火箭的能力)的实际限制因素不会被轻易改变。由于卫星质量的增加而需要改变最初选定的运载火箭,会对任务整体预算产生严重影响,并将危及任务的审批。

先进的结构材料要比传统的金属材料更轻。例如,碳纤维现在已经是一项充分发展的技术,不再被认为有风险。碳纤维的热膨胀系数低,能够使卫星的热弹性变形降到最低,尽管它总是需要金属嵌件和特殊的结构布置来避免将其连接至二级结构、仪器或具有不同热膨胀率的电子器件时的变

---

① AERONAUTICSASTRONAUTICS A. Guide for estimating and budgeting weight and power contingencies for spacecraft systems［M］. American Institute of Aernoautics and Astronautics,1992.

形和应力。这意味着,主体结构中任何的质量减少都会被卫星其他部分的质量增加部分抵消。诸如螺母、支架、嵌件和节点等连接单元的质量总是大于预测值,并难以在设计的早期阶段估计,但所有连接单元的总质量往往与主体结构的结构部分的质量相当。

一些运载火箭不仅要限制发射时卫星的总质量,还要指定卫星质心可接受的位置范围。将质心放置于指定范围内的要求同样会影响卫星构型。如果卫星质量低于运载火箭的允许界限,就可能会添加平衡配重块,直至卫星质心位于指定范围内。如果情况并非如此,就应重新设计卫星构型,使得总质量和质心位置均与概念一致。

10.6.2　热预算

为使卫星部件工作正常,卫星必须保持在指定的温度范围内。卫星被划分为若干个热舱段,每个热舱段内的温度必须保持在其指定范围内。为此,每个热舱段产生的热量必须由热舱段内的部件辐射至太空,以确保维持在指定的温度范围。在任务所有可能的阶段,包括安全模式(详见 9.5 节),必须保证热的生成与辐射之间的平衡。对于每个热舱段来说,这种热量的预算应通过提供与现有朝向空间的视场相适应的合适尺寸的辐射面来平衡。系统设计师负责设计整体构型。热学专家确定散热器的大小、热光学特性和内部热路径的细节。热舱段的数量取决于构型和为卫星不同部分之间提供明确接口的需要。通常来说,每个仪器都是其自身的热舱段,有自己的散热器及加热器。在卫星被划分为服务模块和有效载荷模块的情况下,每个模块都设计为一个单独的热舱段,热舱段之间规定了最大的热传输量。

卫星子系统的工作温度在初步设计中就要规定。位于卫星内部的通用电子单元设计工作在 0～40℃ 范围内。电池需要较窄的热边界,需要在 0～20℃ 范围内。位于卫星外部的部件必须具备外部工作环境要求的较宽温度边界,太阳能电池阵需要在 −40～60℃ 内展开,并能够承受 −100～100℃ 的温度。然而,上述范围是"典型的指导原则",任务的特定情况可能会超出它们。设计与水星或天王星交会的卫星需要运行在这些行星周边的极热或极冷环境中。

一些仪器具有更高的温控要求。理想情况是使它们在轨运行的温度等同或接近于在地面建造和测试时的温度。这些苛刻的要求对仪器不仅具有内在影响,还具有外在的影响。为了避免指向相同观测目标的不同仪器之间的热弹性形变,携带多种仪器的卫星需要将其支撑结构的温度控制在标准环境温度 20℃ 周边很窄的范围内,比如 18～22℃。热预算与功耗预算会相互影响，这是因为散热器在诸如日食或非标称姿态时期等可见度条件改变时需要加热。热预算需要足够用的安全余量。卫星部件的合格测试要求它们能够工作在包括提供热安全余量的合格边界温度内，同时也考虑了热模型的不确定性。由于热是由电能产生，这一余量将增大发电量和加热器的尺寸。

10.6.3 功率生成预算

在传统的空间工程中，功率预算通常为功耗预算，将卫星产生的功率分配至所需的所有部件。而必要的功耗预算意味着存在功率生成的预算，并且功耗预算取决于功率生成预算。也就是说，预算包括了一系列的设计决策，来确保太阳能电池阵的大小、位置、运动能力和光照条件（包括日食的持续时间）足以生成所需的功率和能量。所有与功率生成预算实现相关的主要设计决策均是卫星构型的决策，都将在这里讨论。"传统的"功耗预算将在 11.6.1 节中讨论。太阳能电池阵是卫星结构最明显的组成部分之一，它必须足够大，以生成在所有可预见条件下卫星能够运行的充足能源，并且航天器的构型必须能够容纳所需太阳能电池阵的尺寸。平衡功率生成预算的三个关键因素是：

（1）太阳电池阵阵列应最大限度暴露于太阳光下。

（2）太阳能电池阵应能够跟踪太阳相对于卫星不可避免的位置变化。

（3）太阳能电池阵在阳光照射时需要具有充足的面积来产生功率，包括整个任务寿命期为电池充电所需的能量。

影响太阳能电池阵尺寸的因素已在前一章充分讨论。太阳的可视性和太阳能电池阵的几何已在 9.7 节中详细描述。完全展开的太阳能电池阵的最终尺寸取决于卫星的收拢构型，而收拢构型又取决于运载火箭的尺寸和太阳能电池阵的展开概念。太阳能电池阵一般都是标准部件，具有明确定义的形状，其电力输出能力可在满足运载火箭整流罩体积约束的同时，通过增加具有相同基本设计的额外面板来提高。如果太阳能电池阵的设计和火箭整流罩的体积均允许，提供更大的功率就是简单地增加一块或多块具有相同太阳能电池阵设计的面板。然而，一个给定设计所能携带的面板数量是有限的，能容纳于给定运载火箭整流罩包络内的面板数量和尺寸也是有限的。如果达到上述限制，增加附加太阳能电池阵面积是很成问题的，将造成太阳能电池阵、卫星设计的重大变化，或者需要使用不同的运载火箭。其可行性取决于具体情况，而能源的供应将成为一个主要的设计约束。GOCE（详见图 10.14）就是一个受限于电力供应的任务设计范例。其轨道和构型使得所有的太阳能电池阵均位于一个大致垂直于太阳方向的平的固定表面,从而优化了电能的生成。但 GOCE 的任务目标使其未使用机械机构,并且其太阳能电池阵的形状和大小受到所选运载火箭整流罩内可用空间的严格限制。这种限制是绝对的,GOCE 的轨道高度和由此而来的最终科学性能是运载火箭整流罩尺寸的函数。

10.6.4 校准预算

校准预算是非常复杂的预算,包括端到端空间系统、地面和空间的许多方面,第 9 章已经充分讨论了该域。9.8 节介绍了校准,9.10.6 节分析了指向,9.10.8 节分析了配准。这些预算与仪器和姿态参考系的正确指向相关。绝对和相对指向同样受到构型设计决策的影响这部分内容将在本节探讨。9.10.5 节列出了所有影响校准的误差源。与误差源相关的构型包括:

(1)结构和机构的装配和计量测试误差。

(2)校准中地面和空间环境之间发生的不可逆和永久的变化。

(3)在轨热变化、复合结构的放气或脱水、热度梯度和热膨胀各向异性造成的热弹性形变。

使用高精度的制造和装配流程可以减少制造和装配误差,但更高精度的制造总是与更高的成本相关联,必须维持制造精度和成本之间的平衡。诸如计量工具等测试设备也会产生自身误差,更高的测试精度总会造成更高的成本。对大型可展开结构进行真实和精确地测试尤其困难且昂贵。为大型可展开结构功能测试设计合适的测试装配架的难度已在 10.5.2 节中叙述。图 10.40 所描述的测试装配架很明显是复杂且昂贵的。如果要求提供对大型复杂可展开结构的在轨形状进行地面测定,装配架将更加昂贵。在以大型可展开结构为特征的任务中,提供对试验方法早期的详细分析是必不可少的,测试方法要详细到足以对测试成本和测试性能(包括预期的最终展开精度)提供可信的估计。具有足够的刚性和强度安全余量的坚固结构将减少或消除由发射或展开的负载环境造成的任何形状上的不可逆变化。金属在真空中不会改变形状,但有机材料的形状会因排放水蒸气而发生改变。

热弹性指向误差能够以三种方式最小化:控制卫星温度使空间和时间的变化最小;使用具有低的热膨胀系数材料;避免混用热膨胀系数明显不同的材料。只要分析质量允许,任何可以被准确分析的校准影响均可消除。例如,卫星在轨和在地面的形状不同,可以使用结构分析技术和第 9 章中叙述的比较地面和在轨校准的方法来分析。由此产生的结果可用于估计和补偿由于缺乏展开的在轨卫星形状完备信息而引入的校准误差。热弹性分析还可用于分析卫星在轨将要经历怎样的形状上的弹性变化。计算结果可用于补偿这些影响，剩下的校准误差就是热弹性分析质量的不确定性误差。在永久指向误差情况下，实际校准的在轨验证可用于验证和提高热弹性分析的质量。

10.6.5　体积预算

质量预算在空间系统设计文献中被广泛讨论，体积预算却没有。一个包含不同质量条目的质量预算文件在贯穿空间任务的设计、制造、装配和试验过程中生成和更新。但是目前并没有这样的体积预算文档。然而，体积预算与质量预算同样重要，对 LEO 任务甚至更为重要。体积预算隐含在卫星设计蓝图以及计算机生成的三维模型中。这些模型代表（并隐性地分配）了卫星不同部件的体积和尺寸。体积预算在将尺寸和包络分配至不同仪器和需要星上空间的其他部件时趋于明确，这些部件将与其周边部件争夺体积和视场。

总体积的分配由卫星内外部不同仪器和子系统部件相互冲突的需求驱动。本章的所有部分都讨论了体积分配，并给出了优化体积使用的卫星构型实例。将总体积分配至卫星的不同部件是任务系统设计师的职责。

11 操作数据流域

关键词 操作数据流、卫星地面段、卫星操作、卫星任务操作阶段、数据管理、卫星自主、计划式操作、交互式操作、功率预算、链路预算、数据获取时延

操作数据流域曾在 7.1.4 节进行过介绍。本章首先简要介绍了与本域相关的要素与单元，这些要素与航天领域的"电子空间工程"学科和卫星地面操作有关。其次，本章将对任务阶段及其产生的不同运行场景进行分析。最后，通过四个航天任务的设计决策分析来进一步研究这一域：

（1）地球磁场任务——Cluster：该任务是 4 颗中等复杂度的卫星构成的星座，具有操作复杂度较高、星上自主能力低的特点。

（2）彗星与小行星交会任务——罗塞塔：该任务是 1 颗具有复杂自主能力的复杂卫星。

（3）全球地质与海洋运营任务——哨兵-3：该任务是 1 颗具有计划式、简单化、星上自主多种操作模式的复杂卫星。

（4）地球观测任务——SSTL 灾害管理星座：该任务是一个包含 6 颗简单卫星构成的星座，具有交互式操作的能力。

本章选择的这些空间任务提供了丰富的数据管理场景选择，包括复杂任务与简单任务、自主式操作与非自主操作等。最后两节对本域有关的功能及预算分配进行了分析。

图 7.1 显示了本域与其他域之间的相互关系：

（1）星载数据管理是受将仪器与卫星作为一个整体进行控制与监视的需求驱动的。

（2）卫星轨道、地面站的位置和数量将定义地面至卫星的联系模式和卫星与相应的地面操作员之间对话的机会。这将驱动操作数据流的设计。

（3）被观测事件的性质——可预测与不可预测、速变与缓变——将定义观测方式，还会定义由此产生的仪器与卫星操作的复杂度。

图 7.4 体现了空间任务中端到端的信息流。该图将数据流划分为两个域，即操作域与仪器输出域，每个域又划分为地面段和空间段两个组成部分。图 11.1 呈现的相关内容是对图 7.4 有关操作数据流部分的进一步扩展。图 11.1 也对其他章节中有关卫星与地面要素之间的连接关系进行了说明，包括卫星与仪器之间的连接，与姿轨控系统之间的连接，以及与仪器数据应用地面设施之间的连接。5.6.1 节的图 5.8 将任务效能有关的参数细分为三类：数据质量、数据数量和系统响应性。操作数据流域主要处理系统响应性。

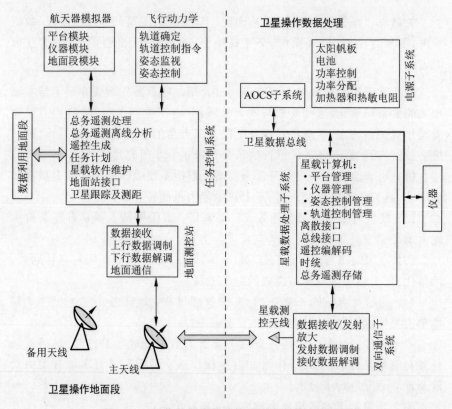

图 11.1　操作数据流域的构成要素及其连接关系

电源子系统将在 11.1.1 节讨论，星载数据处理将在 11.1.2 节进行讨论，测控通信将在 11.1.3 节进行讨论，操作地面站将在 11.2.1 节进行讨论，任务控制将在 11.2.2 节进行讨论。

11.1 与本域相关的在轨要素

图 11.1 显示了该域中各个在轨功能模块提供的最重要的功能。在轨运行期间,该域主要包括以下三个典型的子系统:

(1) 电源子系统:负责电源调节与分配。

(2) 卫星数据管理子系统:对卫星操作所必需的数据总线、与其他数据链路相对应的星载数据。

(3) 遥测与遥控数据通信子系统:卫星遥控与遥测通信。

这三个子系统将在本节进行简要描述。

11.1.1 电源子系统

电源子系统用来产生、规划、存储和分发卫星所需的电能。电源子系统也直接控制加热器、火工品及其他与卫星操作有关的关键要素的供电,即使在卫星主要部件失去功效时,这些关键要素也必须能够工作。

绝大多数卫星利用太阳能发电。安装在太阳能电池板上的 Si 或 GaAs 太阳能电池就是用于此目的。太阳电池阵通常有一套专用机构来指向太阳。在某些远离太阳的星际航行任务中,会采用放射性物质衰变来提供热能,10.3.2 节所描述的尤利西斯任务就是这种情况。任务周期较短的探测器或子卫星可以使用电池作为单一电源。

日食现象会带来日照时间长短的变化,导致能源供应产生相应变化。卫星上某些结构单元或仪器设备的开关使用情况变化也将带来对能源需求的变化。为了平衡能源的产生与需求,电源子系统利用充电电池对能源进行暂存与消耗。现有可用的电池种类包括镍镉电池、氢电池和锂电池。目前,锂电池是使用最为广泛的一种电池。专用的电子单元可用来控制对卫星的能源供给,并有效完成电池的充放电工作。需要高脉冲功率需求的有效载荷,例如 SAR,在电源子系统和线路的设计中要特别小心,需提供足够的电容以避免给其他电子设备造成电流波纹。

电源子系统也包含为整星所有部件提供电能的线路。

基本设计需求是电力需求分布图,也就是说,要体现哪些卫星部件正在运行、在什么时间运行。电力需求分布图应当与电力生产分布图相匹配,后者依赖于太阳电池阵的尺寸与方向、日食的频度与周期以及电池的容量等因素。太阳电池阵的尺寸限制已在 10.1.4 节、10.6.3 节进行了讨论。

电源电压和电压范围也需要严格选择。通常来讲,小型和中等尺寸的卫星使用 28V 电压供电,大型卫星则需要更高的电压供电。更高的电压减少了传输损耗,但是需要为大多数卫星电子设备配置降压装置以及直流—直流转换器。

就电力分配而言,设计者必须在稳压母线与非稳压母线之间进行选择。对中等尺寸卫星来说,若工作在稳压状态,则采用 28V 的稳定电压,若工作在非稳压状态,则采用 23~32V 的电压变化范围。稳压母线简化了卫星仪器单元设计,但提高了电源子系统的设计复杂度。非稳压母线的情形与之相反。地球观测卫星通常采用非稳压母线,科学任务通常选用稳压母线。

控制太阳电池阵的方法主要有两种:峰值功率跟踪、直接能源传递。峰值功率跟踪可有效减小太阳电池阵的尺寸。直接能源传递方式可有效降低能源分配电子设备的设计复杂度。

太阳电池阵的尺寸取决于日照条件、电池单元特性、任务寿命、环境温度等因素。更冷的电池具有更高的工作效率。

电池类型、容量及其最大放电深度的设计指标取决于合格或即将合格设备的可用性、任务寿命及其相关的充放电循环次数等因素。

11.1.2　卫星数据管理子系统

卫星数据管理子系统的核心单元是一台通用数字计算机,该单元负责对卫星进行监视和控制。除了中央计算机之外,该子系统还可包括其他用于执行特定功能的计算机,如用于处理仪器设备输出信息的数字信号处理器、用于控制卫星飞行姿态的专用计算机,以及用于应对卫星应急情况的更简单、更高可靠性的计算机等。为了简化接口设计,专用计算机也可用于对卫星某些特定部分进行监视与控制。对于某些搭载多台仪器设备的航天任务,通常会设计一台专用计算机对仪器设备进行监控。卫星的监控需要进行信息存储。过去通常采用磁带录像机,现在则使用固态数字存储器。

为了完成星上不同部件之间的信息交换任务,需根据任务需要设计一条或多条数据传输总线及相应的总线控制器。与计算机系统类似,通用业务数据总线通常采用 1553 总线或 CAN 总线。同时,需要为通用业务数据总线无法满足的用户业务提供用于支持的特定部署,例如需要传输一些仪器产生的大量数据,或需要根据卫星姿态控制的需要提供高交互实时数据传输时。离散的点对点接口也是必须的,例如用于控制和监视电动机械执行装置的模拟信号接口。某些类型的中心时钟将提供任务的统一时间参考。

数据管理子系统还包括执行星上所有必需功能的软件及运行在上述所

有部件中的软件。星载软件包含执行基本运行的软件和任务专用软件。

空间任务通常会持续很长时间,空间环境也比较恶劣,因此对卫星硬件可靠性要求较高。由于这些原因,验证一个电子数字部件是否足以适应这种环境需要时间和专门的空间认证程序,因此在轨计算机系统相较于更熟悉的地面等效设备而言,往往是设计过时的、性能不高的。

数据管理子系统的设计是由卫星平台必须执行的指挥与控制功能的复杂性驱动的,而这些功能是由仪器的数量、工作剖面和任务本身所驱动的。最重要的决策是能够实现的星上自主水平,这将决定地面与卫星之间操作数据流交互的量。通常情况下,卫星应具备在不与地面联系的情况下稳定运行数天甚至数周的能力。同时,卫星必须具备在发生异常的情况下尽可能迅速地与地面联系的能力。

就所关心的监视而言,确定卫星状态信息的频度及有多少功能参数需要被监测并发送到地面也是需要重点考虑的。这项决策应该在详细考虑如何监测和区分卫星所有部件的故障模式之后做出。这种信息在出现故障的情况下是极其有价值的,它使得卫星状态恢复策略的设计易于实现,从而让任务顺利进行下去。这样一组定义卫星状态并被发送至地面的卫星功能参数集合通常被称为"星务数据"。

上述工作模式已经在 9.5 节进行了介绍。这里再次阐述一下,即在卫星寿命期内,卫星将面临多种不同的运行情况,需要完全不同的方法来处理卫星的行为,这些称为卫星的运行模式。在之前的讨论中,我们对其中两种运行模式进行了介绍,即正常模式与应急模式,其中应急模式下备份计算机将接管整星管理。卫星还需要考虑在星箭分离后的一段时间里的一种特殊模式。在这种模式下,卫星将会逐步被唤醒、进行机动、改变构型以达到其最终的正常状态。轨道修正机动操作也需要一种专用模式。不同模式之间的转换可以通过地面遥控指令实现,也可以由卫星自主实现。

星载计算机的数量和功能是另一项基础的设计决策。卫星平台需要一台中央计算机控制其在正常的模式运行,当然也可以使用其他专用计算机来提供辅助支持。此外,星上还需要一台备用计算机,在异常情况下来接管主计算机。这台计算机必须是简单且极其可靠的,而且能够控制卫星生存所必需的有限功能。有时候,地面组装与验证的需要决定了所需星载计算机的具体数量。一颗卫星通常被分成两部分,一部分用于仪器,另一部分用于卫星的子系统。如果每个部分都有自己的智能,就更易于进行组装与测试。此外,还应该决定所要使用的计算机模型以及固态存储器的类型。这一选择很大程度上取决于合乎要求硬件的相对稀缺性。由于太空的恶劣辐射环境，要对空间使用的数字硬件的充分性有信心并非易事。在美国，许多空间任务使用了基于 Power PC 架构的抗辐 ATIM RAD—6000① 平台；在欧洲，类似的任务采用了基于 SPARC 架构的 LEON② 平台。为进一步提高设计的鲁棒性，与主用计算机系统软件相比，备用计算机软件应该是独立于主计算机的，避免采用相同的算法，最好是由独立承包商来供应。这在实际中比较难以实现。

要使用的数据总线数量与选型也是至关重要的。在某些情况下，只需一条独立总线，如 1553 总线或 CAN 总线，就能够满足卫星所有的需求。在另一些情况下，不同的目的需要不同的总线，例如，一条总线用于通用控制，另一条总线用于高数据吞吐仪器的传输、数据控制，还有一条总线用于高频度交互的姿态控制硬件的数据交换。

还必须决定如何考虑软件：是集中统一建立一个独立子系统，还是按照所需软件的部件分成多个部分。集中的独立系统可以减少不同软件模块之间进行信息交互所带来的问题，但是这种方式也将带来软件和与它有交互的硬件部件之间的接口问题。这种接口特别复杂，因为一个星载部件（包括使其运行的软件和硬件）需要因其功能性而被批准，且只有在验证该产品能够完全满足需求的情况下才会采购。当不同供应商来生产星载硬件和软件时，这一认证过程和故障情况下的责任分担尤其复杂。

该子系统的基本组成部件（计算机、时钟、内存和总线）是从专业设计人员提供给系统设计师的、已合格或即将获得合格的产品这一小范围中选择的。星载数据管理系统架构的选择受许多因素影响，包括从操作需求到验证需求，从计算机可用性到产品供应商已有经验等方面。然而，基础架构的种类是有限的，而且具有不同操作需求的空间任务的星载数据管理架构是高度相似的。哨兵-3 卫星复杂且昂贵的星载航电架构（详见后文图 11.9）和 SSTL—DMS 卫星（详见后文图 11.11）相对简单且价格低廉的星载航电架构就极为相似。

11.1.3 遥测与遥控数据通信子系统

遥测与遥控数据通信子系统用来完成星地之间的信息交换。

天线是发送和接收无线电信号必需的。这些天线的工作特性依赖于其

---

① NEDEAU J, KING D, LANZA D, et al. 32 bit radiation hardened computers for space [C]//Proceedings of Aerospace Conference. IEEE, 1998.

② GAILSER J. Leon-1 processor [C]//Proceedings of DASIA Conference, ESA SP-655, 2008.

波束宽度与工作频率。用于遥测遥控的天线应该是全向的,因此它们可以在卫星发生姿态故障而非标称工作姿态时,或者是卫星处于正常运行的情况下进行机动时,提供必要的遥测遥控服务。全向天线尺寸较小,提供的天线增益较低,仅可以支持不高数据速率的收发。为了实现高速数据传输,卫星还需要大口径高增益的星载天线。高增益天线足以用来提供高速数据传输,或者用于深空任务支持。电信号应当在特定的工作频率上被放大与调制。这是由专用于这两个功能的特定部件完成的。这些部件的工作特性取决于数据速率和工作频段。

上下行链路信号需要进行数字化处理:编解码、加解密。专用的数字化处理模块来实现这些功能。对于下行链路信息,这些模块接收来自卫星所有部件产生的数字信息,将数字信息汇集成一个单一的数据流,并根据特定标准对它们进行格式编排。在上行遥控指令发送方面,这些模块接收发送到卫星的遥控指令,将它们转换为合法有效指令列表,然后将这些指令发送到星载数据管理子系统执行。在各种情况下,上下行数据流的数字化处理通常具有三个目的:

(1)确保数据流在信息传输过程中不会受到可能的错误影响。这是差错检测和纠错码的领域。

(2)通过提供用来表明信息与卫星功能相关的标识,允许对信息进行合并与拆分。这是分包遥测码的领域。

(3)对信息进行加密,确保只有合法用户才能使用这些信息。这就是密码的角色。

上述各项功能均由专用的硬件设备来实现。

这些设计决策是由天地之间必要的联系频率所驱动的,是由空间任务所选择的自主水平决定的。

该子系统的设计决策很大程度受制于行业相关规范的约束。国际电信联盟(International Telecommunication Union,ITU)对所有频谱资源的使用进行了规定。因此,空间任务中天地之间上下行射频信息传输链路的实现也必须遵从 ITU 制定的无线电规则。这些规则分配了卫星用户所使用无线电频谱。空间科学任务所用频谱的一部分被分配给深空任务,这类任务是指在 200 万 km 以外对航天器的操作。为了避免干扰,ITU 还规范了在分配的频段范围内所允许的到达地球的最大功率密度,并对带外(无用的发射功率)抑制辐射做出了更为严格的规定。最终的结果是,这些规则限制了可能的设计范围。

在轨数据接收与发送所需的功率放大器的设计方案,直接取决于任务所选择的通信速率、选定的地面站以及卫星的天线增益。设计功率必须足够高，才可以为通信链路提供充足的设计余量，但又必须足够低，以满足ITU 对于功率的相关规定。

表 11.1 具体给出了科学与地球观测业务主用频段分配的例子。还有一些专用于气象卫星或通信卫星任务的频段。

表 11.1 科学与地球观测卫星通信频带分配[①]

主用频段分配			
频段	业务	方向	频率/GHz
S 频段	所有操作	上行	2.025～2.110
	深空操作	上行	2.110～2.120
	所有操作	下行	2.20～2.29
	深空操作	下行	2.29～2.3
X 频段	深空	上行	7.145～7.190
	空间科学	上行	7.190～7.235
	对地观测	下行	8.025～8.4
	深空	下行	8.4～8.45
	空间科学	下行	8.45～8.5
Ka 频段	对地观测	下行	25.5～27
	深空	下行	31.8～32.3
	深空	上行	34.2～34.7

编码方案也是空间数据系统咨询委员会（Consultative Community in Space Data Systems，CCSDS）[②]的相关标准规范的主题。前文所述相关业务中至少需要采用三类编码方案：用于改善接收效果的编码，用于为不同类型数据交错的编码，以及必要时用于信息加密的编码。

最重要的设计决策是：

（1）在这些允许范围内，上下行链路应该采用哪个工作频段？

（2）卫星的状态（星务）信息应该与载荷输出数据使用同一个工作频率，还是下行链路要采用完全不同的工作频率？

工作频段的选择与设计应该受限于现有卫星硬件条件和地面站对不同频段的适应能力。更高频段可以实现更高的数据传输速率，但是星载和地

---

① European Cooperation for Space Standardization. Radio frequency and modulation：ECSS-E-ST-50-05C Rev. 2[S]. ESA，2008.

② http://public. ccsds. org/default. aspx.

面硬件的可用性却更加受限。此外,更高的频段受水蒸气和雨的衰减影响也更强烈。在相同的增益条件下,更高的频段还会减小天线口径。这对于卫星的装载是一个优势。

卫星与地面之间的距离、星载仪器以及卫星平台状态监视所产生的信息量,决定了航天器采用一条还是两条链路。地球观测卫星会产生极大量的数据,通常情况下将会采用两条下行链路:一条全向链路用于卫星监视和控制的中等速率数据;另一条速度最优的链路用来传输仪器输出的数据。在空间科学任务中,卫星平台产生的遥测数据相对于仪器产生的数据而言是小量。此外,与这些卫星的通信经常发生在离地球非常远距离上。这促进了采用单一的、非常有力的数据链路混合传输卫星所产生的全部数据。然而,空间科学卫星也在逐步向将两类功能分开的方向发展,具体原因是:

(1) 对不断扩大的数据产品速率的日益复杂仪器的需求正朝这个方向发展。JWST 就是一个例子,在 7.2.1 节有所描述。

(2) 较低的数据吞吐率、更高的空间指向灵活性数据链路,对于像行星飞越这样的关键事件,可以提供更好的遥控和监视。罗塞塔的多条数据链路就是这方面的例子,将在 11.4.2 节描述。

此外,这种双链路方式要求在卫星研制中要采用两类不同的通信信道。为了避免这种情况,往往会采用让一个工作频率工作在两种速率的方案:低速用于卫星关键控制操作,高速用于卫星常规操作,也包含了仪器数据下行链路。

天线的装载是由其工作频率和增益决定的。用于卫星操作的天线应该具有宽波束覆盖特性;理想情况下应该采用两个天线的设计方案,每个天线提供半个球面空间的覆盖。宽波束、低增益的星载天线具有体积小、易于安装的特点。此外,高增益天线的体积较大,是卫星结构设计需要重点考虑的配套设备。罗塞塔卫星(详见 11.6 节)与尤利西斯卫星(详见 10.17 节)的结构设计就是这方面的典型。

11.2 包含在本域中的地面要素

本书旨在研究空间系统早期设计阶段。为了能够提供对整个空间工程任务成本、进度与风险等方面的可靠评估,卫星必须进行相当高详细程度的方案设计。然而,卫星操作与地面段的物理设施,如大型地面天线或任务控制设施,几乎不会是仅仅为某一项特定任务而专门设计使用的。地面控制设施几乎总是现有架构的基础上，只需要针对考虑中任务的特定需求进行适应性改造。此外，这些地面设施往往比空间单元更容易实现。卫星操作还是按照标准化进行任务准备的一个域，控制方法论是适用的。这就意味着地面段采用的是多任务架构，也包括能够将经验从一个任务转移到下一个任务的常规岗位人员。基于上述原因，在工程立项之前的设计阶段，必须针对地面段进行全面的功能设计，但不必进行物理实体设计。因此，本节仅限于讨论地面段功能设计决策，物理实现方面暂不涉及。不管怎样，地面段的功能设计越早确定越好。未考虑地面段的航天器设计是有缺陷的设计。能够尽早正确理解端到端信息传输流程，并对星地之间的功能进行正确分配，对一个合理的任务设计来说都是必要的。

11.2.1 操作地面站与数据中继卫星

地面站和数据中继卫星主要用来完成卫星与任务控制中心之间往来信息的中继。接收到的卫星数据在送到任务控制中心之前必须进行解调处理，来自任务控制中心需要发送到卫星的控制指令也必须经过调制处理。考虑到数据下行速率及在任务控制中心完成的、卫星状态专家分析的信息需求，本节所讨论的地面站和数据中继卫星是作为快速信息通道的，只经历最小的延迟或处理。

基本的设计决策是关于操作地面站的地理位置与数量，以及由此所导致的星地之间没有联系的时间长短。这一决策是由卫星的操作策略，以及和任务所允许的反应时间相关的响应能力需求决定的。

数据中继卫星可以提供更长时间、更高频度的通信联系。当中继卫星数量足够时，通信几乎可以是连续不间断的。这是一项十分强大的功能，可以显著增强空间任务的能力。此外，一颗数据中继卫星或一个数据中继卫星星座是一个极其昂贵的基础设施。NASA在拥有一个运行的数据中继卫星星座方面是独一无二的。而ESA则仅仅拥有一颗运行的数据中继卫星：同步轨道卫星Artemis[①]。

另一项重要的设计决策是任务操作的集中化程度。任务操作是高度集中化的。任务操作地面站具备发送指令的能力，因而可能会给卫星带来危险。这是一个重大的责任，因此通常只会设置一个任务控制中心。

数据中继卫星的可用性是极为有限的。它们的可用性，更有可能的是不可用性，往往会给设计师带来系统性的约束。由于控制卫星涉及的高度

---

① http://www.esa.int/artemislaunch/.

责任感,地面站数量及地理位置的选择往往也是很有限的。这些地面站应该从任务运行实体所属的地面站小集合中进行选择。实际任务中,在这方面几乎不会有设计决策,因为大部分要使用的地面站已经存在,它们的使用将是另一个设计约束。

11.2.2　任务操作控制中心

任务操作控制中心的职能是多方面的、复杂的。它们可以划分为三大类:①任务监视与控制;②卫星轨道与姿态确定;③维护任务准确运行状态所需的专门知识。任务监视与控制涵盖了空间任务操作所必需的全部活动:

(1)接收、处理与分析卫星发送的运行状态信息,用来进行状态监视。

(2)根据卫星的要求生成指令,包括正常与异常情况。

(3)任务计划,指需要发送至卫星上的全部遥控指令的生成。这是一个复杂的功能,需要与仪器数据处理中心进行密切配合,以根据用户请求获取数据。

(4)随着任务的发展,需要对星载软件维护与更新。对于所有任务而言,即使是那些十分成功的航天任务,也需要频繁进行软件修改以优化卫星当前的在轨飞行状态。这就需要生成并上传更新后的软件,并持续监视星载软件的运行状态。

(5)对地面通信网络和运行的地面站自身的监测和控制,包括控制地面站在合适的时机、按照要求的空间指向接收来自卫星的信息或者向卫星发送指令等。

任务操作需要具备重构和预测卫星轨道位置及姿态的能力。在 9.1.2 节已经对轨道确定与控制的方法进行了讨论。传统意义上,地面站负责完成"测距"工作,即测量接收到的卫星信号的频率变化情况。这些变化是卫星相对于地面站的速度函数,通过测量它们,可以得到卫星相对于地面站的速度。目前,这些功能已经可以在地面站完成,正在逐步过渡到星上定位。在地球低轨的卫星可以利用 GPS 接收机来自主确定其运行轨道。然而,专用的地基飞行动力学计算是必须要保留的,其目的是检查星上的自主性能、确定和控制特殊的、高风险的机动,如重大轨道变化。

为了完成任务控制功能、了解卫星的行为并避免可能对卫星有害的上行遥控或软件修改,任务控制中心必须维持一个包含了与卫星相关的关键信息数据库系统:

(1)卫星文档与仪器和卫星平台行为仿真的计算机模型。这将有助于监视卫星健康状况并模拟任何异常行为。

（2）与地面段设施有关的信息和计算机模型。

（3）地面与卫星之间交互的全部操作数据流的记录，包括星载软件的状态及其所有修改。

（4）为了确认卫星工作状态并确定卫星硬件长期运行可能的状态演化的星上监视参数记录。

（5）如果出现问题，可以联系卫星硬件专家。

对仪器所产生数据的准确处理需要掌握大量卫星参数知识，例如探测器的温度或者卫星的姿态。这些参数将会传送至仪器的数据处理地面单元，由其对任务数据产品进行修正和校准。任务控制中心包括实施这些功能的组件。

关于任务控制中心的基本设计决策直接关系到整个操作数据流的基本功能分配：

（1）特殊情况下需求补充地面站：例如，任务初始阶段，为了应对故障情况或者在特殊的高风险操作阶段。

（2）对所观测事件最合适的数据采集模式。

（3）卫星自主管理与地面干预。这一决策将允许决定任务控制中心提供的服务等级：连续长期服务、独占工作时间服务或者仅仅在异常处置时提供服务。

（4）集中式与分散式。正如上文所述，任务控制几乎总是是高度集中式的，根据需要调整使用现有设施几乎总是强制性的。

任务控制中心建设需要大量投资，通常是在任务设计过程开始之前实施。系统设计师必须能够依靠地面段地面和任务操控专家，以便了解现有任务控制中心的特征。任务控制中心通常是长期多任务操控基础设施，在维持核心模块的前提下，通过适当技术状态演进和调整，以适应新的任务需求。通过使用标准处理流程，如 ESA SCOS-2000[①]，促进这一渐进的调整过程。

11.3　任务阶段

卫星轨道与姿态控制模式和整星工作模式已在 9.5 节有关轨道与姿态设计域中进行了描述。本章涉及整个任务寿命期内卫星操作有关的内容，并讨论卫星飞行阶段的相关概念。一旦卫星发射升空，它就要经历一系列

---

　　① CHAMOUN J P, RISNER S, BEECH T, et al. Bridging ESA and NASA worlds: Lessons learned from the integration of hifly/SCOS-2000 in NASA GMSC［C］//Proceedings of the Aerospace Conference. IEEE, 2006.

不同的任务情况；必须要进行初始化、必须要正确配置、必须要正确地获取数据和按规范完成特定的维护操作，还需要实施离轨操作。在每一种任务情况中，卫星实现的功能、对卫星以及控制卫星的地面系统单元的要求都是不同的。这些周期中的每一个都构成了一个不同的任务阶段。

11.3.1　发射及早期运行段

在发射及早期运行段，卫星由运载火箭发射入轨，被地面段设备捕获，对其进行重新配置直至其首先采用了安全运行配置，并最终进入正常在轨运行配置。运载火箭释放卫星后，由卫星逐步完成自主启动工作。它必须通过获得正确姿态的方式，来展开太阳能电池阵列和其他需要展开的设备以完成重新配置，并且必须与地球联系以确认它已经准备好并等待着。这是一个关键时期，因为卫星释放总是伴随着一些残留的翻滚。在产生电能之前必须停止翻滚，获得正确的姿态，并展开太阳能阵列。所有这些功能必须尽可能快地利用来自卫星蓄电池的储存电能来完成。在早期飞行阶段，地面与卫星之间的密集交互是必要的。这也就解释了为什么要在卫星初始飞行阶段租用大量的地面站，通常这要持续数天时间。某些卫星的关键动作要在地面控制下完成，比如太阳能电池阵板的展开。在其他情况下，卫星会自主完成关键动作。卫星自主运行是有风险的，但是这种工作方式可以使卫星在非安全配置下运行的时间最小。在某些情况下，如受到特定载荷或平台约束时，需要在有限的时间内进行详尽而复杂的射前工作。例如从外部电源切换到卫星电池电力，如果在发射期间卫星已经加电，则会限制卫星电池的寿命。

11.3.2　卫星试运行阶段

在卫星进入初始运行轨道并建立正常工作状态后，卫星就会转入试运行阶段。在该阶段，需要对每个卫星部件进行研究与表征，以便确定其在轨实际性能。表征过程需打开各种仪器设备。星载软件会更新参数，以优化利用卫星及其仪器的当前性能。在该阶段获得的最优性能离不开大量卫星各部分系统及相关仪器的专家对卫星实际在轨性能的分析。根据卫星的复杂程度及实际在轨性能，这一阶段可能会持续数周或数月的时间。

11.3.3　正常运行阶段

正常运行阶段是卫星寿命周期中的主要阶段。在这一阶段，卫星全部功能正常，完全实现了预期目标。这一任务阶段的时间需要尽可能长，至少要达到规定的时长。

11.3.4 安全模式和其他休眠模式

当出现重大故障情况时,卫星需要转入特定的姿态与运行模式。为了处理这种情况,卫星将关闭仪器和尽可能多的电子部件,也会断开与部分信号的连接。卫星将保持一个特定的、易于维护的姿态飞行。在这种优先确保安全的情况下,允许不受时间约束的进行问题分析与解决。在行星际探索任务的长期飞行过程中,为了维持卫星的安全运行也会采用休眠模式。一旦问题得到解决,或者卫星抵达了目的行星,卫星就可以转回正常运行模式。安全模式下对卫星与地面的联系需求降到最低,卫星可以长期运行,理论上可以无限长时间。

11.3.5 正常轨道修正机动

该模式用于执行卫星变轨。它会采用一种特定的卫星运行姿态,关闭仪器。轨道机动执行完毕后,卫星即返回正常运行模式。该模式的运行时间应尽可能短。

11.3.6 退役与离轨处置

在卫星运行寿命末期,为了避免危险的轨道碎片持续增加,卫星会被调整至足够低的轨道,通过大气衰减在合理的时间范围内对卫星进行销毁。当这种方式不可行时,如对于同步静止轨道卫星,在其寿命末期会被控制到一条"坟墓轨道",在该轨道运行的卫星不会对其他卫星产生威胁。任何多余的燃料都要排出,以避免随后发生爆炸。引入允许离轨处置的附带条件是昂贵的,因为它要求在卫星寿命结束时具备复杂的机动性能,而此时卫星的可靠性处于最低水平。尽管如此,卫星退役处置正在逐步成为强制性要求,以减少太空碎片产生的在轨碰撞危险。这一阶段简短而复杂,因为卫星的部分功能很有可能在其寿命末期处于失效状态。

11.4 数据管理架构实例

11.4.1 Cluster 任务

1. 任务目标

Cluster[①] 任务的目标是研究地球磁层的小尺度结构。为了实现这一

---

① European Space Agency. ESA achievements：BR-250[R]. ESA,2005.

科学目标,Cluster 任务由 4 颗相同的卫星组成,以四面体构型飞行。这样可以确保实现对地球磁层小尺度结构的研究分析,因为 4 颗卫星的同步测量可以在空间和时间上实现对磁层球变化情况的分离。其最初的任务寿命为 5 年。Cluster 星座于 2000 年 7 月发射入轨,2009 年仍在轨运行。4 颗卫星构成的星座运行在大椭圆轨道上,近地点为 19 000km,远地点为 119 000km,轨道周期为 57h,轨道倾角为 90°。这些卫星之间的间隔距离根据轨道条件的不同在 40～20 000km 的范围内变化。Cluster 的轨道基本上固定在惯性空间中,因此在一年的运行时间里,远地点从尾部区域移动到磁层的太阳风区域,从而使磁层的所有区域都能被探测到,如图 11.2 所示。

该任务已经获得资助,持续运行至 2012 年。

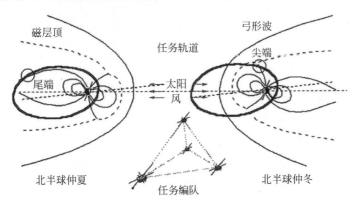

图 11.2 Cluster 任务轨道。用于测试不同季节条件下地球磁层[①]

2. 构型

Cluster 星座的 4 颗卫星重量均为 1 200kg,稳定自旋速率为 15r/min,携带有 12 件"原位"仪器用于探测带电粒子与电磁场。每颗 Cluster 卫星的载荷总重量为 72kg。其中最为精密的设备安装在一根可展开的长杆上,以避免卫星电子设备产生的电磁噪声[②]。为了适应自旋稳定的理念,卫星采用了圆柱体构型,太阳能电池阵安装在圆柱体的外侧。该航天器的圆柱体设计是由安装在其上的太阳能电池阵方式塑造的,这也使得安装在卫星上部主设备平台边缘的实验仪器的工作视场得到了有效优化。卫星的本体高度已降至最低,以实现运载火箭提供的整流罩体积的最佳利用。其构型如

① DOW J,MATUSSI S,DOW R M,et al. The implementation of the Cluster Ⅱ Constellation [J]. Acta Astronuatica,2004,54(9):657-669.

② MECKE G. The Cluster spacecraft,a unique production line[J]. ESA Bulletin. ESA,1996.

图 11.3 所示。

图 11.3　Cluster 星座卫星构型[1]

3. 操作概念与任务阶段

卫星采用了一套独立的 S 频段部件用于上下行无线链路，下行链路用于承载卫星状态"星务"信息和仪器输出数据。Cluster 任务操作中心位于德国达姆斯塔特的欧洲空间操作中心（European Space Operations Center，ESOC）及其位于西班牙马德里附近维兰弗兰卡的一套 15m 口径的 S 频段地面天线地面站，以及位于英国迪德科特镇卢瑟福·阿普尔顿实验室（Rutherford Appleton Laboratory，RAL）的联合科学操作中心（joint science operations center，JSOC）。JSOC 主要负责生成任务观测策略并将规划结果提交至位于达姆斯塔特的任务操作中心。此外，位于澳大利亚西部新诺舍地区的一套 35m 口径的地面天线还可用于关键弧段。

任务初始阶段持续了大约 3 周，4 颗卫星通过轨道机动调整至最终的任务轨道，即大倾角、大椭圆轨道。最终卫星的构型是通过展开两个携带实验传感器的刚性长杆和 4 个用于电场测量的 50m 金属线悬臂来实现的。试运行阶段通常持续 10 周时间，用于确切地表征卫星及其载荷。正常的科学任务操作阶段开始于试运行阶段结束时刻，并一直持续至今。

正常运行阶段的观测策略是由对观测策略的季节性变化需求驱动的。卫星轨道在惯性空间及地球磁层是固定的，其轨道特性由太阳方向决定，太阳绕着任务轨道平面每年转一圈。这意味着在一年时间里，卫星将运行通

---

① European Space Agency. ESA achievements：BR-250[R]. ESA,1996.

过地球磁层的不同区域,因而需要不同的观测策略。这就需要对仪器的观测策略以及数据产生量进行季节性调整。作为这些季节性调整观测策略的一部分,为了更好地研究地球磁层,4颗卫星之间的相对距离每6个月调整一次,即在常规轨道维持机动的同时执行一系列轨道修正操作。

一个主用地面站与卫星大椭圆长周期(57h)轨道的结合构成了一种地面站控制模式,即在一天时间里4颗卫星共享可以获得累积长达约28h的弧段。Cluster卫星可以根据不同工作场景生成不同速率的数据。当位于地面站测控弧段内时,下行遥测数据速率实时可以达到22kb/s,但也支持一种更快的"突发模式",即以131kb/s速率快速下传先前记录的回放数据。宽带数据实验在每圈轨道的短时间内进行,实时生成信息,以高达220kb/s的速度下传。平均每颗卫星每天生成0.8GB的数据。

任务规划活动贯穿于任务的不同层次,每个层次有不同的时间范围。第一个层次是长期规划,以6个月为周期。第二个层次是短期运行规划,以1周为周期。两个规划阶段都是由位于RAL的联合科学操作中心和位于ESOC的任务操作中心协作完成的。这种协作将确保科学观测计划能够与卫星平台资源约束与轨道约束相匹配。

值得一提的是,经过9年的在轨寿命后,卫星的电池性能严重退化。在日食期间,卫星的部分设备要被关闭,在日食结束后重新启动。这对于Cluster星座而言是可行的,因为卫星采用的稳定自旋方式,其运行姿态本质上是稳定的。

4. 星载子系统

电源子系统主要包括一套覆盖在卫星圆柱体外表面的固定硅单元太阳能电池阵,五块银—镉电池可在地影区为卫星提供80A·h的电力、必要的功率控制和配电电气设备。

卫星星载数据管理(on-board data handling,OBDH)子系统如图11.4所示,主要包括:

(1)中央数据管理单元(central data management unit,CDMU),包含:一台中央计算机(center computer,CTU),一个时间参考超高稳定度的振荡器(ultra stable osciuator,USO),以及指令解码单元。CDMU扮演了卫星神经中枢的角色,直接控制固态存储器(solid-state recorder,SSR)、数据总线(OBDH总线)和通信子系统。

(2)远置单元(remote terminal unit,RTU),用于控制所有的在轨实验、电源子系统、热控以及卫星姿轨控子系统。

(3)固态存储器,用于存储卫星不在地面站视野内时所生成的在轨数据。该单元由CTU控制,其可以存储最大达5GB的数据。

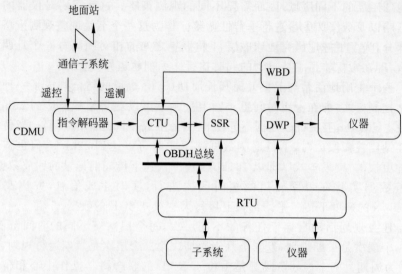

图 11.4 Cluster 卫星的星载电气设备[1]

OBDH 接收来自通信子系统通过上行链路以 2kb/s 速率收到的控制命令，进行解码并将其分发给相关执行单元；获取来自载荷与平台其他子系统单元的遥测数据，并进行编码。遥测数据将分发给通信子系统实时传输至地面，或分发给固态存储器用于后续发送至地面。为了在有限的地面站可见期内减小下行链路的持续时间，给宽带数据（wide band data，WBD）实验提供了专用的高速数据接口。一套专用的数字波形处理器（digital wave processor，DWP）可以支持实时 WBD 实验和其他相关仪器。

S 频段通信子系统包括 3 付低增益天线，1 套备份应答机，1 个 10W 射频放大器，1 个分发单元，以及相关线缆。卫星的顶部及底部的安装杆上各安装了 1 付可提供半球面覆盖的低增益天线，确保了上下行链路的全空域覆盖。安装在卫星下部侧面的第 3 付天线在轨运用一直到底部天线杆在轨展开后为止。

11.4.2 罗塞塔

1. 任务目标

罗塞塔[2]（Rosetta）是一个深空科学任务，其任务使命是探索彗星的起

---

① MECKE G. The Cluster spacecraft, a unique production line[J]. ESA Bulletin. ESA, 1996.

② 源自 ESA 公告和宣传册上对罗塞塔的介绍。

源、彗星与行星际物质之间的关系以及它们的存在与太阳系起源的关联性。如图 11.5 所示,罗塞塔包含一个在轨飞行器以及一个名为菲莱(Philae)的小型子卫星着陆器。如果一切按计划进行,罗塞塔于 2014 年与彗星 67P Churyumov Gerasimenko 实现交会(译者注:罗塞塔于 2014 年 8 月 6 日成功进入彗星 67P 运行轨道;2014 年 11 月 12 日,菲莱着陆器成功着陆在彗星表面。)[①]。罗塞塔将绕彗星运行并对其进行观测,而着陆器菲莱则会由罗塞塔释放并在彗星表面着陆。为了实现与目标彗星的交会,罗塞塔必须飞行在十分复杂的轨道上,包括 1 次火星和 3 次地球的飞越加速操作以获取足够的速度。在罗塞塔飞往目标彗星的旅途中,它还将拜访 2 颗分别名为鲁特西亚(Lutetia)与斯坦斯(Steins)的小行星。该任务计划持续10 年。

图 11.5　罗塞塔卫星与子卫星菲莱正在飞往目标彗星的旅途中[②]

2. 构型

如图 11.6 所示,该卫星是一个惯性稳定的立方体结构,着陆器菲莱安装在卫星的一个侧面。卫星构型的主要特征是用于与地面站建立联系的大型高增益抛物面天线和接收来自遥远太阳能量所需的非常大的太阳能电池阵。卫星质量为 3 000kg,包括 1 600kg 燃料,着陆器菲莱重 100kg。卫星还有一套指向机构,用于控制太阳能电池阵指向太阳和控制抛物面天线指向地球。

罗塞塔的仪器包括 4 台遥感仪器:1 台用于提供全景图像和详细的彩色图像,另外 3 台是光谱仪。另有 3 台仪器用于完成原位化学成分分析,4台仪器用于完成卫星周围空间的尘埃和电磁环境研究。着陆器搭载了 10个实验项目,可提供有关彗星的图片和原位数据。

①　FERRI P. Mission operations for the new Rosetta[J]. Acta Astron Actica,2006,58(2):105-111.

②　European Space Agency. ESA achievements:BR-250. ESA,2005.

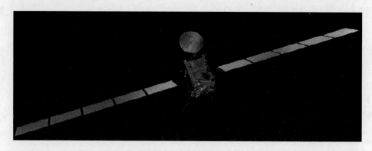

图 11.6　由长太阳能电池阵和大型抛物面天线支配的罗塞塔卫星构型①

3. 操作概念与任务阶段

罗塞塔的任务操作中心位于德国达姆斯塔特,配套有一座位于澳大利亚新诺舍的 35m 口径大天线的主用地面站。应急情况下可以使用美国深空网的天线,最大天线口径可达 70m。新诺舍站每天可以提供最多达 12h 的覆盖,但任务通常只使用大约 9h。新诺舍站是欧洲深空网的 3 个深空站之一。第 2 座深空站位于西班牙塞夫雷罗斯,第 3 座深空站是 2009 年仍在建设中的阿根廷马拉圭站。还有一个着陆器控制中心和一个科学任务操作中心为科学研究者提供支持。由于罗塞塔轨道的复杂性,其操作也是复杂的:

(1)为了抵达其中途和最终目的地,卫星的预期寿命非常长。

(2)到达最终目标的距离非常遥远,迫使卫星在很长时期内处于休眠模式。

(3)休眠模式将被特定的高活动性事件触发打断,比如在卫星的旅途中的轨道机动、行星飞越、中途与 2 颗需要观测与研究的小行星相遇等。

(4)该任务的后期阶段,包括着陆器菲莱的释放及罗塞塔围绕彗星飞行,均需要高级别的活动。

卫星与太阳、地球之间相对距离的巨大的变化也使任务更加复杂:

(1)卫星与太阳之间距离的变化改变了卫星的热环境和供电环境。这就要求调整能源管理策略,以应对变化的电能生产与散热曲线。

(2)卫星与地球之间距离的变化要求采用不同种类的通信链路,配置低、中、高增益天线,每一类链路专门为特定的距离及任务目标提供支持。

(3)如图 11.7 所示,卫星与地球之间的遥远距离——最远可达 6AU(地日平均距离)——导致卫星状态监视、卫星控制与指令执行之间超长的

---

① European Space Agency. ESA achievements:BR-250[R]. ESA,2005.

等待时间。**数据从卫星到地面传输需要长达 50min。**

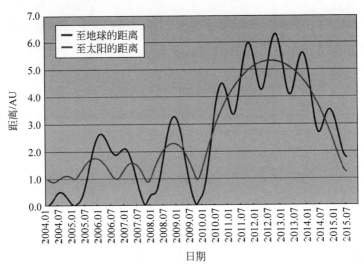

图 11.7 罗塞塔卫星与太阳、地球之间距离的变化情况[①]（见文前彩图）

　　罗塞塔的操作控制同时有交互方式与自主方式。采用交互方式是因为需要地面介入应对卫星寿命期内的复杂场景，自主方式则是考虑到控制指令发送与执行之间的漫长的等待时间长及长期飞行时的休眠模式，卫星必须有自己的重大决策处置能力。罗塞塔于 2004 年 3 月发射，第一阶段按计划顺利实施。航天器及其载荷和地面设施在紧张的试运行阶段就已成功正式服役，所以在飞行的前 6 个月里被划分为两个部分。卫星于 2004 年 10 月中旬转入常规巡航阶段。已经完成火星及地球飞越轨道机动与观测。在两次飞越之间，卫星转入休眠模式。在休眠期间，卫星面向太阳每分钟自旋一周，这样可以确保太阳能电池板尽可能多的接收太阳光照射。期间，几乎所有的电气设备都关机停止运行，仅保留无线电接收机、指令译码器以及供电系统正常开机工作。休眠是必要的，因为卫星在日心轨道上（远达 5.3 AU）距离太阳非常远。尽管卫星拥有很大规模的太阳能电池阵（$64m^2$，两端间距为 32m），但在这么远的距离上能产生的电能无法满足卫星正常工作的需要。因此，在 2011 年初期强制该卫星转入休眠模式，大部分设备将处于停止运行状态。这些设备被一个计时器在 2014 年 1 月唤醒继续正常工作，而此时卫星与太阳之间的距离将会小于 4.6AU。在余下的巡航时

---

① FERRI P. Mission operations for the new Rosetta[J]Acta Astronautica，2006，58(2)：105-111.

段，卫星不是处于休眠模式，而是转入一种低活跃状态模式，与地面保持每周一次的联系。

当罗塞塔抵达最终目标时，它将小心地环绕具有弱引力效应的彗星飞行，保持 km 量级的轨道高度，保持其仪器指向该彗星，任务周期持续 22 个月。100kg 的菲莱着陆器将从罗塞塔卫星上弹出，并被导航软着陆到彗星表面，只要其还在运行，就会将收集到的信息传递给地球。菲莱着陆器在高度大约距离彗星表面 1km 被释放，整个下降过程将持续 30min。菲莱着陆器是完全自主运行的，计划在彗星表面存活至少 1 周时间。

4. 星载子系统

罗塞塔[①]拥有一个电源子系统、一个远程通信子系统、姿态与轨道控制子系统以及数据管理子系统。一个线缆子系统将各个独立单元与电源子系统以及数据管理单元连接在一起。太阳能电池阵面积为 $70m^2$，两端之间测量的长度为 34m。专用的低密度低温太阳电池单元辅以锂离子电池将为整星提供电力供给。

电源子系统通过一条标准 28V 电压母线来完成电力的调节与分配。4 个 MA31750 处理器中的任意两个均能够作为卫星的大脑提供全部功能，包括姿态控制、航电控制以及卫星和仪器的数据管理。数据被存储在一个 25GB 的固态大容量存储器中。一台导航相机提供光学目标检测，并能够在飞临小行星附近时启用一种特殊模式来控制卫星某一个轴。抵达小天体附近时，如 2008 年飞临小行星斯坦斯附近时，导航相机拍摄图片并在地面进行处理后用于改进轨道确定。通信子系统组成也比较复杂[②]。卫星与地球之间的距离将达到 930 000 000km。如图 11.8 所示，为了应对这种工作场景，将启用一条有 2.2m 大口径抛物面天线的高增益 X 频段链路，发射功率达到 28W。这条链路在不同的距离条件下可以提供 5～65kb/s 的数据传输。在与彗星的关键交会期间，地面与彗星的距离约为 5AU，数据速率将达到 5kb/s。上行链路遥控速率变化范围为 0.008～2kb/s，具体取决于变化的距离。菲莱着陆器拥有一套 700Wh 的非充电电池，能够提供最长 60h 的工作使用时长。菲莱着陆器还有一套 68Wh 的可充电电池，通过硅太阳能电池单元提供的最大输出功率为 10W。菲莱着陆器以 16kb/s 速率

---

① KOLBE D，BEST R. The Rosetta misssion［J］. Acta Astronautica，Vol 41 Nos 4-10. Elsevier，1997.

② WARHAUT M，FERRI P，MONTANON E. Rosetta ground segment and mission operations［J］. Space Science Reviews，2007，128(1/4)：189-204.

将信息发送至罗塞塔。除了有高增益抛物面天线外,罗塞塔还有另外 2 套天线元:

(1) 2 副中增益天线;X 频段波束宽度 9°、S 频段波束宽度 30°;用于中等距离操作。

(2) 1 对全向 S 频段天线用于地球附近的操作。

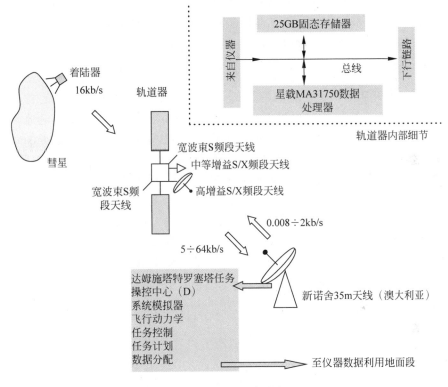

图 11.8 罗塞塔卫星数据流

11.4.3 哨兵-3

哨兵-3 任务目标与构型已经在 8.4.3 节中予以介绍。

1. 操作概念与任务阶段

哨兵-3 任务操作比较简单。一旦卫星被发射入轨,完成分离、重构、姿态捕获后,任务试运行阶段即将开始。当卫星完成全部表征与在轨验证后,哨兵-3 的常规运行阶段就开始了。如上文所述,该常规阶段将持续至少 7 年,可延长至 12 年。12 年后,为了避免其成为危险的轨道碎片,卫星将进行离轨控制。在正常运行期间,所有仪器设备均持续运行,但是在夜间可见光通道无法工作,雷达高度计的运行模式在不同观测条件下也有不同,比如开阔海洋、海岸地区、海冰、内陆湖泊等。卫星具备自行定轨能力,并携带有一套全球电子地图模型,可根据所观测地表的不同条件,自主完成不同观测模式的切换。该卫星还可以自主地准备其到载荷地面站的下行链路或者与位于瑞典基律那的操作地面站双向通信。在正常运行期间,卫星可以保持最长达 2 周时间独立运行而不与地面联系,然而卫星"星务"信息会在每一轨下传至载荷地面站,并立即被发送到位于达姆斯塔特的任务控制中心进行分析。

2. 星载子系统

电源子系统包括一副可展开的面积达 $10m^2$ 的砷化镓太阳能电池阵列、用来定向太阳能电池阵列的驱动机构(solar array drive mechanism, SADM)、一块锂电池,以及电源控制与分配单元,用来控制太阳能电池阵、电池充电并实现对卫星平台及仪器的功率分配。卫星的功耗为 1 100W。

如图 11.9 所示,哨兵-3 卫星拥有一套卫星管理单元(satellite management unit,SMU),其中包含一台中央计算机充当卫星的神经中枢,控制着指令处理所需的所有部件,包括上行指令的解码与验证和下行卫星"星务"数据的编码,还包括一个数据存储器。SMU 通过 2 条 MIL-1553 总线控制卫星。一套附加的"太空电话线"(Spacewire)高速数据传输总线连接 SMU 与载荷数据管理单元(payload data handling unit,PDHU)。该总线用于提供 SMU 对仪器状态的监视与控制所必需的数据交互。SMU 还有与姿轨控子系统部件的点对点离散连接。

哨兵-3 卫星远程通信部件包括一个完全冗余的低速率 S 频段上行和下行通信子系统,以及一个用于下传卫星载荷输出数据的 450Mb/s 高速 X 频段子系统,这也是卫星载荷数据流的一部分。S 频段子系统具有 2 副半球覆盖低增益天线,用于提供卫星在任意姿态下与地面的通信。

11.4.4　SSTL-DMC

1. 任务目标

萨里卫星公司[①]的多用途地球观测卫星构成的灾害管理星座,自 2010

---

① SSTL. Overview of SSTL small platforms for ESA surrey satellite technology: GG-009296-1.01[R]. SSTL,2007.

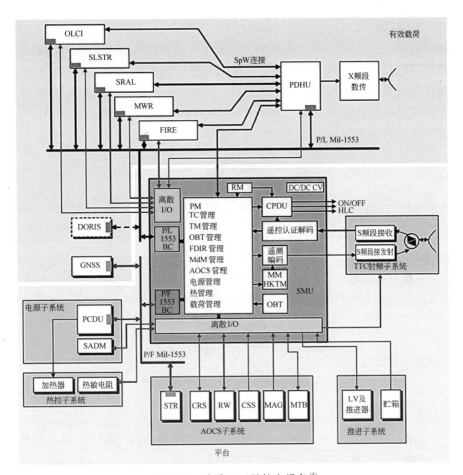

图 11.9　哨兵-3 卫星航电设备[1]

年初开始组网,包括 6 颗 SSTL 制造的卫星(详见 7.4 节)。该星座中的每颗卫星均具有独立的成像能力,也支持在有限时间内让所有卫星根据星座协议共同对同一目标进行成像。所有成员机构均签署了一项不具法律约束力的协议,来为其他的卫星成员机构提供 5% 的卫星成像能力。这种安排提供了一种协同运行方式。所有的卫星联合工作,共同提供快速反应与观测能力,这对灾害监测及其他瞬时变化事件特别有价值。SSTL 的 DMC 国际成像有限公司担任核心市场代理,协调联盟中不同成员机构对于星座的使用分配。所有的卫星均运行在轨道高度为 640km 的太阳同步轨道上。

---

① BAILLION Y. Sentinal-3 definition phase final report[R]. Thales Alenia Space,2007.

2. 构型

如图 11.10 所示，每颗 SSTL—DMC 卫星均为三轴稳定的立方体卫星，每条边长大约为 0.7m。每颗卫星的质量约为 90kg，平均功耗为 50W。星座中的所有卫星可以提供三个谱段、空间分辨率为 32m 的对地成像，其中几颗卫星还额外携带有一台空间分辨率可达 4m 的全色摄像机。32m 分辨率通道的幅宽为 640km。

图 11.10　DMC 卫星构型①

3. 操作概念与任务阶段

每颗卫星既可以独立运行，也可以作为星座整体的一部分。独立运行时，每颗卫星的所属机构拥有自己的地面站和任务控制中心，完成与该卫星之间的交互。地面站为 S 频段 3.7m 口径天线，用于卫星遥测遥控以及接收下行载荷数据。由于拥有完全相同的通信接口，系统内的任意一个地面站均能实现对任意卫星的接入，但在实际中这种工作模式仅仅会在应急情况或者用于实验目的时启用。尽管如此，所有卫星都可以通过交换任务计划来共同行动，允许中央 DMC 中心根据另一颗卫星所有者的要求，请求一颗卫星拍摄的图像。最终，每个独立机构将生成并向自己的卫星上行发送工作计划。也就是说，不同卫星相互协作，但是其上行指令由每颗卫星的所有者单独处理。

协同工作时，这些卫星能够在平均 1 天的延迟下实现对于全球任意地区的观测。这些卫星可以在 24h 内进行重新规划（资源可用的情况下），从

---

① 图片来自 SSTL。

成像到下传至地面的时间在 10min 至 24h 内不等,这取决于观测目标和地面站的位置。从数据接收至产品发布所需的时间从 4h(未做几何校正)至 48h(利用地面控制点进行几何校正以获得亚像素精度)不等。所有地面站以 1Mb/s 的速率由互联网连接。

4. 星载子系统

如图 11.11 所示,电源子系统包括 4 块覆盖在星体表面的砷化镓太阳能电池阵列,通过一个非标准的总线提供电能。

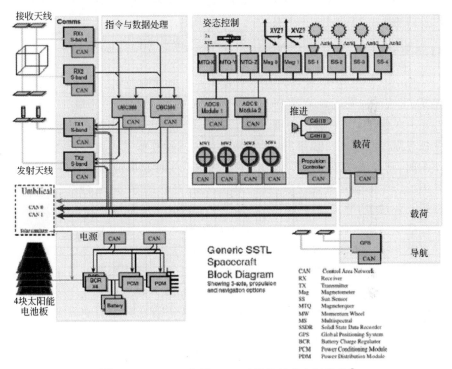

图 11.11　SSTL 公司 DMC 卫星的星载电气设备[①]

除了重量与成本上的差异,DMC 卫星的电子系统结构与哨兵-3 卫星几乎是完全一致的。在 DMC 上,2 台基于 Intel 80386 OBC386 的计算机用于卫星管理工作,一台作为主用计算机,另一台则是在主用计算机故障时提供冗余备份支持。计算机使用主备两条 CAN 总线来控制卫星,当有高速

---

① CUTTER M A,HODGSON D,DAVIES P E,et al. Utilisation of DMC experience and the potential usage of DMC services to provide additional support to European Global Monitoring System[C]//Proceedings of the 21th Annual AIAA/USU Conference on Small Satellites,2007.

数传需求时,该总线可以提供最高 388kb/s 速率的点到点通信支持。一台 GPS 接收机用于提供自主导航和时间参考。卫星上有两条冗余备份的通信链路:一条低速率 S 频段链路用于上下行指令和控制,一条 8Mb/s 高速率 S 频段数传链路用于载荷输出数据。上行链路速率为 9.6kb/s。

11.5 功能分配

本节将分析卫星操作数据流程中"需要做什么?"和"谁做什么?"类型的设计决策。

11.5.1 计划式与交互式操作

如 7.1 节所述,系统设计过程直接来源于所观测现象的任务操作需求。相反,可观测对象的性质决定了任务操作应该是交互式的还是计划式的。8.4.5 节严格地从观测的角度分析了计划式和交互式操作的内涵。如果观测任务需求是高度可预测的,则倾向于计划式操作模式;如果是高度不可预测的,则需要交互式操作模式。除了完成既定的获取信息任务目标之外,其他工作也必须很好地完成,包括卫星发射、在轨配置、试运行以及离轨处置等。在过去,所有这些飞控活动都是交互式的。然而其中有一部分,例如太阳能电池阵的展开和获取正确的卫星姿态,均可以由卫星自主完成。卫星还需要完成诸如校准或轨道修正等常规控制活动,这些是要中断观测任务的。如果这些操作较为频繁,则需要促使任务设计选择星上自主运行与计划式操作来实施这些活动;如果这些操作是非常规的且依赖于不可预测的因素,则需要采取交互式操作。下面将深入分析计划式与交互式操作在上述四个任务中的作用。

哨兵-3 卫星将提供关于地球整个表面定期和持续的信息,包括公海、海岸地区、海洋和陆地的冰川、内陆水域和旱地。每类表面均需要在不同的操作模式下工作。在海洋上空,星载雷达高度计将运行在较低分辨率模式,而在海岸地区以及内陆水域上空,该仪器将运行在较高分辨率沿迹方向的"合成孔径"模式。就哨兵-3 卫星的光学观测仪器而言,在夜间或者太阳已经低于观测水平线的条件下,那些强烈依赖于光照条件的观测图像将会减少,而对于并不依赖光照的红外热成像图像仍将继续收集。在决定所采取的观测模式时,还必须考虑太阳与地球表面之间空间几何关系变化,以及冰川的出现与消融。虽然仪器设备模式的切换是复杂的,但这些操作可以作为轨道位置、一年的时间和地球的地理位置飞有关的函数关系式进行编程;

也就是说,从一种操作模式切换至另一种操作模式取决于预先嵌入到星载计算机内的数据。因此,操作模式可以采用自主式和计划式。

Cluster 任务对地球磁层的区域进行系统性分析,包括弓形激波、磁层顶和极角,根据卫星星座轨道、太阳和地球之间的相对位置年度周期性等,如图 11.2 所示。每个磁层区域具有独特的特性,需要观测仪器设备采用不同的模式进行观测。然而,各个磁层区域之间的界面分割并不如哨兵-3 卫星那样边界明确固定。太阳与磁层之间的相互作用并不是能被完全预测的,因此要求该任务能够根据不同边界的准确位置变化对操作方案进行调整。星座内的 4 颗卫星之间相对距离的保持必须不定期进行调整以增强对观测现象精细结构的分析。为了应对特殊事件,例如太阳活动的突然变化,必须对整个运行模式进行调整,类似于经历像 2000 年 11 月发生的强太阳风暴的情形那样①。另一个需要做出调整的重要因素是由于在执行任务过程中获得了关于磁层的知识,修改运行计划的目的是对正在调查的现象进行重新分析。也就是说,与哨兵-3 任务情况相似,Cluster 任务的观测取决于卫星的运行轨道和季节的变换。但是与哨兵-3 任务不同的是,Cluster 任务的整体运行模式需要定期调整。这需要更高层次的人员互动和对地面部分常规总体规划的修改。这也就解释了任务规划的双回路:在 11.4.1 节所述的周计划与 6 个月周期。

SSTL-DMC 任务,如其字面意思,是一个被设计用来处理局部性和不可预测灾害事件的星座系统。这就要求其频繁调整卫星的图像获取计划以适应用户不断变化的需求。然而,该任务总是会定义一套"事先的"获取计划,对大面积区域进行成像时可以采用计划式模式。计划式操作往往会在没有紧急或特殊需求的情况下使用。这让 DMC 任务成为一个具有部分计划式操作元素的交互式任务。通常,每套地面设施将会为其所属卫星建立获取计划。在快速响应至关重要的情况下,图像获取请求将发送给中央SSTL 控制中心,该中心接收、合并并向第一颗抵达该特定观测区域的卫星发送相关计划。图像获取请求也划分为不同的优先等级,因为某些图像获取任务比其他任务更紧急。这些因素结合该项目拥有大量的地面站(每颗卫星一个站),使其可以进行非常快速的任务响应。尽管如此,上行控制指令始终掌握在每颗卫星所属机构手里,这些机构可以随时拒绝合作,因为该联盟内部各成员之间的协议并不具有法律约束力。DMC 卫星的运行具有很强的交互特性,其工作需要创建和更新不断变化的运行计划。所有这些

① ESCOUBET C P. Cluster 1 year in space[R]. ESA Bulletin,2001.

活动均在地面完成。这种高水平的地面活动允许设计一种相对简单的卫星，具有基本的计算能力和最小的星载自主性。这就是一个复杂的、交互式的、非自主运行的实例。

罗塞塔的轨道计算精度很高，其与彗星交会的准确时刻、将在飞行路径上遇到的行星和小行星都是事先知道的。然而，罗塞塔必须对它在不同的会合地点遇到的情况做出反应。罗塞塔面对着一个持续变化的环境，必须适应旅途中遇到的情况。此外，信息从卫星到地面需要的延长传输时间，也要求卫星能够自主决策。这是一个同时具有环境复杂、交互式的和自主的任务实例。

11.5.2 自主运行与地面干预

11.5.1 节讨论了计划式与交互式操作。有人解释说，在计划式和交互式的操作之间没有权衡，观测任务的性质已经决定了所选择的操作模式。在这一节中，我们将探讨处理可预测或不可预测的操作变化的"情报"应该在哪里，在多大程度上应该在自主的卫星或地面上，需要地面提供决策支持，或进行频繁的天地联系。设计师关于自主运行与地面干预策略的考虑往往受到以下 2 个冲突因素的影响：

（1）为了提高任务鲁棒性，需要允许地面人工干预来纠正异常、应对意外事件。

（2）为了降低地面运行成本和培育任务的灵活性，需要提高卫星自主运行能力。

独立于测试阶段所关注的内容，所有任务必须面对各种各样的在轨运行问题。这些问题通常在任务初期被发现，可以通过在轨软件的更新和扩展来解决。这些软件问题通常与数据管理或者姿态控制相关。为了应对这些问题，任何空间任务的试运行阶段都包括了高度的地面干预。不管怎样，即使是正常在轨运行的空间任务也可能继续遭遇非正常情况，这些都将导致地面人工干预。

最危险的情况是对日定向姿态的丢失，这将导致电力耗尽，随后中断与地面之间的联系。卫星具有很强的恢复能力，地面干预能够恢复一颗理论上已经失去工作能力的卫星，正如 1991 年发生的那样[1]，当时 Olympus 卫星已经在非运行状态下保持 77 天，其中包括 3 周时间的完全休眠。卫星，包括其特别敏感的燃料和电池，都经受住了超过其设计规格的温度范围。

---

[1] European Space Agency. ESA achievements：BR 250[R]. ESA，2005.

然而卫星还是从异常状态下恢复了过来,并投入正常运行。这清楚地表明,不管卫星自主能力如何,它在任务的各个阶段都应该允许最大程度上的地面介入,以便于妥善处理突发事件。为了降低地面操作成本所增加的压力,计算机能力水平的不断提高,促进了卫星自主能力的生成。通过提供允许卫星自主和智能决策的功能,不断提高的任务性能与灵活性,支持了这一发展趋势。

对于远离地球、在不断变化的环境中运行的卫星而言,自主运行成了必须的需求,正如前文提到的罗塞塔任务那样。这两个冲突但合理的影响因素在不同方向上发挥作用。卫星操作专家倾向于将卫星处于低等级的自主运行模式,并指出很多例子说明迅速地人工干预对任务成败的影响。此外,随着地面操作成本的增加和星载数据管理设备水平的不断提高,鼓励卫星增加运行自主性也成了趋势。许多消息来源称赞自主卫星控制作为一种降低成本方法的优点,认为自主运行最大的敌人是传统思维。他们的观点是正确的,但传统主义者的观点也有道理。人工干预拯救一个任务所带来的效益可以补偿自主应用节省下来的大量成本。太阳与日光层观测卫星(solar and heliospheric ocsevatory,SOHO)已近乎失效,就是因为该任务试图用一个软件补丁来减少地面支持。然而,强调降低成本和提高星载数据系统性能的需要,有一种明显朝向更高的自主性发展的趋势。在轨自主生成、图像获取、轨道修正或者程序校准实施都在增加。已经有一些目的是培育星载自主化信心的任务在实施:在欧洲有星上自主项目卫星(project for on-board autonorny,PROBA);在美国有数个"新千年"计划,包括深空一号[①]任务和在地球观测卫星 EO-1[②] 上的自主科学实验。EO-1 能够自主探测并对特定事件进行响应,如火山活动、洪水、水结冰或融化等。

在哨兵-3 卫星任务中,常规的仪器操作所需的全部功能都在卫星上实现。为了实现这些功能,卫星安装了相关软硬件设备,使其能够独立地确定其在地球之上的位置以及太阳的位置。哨兵-3 任务规格要求该卫星具备至少 14 天自主运行的能力。这种自主化水平允许使用单一地面站不频繁地与卫星进行业务联系。然而,星务遥测、卫星状态监视等信息也作为仪器输出数据流的一部分,每轨下传至地面 1 次。这就对出现异常情况时任务操作的快速反应时间有一定要求,以确保在第一个可能的机会建立联系。

---

① PELL B,SAWYER S R,MUSCETTOLA N,et al. Mission operations with an autonomous agent[C]//Proceedings of Aerospace Coference. IEEE,1998.

② SHERWOOD R,CHIEN S,TRAN D,et al. ST6 the autonomous science experiment[C]// Proceedings of IEEE Conference on Aerospace. IEEE,2005.

这种方法的运维成本较低，对于像哨兵-3这样的任务而言尤为重要，它规定了一个长达15年的超长运行寿命。与这类简化操作相关的累积成本的降低是显著的。

Cluster的轨道可以提供与地面长时间连续的联系。不过，这些与单一地面站联系的时间必须由组成Cluster系统的4颗卫星共享。此外，卫星和地面站之间的指向偏差会导致在一天中的某些时段不能进行联系。这两个因素要求卫星需具有中等水平的自主能力，确保在无法与地面联系的间隙能够自主运行。起初，Cluster星座有2个地面站提供服务，但是任务最终变为只有1个地面站提供运行支持[①]。2个地面站可以确保对卫星进行持续不间断的监视，但是单个地面站显著节省了操作成本。随着星载数据处理与存储能力的提高，加上低成本操作的压力，也推动了这一变化。

DMC操作具有很强的交互性，是由创建和更新不断变化的操作计划的需要主导的。这些活动都需要在地面完成。正如上文所述，这种高水平的地面活动可以实现仅搭载一台简单星载计算机、不需要使用过多星载智能的简单卫星。所有复杂的功能均在地面完成。然而，由于卫星星座的每一个新组成部分都有自己的地面部分，这也包括在任务的总体预算中，因此没有大量的前期投资，地面部分自然地随着空间部分同步发展。

罗塞塔任务必须采用高强度的交互式操作，同时强调高度的自主性。该任务对于卫星与地面的智能化水平要求都很高，其工程设计也体现了这点。罗塞塔的一个相机构成了卫星姿轨控子系统的一部分，可以使卫星识别周围的空间环境，这样卫星就可以对姿态和轨道做出自主确定。这些交互式复杂操作与卫星在休眠阶段的长期低活动状态相匹配。在这些阶段中，卫星仅独立地开展必要的星务活动。

人们很容易想象未来在轨操自主化水平的不断提高。一种可能的应用场景就是气象观测系统可以根据气象演化自行改变其观测行为。例如，对一个正在形成风暴的地区进行更详细的自主采样[②]。该系统也可以对数据获取方案的要求进行响应。此外，在紧急情况下，现场工作人员能够直接请求卫星获取图像并直接下传给他们，绕过任务控制中心。这不仅仅是一种信息共享方式，也是一种指令授权共享方式。这要求卫星建立一套优先级判决机制，以便在请求冲突发生时自主地做出选择。这种系统不仅需要研

① WARHAUT M. Cluster II. Evolution of the operations concept[R]. ESA Bulleting，2001.

② KALB M W，HIGGINS G J MAHONEY R L，et al. Architecture vision and technologies for Post-NPOESS weather prediction system：Two-way interactive observing and modeling[C]// Proceedings of Spie the International Society for Optical Engineering，2004.

发新的提高性能组件,而且还需要克服政治壁垒,因为它将分散对一项非常昂贵资产的控制。对卫星控制权的共享既是一个技术问题,也是一个政治问题,应该考虑协作环境的开发,以缓解跨组织交流的困难。事实上,这样的一套系统对组织系统的演变提出了许多挑战,同时也涉及技术进步。但毫无疑问的是,推进高水平的操作自主并共同分担操作责任将会大大提高空间系统的性能。

11.5.3　快指令与慢指令

图 8.17 描述了空间任务产生数据可以有三个与时间相关的性能系数:响应能力、重访和数据延迟。这张图片还定义了获取延迟,即响应时间减去数据延迟。重访或时间分辨率在 8.4.2 节进行了介绍,它与 9.9.3 节中分析的卫星轨道选择有关,数据延迟与仪器数据处理有关,相关内容将在第 12 章的 12.4.2 节中进行介绍,获取时延则与运行的地面部分有关,相关内容将在本节进行讨论。

在某些任务中,卫星所提供信息的交付延迟是非常重要的,因此有必要花费精力去尽量缩短用户某个特定信息项(如一幅图像)的请求与用户实际收到该产品之间的时间间隔。该时间间隔可以划分为两个部分:产品获取所需的时间和获取的信息分发至用户所需的时间。前者将在这里进行分析,后者则作为仪器数据处理域的一部分,将在第 12 章的 12.4.3 节中详细研究。

取决于信息紧迫性的指令快速响应需求,在研究涉及军用和民用安全、动态天文事件或需要复杂交互式实时操作的载人航天任务动态事件时是最高的。开始获取指令要求的观测任务过程需要图 11.12 所示的步骤。

图 11.12　数据获取时间线

获取时间是本章所研究的卫星操作周期的一部分。获取一幅图像包括以下步骤:

(1)用户需要一定的时间来掌握当前任务状态并提出相关请求。对此所需的时间是任务操作人员为便利请求而提供工具的一个函数：例如，全天 24h 的可用性与日常办公时间可用，基于网络请求的使用形式等。

（2）操作人员需要花费一定的时间，策划并编写卫星所需的指令集。这取决于所接收请求的数量与属性、请求的优先级状态、优化获取计划工具的可用性和最小化等待时间，以及处理最后时刻高优先级请求的灵活性。这一过程的结果为一组需要上行发送至卫星的遥控指令，用于优化卫星及其仪器的操作。

（3）接收上行遥控指令序列的卫星必须处在对相关地面站可见范围。所需时间是一个与卫星轨道、发令地面站数量及其位置有关的函数。随着卫星数目及其轨道与地面站数目及其位置的确定，就直接决定了延迟时间。

（4）一旦卫星接收到了遥控指令，在其沿着预定轨道实现对观测区域或者观测目标的可见并获取所请求的图像之前，可能会存在一定的时间间隔。这一时间间隔也是一个卫星轨道及其数量的函数。

就操作数据流设计而言，减小获取时间需要增加地面站的数量，或者使用数据中继卫星系统将遥控指令中继至相关的卫星或星群。在 7.2.1 节已经介绍了地球同步轨道任务 IUE，卫星轨道及地面站数目的选择使得卫星与两个地面站中的一个始终保持联系。对地球低轨卫星而言，大多数情况下，为了实现星地之间连续不间断联系而对地面站的数量及其位置提出需求是不现实的。这也就是某些时候会选择使用数据中继卫星的原因。一颗部署在地球同步轨道上的数据中继卫星，可以为任何地球低轨卫星提供大约 1/3 轨道周期的持续链路。欧洲阿特米斯（Artemis）[1]任务就是这样的一个实例。例如，美国的 TDRSS 系统[2]是一个由三到四颗在地球同步轨道均匀分布的卫星构成的数据中继卫星星座系统，可以为任意一颗地球低轨卫星提供到地球任意地点的几乎永久的链接。由于这些卫星位于赤道上空的地球同步轨道，以及它们所产生的几何位置关系，即使是一个完整的数据中继卫星星座也会与飞过两极地区的极低轨道高度卫星短暂失去联系。用于数据中继的地球同步轨道卫星星座的设计与维护费用非常昂贵。由于其所代表的投资巨大，这个系统可能是其他选择中的一种，也可能是更实用的基础设施选择。因此，在工程中使用数据中继卫星系统应该作为任务投资方确定的系统设计约束之一。在实际工程中，数据中继卫星的使用很少，本章讨论的四个任务没有一个使用数据中继卫星进行遥控指令传输。

---

[1]　European Space Agency. ESA achievements：BR-250[R]. ESA，2005.

[2]　http://www.spacecomm.nasa.gov/spacecomm/programs/tdrss/default.cfm.

数据中继卫星可以提供几乎实时的指令发送与数据分发,但是目前唯一正在运行的数据中继卫星星座 TDRSS,是设计首先用来为载人航天任务提供服务的,其他任务的使用优先级很低。这种情况导致通过利用数据中继卫星系统来传递遥控指令存在相当的不均匀性,如图 11.13 所示:

(1) 哈勃空间望远镜任务(详见 7.2.1 节)利用 TDRSS 来下传数据,但并没有通过 TDRSS 向卫星发送遥控指令。

(2) 陆地卫星-7 任务操作控制中心位于美国巴尔的摩附近的 NASA 戈达德航天中心,可以利用 TDRSS 网络向卫星发送遥控指令,但是下行链路则直接连接到陆地卫星-7 自己的地面站。

(3) 陆地卫星-5 任务通过 TDRSS 下传数据。TDRSS 网络还用来下传 Terra、Aqua 以及 Aura 等卫星任务的仪器数据。仪器数据的下传将在后续章节中探讨。

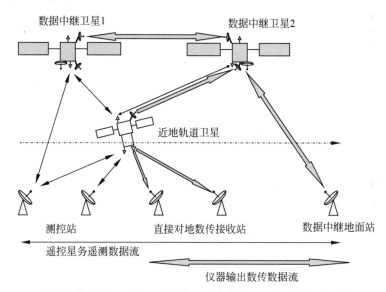

图 11.13 利用数据中继卫星的地球低轨卫星数据流。细线表示操作数据流,粗线表示具有更高数据吞吐量特性的仪器数据流。

通过大量位置良好的地面站来降低系统响应时间总是可能的。该问题将在下一节讨论。

11.5.4 操作地面站的数量及其位置

除了在任务的关键段和短暂的早期阶段需要使用大量的操作地面站外,正常情况下使用的地面站数目非常少,大多数情况仅仅用到一个地面站。这与 11.5.2 节最后所描述的对高度集中式卫星操作的期望相符合,而且也与 11.5.1 节及 11.5.2 节中讨论的降低运营成本的要求相符合。这种朝小规模运营地面站网发展的趋势已经随着技术进步得到了稳步加强,从而允许更高的星上自主化程度。

Cluster 任务包括操作和仪器数据流下传的所有通信业务,均由位于西班牙马德里附近的维兰弗兰卡(Villafranca)一个地面站完成。该站工作在 S 频段,上行链路频带为 2 025~2 111MHz,下行链路频带为 2 200~2 290MHz。

哨兵-3 任务使用不同的地面站来完成操作数据与仪器数据传输。操作数据的上下行链路通过位于瑞典基律那(Kiruna)的一个 S 频段地面站完成,由于卫星具有高自主能力,该站实际使用的次数不多。

罗塞塔任务也使用一个地面站作为其主用操作中心,该站位于澳大利亚西部珀斯地区,但是在紧急情况下可以调用 NASA 的深空网提供支持。该任务使用了两个工作频段:深空 S 频段用于上行链路,深空 X 频段用于下行链路。

DMC 任务采用了同样的策略。每颗卫星的所有者拥有其自己的地面站,除了共享资源以外,通过集中化的设施使用来协调信息获取。尽管在技术上互发指令的能力近在咫尺,但卫星所有者还是通过其专属地面站给自己的卫星发送控制指令。

目前使用单一地面站的任务属于大多数。过去,在可靠的星上自主化普及之前,使用大量的地面站是正常现象,但是朝向使用单一地面站的发展趋势是显而易见的。较早的 ISO 与 IUE 任务在欧洲和美国均有地面站;Cluster 任务最初的设计使用两个地面站,但是实际上最终仅使用了一个地面站。NASA 深空网的三个地面站(分别位于加利福亚、西班牙和澳大利亚)可以提供连续通信支持,但是正如 7.2.1 节中介绍的那样,JWST 任务被设计成每天有一个 4h 的下行链路弧段。

地面站资源的充足程度与其提供的通信机会的数量及时长成正比。这些通信机会的数量及其时长是一个卫星轨道星下点轨迹和地面站地理位置的函数。例如,高倾角低地球轨道卫星每一轨将飞越极区两次,而位于极区的地面站可在每一轨提供通信机会。卫星轨道的星下点轨迹将定义对于每个任务的地面站什么是最佳的地理位置,12.4.5 节将会系统地研究最优站址。不过,一个操作地面站的站址不只是一个地理位置最优问题。操作地面站向卫星发送遥控指令,可以确保其生存或者使其毁灭。因此,大多数操作地面站均坐落于卫星所有者可以严密监控的区域内。在大部分时间里,操作地面站的位置是任务投资方提供的一个约束条件。

11.5.5　轨道确定与控制功能分配

轨道确定与控制已经在之前的9.1.2节中作为轨道与姿态域的部分内容进行了论述。其中介绍了各种轨道机动类型及不同的影响因素,诸如发射入轨误差、必要的变轨或者不必要的轨道扰动等。同时还介绍了确定轨道所必需的工具。同时,9.1.2节还指出,传统上轨道是通过地面到卫星之间的通信链路测距来确定的。这使得地面控制人员能够确定在卫星到地面站视线上的卫星速度。目前,对于地球低轨卫星而言,可以利用星载GPS接收机或者伽利略导航接收机来确定轨道。然而,即使在今天,对于任务控制的标准做法依然是:

(1)利用测距数据以及任何其他可用信息来计算卫星轨道。

(2)对卫星实测轨道与理论轨道进行比较。

(3)计算并实施必要的或大或小的轨道机动控制。

(4)评估轨道机动实施后的结果。

正如9.1.2节中所述,对于地球低轨卫星任务而言,卫星可以完全利用诸如GPS或伽利略导航卫星系统来独立确定其轨道。一旦轨道被确定,在星上实现算法使卫星能够自主计算、编程、执行以及校验所必需的轨道修正机动是完全可行的。11.5.2节已经对卫星自主操作的优缺点进行对比介绍。显然,自主运行降低了成本,但也增大了风险。

自主轨道确定与控制特别适合于那些需要频繁但程度较小的轨道修正的情况,例如需要以紧密或松散编队飞行的卫星星座,或者需要特别精确控制其飞行轨道的卫星。选择自主实施众多小的机动可以降低运行成本,而且任何一次小的自主轨道修正都不太可能对卫星构成重大威胁。然而,重要的、偶发性的轨道修正还是在严加保护的地面控制下执行得更好,罕见的轨道修正在严加保护的地面控制下执行得更好。

在任务定义的早期阶段,建立一套基本的轨道确定与控制原则是至关重要的,并将相关职责明确给卫星、控制中心或者二者兼有。

11.6　性能分配

11.6.1　功率预算

每一个星载电子部件均要消耗电能。每个设备都有一个功率消耗曲线,例如中心计算机会持续工作,而其他设备具有不同的工作模式,需要不同的功率水平。电子单元在关闭状态下为零功率消耗,在随时准备快速响应的待机状态下是低功率消耗，当执行不同功能时，采用的一种或多种运行模式伴随着不同的功率需求。在确定整星总体能源包络时，所有因素都需要考虑在内。这些变化的功率需求必须由卫星的一次电源系统，即太阳能电池阵及二次电源系统蓄电池提供电能。最后将需要以下两个预算：

（1）瞬时功率预算：确保两套电源系统（太阳能电池阵和蓄电池）始终能够提供足够的电力，以满足在任意时刻运行所有单元的需求。

（2）能源预算：确保主电源系统（即太阳能电池阵）每一轨均能产生足够的电能来满足卫星所有的能源需求，同时在轨道光照区内给蓄电池充满电。

有必要根据卫星在其工作寿命所有不同阶段的不同功率需求和电力生产情况，计算尽可能多的不同功率和能源预算。

（1）在蓄电池电量低于允许的最低充电水平之前，必须要验证卫星能够具有相对太阳的正确姿态，能够展开并操作控制其太阳能电池阵。

（2）在诸如进行主要轨道变化而需要太阳能电池阵指向离开太阳的特殊情况下，必须验证卫星有足够的功率和能源。

（3）在安全模式的特殊几何和功率要求下，必须证实卫星有足够的功率和能源。

正如 10.6.1 节表 10.4 对于重量的预算那样，功率需求估计必须考虑到我们对最终将被制造并送入轨道的电子设备的实际最终需求无法完全掌握。对电子系统的功率需求的早期预测是非常不可靠的，甚至比质量预测更不可靠，因此采用非常大的余量是至关重要的。

概括了被用作项目不同阶段推导可靠的功率预算成熟度因子的不同版本的准则，已经从不同渠道发布了。对于早期定义而言，AIAA[①] 应用的准则见表 11.2。

表 11.2　AIAA 建议的最小功率储备　　　　单位：%

分类	阶段 0 结尾			阶段 A 结尾			阶段 B 结尾			阶段 C 结尾		
	1	2	3	1	2	3	1	2	3	1	2	3
0～500W	90	40	13	75	25	12	45	20	9	20	15	7
500～1 500W	80	35	13	65	22	12	40	15	9	15	10	7

① AERONAUTICSASTRONAUTICS A. Guide for estimating and budgeting weight and power contingencies for spacecraft systems ［M］. American Institute of Aeronautics and Astronautics,1992.

续表

	阶段 0 结尾			阶段 A 结尾			阶段 B 结尾			阶段 C 结尾		
1 500～5 000W	70	30	13	60	20	12	30	15	9	15	10	7
5 000W 以上	40	25	13	35	20	11	20	15	9	10	7	7

正如 10.6.1 节中描述的那样。第一类是面向新型航天器;第二类是面向基于先前研发型谱的下一代航天器,是在一套已建立设计包络内对其复杂性或能力进行了扩展;第三类是面向产品级开发的航天器,该航天器基于计划了多个单元并存在大量标准化的已有设计。各个阶段如图 1.5 及 6.3 节所述。

就能源生产而言,它随时间的演变是变化的轨道几何的函数,轨道几何能够以很高的精度确定;它也是电气子系统部件的老化函数,这是由已知任务寿命退化因子的应用所涵盖的。太阳能电池阵性能会随时间退化,因此对长周期任务的寿命末期设计在功率预算中需要相应有所增加。

各种工程专家将有助于功率生成的预测,一旦计算出不同的安全性与成熟度因子,这一预测将决定太阳能电池阵的尺寸。所需太阳能电池阵的安装是一个卫星构型的问题,已经在 10.6.3 节进行了讨论。

通常,大功率器件不可能降低其电力需求。像 SAR 这样的有源仪器需要电力。没有容易的方法来减少电力需求。在工程设计初期,总是设计一个能够有足够余量提供卫星所需功率的电源子系统,这是至关重要的。在平衡这一预算时,我们按优先级顺序,有以下自由度:

(1) 增大太阳能电池阵尺寸,以提供满足余量要求的功率预算。这是目前为止平衡功率预算的最好方法。只有当卫星构型、太阳能电池阵质量约束、姿态控制约束以及运载火箭容纳能力约束都允许增大尺寸时,这种方法才是可行的。

(2) 通过超出其质量范围的增大来增加太阳能电池阵尺寸。这将会带来一定的风险,并需要补充合格性测试,但是原始设计可能会允许这样的增大。

(3) 提高科技水平,包括采用更为高效的太阳能电池片或蓄电池,可全控的平台,或者更为高效的太阳能电池阵控制。

(4) 尝试降低太阳能电池阵的温度,这样可以提高效率。这就要求在太阳能电池阵周边更为精密的热设计。

(5) 识别需要超大功率的子系统。两个可能的子系统是热控子系统和线缆。对于大型卫星,增加母线电压可以减少线缆的质量和损耗。

（6）降低仪器设备电能消耗。这有可能会恶化任务性能，应该避免这种情况。

（7）采用更大的运载火箭，以便装载更大尺寸的太阳能电池阵。由于投入巨大，一般将其作为最后的选项。

设计一个满足任务需求的太阳能电池阵通常没有什么困难。然而，如果出现问题，就是最难解决的问题，因为固定的太阳能阵列最大尺寸取决于所选运载火箭的容纳空间及所要求的卫星性能对功率的需求，这两项都是难以改变的。

11.6.2 通信链路预算

链路预算是计算以验证到达接收天线信号的功率足够强可以使信号中编码的信息被正确恢复。

以下因素可以提高链路预算的性能：

（1）卫星或地面站发射信号的功率。对于卫星而言，该因素受制于功放技术的可用性，受限于卫星电源子系统满足发射机需求的能力，还受限于国际电信联盟（详见 11.1.3 节）对卫星发射至地面的最大信号能量密度的规定。对地面站而言，该因素受限于具有大功率发射机地面站的可用性。

（2）卫星天线的增益。高增益天线可以将无线电信号能量集中到一个窄波束，这种方式可以有效提高发射到地面的信号强度。天线做得越大，天线增益越大，因此天线增益受制于卫星上对于大型天线安装尺寸的设计约束。罗塞塔天线的安装方式，如图 11.6 所示，就是这方面的一个很好示例。移到更高的频率就允许更小的天线，这样减少了天线安装的问题。然而，更高频率要求复杂先进的硬件设备，往往需要专门开发。

（3）地面站天线增益。天线越大，增益越高。如 11.4.2 节所述，罗塞塔任务通信使用的大型天线地面站就是这方面的一个实例。NASA 的深空网地面站拥有一副 70m 直径的天线。由于拥有大型天线的地面站数量很少，建造、维护或租用的费用都是非常昂贵的，这里的制约因素将是地面站天线的可行性与成本。

（4）地面站数据接收质量由其系统接收增益与噪声温度之比即 G/T 值来表示。该质量因子与天线增益以类似的方式发挥作用；更好的天线改善了这种情况，但操作成本更高，而且不太常见 。

（5）使用增强编码方案来防止误码。这种方式允许在低接收功率的情况下正确恢复发送的数据。目前已经在广泛使用里所码（Reed-Solomon codes，RS codes）或者卷积编码。CCSDS 规则建议了所使用的具体编码。

以下因素将会恶化链路预算性能：

（1）数据恢复的速度。被发送的信息量（以 b/s 为单位）越大，以低误码率恢复它所需的功率就越大。操作数据流的传输速率通常是适中的。第 12 章将讨论与非常高的数据传输速率相关的问题，这是仪器数据下行链路特有的问题。

（2）卫星发射子系统产生的损耗。选择最高质量的硬件设备将会减少这种损耗，然而其作用较小。

（3）卫星天线指向偏差产生的损耗。当卫星使用高增益天线时，这个影响因素很重要。为了降低这类损耗，有必要提供一种高精度天线指向机构以及相应的卫星精确姿态指向系统。对于高增益、大口径天线的高精度指向机构复杂、昂贵，高精度姿态指向系统也是如此。

（4）自由空间传输损耗，就是在信号从卫星到地面站之间的传播过程中不可避免的信号波束扩散，也是目前为止链路预算中占主导的损耗因素。该损耗数值取决于卫星与地面站之间的空间距离，是直接由所选择的卫星轨道决定的，而卫星轨道的选择直接取决于用户的需求。由此可知，所选择的卫星轨道以及相应的星地之间的空间距离将主导链路预算。

（5）大气衰减，包括水蒸气衰减以及降雨引起的衰减。这类衰减是设计中必须考虑的、不可避免的因素，在更高的工作频率上以及卫星位于地平附近时衰减量更大。这类衰减限制了卫星在地平以上成功进行数据交换所需的最低工作仰角。

（6）接收天线指向偏差造成的损耗。任何一个地面站天线的指向精度都是与其尺寸相称的。天线口径越大，天线增益越高，指向精度也就越高。成本是主要的限制因素，因为大口径、高精度的地面天线很稀少，操作起来也很昂贵。

卫星与地面之间的空间距离因任务特性及其轨道特征不同而存在较大差异。下面进行更加深入的讨论。

1. 近地任务

在通信中一个重要的设计考虑是，星地链路应该尽可能不考虑卫星的姿态，即使是卫星偏离了正常的姿态指向或发生翻滚仍能保持通信。这就意味着要求星载通信天线必须是全向天线。通常情况下采用的是两个半球覆盖天线。哨兵-3、SSTL-DMC、Cluster 以及罗塞塔任务均采用了一对半球面天线，以实现任意姿态下的与地面的通信。用于卫星控制必需的数据流速率比较适中，这也意味着低增益的半球面天线不是问题。

星务数据流通常较小。然而，如果星务数据与科学数据混合下传，如空间科学任务，那么数据流就会较大。在地球附近，非常高速的数据流可以采用中增益、中等尺寸的天线。哨兵-3卫星下行链路信息以450Mb/s速率传输，但是使用了宽波束天线。如11.4.1节所述，Cluster的天线也提供了半球覆盖，完全能够满足任务中星务数据和仪器数据的下传需求。在近地飞行任务中，其数据传输速率与宽波束天线是相适应的。

2. 深空任务

在这类任务中，卫星与地面之间长距离通信带来的巨大空间衰减呈现了一个完全不同的任务场景。抵达接收天线的功率将随着空间距离呈平方反比关系衰减，这也降低了链路预算的性能。为了弥补这一损耗，可以增加天线的发射功率，当然任何改进都将受到由此产生的卫星电力需求的限制。在深空任务中，使用具有最高的天线增益、指向精度和信号质量的最大地面天线是必不可少。能够满足这一目标要求的地面站非常少，建造这样一座新的地面站是一项重大而昂贵的工程，远远超出了一个空间项目所能支撑的范围。这是一项可供许多项目使用的通用基础设施投资。因此，任务设计者将被迫从现有地面站中挑选，即对于深空任务地面站的选择并不是一个设计决策，而是一个任务约束条件。唯一真正自由的设计参数是卫星天线的增益。大尺寸高增益通信天线是深空任务航天器构型的主导因素，比如图11.6所示的罗塞塔，或者图10.17所示的尤利西斯。

距离地球非常遥远的卫星将利用与地面站之间的长通信可用时间优势，因为在允许更长下行时间的情况下，任务产生的数据量将更高。一个设计约束因素就是，安排一个地面站完全为一颗卫星提供服务是不现实的。能够接收来自遥远卫星下传数据的地面站资源很少，必须在所有的需要服务的深空任务中共享这些资源的服务时间。因此，用来下传数据的可用时间并不是一个技术决策，而是一个在同时需要地面站服务的各个空间任务之间进行协商后确定的计划约束。

不管在深空任务中采用什么方式来提高链路性能，卫星所发送的数据量总是小于用户希望的。科学团体期望获得火星表面大片区域亚米级分辨率的图像，而星上相机也具备这样的能力，但是无法将获得的数据以百兆每秒(b/s)[①]的速率回传地球。这一数值与目前可行的几千兆每秒形成了鲜明对比。不可避免地，科学探测的开展将受限于不可避免的数据下行链路。

---

① PAULA R. EDWARDS C D，FLAMINI E. Evolution of the communications system and technology for mars exploration[J]. Acta Astronautica，2002，51(1-9)：207-212.

为解决这个问题,我们需要采取各种措施,最基本的就是提高卫星及地面站天线的增益。在地面,我们可以使用大量中等尺寸天线构成的天线阵[①]。然而,深空任务所固有的质量与体积方面的不利影响,以及大型地面天线阵所需的巨额投资,都可能使这一问题的解决措施变得特别困难。

在之前讨论的近地轨道卫星任务中,提到了失控卫星或者处于其他应急情况下与卫星有关的问题。这些举措也适用于深空任务卫星。为了应对这些问题,深空任务也使用了宽波束链路。如图 11.8 所示,罗塞塔拥有一对全覆盖的 S 频段天线及一副中增益 S/X 双频段天线。尽管高增益天线出现了故障,NASA 的伽利略卫星任务[②]还是取得了圆满成功。任务中产生的全部数据通过一个宽波束天线通信链路慢慢下传至地面,而该天线原始设计并非用于此目的。这是一个任务提供了超出其设计指标能力的范例,即,一个强健的系统设计。

11.6.3　计算机负荷预算

星载处理器的计算能力必须与其承担的处理负荷相匹配,处理负荷是卫星自主化水平和复杂度的函数。驱动星载计算机数量和功能的因素已在 11.1.2 节进行了讨论。考虑到工程设计初期存在着很大程度的不确定性,在计算机处理能力、软件规模、卫星监视与控制存储器大小等方面预留较大的余量是至关重要的。在初期设计阶段,安全系数至少取 2 是较为合理的。这类预算通常并不涉及复杂的接口,可以安全地交到专家手里。

11.6.4　星载运算存储器

内部星务数据需求的运算大容量存储器通常是适中的。用于存储仪器产生数据的存储器要大得多,将在下一章讨论。运算存储器必须存储用于长期飞行阶段卫星完成其功能所需的星载操作软件和操作程序。运算存储器还存有任务控制中心发送到卫星的遥控指令。存储容量取决于指令更新的频度以及在上行链路中断情况下的安全余量。大容量存储器还必须存储所有与卫星状态监视相关的数据、仪器数据和星务数据。这些数据将在每个与操作地面站通信的机会被下传至地面,当然也可以与使用频度更高的数据链路与仪器产生的数据一起下传至地面。考虑到存储空间的早期确定

---

① JONES D L. Lower-cost architectures for large arrays of small antennas[C]//Proceedings of Aerospace Conference,2006 IEEE. IEEE,2006.

② http://solarsystem. nasa. gov/missions/pro fi le. cfm? MCode＝Galileo.

有很大的不确定性,星载存储器的设计应至少考虑两倍的安全余量,正如11.6.3节所述。在某些情况下,期望所有的卫星星务数据都下传至地面。

11.6.5 数据获取时延预算

图像获取请求与图像数据分发之间总的时间延迟已经在8.4.6节进行了讨论。与操作数据流有关的系统获取时延部分已经在11.5.3节进行了讨论。任务规格说明将在数据流所有环节中分配总时延。这种分配将建立端到端系统获取请求数据所必需的响应时间要求。规定的时延将会被分解并分配到如图11.12所示有贡献的要素:

(1) 分配给接收用户请求的时延:可以通过计算机快速处理请求来减小。

(2) 分配给任务规划的时延:可以通过增强计算处理能力并辅以人工监管来减小。

(3) 地面站上行发送信息到卫星的时延:完全取决于卫星轨道、地面站的数量及地理位置,以及是否启用数据中继卫星来发送指令。

(4) 获取信息的时延:取决于卫星轨道提供的观测相关区域的首次机会,加上卫星完成请求数据获取任务所必需的时间。

步骤(3)与步骤(4)完全由卫星轨道的几何关系和被请求的观测区域决定,并不需要安全余量。步骤(1)和步骤(2)的总时延取决于分配给所有步骤的总时延减去完成步骤(3)和步骤(4)所要花费的时间。留给执行步骤(1)加上步骤(2)的时间将被用作处理用户请求和完成包括观测任务规划在内的任务操作的规格要求。如11.2节所述,一个空间系统的早期设计阶段并未包括关于地面段的详细物理设计,但是强调了其功能设计。如果分配的数值能够提供合理的余量,并能与现有的和未来可能发展的地面段的能力相容,地面处理专家将能够给对系统设计师提出建议。这些时延数值对于估计操作成本也是至关重要的,对于端到端的任务需要建立一套可靠的成本估计模型,因为实现快速且持续的处理用户请求实现成本很高。成本估计工作也可以交到地面段专家手里。

11.6.6 服务等级与可用度预算

卫星任务的目标是获取用户所需的信息。包括了与用户之间有接口的卫星操作组织必须将专用于基本任务的时间最大化。这个因素决定了任务所应提供的服务等级,有两个方面:

(1) 用户可以在多大比例的时间内请求特定的观测?

（2）卫星仪器设备实际获取数据的时间占据总时间的百分比是多少？

为用户提供高的可用度，需要其创建并维护一个确保用户可以在任何时间完全不受限制地请求获取信息的业务方式。卫星需要一定的时间来完成诸如轨道修正、维持或者状态监控等过程，这些过程会中断数据获取任务。某些任务需要高的可用度，而另一些任务则对数据获取任务中断有不同的容忍度。通常，交互式任务要求快速响应时间以极高的可用度，研究非动态事件的计划式任务对于短时间的数据中断更加灵活。不过，对于那些研究动态事件的计划式任务而言，诸如气象卫星任务，也要求最高的可用度。对于气象任务而言，高于95％的任务可用度要求是非常合理的。

系统可用度要求和服务等级要求必须在可能产生服务中断的所有环节中进行分配。分配数值将会决定任务中许多要素的设计，包括轨道控制工具、轨道控制频度、强制任务中止的特定标校需求，或者是可能需要一个每天24h、每周7天随时待命的常驻任务控制团队等。

显然，提供高的可用度水平所必需的设计决策将对运营成本产生重大影响。如果对任务的可信成本估计是作为一个整体来制定，则这部分必须予以考虑。

12 仪器输出数据流域

关键词 仪器数据流、卫星地面段、卫星数据处理、卫星数据分发、卫星数据存储、卫星用户接口、数据量预算、用户数据请求、用户数据交付、数据延迟

7.1.5 节已经初步介绍了仪器输出数据流域,本章开头简要从地面段和空间段两个方面介绍了本域所包含的主要要素和组成部分。由于本章与前一章的联系较为紧密,因此我们使用了在第 11 章中已经讨论过的三个空间任务作为例子:罗塞塔、Cluster、哨兵-3,另外还有一个新的任务 NOAA POESS。NOAA POESS 任务会生成大量需要进行高速处理的数据,使用了四种不同路径用于数据下行和处理。这使得它成为一个值得分析的有趣任务。

第 11 章中,我们讨论的重点在于任务操作应该如何自主。在这一章中,我们将回顾图 5.8 中任务效能的三个范畴——数据质量、数据量和系统响应性——讨论的重点放在数据量和系统响应的延迟方面。

本章涉及图 7.4 右侧、在图 12.1 中扩展了的主题。

仪器数据处理将在 12.1.1 节中进行讨论,12.1.2 节讨论数据下行链路,12.2.1 节讨论有效载荷地面站,12.2.2 节讨论有效载荷处理和用户服务。之后将分析上文提到的四个任务的实例。与第 11 章类似,12.4 节、12.5 节讨论这个域中的功能分配和预算分配。

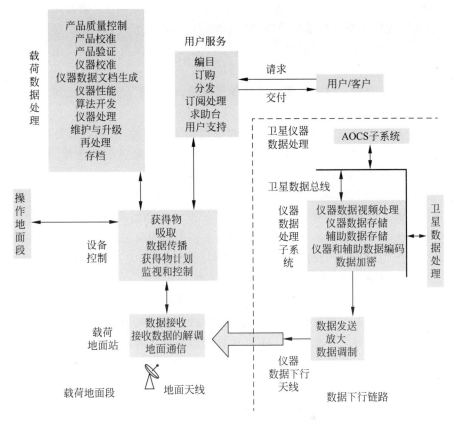

图 12.1　仪器数据流设计域的要素和相互关系

12.1　本域包含的在轨部件

12.1.1　仪器输出数据处理

　　在轨部件对仪器的输出进行采集、数字化、存储并处理。仪器数据处理过程中还须处理一些辅助数据,例如卫星姿态、位置或获取时间。这些数据是对已获得数据进行正确解译不可或缺的。

　　必要的部件与 11.1.2 节中所描述的相同:通用和专用的处理器、记忆存储及数据总线。不同之处是现代星载仪器会产生海量数据。一个现代 SAR 仪器的运行每秒可以产生几百兆比特的数据。这样高的数据速率需要特定的数据处理分发和存储解决方案。为了采集仪器产生的信息流并将其数字化,需开发专用的集成电路(application-specific integrated circuits,

ASIC)和快速数模转换器。基于 IEEE1355 类似 Spacewire[①] 的高速数据总线,可以提供的数据传输速率高达 400Mb/s。数字信号处理器或专门的通用计算机也可用于处理仪器的输出数据。星上存储大量数据需要使用大容量固态海量存储器。让这些存储设备能够在高辐射空间环境下高可靠地工作是非常重要的。这就需要开发抗辐射模块,包括错误检测、纠正和冗余备份等功能。

基本的设计决策都与仪器产生的数据量紧密相关,数据量则是由观测量的要求驱动的。这些设计决策包括:数据处理和硬件处理速度、数据总线的能力,以及星载存储器的存储能力。

正如 11.1.2 节提到的,主要的问题是实现高性能和低风险保守设计之间的平衡。这些决策对于大容量存储器的设计特别重要,因为这是需要大质量和大功率的重物。更新的存储器总是用更小更轻的部件提供更大的数据存储能力,但是新存储器必须经过必要的评估和开发来证明它们在太空工作的适应性之后,才能正式参加飞行任务。

星载仪器数据处理的实现也是一项具有最高意义的重要决策。包含了数据压缩的星上数据处理可以减少、简化数据存储和传输问题,但不是所有的应用都可以容忍数据压缩。不可逆数据压缩算法应该避免应用于科学先进的应用。所有新的空间发展都会带来不可预见的应用,所以使用未压缩的原始数据是必不可少的。使用干涉 SAR 图像推导出地震前后地壳的位移是一个重要应用很好的例子,这在卫星设计时并未考虑。

不可逆的星上数据处理可能会损毁最终可能变得至关重要的信息。此外,对于在压缩过程中损失的信息量已知的良好表征的应用,不可逆数据压缩也是可以运用的,这也是操作任务中的常见情况。

硬件应从已经成熟的或正在研发中的一小组可用的"空间兼容"部件中选择,设计决策通常掌握在专业工程师手中。然而,总体架构的决策以及架构中不同部件之间的功能共享是由系统设计师决定的。

12.1.2 仪器数据输出下行链路

数据输出下行链路部件编码、加密、调制、放大并向地球发送仪器和卫星所产生的信息,是正确处理仪器数据流所必需的。

仪器数据下行链路的部件与 11.1.3 节中描述的部件基本一致,包括编码器、放大器、调制器和天线。不同之处是非常高的数据速率要使用特定的

---

① ECSS SpaceWire nodes links and networks:ECSS-ST-50-12c[S]. ESA,2003.

设计解决方案,进一步限制了能够用于相关功能的硬件的可用性。符合表 11.1 中表示的频率限制条件,仪器下行链路允许的频带和到达地球表面允许的带宽和最大功率通量密度都由国际电信联盟规则规定,这些规则必须被尊重。这会进一步增加设计的限制。高速数据下行链路必须采用高效的调制方案,使其能够在每赫兹的使用带宽上承载尽可能多的信息。在仪器生成的信息比较敏感的情况下,如具有潜在情报价值的高分辨率图像,加入特殊部件对信息进行加密变得必不可少。

提高数据吞吐量的一种方式是提高数据流的载波频率。地球观测卫星通常使用 X 频段,在需要更高速率的情况下,可以使用有更高可用带宽的 Ka 频段。另外,也可以使用光学数据链路。光学数据链路可用于将信息发送到地面站或地球同步静止轨道上的数据中继卫星。地球观测任务 Spot 5 使用光学链路与地球静止通信卫星阿蒂米斯进行通信。对地面通信光学链路的最大问题是具有较高的大气衰减,在有云或霾的情况将导致通信链路中断。与之相反,星间链路就不存在此问题,可以从光学链路获得更大的好处。

针对不同的类型用户使用不同的下行链路也是一种常见的应用模式。NOAA POESS 任务就使用了四种不同的数据下行链路将数据从卫星发送到地面,每一种链路都有其自身专用的编码、调制、放大和天线。这些内容将在 12.3.4 节中进行描述。

首要的也是最重要的设计决策是数据下行链路应该传输多少数据、传输速率要多快,以及由此确定的每条下行链路路径上放大器的功率和天线的增益应该是多少。放大器的功率将受限于设备的可用性。放大器的可用性和卫星到地面站的距离将决定是否需要一个高增益的天线。如果需要使用定向的高增益天线,就必须要确定是采用机械式指向还是电子指向,这也决定了天线的机械安装设计方案。

另一项重要的决策即是否使用数据加密。这是作为强制性指南要提供给设计师的计划性约束。这个领域的专家将选择编码和加密算法。是否使用加密也将影响所要求的传输功率。

实际上,能够满足这些功能的硬件并不是特别多。此外,在这方面的许多设计特性是被强约束的:下行链路使用的频率、下行链路功率密度、分配的带宽、编码算法,以及数据流的封装标准。所有这些因素结合在一起限制了设计师的自由。不过,这些限制被选择整体数据下行链路架构的自由所抵消,并允许使用完全不同的解决方案来实现非常相似的任务。这个域的设计要求系统设计师必须积极主动。专家将提供与所选择的系统架构相适应的最佳设计方案,同时,系统设计师也有责任提供不同数据链路数据量和传输速率的体系架构。

12.2　包含在本域的地面部件

就操作数据流而言,仪器的地面部件通常不是针对特定任务设计的,而是从已经被多个空间任务使用过的现有基础设施中选择的。这就必须采用一种广泛认同的标准来实现空间到地面信息传输链接。鼓励使用现有设施的另一个补充因素是现有许多地面站可以为卫星提供服务。有效载荷数据接收与交付的重要性要低于对卫星的遥控和监视,这就是为什么完全可以接受使用不受任务所有者直接控制的地面站和数据网络。利用现有基础设施的一个有趣的例外是 NOAA POESS 任务的 SafetyNet^{TM}① 概念,它是由运营气象项目的特殊需求所建立的。这个系统将在 12.3.4 节中进行讨论。

正如第 11 章中已经详细讨论的那样,在方案获得批准前的初步设计阶段,地面部分的功能设计是重要的,但是不需要进行具体的物理设计。因此,本小节讨论的内容仅涵盖功能设计。

12.2.1　仪器下行数据接收地面站和数据中继卫星

地面站和数据中继卫星将仪器产生的大量信息从卫星传送到处理中心。在集中载荷数据处理的情形中,在地面站对数据进行的处理通常级别较低:数据解调、解码,将其分解成数据流并将每个数据流发送到它特定的处理中心。这些功能可以在加密的情况下完成,直到数据流到达最后的处理中心再进行解密。在空间系统的所有者没有地面站控制权的情况下,建议采用这种策略。

在一些情况下,仪器数据的处理过程是分散的,每个地面站都拥有自己的数据处理和任务产品生成部件。NOAA POESS 直接读出任务就是这种处理方式的一个很好的例子,将在 12.3.4 节中进行介绍。

这方面的基本设计决策包含所需要的地面站数量和种类,以及是否使用数据中继卫星。除去可接受的数据延迟外,将根据数据量的大小和数据吞吐速率的要求进行方案设计。数据下行链路的最高速率最终要受 ITU

---

① DUDA J L, MULLIGAN J, VALENTI J, et al. Latency features of safetyNet^{TM} ground systems architecture NPOESS[C]//Proceedings of Enabling Sensor & Platform Teachndogies for Spaceborne Remote Sensing. International Society for Sptics and Photonics, 2005.

规则分配的频率限制,详见表11.1。

　　另一个重要的设计决策是,使用什么工具将数据从地面站传输到处理中心。地面站往往建设在比较偏远的地方,如南极洲或北极地区的斯瓦尔巴德,这些地方非常适合于高倾角地球观测卫星的下传数据。斯瓦尔巴德有连接到欧洲大陆的光纤链路。在南极洲将数据发送回处理中心的唯一方式是通过通信卫星的中继。

　　确定下行链路数据流和地面站的使用数量也是系统设计师必须主动干预的设计决策。下行链路速率受到规则的限制,使用大量地面站非常昂贵,数据中继卫星资源又是稀缺的,同时用户可能要求下传非常大量的数据。这是典型的冲突需求情况,必须由系统设计师统筹考虑所有冲突因素后进行平衡。

　　地面站的数量以及是否使用数据中继卫星也受到非技术程序约束的强烈影响。地面站和数据中继卫星都是昂贵的基础设施,可以使用很多年并为许多卫星提供服务。最终的设计决策很大程度上将依赖现有的基础设施展开,这是不可避免的。成本的考虑成为定义最终架构的一个主要因素。

12.2.2　有效载荷数据地面段

　　有效载荷数据地面段处理由卫星产生的数据,并将其分发给任务数据的用户。其基本功能包括:

　　(1)信息处理,以获得所需要的任务数据产品。

　　(2)与仪器数据流相关的控制和管理设备。

　　(3)仪器的输出数据和与正确解译这类输出相关的所有其他信息的长期存储。

　　(4)接收任务请求并提供任务产品的用户接口。

　　处理由卫星所产生的数据需要对仪器的输出结果进行校准和验证。地球观测卫星委员会(Committee in Earth Observation Satellite,CEOS)将校准[①]定义为"定量确定已知、受控的信号输入的系统响应过程",将验证定义为"通过独立的方法评估来自系统输出的数据产品质量的过程"。校准意味着测试和调整测量仪器的精度。为了确保仪器的精度,仪器携带了监测其环境的设备,可以通过检查其检测元件的温度或对比仪器的输出与良好表征的输入来识别仪器性能的偏差,从而校正仪器的灵敏度。这一点已经在第8章分析仪器时讨论过。通过将该仪器的结果与其他卫星上观测相同事

---

① 　http://wgcv.ceos.org/wgcv/wgcv.htm#defs.

件的类似仪器所提供的结果进行比较,可以使其质量进一步提高。某些情况下,可以对观测量参数进行"原位"测量确定,并与仪器提供的读数进行比较。系统验证会涉及一些活动,包括使用空间系统本身外部的参考资料。验证应该用于提供绝对的质量参考。每台仪器的测量也必须参考到地球或天球的一个特定位置(详见9.9.3节)。为了实现这一功能,有效载荷数据段需要在空间和地面部分使用在特定时间的位置和姿态数据。经过校准和参考后,随着对所观察事件物理现实分析的相关性越来越高,数据将根据特定的算法进行处理生产信息。

数据处理通常有两个级别:

(1)第一类基础数据处理会产生校准和地理参照(详见9.10.4节)"基础"数据。这种处理对所有将使用任务所产生数据的应用都是通用和必要的。

(2)第二类数据处理是不同的,会对可能使用到的每一种任务数据进行优化。这种数据处理通常需要使用大量的系统外部数据,会增加最终产品的价值。

数据处理有时需要获取外部信息。有效载荷数据段应能够获取任何所需的外部信息。必须对提供给用户的所有数据进行质量控制。一旦控制了校准和定位数据的质量,那么必须以用户所需的速度和模式提供。

有效载荷数据地面段需要处理和管理大量的多源数据,其中一些数据来自空间系统之外。这就需要建立和维持足够的接口。特别相关的是有效载荷数据中心与任务操作中心的接口。任务操作中心将向有效载荷数据中心提供能够改善任务产品质量的卫星有关状态的信息。此外,通过控制任务产品的质量,有效载荷数据中心可以向任务控制中心提供可能出现故障的信息。有效载荷数据中心通常也是生成仪器使用和图像获取计划的地点。然而,这个功能应该同任务控制中心共享,这样可以更好地掌握卫星的总体状态和能力。数据质量控制功能有时可能被分配到一个特定的设施,例如,一些有专家用专业知识来监视和检查数据的一致性、错误、趋势和质量的设施。

有效载荷数据地面段也应能够长期存储所产生的数据,并对与数据处理有关的文档进行合理归档。用于校准的算法和方法是结合空间任务设计开发的,并且可以在发射之后改善,随着卫星在轨行为变得更好被理解。因此,还必须提供使用更新后的算法对存档数据再次进行处理的设施。

有效载荷数据地面段的最后一组功能涉及与用户建立接口:交付任务产品和接受请求。这种接口的建立可以发生在两个不同的环境中:

（1）在有效载荷数据地面段对科学任务的推进（详见 4.5.3 节），需要经常与一组被称为"主要研究者"的研究人员进行互动。Cluster 和罗塞塔任务就是这方面的例子。

（2）在运营任务的有效载荷数据地面段，需要将数据交付给一个庞大而多样的共同体。哨兵-3 和 NOAA POESS 是这方面的例子。

7.2 节中所述的"天文观测"任务在这两种环境中都有：它们通常有一个受限制的主要研究人员核心，他们拥有访问任务的特权；还有一个更大的普通用户群体，这些用户必须遵循更复杂的程序才能获得数据。任务产品的类型和交付形式影响与用户之间的接口。常规交付单一或少数几种类型数据的任务需要与用户之间建立简单接口。此外，他们还包含具有强烈的服务请求特征的任务，其中不同用户对不同产品交付的需求变化很大。不同产品可能有不同的时间交付优先级、不同的数据量或吞吐量，都需要设计并实现与用户复杂的接口。为了应对用户的多种需求，需要提供专用的组织架构用于接收他们的请求和交付相关任务产品。此外，任务可能需要不同级别的服务质量。一个比较极端的情况是要求高可用性的运营服务，需要在任何情况下提供永久服务并保证数据交付。这不仅需要与接受这些永久服务的用户有足够的接口，而且还需要通信链路能够提供绝对的可靠性及可用性。业务气象任务或与国防有关的风险任务都是这种需要有保证的可用性服务的例子。

主要研究人员通常对任务具有较深入的了解，因为他们深入地参与任务的实施过程。他们是项目的内部人士。对于普通用户而言，无论是科学还是运营组织，建立能够接收请求和提供产品的网络都至关重要。这些功能的实现需要大量的投资。7.2.1 节描述的马里兰州空间望远镜科学研究所清楚说明了这些必要投资的程度。

显然，有效载荷数据处理的定义很重要，必须做出足够的努力，尽早确定其功能和架构。通常需做出下列决策：

（1）识别有效载荷数据中心的基本构成模块，确定现有的基础设施是否足够提供所需服务，或者是否需要新的或额外的基础设施。

（2）在地面还是在轨道上进行仪器处理。这将在 12.4.4 节讨论。

（3）采用集中式还是分散式的数据处理。这将在 12.4.6 节讨论。

（4）识别所有特殊的长期校准、外部数据验证或再处理需求。

在有效载荷数据段定义中，系统设计师的角色很大程度上依赖于任务的约束。为推进由权威和经验丰富的"首席研究员"处理的科学任务，在有效载荷数据地面段的定义过程中，后者将在系统设计师的支持下起主导作用。

在运营系统中,定义有效载荷数据地面段架构的责任可能由不同的组织承担。在大西洋两岸,有空间研究和运营机构:在美国有 NASA 和 NOAA,而在欧洲有 ESA 和 Eumetsat。在研究机构和运营机构之间已经合作的情况下,甚至在设计过程开始之前就已经决定了责任的分担。然而,系统设计师的观点也是有价值的,因为这提供了对任务端对端的理解。这个视角很重要,因为它能够确保这是一个合理设计的空间任务,而不仅仅是一个合理设计的卫星。此外,专家总会向系统设计师提出可能的总体架构和仪器数据处理成本方面的建议。由于地面数据处理的成本估计应以功能设计为基础,而不像物理设计那样具有更大的确定性,因此成本方面尤为重要。

12.3 架构的例子

12.3.1 Cluster

Cluster 是由首席研究员(principal investigators,PI)主导的一项任务,他们从开始时就一直参与任务,熟悉卫星和仪器。与许多空间科学任务一样,操作数据和仪器数据下行传输和处理是在同一数据流中通过相同地面站完成的,而所有的数据——仪器数据和卫星状态管理数据——都会由任务操作中心进行处理。用于处理任务产品的任务操作中心的专门功能被称为中央数据处置系统(Central Data Disposition System,CDDS),位于德国 ESOC 的任务操作中心。Cluster 还有一个联合科学操作中心,这有助于将任务操作集中在仪器的任务规划上,并授权非 PI 研究者向 CDDS 提交获取数据的请求。除了相关的科学遥测和定时信息,它还可访问所有的星务遥测和其他任务数据。有两条路径可访问处理过的数据:

(1) 通过电子网络的准实时访问。

(2) 通过只读光盘存储器(compact disc read-only memory,CD-ROM)数据介质进行离线访问。

准实时访问只提供给主要研究者和联合科学操作中心。

CD-ROM 包含可以通过 CDDS 电子访问的相同数据,但它是通过邮件生产和传输的。对使用 Cluster 进行研究有兴趣的非 PI 科学家会收到上述 CD-ROM 的副本。平均每天需要两张 CD-ROM 存储产生的所有数据[①]。用于分发的数据量(约 0.8GB/天)、这些数据的生成、存储和下行链路传输

---

① FERRI P,et al. The Cluster mission operations concept[C]//Proceeding of CNES Mission Operations Workshop,1995.

方式已经在 11.4.1 节讨论。其数据分发如图 12.2 所示。

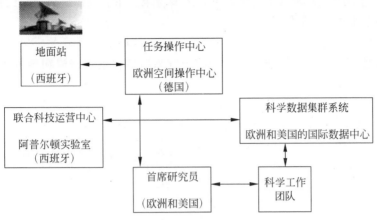

图 12.2 Cluster 的科学数据分发^①

12.3.2 罗塞塔

罗塞塔与 Cluster 的情况一样,有包括仪器和操作数据的单一数据流。它们将被下传到地面站,并在相同的任务操作中心一起进行处理。

罗塞塔任务操作划分为两个部分:

(1) 用于卫星操作的罗塞塔任务操作中心(Rosetta mission operations center,RMOC)。

(2) 用于科学操作罗塞塔科学操作中心(Rosetta science operations center,RSOC)。

RSOC 与 RMOC 在工作中密切合作,它们都位于德国达姆施塔特。

首席研究员将在航天器到达彗星的关键期支持 RSOC,而 RSOC 也是首席研究员生成的所有输入的焦点。RSOC 负责协调所有输入,并提出靠近彗星时整体有效载荷操作的策略。在 PI 的帮助下,RSOC 和 RMOC 将建立操作规划和"近实时"的科学分析,来应对彗核附近所需的复杂交互操作。RSOC 还将负责科学数据处理分发和任务生成数据的存储归档。科学操作通过珀斯附近的一个地面站与卫星进行每天 9~12h 的日常通信联系。任务还会建立一个单独的地面部分,用于着陆器菲莱的操作。着陆器的 PI 也会生成他们的操作请求,发送到独立的着陆器科学中心,从那里再发送到

---

① FERRI P,et al. The Cluster mission operations concept[C]//Proceeding of CNES Mission Operations Workshop,1995.

着陆器控制中心。经过综合考虑的着陆器操作计划最终被直接发送到罗塞塔任务操作中心，由其上行链路发送到罗塞塔卫星。在需要时，数据会从卫星传送到着陆器菲莱。

非 PI 的研究人员联合组成科学工作组，并提出观测请求，这些请求将由 PI 使用先前建立的准则进行判断。罗塞塔的仪器数据流和科学数据分发如图 12.3 所示。

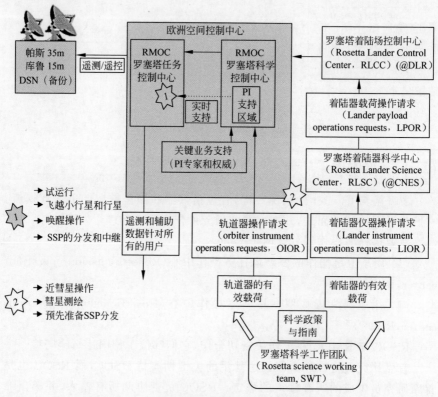

图 12.3　罗塞塔仪器数据流和科学数据分发①

罗塞塔拥有 23GB 的存储器作为缓冲区，可以使连续的数据采集与不连续的数据下传周期相平衡。大容量缓冲存储区还允许快速进行数据生产，并缓慢地下传到地球。经过适当处理后，仪器产生的数据将通过数据处置系统（data disposition system，DDS）交付给 PI 和其他科学家。DDS 也是

---

①　FERRI P. Science operations implementation for Rosetta［C］//Proceeding of SpaceOps Workshop，2000.

RMOC 的一部分。DDS 支持通过网络直接交付数据和通过物理介质（CD 或 DVD)的数据物理交付。

12.3.3 哨兵-3

12.3.1 节和 12.3.2 节所描述的任务数据分发方法相对简单。与哨兵-3 相比,它们的产品只会引起一小部分科学家的兴趣,而哨兵-3 则面向对全球海洋和陆地信息感兴趣的广大用户团体。哨兵-3 的整体数据流如图 12.4 所示。图 11.9 提供了卫星电子设备和仪器数据流的详细信息。仪器产生的数据通过高速太空总线传输,并存储在有效载荷数据处理单元(payload data handling unit,PDHU)的大容量星载存储器中。数据通过 X 频段信道下传,该信道采用了宽波束的低增益天线,不需要指向控制来提供足够的链路强度。哨兵-3 产生了大量的信息,必须以高可靠的方式定期交付。哨兵-3 的三种仪器不断地对地球进行观测,每轨产生 200GB 的信息。这样大量的信息以 450Mb/s 的速率下传,8min 的通信时间内足够将一轨所产生的数据传送到地球。

哨兵-3 的主用地面站位于瑞典的基律纳(Kiruna),但当它无法与基律纳站通信时,会在两个或三个相邻轨道期间使用斯瓦尔巴德站(Svalbard)进行通信。从地面站接收到的数据将发送给有效载荷数据地面段。哨兵-3 数据的处理比较复杂,需要使用外部信息。海平面的异常波动可以推导出洋流信息,哨兵-3 使用雷达高度计进行的观测仅能得到从卫星到海洋表面的距离。为了得到海洋表面的高度,还需要利用 GPS 卫星确定的高精度卫星轨道数据来修正。这个过程称为"精密定轨"(详见图 12.4)。哨兵-3 的地面部分还包括一个飞行操作系统(详见图 12.4),处理哨兵-3 卫星的操作任务。所有由 PDGS 产生的校准和修正后的数据,最终都会交付给一些倾向于直接使用它们的最终用户和哨兵-3 系统之外的"服务段"。此服务部分包括:

(1) 海洋与陆地专门汇集中心将对哨兵-3 及其他交付类似信息的卫星所提供信息进行分析和比较,产生多仪器、多任务综合的产品和服务。这种多任务信息将进一步提高最终数据及其推导预测的质量。

(2) 模型构建者使用哨兵-3 和其他数据来创建海洋、陆地和大气模型,对大气、海洋和植被的演化进行预测。

(3) 由海洋与陆地专门汇集中心以及模型构建者生成的数据将提供给"增值器",该增值器将进一步处理数据,包括本地信息(如人口密度或面临风险的经济价值),之后会根据不同专门用户的需要定制结果。

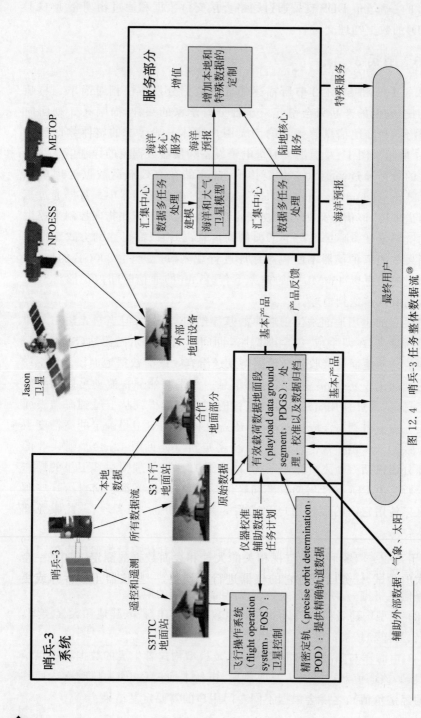

图 12.4 哨兵-3 任务整体数据流[13]

[13] BAILLION Y, AGUIRRE M. GMES Sentinel-3: A long-term monitoring of ocean and land to support sustainable development[C]//Proceeding of the 58th International Astronautical Congress, 2007.

（4）这些增值器的产品最终被交付给终端用户，他们会将用这些成果帮助决策。

所有的任务产品都要在获取后 180min 内完成近乎实时的分发。哨兵-3 的轨道周期约为 90min，每轨使用一个 X 频段下行链路与基律纳地面站或者斯瓦尔巴特群岛地面站进行通信。这种方案允许从采集到下传的时间最多为 90min，另外 90min 用于地面数据处理和分发。如图 12.4 所示，实际上，哨兵-3 的有效载荷地面部分提供的不是一个数据流，而是三个数据流：

（1）近实时（near-real-time，NRT）数据流必须在小于 180min 数据延迟的情况下交付。

（2）必须在 24h 内交付的慢时间关键（slow time critical，STC）数据，主要用于海洋业务监测。增加的时间允许提高校正结果，主要是改善的定轨精度和更好的产品精度。

（3）非时间关键（non time critical，NTC）数据，包括最准确的校正法，用于长期监视海平面和全球变化应用。

哨兵-3 也能够向其他 X 频段合作伙伴的地面站提供实时数据。下行链路数据速率与主用的基律纳站或斯瓦尔巴德站的速率相同，但是每个轨道只能提供几次这项服务。

12.3.4 NOAA-POESS 任务

1. 任务目标

如图 12.5 所示，国家极地轨道业务环境卫星系统是提供气象和环境数据业务的中坚力量[①]。这个计划是 NOAA 的民用极轨气象卫星（polar orbit meteorological satellite，POES）项目和美国国防部的军用 DMS 项目的融合。1994 年，该项目作为 NOAA、NASA 和 DoD 的共同合作项目启动。NPOESS 是一系列卫星，其系统是逐步建成的。卫星携带有多个仪器，用于与业务气象和环境监视相关的大气和表面数据的测定。这是一个非常大的尝试，任务已经对它的仪器进行了调整，一些仪器正在拆卸或更换。最终，NPOESS 任务采取了由三颗卫星组成的星座，其仪器可以提供地平线以上全空域的覆盖。每颗卫星都能够提供 12h 内整个地球覆盖，这三颗卫星联合起来，每 4h 就能覆盖整个地球。要做到这一点，三颗卫星升

---

① HINNANT F G，SWENSON H，HAAS J M. NPOESS：A program overview and status update [C]//Proceedings of IEEE International Geoscience & Remote Sensing Symposium. IEEE，2001.

交点的当地时间应有规律地分布在当地时间的 13:30、17:30 和 21:30。图 9.15 给出了这三颗卫星的轨道几何形状。这将允许频繁地更新所观测目标的参数。所有卫星都在高度为 833km、倾角为 98.7°的太阳同步轨道上运行。每颗卫星的质量都不相同，因为它们安装了不同的仪器，但它们全部属于质量高于 5 000kg 的类别。第一颗卫星在 2013 年发射。欧洲的 MetOp 卫星的加入会进一步加强该星座的能力，MetOp 卫星以 09:30 的地方时飞行在一个互补的轨道平面内。

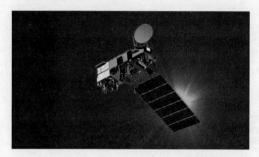

图 12.5　NOAA POESS [①]

该平台航天器的可靠性为 0.9，设计寿命是 7 年。它可以提供高达 7kW 的功率，拥有稳定性极高的光学工作平台，可以确保所有仪器之间的光学调准。

2. 仪器输出数据流

大气的变化是迅速的，气象信息的用户有很大的差别。为了实现不同用户团体快速交付的需求，NOAA POESS 数据发布的体系架构必定是很复杂。如图 12.6 所示，它拥有四个并行的数据下行链路系统。

为了满足最重要用户快速交付全球大气信息的需求，NOAA POESS 实施了 SafetyNet[TM②] 数据路由概念，它能够在获取数据后的 28min 内提供仪器产生的 95% 的数据。这一概念是基于 15 个基本上在全球均匀分布的 Ka 频段无人地面站实现的，其为地面站和卫星之间提供了平均每轨五次的通信机会。当卫星进入 SafetyNet 站的可见范围时，卫星将记录的所

---

① http//www. st. northropgrumman. com/media/presskits/media-Gallery/npoess/photos/media1_4_16358_16359. html

② DUDA J L，MULLIGAN J，VALENTI J，et al. Latency features of SafetyNet[TM] ground systems architecture for NPOESS[C]//Proceedings of Enabling Sensor and Platform Technologies for Spaceborne Remote Sensing International Society for Sptics and Photonics，2005.

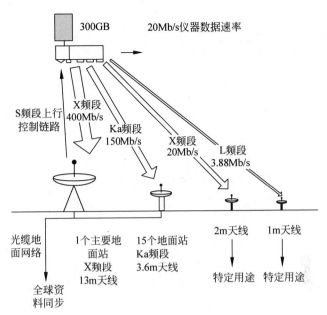

图 12.6 NPOESS仪器数据流。不同的用户将由具有不同尺寸天线的不同的下行链路地面站提供服务。

有存储数据以150Mb/s的速率对地下传。一旦存储数据下卸完毕,卫星就会下传实时数据直到离开地面站可见范围。为了在地面站可见弧段之间的空隙应用,NPOESS有一个300 GB的星载固态记录器。当NPOESS进入下一个SafetyNet^{TM}站的视野内时,重复上述过程。这些地面站通过光缆连接到中央数据处理中心,在那里进行全球天气模型的建模,目的是提供全球气象预测。

第二个系统是400Mb/s的X频段下行链路,每轨对北极斯瓦尔巴德岛13m的大口径天线下传一次。这种下载方案与哨兵-3的架构相似:每轨通信一次,下行链路的速度足够快,可以将上一轨所产生的全部存储数据清空。

为了应对用户感兴趣区域气象预报的需求,任务采用的是直接读出任务^①(direct readout mission,DRM)广播的方法,即随着仪器产生数据而持续下传。DRM将使用两条直播广播链路在现场为用户提供区域环境覆盖服务:

---

① WOUW J AVD,OVERTON J W,CORONADO P. NPOESS direct readout mission[C]// Proceedings of Society of Photo-Optical Instrumentation Engineers Conference on Atmospheric and Environmental Remote Sensing Data Processing and Utilization. Numerical Atmospheric Prediction and Environmental Monitoring,2005.

（1）X 频段 20Mb/s 的高速数据（high rate data，HRD）传输与 2m 口径的天线匹配。

（2）L 频段 3.88Mb/s 的低速数据（low rate data，LRD）传输与 1m 口径的天线匹配。

卫星发送到现场终端的信号被放大、下变频、解调、解码和解密，之后对这些信号进行处理，生成环境数据记录。这些数据记录产品需要的辅助数据，比如卫星的位置或者姿态，都包含在同一个下行链路中。HRD 和 LRD 地面站自身配备能生成大量数据产品的数据处理算法。中等性能的计算机可以在 2～15min 高速生成这些数据记录。所需天线的尺寸小、数据处理软件的可用性以及所需适中的处理功率，确保了关注当地气象信息的用户可以很容易地获得 HRD 和 LRD 部件。有更高要求的用户可以使用 HRD，要求不高的用户可以使用更简单和更便宜的 LRD。这两个系统提供了一个完全集成且易于获取的解决方案。这确保了最大限度地利用 NOAA POESS，优化任务产生的社会效益。这个方法延续了之前 NOAA 业务气象任务的传统，也是通过高分辨率图像传输（high resolution picture transmission，HRPT）和低分辨率图像传输（low resolution picture transmission，LRPT）子系统提供了任务产品直接广播。在 HRD 中，可以下传 50 个任务产品（环境数据记录），LRD 的极限则是 29 个经数据压缩的产品。

12.4　功能分配

12.4.1　大数据量与小数据量

8.4.4 节已经讨论了仪器数据的输出量问题，分析了驱动数据传输速率的因素。根据观测量的特征，数据传输速率可能的变化范围会很大：Cluster 卫星在一个单点原位获取数据，其数据传输每天只有 0.8GB；哨兵-3 卫星每天产生 3 000GB 数据；高空间分辨率和大幅宽仪器每秒可以产生数百兆字节的数据；具有非常精细谱分辨率的光谱仪也有非常高的数据吞吐量；合成孔径雷达以产生大量数据而闻名。向地球传输如此大量的数据是困难的，而且卫星下行链路的容量将会成为整个任务的瓶颈。提供高数据流需要：

（1）星上高功率的数据发射机。

（2）星上高增益天线。

（3）更高的下行链路频率能够在可用带宽上编码更多的信息。

（4）地面大功率和高增益的天线。

（5）使用数据压缩技术。

（6）通过使用数据中继卫星或者使用更高的轨道来提供更长的通信时间。

（7）通过大量地面站来满足通信时间。

（8）通过合理地选择地面站在卫星可见性最佳的位置来提供更长的通信时间。

上述的所有手段都有局限性：高增益天线尺寸大；某些应用不能接受数据压缩技术；数据中继卫星可能不可用而且很昂贵，使用大量地面站也是很昂贵的。下行链路的速率受到限制。一旦选定了下行链路频率，下行链路的最大速率由现有的允许带宽标准严格确定（详见表11.1）。这表明数据传输速率通常有绝对的限制，会迫使用户降低预期。在罗塞塔与彗星交会期间，科学家期望卫星能够具备比11.4.2节中提到的5kb/s速率更高的数据速率，但是，在观测时刻，地球与彗星之间遥远的距离造成了限制。也是由于卫星数据吞吐量的限制，高分辨率对地观测有效载荷通常仅可以获取卫星完整轨道时间内短暂一段时间的图像。本章后续将聚焦通过各种方法增加整个任务数据吞吐量的优缺点。

哨兵-3会提供整个地球定期持续的信息。这意味着仪器在持续获取信息。这个恒定100%工作周期唯一的例外，最明显的就是一个视觉成像仪无法在夜间获取信息。由于它是全球性的，光学仪器具有较高幅宽，并能提供多个频段的信息。雷达高度计除了传统的低数据吞吐量模式外，还具有高速数据率的合成孔径模式，该模式将产生大量的数据。用来调节数据速率的手段是仪器分辨率和雷达高度计合成孔径模式所允许的操作时间百分比。仪器分辨率限制为250m，这样可以满足用户表达的需求。但是，如果可能有更高的空间分辨率，用户一定会选择。在雷达高度计模式下，在高低数据吞吐量模式之间的一种人工对半分的模式已经被采用。这使得卫星可以在一半时间里使用分辨率更好的合成孔径模式进行观测，这足够表征所有沿海区域、冰川覆盖区域和内陆水域。所选择的解决方案提供了一种数据流架构，与经过验证的下行链路技术兼容，并且每轨只有一个地面站通信。一个明显的例子是，用户的利益会被一个负担得起的系统需求所调整。

Cluster卫星通过原位仪器测量其所飞经区域的电场和磁场来研究地球磁层。在每个时刻，所观测区域都是一个单一的点，这使得数据吞吐量在

20～130kb/s 之间。其每天的平均数据量为 0.8GB。由于轨道几何形状的原因,卫星与地面的平均通信时间很长,所以这部分时间必须在星座的四个卫星中分享。5GB 的星载存储器作为仪器产生数据的一个缓存器,能最多存储 6 轨的数据。适度的数据速率确保任务可以以舒适的余量建立、使用低风险的技术,并且只需要一个地面站来服务于任务。

在至关重要的科学任务期间,地球和彗星之间的遥远距离是罗塞塔的仪器数据流的主要制约因素。这个距离为 4～6 AU(详见图 11.7)。罗塞塔携带了一系列不同的仪器,包括原位测量和成像仪器。用于数据分发的地面站是 ESA 位于澳大利亚珀斯附近的、直径为 35m 的地面站。轨道几何形状提供了每天一次、时长约 12h 的对地通信。罗塞塔还携带了一套主导了卫星构型的高增益天线,其数据吞吐量由每天 12h 的通信时间和 5kb/s 的数据速率决定。大容量存储器可以存储 25GB 的数据,这就允许对复杂事件进行观测,可以先存储然后再慢慢向地球下传数据。发射和地面接收天线都是目前最大和最强的,与可负担得起的技术兼容。NASA 的 DSN 网络有直径为 70m 的天线,而 ESA 的同类地面站天线直径只有 35m。

NOAA POESS 产生数据的速率为 20Mb/s,相当于每轨产生 110GB。与哨兵-3 任务一样,该任务所产生的业务气象数据除了夜晚无法获取可视光数据外,其余都是连续获取的。NOAA POESS 的仪器种类繁多,能够在许多频带上获取高精度数据,具有很宽的刈幅。这些仪器的空间分辨率是适中的,所产生的数据速率虽然大,但可以与现有的技术兼容。任务使用15 个 SafetyNet 地面站(能够提供高达 150Mb/s 的下行数据率),平均每轨提供 5 次与地面的通信,提供一个对仪器数据量的处理并不关键的场景。NOAA POESS 的关键点在于数据交付速度的限制,之后我们将讨论这方面的内容。

12.4.2　短数据延迟与长数据延迟

本节继续讨论在 8.4.6 节和 11.5.3 节讨论过的数据请求和交付快慢的问题。11.5.3 节的讨论集中在端到端的时间轴上"获取时间"部分。这里的讨论将集中在"交付时间"和 8.4.6 节定义的"数据延迟"上,即仪器获取数据与基于这些数据的产品交付到最终用户之间的时间差。数据延迟包含卫星下传信息所必需的时间,加上处理和交付数据必需的时间。图 12.7 和图 12.8 提供了以用户为中心的视角。图 8.18 已经描述过的同一个端到端时间轴的视图。

研究快速变化现象的任务指定的时延要求更高,而对于研究变化较慢

图 12.7 数据交付时间轴

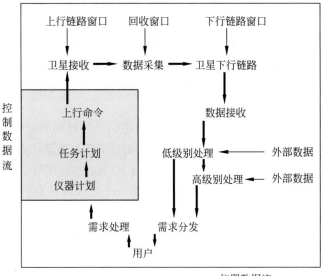

图 12.8 图像采集和交付过程流程图。包括与上行链路/操作时间线和下行链路/
仪器时间线相关的步骤。

的现象的任务要求较低。对于运营任务所交付的任务产品来说，包含尽可
能最新的数据是极其重要的，因为这些信息是用于做决策的。如果做出决
策所用的数据太过时，决策结果的有可能是不利的。对于要求快速决策的
任务来说，时延尤为关键，例如在军用和民用安全方面。科学任务也更喜欢
快速的数据交付，这样可以使科学家对所观测现象做出更有互动性的研究，
特别是对于分析那些瞬变事件，如 X 射线这类天文学中经常出现的现象
等。此外，推动认知状态的任务会处理需要深入处理和需要长时间来正确
理解的数据产品。这类任务不会过分强调短的时间延迟。Cluster 对主要
研究者提供了足够快的数据交付，对二级用户交付数据的时延则较大。这
是一个有相当宽松的整体数据延迟要求的科学任务的例子。

罗塞塔受益于快速的时间轴，使观测策略与卫星探测的现象相适应。

但是，罗塞塔受到信号往返地球所需的长时间延迟、上行链路和下行链路低数据速率的限制。这使其获取的数据传输到地面需要长时间的等待。这些数据在发送到地面之前存储在星上 25GB 的大容量固体存储器中。

哨兵-3 和 NOAA POESS 有相似的架构和要求，因为二者都产生了融入大型计算机模型的全球数据。哨兵-3 提供的是海洋和植被建模的数据，NOAA POESS 数据则用于快速变化大气的建模。对诸如飓风、龙卷风、地中海秋灰泛滥等的监视要求需要快速和越来越准确地了解当前天气，并减少数据延迟。气候现象快速变化的特征导致 NOAA POESS 数据下行链路架构的复杂和相关成本增加，其架构使得数据延迟从 3h 减小到 30min。

11.4.4 节讨论过的 SSTL DMC 配备能够在 4h 到 2 天时间内提供任务产品的仪器数据处理系统，其具体时长取决于处理的水平和数据产品的质量。

交付获取的数据需要如下步骤：

（1）卫星需要时间来到达轨道上的某一点，该点可以通过与地面站的通信提供数据下行链路的机会，也可以在极少数情况下与数据中继卫星的通信。这个时长取决于轨道、下行链路地面站的数量，以及是否使用数据中继卫星。

（2）一旦数据到达地面，其必须经历第一个处理步骤，通常涉及经校准和参考性强（与地球或天空有关）的数据的交付。例如，如果仪器是一个辐射计，则处理后的数据将通过从明确已知的位置进入仪器的辐射通量来校准。该数据与仪器的物理特征更相关，与所观测现象的物理特征相关性不大。熟悉该仪器的高水平用户会知道如何充分利用这种数据。

（3）高级处理将数据转化为与所观测现象直接相关的物理参数，例如，将辐射通量转化为观测陆地表面的温度。所有潜在的用户，包括那些不熟悉仪器的用户都能使用这种数据。接收这种数据需要进一步处理额外的时延。

（4）最后，可以将高低两个级别处理的数据都交付给用户。可以通过物理方式交付（如邮寄），比如 CD 或者 DVD，或者通过使用 ftp 或 http 协议的因特网方式交付。对于要求系统性大数据集的用户，也可以使用直径为 1～2m 的小型天线通过通信卫星进行分发，这是另外一种负担得起的可能性。

步骤（2）和步骤（3）的延迟可以使用高级算法和强大的计算机来减少。步骤（4）的延迟可以很容易地使用因特网和新型宽带通信系统来减少。但是步骤（1）只能通过使用大量的地面站来减小时延，如 NOAA POESS 项目那样，或者通过使用数据中继卫星，如 ESA 对 Envisat 和 Artemis 卫星所做的那样。这两种方法都是复杂且昂贵的。

使用位于地球同步静止轨道位置的数据中继卫星可以增加数据吞吐量，因为它能将通信的时间从每个地面站每次大约 10min 放大到每颗数据中继卫星每轨 30~40min。数据中继卫星对于海量数据生成的任务有很明显的优势。NASA-NOAA 陆地卫星使用了运营的 TDRSS 数据中继系统星座。NASA 地球科学卫星星座(Terra、Aqua 和 Aura)也使用了 TDRSS。ESA 和 CNES 也使用了演示数据中继卫星 Artemis；CNES 通过一条光学数据中继链路来下传 Spot 5 卫星的数据，而 ESA 则通过一个 Ka 频段微波链路来下传 Envisat 卫星的数据，如图 12.9 所示。Artemis 使得 Envisat 和 Spot 能够更广泛地使用这些仪器。从近地轨道到地球同步轨道位置的距离很远，因此，数据中继链路要求在近地轨道和地球同步轨道位置都要有高增益定向天线。数据中继卫星是服务很多用户的基础设施，因此不可避免地会与其他卫星共享。

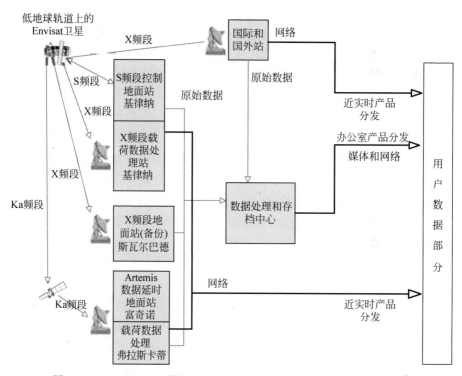

图 12.9　Envisat 卫星数据下行链路中 Artemis 数据中继卫星的使用①

12.4.3　现有的、待获取的和已订购的产品

可能有四种类型的用户请求情况：

---

① 图片来自于 ESA。

（1）对于尚未实施的观测请求，应该被获取、传回地面、处理并交付。

（2）对定期、系统地交付某一类产品订购的请求，比如对地球或一个空间特定区域的所有观测。

（3）非必要的请求。仪器处理的数据是广播的，能被任何经过某种类型的登记程序并有足够设备可以使用的人接收。

（4）对存储在任务档案中已经获取观测数据的请求。

这些交付模式中的每一种都对端到端空间系统的不同方面有影响。

第（1）类是最广泛的，它影响着空间系统的每个要素，在 8.4.6 节和 11.5.3 节已经进行了分析。图 12.8 从用户视角描述了这一处理过程，图 8.17 从卫星的视角描述了这一处理过程。这是在推进中的科学任务最常见的情况类型，7.2 节所描述的天文观测任务都是这种类型；高分辨率的地球观测任务，如 11.4.4 节描绘的 SSTL DMC 卫星，以及 9.6.4 节描述的 Pleiades 卫星也都是这种类型。这些任务非常仔细地研究一片区域中的一小块。这就是为什么必须要控制卫星，使其指向一个特定的方向。在这些任务中的仪器操作都是交互式的（详见 8.4.5 节）。

第（2）类更简单，它不需要不断改变任务计划，但是会影响端到端系统从在轨仪器数据产生到将数据分发给用户的所有其他部分。这种情况发生在对地或者对天观测任务中，比如在 11.4.3 节和 12.3.3 节中讨论过的哨兵-3。12.3.4 节描述的 NOAA POESS 业务气象任务也是这种类型。提供全球气象预报的全球气象预报中心就是一种极端情况。这些中心要求一个或者多个空间任务所产生的所有数据都必须定期及时交付。能够提供这种类型服务的架构不要求高度的灵活性，但必须具有最优的时效性，以确保能够及时并可靠地将数据交付到同化中心生成全球气象预报。这些任务提供了大区域天气的定期视图。这些任务对仪器操作都是计划性的（详见 8.4.5 节）。

第（3）类情况最能够使卫星产生的数据得到最广泛的使用。12.3.4 节的图 12.6 描述的两个 NOAA POESS DRM 系统将信息向区域性用户广播就是一个典型的例子。为了提供更高等级的、优质的任务产品，这类数据分发也要求向用户提供算法，允许他们对广播数据进行额外的地面处理。比如，NOAA POESS 就提供了这种类型的算法交付和维护服务。

第（4）类的请求很容易就能满足，因为向用户交付已经有的数据仅影响有效载荷数据地面段。这种交付模式在研究缓慢变化的物理现象时很常见，比如气候变化。提供这种类型的服务要求一致性质量数据的长期维护以及贯穿整个任务期间的数据校准所用算法的相关文件。应该注意的是，这种一致性数据的长期维护可能是昂贵的。

12.4.4　在轨与地面处理

从上一节我们可以清楚地看到,卫星下传的数据量可能会产生问题。当使用在轨处理来减少数据量时,任务设计将会被简化。合成孔径雷达和干涉仪产生大量的数据,可以通过星上处理来减少。高分辨率高刈幅成像仪器的数据量也可以通过数据压缩减少。有下面四种可能的场景:

(1)复杂的数据处理可以大规模减少数据输出量,包括星载 SAR、星上傅里叶转换光谱处理等。

(2)销毁星上被识别为不相关数据的复杂数据处理,例如不下传被云层所覆盖的图像。

(3)保留了信息且仅适度降低数据输出量的数据压缩。这就是无损图像压缩的情况。

(4)破坏了信息但能大幅压缩数据输出量的数据压缩。这就是有损图像压缩的情况。

星载计算机的能力越来越强,合成孔径和光谱处理也逐步成了现有系统能力范围之内的事。在不久的将来,我们将看到这类星上处理越来越多的可能性。

同时,还有一些少有的空间任务允许由卫星自主判断其仪器所产生的数据是否具有不相关性、是否可以被删除。精确地确定一幅图像中被云覆盖的部分比看起来要困难得多。尽管已经有大量研究,但是目前还没有可以完全无误地实现这种功能的算法。与干涉仪和光谱数据的星上处理情况一样,未来的进步将允许在这一领域的数据消除。与这种方法相关的第二个问题是,信息量可变的下行链路需要变化的数据速率,而且下行链路系统无论如何都要对最大数据吞吐量进行标注。也就是说,这种方法不是简化了数据下行链路,反而是使其复杂化。

数据压缩在卫星中使用,无论是无损压缩还是有损压缩都应用广泛且实现简单。在几乎所有的大数据量产出任务中都使用了数据压缩。在无损压缩的情况下,数据输出量的降低是适度的,所保证的最小压缩因子为1.8。这个最小值用于包含大量相位信息的数据,比如由分光镜或者合成孔径雷达产生的数据。这种能够显著减少数据输出量、图像质量仅会适度下降的算法适用于高分辨率光学信息。Pleiades 有损数据压缩算法使得数据减少的平均最小因子为 4,而快鸟卫星(QuickBird)的最小因子可以达到 5[①]。

---

① KRAMER H. Observation of the earth and its environment—Survey of missions and sensors[M]. Springer Verlag,2002.

尽管广泛使用星载数据压缩为任务性能提供了优势，但使用数据压缩时必须非常小心。通常，科学任务更倾向于避免使用数据压缩，运营任务则能更好地容忍数据压缩。在科学任务中，信息的删除是危险的，即使是很少量的信息，因为所删除的信息的实际价值是未知的。运营任务则受益于更加激进的数据压缩方法。用户对是否允许在星上进行数据处理具有最终发言权，其风险是有价值的信息可能会被破坏。用户还会选择是否更倾向于减少任务的输出以适应更低的数据吞吐量，比如，通过使用更粗的空间或者谱分辨率、更小的刈幅等。

12.4.5　地面站的数量和位置

本节讨论的地面站不向卫星发送指令，它们仅接收来自卫星的数据。因此，在选择地面站的位置时有很大的自由度。将数据接收任务转包给不由在轨卫星所有者直接控制的地面站的做法是非常普遍的。这种做法给了系统设计师自由选择向卫星提供服务的最适合的地面站位置。

地面站的数量和位置必须要优化，从而使在设计允许的速率下能够将卫星产生的所有数据下传。地面站的数量和使用还取决于地面站在卫星范围内的、能与其建立联系的频率和时间周期。

有三种可能的情况：

（1）卫星不是环绕地球飞行的。这种情况下，通信模式由地球的自转决定。

（2）卫星是环绕地球飞行的，但是其轨道周期非常长，可与地球自转相比拟。此时，轨道周期和地球自转共同主导通信模式。

（3）卫星是以低高度环绕地球飞行的，且轨道周期很短。此时，通信模式由轨道周期和倾斜度决定。

下面我们将深入分析这三种情况。

1. 非绕地球飞行的卫星

距离地球很远的卫星，比如罗塞塔，对于天球来说几乎是固定的，所以其可见模式是由地球的自转决定的。地球的自转使得地面站可以对天空进行扫描；当卫星位于地面站的天球地平之上时，卫星就可见。一个地面站提供每天一次、约 10h 的对卫星可见时间，三个均匀分布的地面站就能保证连续不断的通信。这就是 NASA 的深空网在加利福尼亚、澳大利亚和西班牙都有地面站的原因。ESA 也正在同样的国家建设类似的网络。位于西班牙和澳大利亚的地面站目前正在运行，而第三个还在建设中（译者注：第三个地面站位于阿根廷,于 2012 年建成。)。

这些系统的使用是很昂贵的,而且为数很少的、能够提供与遥远行星通信这些地面站,必须要在所有需要它们的现有任务间共享。为了降低成本,卫星在设计时要将对与地面站通信的需求降至最低。单个地面站(在本例中位于澳大利亚)服务于罗塞塔。如 7.2 节描述的那样,NASA 深空网的三个地面站能够持续为 JWST 提供服务。但是 JWST 数据流架构的设计要求每天一次 4h 通信。这进一步表明由于计算机能力的提升以及降低成本的需要,使得卫星向自主化发展的趋势。

2. 长周期绕地飞行卫星

轨道周期近似或等于地球自转周期的卫星一旦与其地面站建立链路,则会有一个较长的通信期,之后便是不可通信期(长短取决于轨道情况)。一个极端的例子就是地球同步静止轨道卫星,其轨道周期为 24h,使卫星可与一个位置良好的地面站一直可见。国际紫外线探测器卫星于 1978 年发射,如 7.2 节所述,它的轨道为近地点为 32 050km、远地点为 52 254km、轨道周期为 24h。它使用了两个地面站,一个位于华盛顿特区附近,另外一个在马德里附近。它的轨道平面和偏心率如此之大,以至于欧洲地面站每天能有 8h 的可见,美国地面站每天有 16h 的可见。

Cluster 卫星(详见 11.4.1 节)的轨道周期为 57h,即 2 天 9h,其轨道倾斜度为 90°,远地点高度为 119 000km,近地点高度为 19 000km。图 12.10 所示为其星下点的轨迹和马德里地面站的可见情况。对于地球的 24h 自转周期而言,这个轨道周期很长,当卫星靠近远地点时,它们几乎固定在天空中,因而地球的自转决定了地面站的可见性。这就提供了每一轨的第一次可见时间长度为 11h23min,第二次可见时间长度为 10h25min。总体上,Cluster 卫星总的可见度为整个轨道周期的 38%。

正如上述的两个例子,长轨道周期的绕地卫星允许与一个经过了明智地选择的地面站进行长时间的通信。全部地面站通信时间的占比从 30% 到同步静止轨道的 100% 之间变化。

这种可见性模式决定了通信架构的设计。在该架构中,一个地面站可以在有高百分比可见时间的同时以中等速率下传大量数据。但这种几何会产生较长时间的不可见周期。可以通过明智地选择轨道倾角、偏心率和地面站的位置来降低不可见时间。卫星需要配备星上存储器,在卫星位于地面站覆盖范围之外时存储仪器获取的数据。

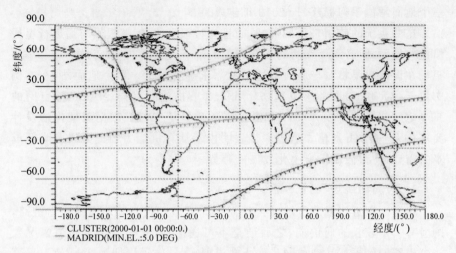

图 12.10　马德里站对一颗 Cluster 卫星的轨道可见性（绿色）（见文前彩图）【审图号：GS 京（2024）0686 号】

3. 高倾角短周期地球轨道卫星

这是传统的对地观测轨道，提供从极点到极点的整个地球观测覆盖。位于这种轨道的卫星每圈都飞过地球两极，极地附近的地面站可以确保每轨均与卫星的通信。图 12.11 所示为斯瓦尔巴德岛地面站对一颗典型的地球观测卫星在每一轨的可见性。这个地面站的提供的通信时间从 6min 到 12min 不等，每天所允许的数据下行传输为 2h38min，等于总时间的 11%。

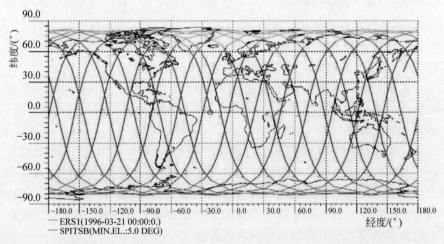

图 12.11　斯瓦尔巴德站对 ERS 卫星 1 天轨道的可见性（绿色）（见文前彩图）【审图号：GS 京（2024）0686 号】

　　这种单站且每轨均可见一次的模式提供了一种能满足很多类型任务的合理的数据流架构。考虑位于近地轨道卫星的典型轨道周期约为 90min，如果每一轨道有一次下行链路可以被预测，则在下行链路下传的最旧数据的时刻是数据获取后的 1.5h。加上用于数据处理、数据校准和质量检查的另外一个 90min，将信息交付到用户滞后时间不超过 3h。如果与这样一个地面站失去联系，如遇到地面站维护等情况，就会导致永久的数据丢失。

　　但是，还有很多情况，3h 的延迟还不够。对于要求更快速进行数据处理的情况，就需要提供更高效、更复杂的数据流架构。一个可能的方案就是在北极和南极附近均建立地面站。但由于南北极的恶劣气候，地面站的使用及其相关基础设施都需要大量投资。这种可见模式使得通信架构的设计能保证其中的一个地面站能在有高百分比的可见时间的同时下传大量数据。

4. 低倾角短周期地球轨道卫星

　　将卫星送入轨道的最高效的方法是将它们放入低倾角低纬度的环绕地球轨道，大多数不需要特定轨道的卫星最终都在绕地球的低倾角轨道上运行。与近地轨道卫星进行通信的最有效方式就是在与卫星轨道倾角接近的纬度上建立地面站。图 12.12 所示为一个马德里附近的地面站对 40°倾角轨道的可见情况。

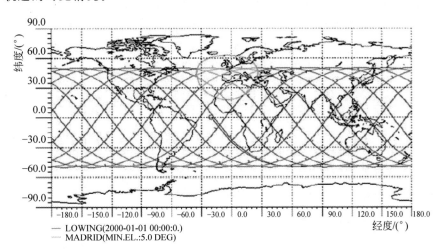

图 12.12　马德里站对 40°倾角的地球轨道 1 天的可见情况（绿色）（见文前彩图）【审图号：GS 京（2024）0686 号】

　　这种类型的轨道最可能的使用者是那些要求低的卫星，一个地面站通常就能提供足够的地面通信。马德里站每天能够提供 1h17 分的通信时间，每天 6 到 7 个弧段,每个弧段最少的通信时间约 11min。为了提供更长的通信时间,就需要在卫星飞过的区域内有更多的地面站。

12.4.6　集中式与分散式处理

处理仪器生成的数据是至关重要的。这一处理过程不仅需要使用仪器输出数据,还需要使用卫星提供的辅助数据,甚至还经常需要用到外部数据作为参考。这个处理过程将产生更精准、更具价值的数据。这种渐进式的数据处理可以在某个用于向用户分发数据产品的单一节点进行,也可由不同的用户独立各自进行处理。NOAA POESS 就为这两种情况提供了例证。

SafetyNet 和集中式 X 频段下行链路为某一选定的数据同化建模小组提供数据,这个小组将利用这些数据生成全球业务气象预报。这种集中式处理方式工作得很好,因为集中式全球气象预报能够使用最精密的数据和最强大的计算机,为全世界提供有效信息。此外,NOAA POESS DRS 系统将来自卫星的数据直接广播给众多的区域性用户。这些区域性用户将进行他们各自的处理。这确保了卫星生成的数据能够在最大范围内最快得到应用。不同用户的不同需求使这两个完全独立的数据下传与处理系统均有存在的必要。一些人倾向于集中式数据处理的质量和全球范围,其他一些人则偏好分散式数据处理的速度和独立性。哨兵-3 就有一个更为集中化的数据下传和处理架构。中央 PDGS 处理数据并将其提供给建模人员和集成中心,他们也会使用其他卫星和原位仪器生成的数据。所有同化在一起的数据提供了对海洋状态的预测并交付给用户。

Cluster 和罗塞塔则提供了混合方案。其数据处理由一组选定的首席研究员执行,但这些数据也可分发给倾向于自行执行数据处理的外部研究人员。

集中式数据处理中心可严格控制卫星生成的产品及生成信息的传播。集中式数据处理的另一个优点在于,它可以长期储存完好归档的数据。这种严格的数据归档对于许多科学应用至关重要。

12.4.7　独立的科学操作或作为整体操作一部分的科学操作

卫星操作是仪器操作的一个重要子集。准备指令并将其上传给卫星的任务控制中心必须考虑用户的数据获取申请。这些申请由科学操作中心进行筛选和处理,科学操作中心会评估这些申请的科学价值、科学任务的适用性及相互的兼容性。得到的申请结果接着必须从技术适应性的角度再次进行筛选:即申请与卫星资源可用性的兼容程度如何、它们与卫星操作(例如需要一次轨道修正机动)的兼容程度如何。因此,观测计划的建立有两个组成部分,即技术的和科学的。

在我们讨论的哈勃空间望远镜的例子中(详见 7.2 节),戈达德航天中心扮演的是技术角色,太空望远镜科学研究所扮演的是科学角色。12.3.2 节中有关罗塞塔号科学操作的描述也提供了一个卫星(RMOC)和仪器(RSOC)专家合作建立观测计划的好例子。

12.5 性能分配

12.5.1 星载存储内存预算

仪器生成数据的不同速度取决于其操作模式。当地面站可见时间足够或在数据中继卫星链路允许时,仪器将向地面下传生成的数据。不过,为了在数据生成和数据下传之间提供缓冲存储,星载大容量内存是必不可少的。本章研究的所有任务均使用了不同大小的大容量存储器。Cluster 使用了 5GB 的存储器,罗塞塔使用了 25GB 的存储器,而哨兵-3 与 NOAA POESS 的存储容量更是分别达到了 200GB 和 300GB。存储器的容量必须足够大,以允许缓冲和存储仪器产生的所有数据的最大数据产,以及与实际在没有下行链接机会的最长时间内产生的数据量。相对于整体任务时间,实际数据下传的时间通常较少,因此,下传的速度必须大于数据生成的速度。以 NOAA POESS 为例,其数据的生成速度为 20Mb/s,最大下传速率可达 400Mb/s。星上安装所需大容量存储器的大小通常不是问题。与地面无通信的最长周期是一个关键的决定因素,也是一个轨道和下行链路几何的函数,但在设计的最早期阶段,是无法高度准确地预测仪器的数据生成速率的。与早期确定数字硬件尺寸时使用高安全余量的总趋势一致,在早期估计大容量存储器大小时,会使用 1.5~2 的安全因子。值得一提的是,在设计阶段的早期,会产生一个平均系统数据流分析,但是这种分析可能是不准确的,还需等待平台和有效载荷数据的生成速率、轨道、地面站数量和位置的确定。随着数据更加确定,必须尽快开展一次更加准确的动态数据流分析。另外,必须要避免大容量存储或对下传速率超过原始分配值的情况,这就需要使用安全余量。

12.5.2 数据下行链路预算

我们已在 11.6.2 节中详细探讨了链路预算及相关问题,还详细地研究了从远离地球的卫星信息下行链路所涉及的问题。在11.6.2节讨论的问题在本节也必须要考虑,但本节将提供适用于大量仪器数据的补充材料,特别是与近地轨道的仪器输出下行链路相关的问题,以及在11.6.2节并未涉及的问题。

在近地轨道,卫星与地面站间的距离较近,理论上来说,通过合理的通信部件可以实现极大数据速率的下传。然而,为了避免不同用户间的相互干扰,正如11.1.3节所述,国际电信联盟规范了通信环境。这些规则使设计师们面临两个补充的约束:

(1)信号所允许的最大功率通量密度是受限的。任务设计师不能增加信号到达地面站时的功率,不能使其超出规定限度。对功率通量的密度限制,限制了天线增益和卫星发射的总功率。

(2)频谱带宽本身也是受限的,它必须在所有可能的用户间共享。这对产生大量观测数据的地球观测卫星来说是一个严重限制。因此,地面站位置的多样化和接收天线方向性的增加是频率多样化的首选方法。

在近地轨道任务中,到达地面站的功率通常足够传输所需的数据输出量,无须使用大功率放大器或高增益天线。几乎所有地球轨道任务和那些下传带宽所允许的最大允许的数据量任务,均使用低增益天线。Cluster使用的是全向天线;哨兵-3使用的是心形曲线增益的天线。当卫星在地面站的地平上方低仰角飞行时,该方向上天线将适当地增加增益。而当卫星直接飞过地面站、彼此之间的距离最近时,将减小天线增益。

Cluster是一个相对简易的数据下传系统的典型例子。Cluster只搭载了数据生成速率适中的原位仪器,且其轨道允许较长的通信时间。这使得其容易满足链路预算,同时可以为需求的分配和所有部件的设计留下较大余量。

12.3.4节所述的NOAA POESS DMS系统为大量小型天线提供任务产品,在L频段部件中天线的最小直径只有1m。L频段和X频段的DMS使用低增益天线持续下行广播信息。该系统被设计得简化了地面站硬件,使尽量多的分散用户可以使用。这就创造了一种情况。需求的分配降低了地面部分的难度,使其易于设计,对于空间系统来说是最小的,迫使其尽可能地利用ITU规定的对应频段所允许的发射功率。

哨兵-3并不持续广播信息。当其飞过主要地面站——位于瑞典的基律纳和北极附近的斯瓦尔巴德岛时,它会下传信息并清空全部存储器。哨兵-3设计的主要限制因素并不是硬件的可用性,而是严格的规定。如12.4.5节明确指出,对地观测任务得益于两极附近的地面站。许多对地观测任务更倾向于向北极附近的斯瓦尔巴德站下传数据；它们也更倾向于使用最大的数据速率、在每一次可见的机会下传数据。哨兵-3 和 NOAA POESS 均有 X 频段 400Mb/s 下行链路系统,并均利用了斯瓦尔巴德岛的地面站,这绝非偶然。因为这的确是一个非常吸引人的方案,问题是它可能会在卫星之间产生干扰。

数据中继卫星为带宽和功率密度的限制问题提供了一种可行的解决方案。数据中继卫星允许在更长的时段内传输类似数量的数据,降低了对高速率和高带宽的使用需求,并允许通过地面可见度更好的地球同步卫星进行数据下传。

NOAA POESS 的 SafetyNet 系统为从根本上解决上述监管问题提供了另一方法。它使用大量地面站增加了通信时间,并降低了所需的数据下行链路速率。这些地面站均匀分布在世界各地,减少了两极拥塞带来的问题。工作在 Ka 频段的 SafetyNet 为减少监管问题提供了一个辅助工具。根据 ITU 的规定,Ka 频段的带宽为 1.5GHz,而对应的 X 频段带宽仅为 0.3GHz。这意味着 Ka 频段可提供更大的数据输出能力。

12.5.3　数据延迟预算

本节是 12.4.2 节的延续,继续讨论短数据延迟与长数据延迟的相关问题。我们已全面分析了影响数据交付时间线的主要因素。已经讨论的四个时间周期分别是:

(1) 下行链路时间。它完全取决于轨道、地面站的位置和数量,以及是否使用数据中继卫星下传数据。

(2) 低水平处理时间。可通过使用快速处理算法和计算机来优化该时间。

(3) 高水平处理时间。该时间也可通过使用快速处理算法和计算机来优化。然而,常见的情况是,处理需要使用外部信息,如来自 GPS 卫星的准实时、高精度轨道数据,必须确定处理这些数据的按时交付方法。

(4) 分发时间。与第(2)和第(3)种时间一样,该时间也可通过使用计算机处理来缩短,但也可能需要永久性或半永久性的人工干预。

如 11.6.5 节所述,第(1)时间周期是确定的,因此可放弃使用安全余量,但第(2)、(3)、(4)时间周期则是处理算法、计算能力、地面通信与基础设施、所需人力支持和外部数据交付延迟的函数。因此它们需要设置宽裕的安全余量。亦如在 11.6.5 节所解释的,地面处理和分发的早期设计将关注功能性设计和成本估算,但不包括详细的物理设计。这也是要在分配第

(2)、(3)、(4)时间的规划中包括宽裕的安全余量的另一原因。地面处理专家必须决定分配给第(2)、(3)、(4)时间周期的时间是否现实，而实现能够提供所需性能的系统需要多少成本。应该特别注意的是外部数据识别，以及为了确保这一外部数据在所分配的时延内可用而必须做出什么样的排列。对于如安全、防务或气象等应用而言，极短的数据时延是极其重要的。为了缩短时延，需要减少上述第(1)至第(4)步所需的时间。这就要求使用快速处理和数据分发网络，也需大量地面站和/或使用数据中继卫星。12.3.4节介绍了有 15 个地面站的 SafetyNet^{TM} 系统，它们可以减少用于业务气象数据的时延。采用如此复杂的结构，是为了提供最快的气象卫星数据交付和最快速的天气预报。这在应对如飓风或洪水等快速变化的极端天气状况时是特别有用的。接下来的图片提供了对高度 800km 的太阳同步轨道(气象任务最常利用的轨道)中的某一颗卫星的不同地面站网络延迟数值，描述了将减少数据延迟的渐进式更复杂的架构。

位于斯瓦尔巴德岛的单一地面站的下行传输时间在几分钟到 70min 间波动——对于下行传输前的观测任务，仅需几分钟即可完成；而对于如图 12.13 所示的斯瓦尔巴德岛刚出站后的观测任务，则需 70min 才能完

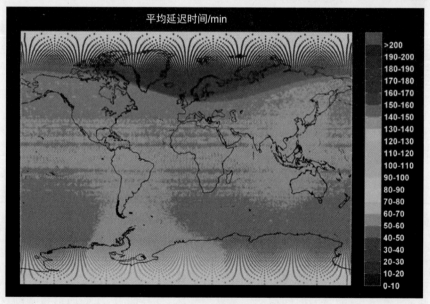

图 12.13　在斯瓦尔巴德的单站延迟时间(见文前彩图)[①]【审图号：GS京(2024)0686 号】

---

① 图片来自于阿斯特里姆公司和 GMV。

成,且这些数据会被延迟直至接近一个轨道周期后恢复通信为止。如图 12.14 所示,沿赤道均匀分布的三个补充的地面站仅适度改善了这些延迟数值。但若使用数据中继卫星,则可以得到极大改善,如图 12.15 所示。一颗数据中继卫星可以缩减约三分之一地球范围内的数据延迟,三颗数据中继卫星则可实现数据在全球范围内的快速分发。对一个综合数据中继卫星网络的基础设施投资是昂贵的。如图 12.16 所示,12.3.4 节所述的SafetyNet™ 网络也可以在全球范围内大幅缩短的数据延迟时间,但建设15 个必需的地面站同样需要巨额投资。

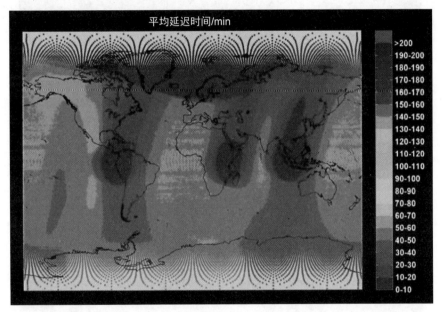

图 12.14 斯瓦尔巴德单站与瓜亚基尔、马林迪、新加坡 3 站的延迟时间(见文前彩图)[①]【审图号:GS 京(2024)0686 号】

卫星通常生成大量数据,而将数据发送到地面仅仅是第一步,还必须将其交付给处理中心。整体的时延计算还必须包括将数据自地面站至处理和分发中心的传输速度。数据传输至处理和分发中心的速度会根据不同地面站的地理位置而有所变化。图 12.17 列出了从不同位置地面站传输数据估计的传输速度。这些数值因通信基础设施的性质和可用性而有很大差别。此处评估的网络属于可能的下一代欧洲气象卫星系统。

　　[①]　图片来自于阿斯特里姆公司和 GMV。

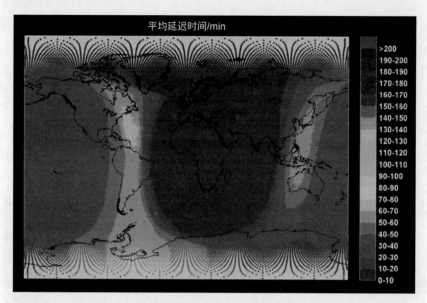

图 12.15 使用单颗 GEO 数据中继卫星的数据延迟时间(见文前彩图)[1]。数据中继卫星的使用对其覆盖的区域能够提供非常小的延迟。【审图号：GS 京(2024)0686 号】

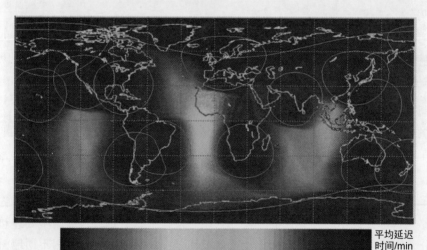

图 12.16 NOAA 的 SafetyNet 网络的 15 个自动化地面站的数据延迟时间(见文前彩图)[1]。由于地面站数量众多,在全球范围内下传数据所需的等待时间小于 20min。【审图号：GS 京(2024)0686 号】

---

[1] 图片来自于阿斯特里姆公司和 GMV。

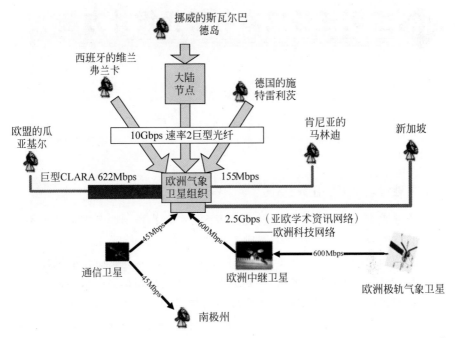

图 12.17　从可能的地面站到欧洲极地近地轨道气象任务的中央处理中心的数据传输速度①

　　斯瓦尔巴德站和其他欧洲地面站可以使用能够提供高达 10～20GB 的专用高速网络。然而,赤道上的地面站传输速率则要慢上许多。数据中继卫星可以直接向处理中心交付数据。与斯瓦尔巴德站一样,南极洲的麦克默多站与极轨卫星有着非常好的下行链路通信模式。然而,从该站向处理中心传送数据则是缓慢的。显然,图中评估的空间任务必须与其他用户分享通信链路,这意味着任务可用的数据输出仅仅是总输出的一小部分。一个彻底的端到端设计视角应该考虑所有这些"非空间"因素。

---

　　①　图片来自于阿斯特里姆公司。

13 空间任务成本与替代设计方法

关键词 小卫星任务、空间任务、成本降低

任务成本在前面的章节中讨论过多次。4.5 节和 4.6 节中描述了不同类型的空间项目；4.8 节分析了成本以及如何进行评估；4.9.4 节考察了开发途径和模型准则；5.3.1 节面向低成本设计。本章我们将继续探讨这些话题，提供一个综合的视角，审查最近和不久前提出的降低成本的方法。

我们将从审查造成空间任务高成本的技术和非技术因素开始。之后将检验降低成本的方法，并评价其好处和局限性。然后，将进一步研究之前提出的三个方法，并且详细讨论小卫星在节约成本方面的潜力。接下来将分析当投资方和用户相同的情况下可能降低的成本。最后一节将着眼于具有低新颖性的任务，即在没有客户的情况下能够实现的任务。

13.1 空间任务和成本

首先，由于高复杂度和难以实现的原因，空间任务是很昂贵的。有以下几个明显的物理原因使一颗卫星成为昂贵的硬件：空间环境恶劣，真空与大多数常见的润滑剂是不相容的，对流热交换无法实现，以及空间辐射使电子设备和其他卫星部件退化。此外，太空的失重状态有利于实现在地球大气中无法实现的细长结构，但也正是因为相同的原因，在地面对它们进行测试是复杂且昂贵的。运载装置将卫星送入轨道，提供了一段短暂但高要求的飞行，要求卫星的结构足够坚固、刚性和紧凑。运载装置造价昂贵，卫星必须很轻才能搭载在它上面飞行。发射条件和空间环境造成了固有的物理难题，由于卫星搭载的先进科学仪器可能处在技术前沿，这些难题可能变得更为严重。空间任务的另一个特点是工程必须可靠，要维修一个故障损坏的航天器不是一件容易的事情，通常是不可能的。因此，技术和部件都必须是高质量的，总体架构和详细设计要提供必要的冗余。此外，设计的提交和

与设计相关的验证工作必须使用训练有素的人员和专业的设施,两者的提供和使用都是昂贵的。

使卫星昂贵的两个补充的非技术因素包括:

(1) 许多——实际上是大多数——卫星都是独一无二的。

(2) 空间任务通常不是由最直接受益的人投资的。

卫星的独特性表明,它的实现是原创的、技术上困难的设计过程的结果,很少能从众所周知的先例中复制。此外,独特性还决定了如果任务失败,那么投资者从一开始就失去了任务提供的机会。科学家或者业务用户,例如业务气象学家,即使是知道任务失败是有保险保障的也不会感到满意,因为他们想要的是数据而不是投资的钱。

卫星必须在第一次到达预定环境时就以极高的可靠性正确运行。这意味着它的设计必须有充足的安全余量、保守的测试和深入的分析,再加上"失败不可接受"的项目理念。所有这些因素导致了极高的成本。

空间任务必须要照顾到两方面的态度,即投资方和用户方,这也是影响成本的一个因素。客户的首要目的是以前所未有的质量水平实现其全部目标。投资方拥有决定任务投资的最终权力,虽然投资方并不直接参与任务定义方面每天的工作,只是实际选择是取消任务还是降低任务性能标准使任务符合可用的投资预算。这两个决定看似极端,但是现实经验表明,大多数卫星是超规格、过设计和超成本的。这种情况几乎在所有推进我们对物理世界认知进步的任务中反复出现。在这类任务中,这样的问题几乎是无法解决的,但可以通过对客户、供应商和用户之间就放宽任务要求进行迅速和积极的讨论协商的方式来得到缓解。

有关降低成本的大部分讨论集中在降低卫星平台方面的费用上,但是对于空间任务成本问题合理的方法应该是关注所有相关方面,以一个平衡的成本削减,包括地面部分、运载装置、仪器和卫星平台。卫星平台的标准化为减少开支提供了一个好机会。不过,降低仪器的成本是一个复杂的问题,因为仪器会因为应用的不同产生很大的差异。每一个新任务都需要新仪器,而雄心勃勃的新任务也需要雄心勃勃的新仪器。可靠的运载装置很少,而且通常很昂贵。在设计能负担得起的发射方法来将卫星送入轨道这方面的努力已经有40多年的历史了。20世纪70年代引入航天飞机时,本应可以将有效载荷送入轨道的成本降低90%;20世纪90年代,有私营项目试图降低发射成本,但未能成功。小型、可靠、廉价运载装置的缺乏,阻碍了这些具有相同特征卫星的发展。

在地面相关的任务费用方面,卫星操作和任务数据处理与分发占总任务费用相当大的一部分。此外，由于这些活动基于地面以及强大的信息技术，我们可以假定，伴随着更强大和低成本信息技术的发展，与此领域相关的任务成本将显著降低。但事实并非如此。这可以解释为空间任务正在提供大量数据信息以及使用这些数据日益庞大的用户群体。这需要大规模的数据存储和处理能力、与用户的灵活接口和灵活的卫星操作，以充分响应用户团队每个成员的不同需求。虽然信息技术的进步正在改变空间任务的实现方式，但这些变化更倾向于朝着以较低的成本实现更好的性能水平发展，而不是试图以极低的成本保持稳定的性能水平。

降低成本的另一种方式是寻求来自第三方的资金。虽然为任务的仪器提供经费可以为任务主要支持者节省成本，但总体成本实际上并没有减少，只是进行了转移。利用免费发射机会或者搭载发射才能够真正降低成本。但是这种方法仅对所有任务中很小的部分有效。显然，所有的空间任务不能都是搭载发射。

鉴于以上几点，必须认识到，并非所有的空间任务都是平等的，节省成本的措施可能适合某些任务，但不适用于其他任务。这一点经常被遗忘，成本降低策略经常被其捍卫者作为整体解决方案而不是其实际情况给出，但其实那只是部分解决方案。

13.2　降低成本的方法

本节被分为几个小节，讨论不同的降低成本的方法。前三种方法在前面的章节中已经详细讨论过。下面给出的是最后的综合方案：

（1）通过适当的架构定义降低成本。

（2）通过硬件解决方案降低成本。

（3）通过计划性解决方案降低成本。

最后一节将专门讨论小卫星，并介绍一些新的主题。

13.2.1　适当的架构定义

13.1节指出，系统设计师必须回应两方的诉求：投资方和用户，他们的利益相差甚远、相互矛盾。用户的首要任务是确保优越的任务性能，而投资方的首要任务是控制成本。架构定义阶段必须协调这一矛盾，既要向用户兑现价值，同时又要控制成本，符合投资方意愿。为了协调这两个相互冲突的目标，重要的是不要把设计过程看作是需求的实现，而是随着需求一起演进，直到它们达到相互平衡。实现这一平衡必然会降低成本，因为这将导致成本最低的任务仍然能够满足用户的基本需求。

如图 1.1 所示,在架构定义阶段资金充裕的任务超支很少,从而降低了整体成本。5.3.1 节讨论了一个明显的矛盾,即在任务开始时增加成本,会在结束时降低成本。这并不奇怪,因为在项目批准许可之前,经过深思熟虑的、资金充足的架构定义阶段会允许:

(1) 以尽可能最佳的方式,谈判降低用户的需求。

(2) 就最佳设计达成一致,即充分满足用户的各种需求,同时将投资方的成本和双方的风险都降至最低。

(3) 全面而详细的系统规范的产生,且完全没有开放或未定义的点。

(4) 提供任务所需的关键技术的成熟度。

第 3 章分析了需求的建立和规格说明的创建,明确指出需求的建立是一个交互的过程,涉及用户的需求和这些需求所带来的硬技术现实之间的持续反馈,都是供应商向架构定义团队提出需要关注的方面。这个过程(详见 3.2 节)产生了一系列越来越具体的规格说明。同时,通过一个生产、分析、备选方案的选择过程实现了任务的最终设计方案(详见第 5 章)。任务架构的定义过程通过一系列的里程碑步骤(详见第 6 章)逐步推进,直到规格说明和任务设计都最终确定。

为了在需求和响应需求的设计之间实现理想的平衡,有几个因素是必不可少的:

(1) 能够为所考虑的备选概念提供端到端的任务效能数学模型。不同的概念会满足不同难度等级的需求。任务效能模型在 3.4 节、5.6 节和 8.5 节进行了讨论。

(2) 灵活的成本估算工具,能够为每个备选方案提供现实的成本预测。在 4.8 节中进行了讨论。

(3) 常识,为了能够清楚地理解最终的效能和成本背后的现实比成本和性能模型提供的数据要复杂得多和微妙得多。这在 5.6.2 节中进行了讨论。

5.4 节以引用一句启发式的话为结尾:“最后 10% 的性能要求会产生出 1/3 的成本和 2/3 的问题”。根据这句启发语,在用户获得全资投入批准之前,降低最后 10% 的性能要求将意味着整体成本和进度大幅改善。说服用户接受一个放松要求的另一个工具是,由于显性和隐性安全余量的存在,除了任务失败的情况,大多数的空间任务都会达到比预期更好的效果。这一点在 5.6.3 节中进行了讨论。

最后应该记住,任务是因用户而存在的,他应该是需求放松程度的最终权威,毕竟用户有权强制执行一项负担不起的任务!

这些降低成本的方法独立于所有其他方法:它们同样适用于具有高或低风险接受度、小型或大型卫星、昂贵的或低成本的任务。唯一不适用的情况是那些创新性极低的项目。如果现有的卫星可以充分满足用户的需求,也符合投资方的成本限制,那么就不需要架构定义阶段。这时就只是一个简单的购买卫星问题,标准的通信卫星通常就是这种情况。

13.2.2　硬件优化

太空旅行的历史已经表明,它有可能通过设计标准化或可重复使用的卫星硬件来降低任务费用。4.11 节讨论了几个在过去颇有影响力的趋势;以下是相关的硬件信息:

(1) 在 20 世纪 70 年代,使用可重复使用发射装置,即航天飞机。

(2) 在 20 世纪 80 年代,使用允许宇航员在轨进行维修的可替换轨道单元。

(3) 在 20 世纪 80 年代和 90 年代,使用标准平台。

(4) 使用标准即插即用电子分系统。

实现标准化最大的推动力包括了完全标准的卫星平台。这在 10.5.3 节已进行讨论,由于卫星会搭载不同的有效载荷和变化的飞行环境,很难实现完全的标准化。而且,标准的卫星平台会效迫使有效载荷适应之前设计的平台。这就不可避免地使任务中最困难和最昂贵的部分——有效载荷或仪器——复杂化,以获得最低的卫星平台成本。

此外,标准平台已经在具有类似环境飞行和搭载类似仪器为特征的卫星任务中取得成功,例如,近地轨道、地球同步静止轨道的气象或环境监测任务,以及通信卫星任务。大多数通信卫星飞行在同一轨道上,在功能上非常相似,都是作为管道提供通信带宽,且有效载荷也是相似的。几乎所有的通信卫星都是用标准平台建造的,能根据不同应用来适应不同类型的有效载荷,这证明了通信卫星任务标准化的成功。

标准化有时候对于科学卫星任务也有利。赫歇尔和普朗克是两个 ESA 科学卫星,它们飞行在同一轨道,但搭载完全不同的有效载荷。然而,这两者的有效载荷具有相似的基本形状,它们的需求也没有明显不同。它们可以使用共同的卫星平台,从而降低整体成本。因为通信和遥控也可以以相似的方法处理,因此卫星操作的共享也节省了费用。

在 20 世纪 80 年代末期,欧洲航天局曾试图通过为 Soho 和 Cluster 两个卫星安装通用的组件来降低成本。但分析表明,使用通用组件实际上增加了卫星的成本,因为两个任务的卫星外形、仪器、要求和轨道都是完全不同的。它们唯一的共同点是在同一时间发射,且都是用于研究太阳以及太阳和地球之间相互作用。

综上可以得出的结论是,通过硬件标准化或使用通用部件来降低成本的方法,只有在任务相似时才是有效的。大多数情况下,即使使用这些方法来降低成本也不会有显著效果,因为硬件必须能够应对空间环境的需求,并且仪器也都要使用全新的,因为它们必须能够提供用户所需的新数据和任务产品。尽管如此,还是可以通过仪器、部件、接口或软件的标准化来适度降低成本。

13.2.3　组织优化

空间项目的组织是一项复杂的工作。传统的项目包括一个由供应商组成的工业联合体,其中主承包商负责卫星,不同级别的专门分包商负责卫星内部不同子系统组件和部件。工业联合体由空间机构内一个永久性项目团队领导,该团队充当客户的角色。该永久性的团队又由对具体问题提供意见的技术专家支持。工业承包商提供他们负责的组件,由证明其充分性的数据支持,并允许集成到卫星更大的组件上,一直到整星级别。卫星和仪器都必须正确地进行文档记录,以用于卫星操作目的。卫星操作所需的基础设施和培训设施的建设通常是独立于卫星项目本身的。产品保证由一组独立的专家组成,他们确保逐步增大的卫星组件已经按照约定的程序生产和测试。最后但同样重要的,有一系列的评审里程碑,由项目外的专家来证明其充分性或者缺乏充分性,证明其在里程碑之前完成的工作。所有这些工作是非常复杂的,会产生大量的文档,并涉及大量使用复杂程序和通信通道进行互相检查的人员。这种繁琐的方法是在太空探索历史的早期发展起来的,因为太空探索是一项特别困难的事业。实际上,今天任务失败最可能的原因是发射失败,大部分成功发射的卫星都已经证明了其高可靠性水平,从而证明了这种繁琐方法的有效性。

据说这种复杂的方案可以被大大简化,适用于所有类型的项目,而且对最终产品的实际质量影响很小。也有观点认为不同的项目应以不同的完整性水平来处理,最详尽的项目组织应限于具有极端复杂程度的高优先级项目。这些项目提供独特的机会,需要延长任务寿命,并推动技术进步。4.5节根据各自的任务目标和风险接受程度的不同,介绍了各种不同的任务。4.6节按照危急程度讨论了项目,如何使用客观标准和持续的风险承受能力对项目进行分类,以及如何通过放宽质量保证标准来降低项目的成本。下面的管理变化可以用来降低项目成本：

（1）模型准则的简化，已经在 4.9.3 节进行了讨论。

（2）降低部件规范的质量。

（3）减少正式项目评审的数量。

（4）减少正式项目评审的手续和研究决策过程。

（5）普遍简化沟通渠道，并减少生成的文档数量。

这种主张逐步但谨慎地降低项目复杂性的方法已经稳固确立。然而，20 世纪 90 年代提出了一种比渐进方式更具有革命性的方法来简化项目。这种激进方法的提出与这一时期的管理趋势有关，如"更快、更便宜、更好"或是建议对用于执行和操作复杂系统的程序进行基本审查的再造工程。这种趋势在 4.11 节进行了分析，有时候确实是有效的，但也会失败，主要是应用于复杂且雄心勃勃的任务时，如图 13.1 所示。

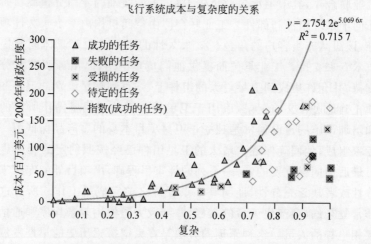

图 13.1 更快、更便宜、更好的任务曲线是其复杂性的函数，根据任务需求用"复杂性指数"来表示[1]

可以得出的结论是，项目组织的简化降低了成本，但不可避免地也增大了风险。这种方式对于需要采用新技术来提高技术水平的困难任务来说，当然是不可取的。然而，由精简的组织管理的项目能够以比使用传统方法更紧凑的成本和时间表交付适度复杂的卫星，ESA Giove-A 项目就是一个很好的例子。

---

[1] BEARDEN D. When is a satellite mission too fast and too cheap? [C]//Proceedings of the Aerospace Corporation 2001 MAPLD International Conference，2001.

13.2.4 以组织和硬件为中心：在精简的项目组织领导下的小型简单卫星

13.2.3节得出结论，一个精简的项目组织增加了任务风险。因此，萨里卫星技术公司开创了一种用于精简的项目组织领导卫星项目的方法，使卫星为能够承受由此带来的风险增加。这就要求任务的目标要适度，而且卫星的设计要强健。5.3.1节将强健设计定义为简单，采用经过充分验证的、适用的技术。适度的任务目标是为了确保仪器能够承受适度的创新性或风险性。DMC系列卫星（详见11.4.4节）是这种做法的最好的例子，其主要使用的是小卫星。小卫星的使用已被推广为一种大幅度的、甚至是夸张的降低成本方式。小卫星为大幅度降低成本提供了真正的潜力。当然，小卫星现在并不是什么新鲜事。1958年发射的美国第一颗卫星，探索者1号，重量只有14公斤。所以小卫星并不是 个"新范式"；但在最近的小卫星任务中，能够以非常低的价格提供合理的性能。小卫星成本较低的主要原因有以下几点：

（1）小卫星可以通过小团队建造，而小团队有更简单的沟通渠道。这样能够减少任务中相关文档创建、维护和分发的费用。

（2）小团队的每一个成员都知道其他成员遇到的问题。在工程领域A遇到问题时，可以通过在工程领域B的行动来帮助快速而容易地解决。

（3）小卫星的目标往往（尽管并非总是如此）是适度的。适度的目标意味着更少的要求、更简单的仪器、更低的风险和更简单的设计。

（4）小卫星需要更小的设施，间接成本更低。

（5）小卫星的损失并不是一个彻底的灾难，因为可以用合理的价格来重新建造一颗新的卫星。这意味着每个卫星可以以精简的组织方式建造并且允许更低的产品保证和可靠性水平。

（6）采用小卫星的任务通常由几颗卫星组成一个星座，单颗卫星的故障不会影响任务完成，只减少产生的数据量。这允许更低的产品保证、冗余和可靠性水平。

这意味着，小卫星自然适应于使用精简的项目组织。在所有任务的条件之间有一个平衡：硬件、组织和有利于降低成本的目标。

使用小卫星的任务通常是技术演示任务，但没有任何内在原因能够阻止小卫星实现新的科学用途或充分发挥相关业务功能。对于使用小卫星星座的任务来说尤其如此。关于星座我们已在7.3.1节和9.10节中进行了详细的讨论。显而易见，对于某些应用，多个小型简单卫星可提供与大型复杂卫星相媲美的性能。此外，使用合成孔径技术可以解决物理定律施加给小孔径仪器分辨率的限制。然而，合成孔径技术也有局限性，在 8.6.3 节中已讨论了合成孔径技术的优缺点。光学孔径合成在小卫星之间的相对位置上施加了极其苛刻的参数要求，这些小卫星必须以紧密的编队飞行。经由多个卫星的光学孔径合成很可能会增加成本而不是降低成本。同样地，有必要将管理方法与物理定律进行对比，以确保所提出的解决方案切实有效。可以得出的结论是，小卫星星座可以完成部分，但不是全部大型复杂卫星所执行的功能。

因此，虽然小型卫星确实经济，但在保持其所有要求的同时，简单地把卫星做得更小就一定会使卫星更便宜，这是不正确的。有人说过："任何系统的成本与质量相关，但要减少一个给定系统的质量就会增加成本。"[①]

很明显，在严格的质量约束下满足给定的一组需求比在没有质量约束的情况下满足相同的一组需求更加困难，也更加昂贵。没有质量限制还允许使用标准的、非最佳的、现货的部件。这些部件不仅在成本上更便宜，而且还允许减少测试，因为其提供了良好的特性和大的安全余量。与可供选择的质量优化设计相比，具有相同功能的一颗强健的小卫星确实相当重。在极端情况下，使用纳米卫星和纳米技术被认为是一种减少空间任务设计成本的有前途的、令人瞩目的方法。这实现了利用信息技术创新对小型化的推动。然而，工程领域之间的概念转化可能会产生误导。正如美国国防部高级研究计划局（Defense Advanced Research Project Agency，DARPA）的主任 G. Helmeier 曾经说过的："如果汽车行业也以微处理器发展的同样速度在过去二十年中进步，劳斯莱斯今天将只需花费 3 美元，汽车的尺寸也只有四分之一英寸那么大。"Helmeier 的说法是一个有趣的比喻，虽然从字面上说，这是不准确的，因为一辆家用汽车需要足够大，以容纳一个人类的家庭而不是变形虫。很显然，物理定律不能很好地伸缩，而缩小卫星本身也有内在的限制，这些限制不会消失。

除了上文提到的孔径限制外，减小卫星的大小会导致卫星不同子系统的相对复杂性发生变化。当一颗卫星按比例缩小时，它的质量会以比其结构要的强度和刚度更大的速度下降。这似乎意味着小卫星将拥有坚固轻便的结构。尽管如此，极薄的结构往往会产生一些故障，例如较厚的结构可以避免屈曲，极薄的结构与人工处理或传统的制造方法不相容等。纳米技术的使用确实可以使一些任务变得可行，例如行星际探测器，它的质量和体积

---

① AUGUSTINE N R. Augustine's laws[M]. AIAA, 1983.

都有很大的优势,但它不太可能给空间任务领域带来任何深远的变革。为了继续发展,航天界需要降低成本,这可以通过将卫星设计得尽可能轻和小来实现,但不能多1克。

两个限制小卫星和纳米卫星实际用途的额外问题是与发射和处置相关的问题。广泛使用非常小的卫星就需要切实可行的方法将它们放置在轨道上,一旦它们的任务已经完成,还需要使用实际的方式把它们从这些轨道上清除,否则它们就会成为危险的飞行碎片。

目前大多数小型运载装置具有将约 1 000kg 的卫星送入近地轨道的发射能力。在可预见的未来,这种情况将不会发生大的变化,因为研发一个可靠的新型运载装置,无论大小,都是一个长期、复杂、充满风险的过程。而目前并没有为微小卫星优化的超小运载器,这种形势在近期是不太可能变化的。不过,也有把小卫星送入轨道两个切实可行的方法:

(1) 通过搭载在一颗更大的卫星上,由大卫星支付大部分发射成本。

(2) 多个小卫星共用一个专用的运载装置。

两种方法都是可行和实际的,但不完全令人满意。

在小卫星搭载在一颗更大的卫星上发射的情况下,大型卫星会进入预定轨道,而小卫星进入的轨道不可能是其任务的最优方案。这对于任务目标是验证小卫星或特定技术可行性的技术演示任务来说影响不大,因为不需要特定的轨道。一旦可行性得到证实,每一个新的"真实"应用都需要一个特有的轨道。在一些情况下,大型卫星的轨道可能会与适合小卫星的轨道重合。但这意味着围绕着一个幸运的意外设计更小的卫星任务。

由小型发射装置发射一个微小卫星星座,似乎是一种合理的技术解决办法,可以充分满足一项要求很高的任务要求。它们将被发射到适合所有卫星的轨道上,并能有效地利用小型发射装置。但是,在发射装置的整流罩内装载大量的小卫星(详见图 10.4 和图 10.5)不是一件简单的事情。对于非常小的卫星来说,需要使用某种中心结构(详见图 10.4)来承载这些小卫星,还需要有以一种受控模式逐个释放卫星的特殊机构。所有这些元素需要发射装置整流罩内具备足够的质量和空间。因此,不太可能将 10 个 100kg 的小卫星放进设计将 1 000kg 送入轨道的运载装置当中,即使容纳 4,5 个 100kg 的卫星都并非易事。因此,现实的情况削弱了小卫星表面上的吸引力。从小卫星到微卫星,这个问题只会增加。实际上,可以装在 1 000kg 发射装置整流罩内的 1kg 的卫星数目不可能超过 100 颗。此外,设计和制造一个能够承载所有卫星并能将其释放入轨的机构既不便宜也不容易。

对于非常小的卫星来说,卫星的处置问题特别重要:

（1）非常小或纳米卫星的任何实际应用都需要很大的数量。一旦他们的任务完成后，他们将成为潜在危险的太空碎片。

（2）小卫星不太可能携带燃料或其他部件，改变其轨道高度，或离开它们形成危险的区域。这个问题将更加复杂，因为离轨硬件必须极其可靠，以确保大多数理想情况下是所有的卫星被移除。

小卫星的处置问题仍然没有解决，找到一个全面的解决方案是十分困难的，因此有理由质疑使用庞大数量的微小型或纳米卫星实施空间任务的建议。

由精干的团队管理，有着适度目标的小卫星已经被证明其能力为所投资的资金提供超值回报。它们在技术演示中表现良好，并能以适度目标为用户提供充足服务。小卫星星座也可以为一些任务提供替代解决方案，但不适用于所有任务。因此，虽然微小型或纳米卫星能执行一定量的特殊任务，即使其能够大幅节省成本，也不会被广泛使用，除非与它们相关的难题都能够被解决。

13.3 没有投资方/用户二元性的项目

这本书是以参与到实施一项新空间任务过程的四个主要参与者为基础的。用户、投资方、客户和供应商（详见图1.2）这四个参与者隐含的贯穿整本书中。这一基本框架构成了所有具有大规模目标的经典空间任务，由一个空间机构处理，并由公共资金资助。然而，并不是所有的空间任务都使用这种组织形态。例如，对于私人资助的空间任务，就不存在投资方和用户的分别。私人资助卫星的所有者的主要目标是产生利润，他们将避免难以对其投资产生回报的昂贵的功能特征。当可用资金有限时，这将自动消除与客户雄心勃勃的任务目标相关的附加成本。私人资助的任务往往允许更快、更简单地建立任务需求和后续设计过程。

此外，由于私人业主可以为他们的任务投保，他们可以降低任务的可靠性水平，因为他们知道在失败的情况下他们将得到全额赔偿。这意味着与空间任务独特性相关的问题减少了。保险公司的责任是根据产品保证和可靠性确定保费的水平。缺乏投资方—用户二元性的任务允许采用不易适用于存在二元性任务的成本降低方法。

13.4 极低创新度项目，没有客户的项目

本书的主题是合适的任务架构定义。因此在最后一节指出，并非所有

的项目都需要这样一个过程。正如我们所看到的,客户的任务是解释用户的意愿,考虑投资方提供的约束和指导,以及分析供应商的设计。该方案假定客户需要要求被解释的新东西。然而,用户的需求可以由一个已经存在的、可靠的、符合投资方所确定预算的卫星来满足,不需要任何架构定义。所产生的任务不需要客户。供应商将简单地提供现有的硬件,以满足指定的需求,他将为此获得到报酬。

　　如果投资方和用户是同一个人,情况就更简单了。想象一下,一个买家想要以固定的价格从供应商那里获得一个现成的系统。这种情况可能发生在需要相当标准的通信卫星的情况下,或者在现有仪器和卫星可以满足的地球观测需求时。显然,现有具有可靠在轨性能证明记录的空间系统可以以大幅度降低的成本交付。这种情况下,所有与设计相关的活动都可以取消,且那些确保产品质量的方法,包括测试,可以最小化。有时,可能只有在卫星被送入轨道并证明其运行正常后才支付卫星费用。

13.5　成本工程是艺术和科学

　　应当始终记住,成本估算与其说是一门科学,不如说是一门艺术,它的输出总是需要解释的。"成本"实际上最有可能成为供应商和客户之间的谈判基础。对"成本"的评估总是受制于在特定时间应用的特殊环境的商业压力。它将受到所涉及商业实体的影响,因此必须谨慎对待。此外,成本估算是由"公司机密"程序产生的,而这些程序绝非是通用的,投标一个项目的供应商组织可能会有完全不同的假设和假定的边界条件或约束。因此,分配成本在获得批准之前需要更进一步的比较判断。因此,当计算成本时,对于所有相关方来说,犯错的可能性和商业风险都很大。空间机构可以从许多供应商那里整理多年来众多项目的成本,这可以形成制定通用成本估算工具的基础。然而,这个过程仍然充满了错误的潜在来源,这必须要加以考虑,比如确保技术发展、系统性能、甚至架构中的基本变化没有被不恰当地分组。实际上,一个项目的成本是相关各方之间具有法律约束力的商业协议的一部分,因此,它代表了有关个人的一种判断,过去的经验发挥主要作用。